ELEFAメディア 代表
広川ともき 著

この1冊で合格！
広川ともきの 第1種 電気工事士 筆記試験 テキスト&問題集

KADOKAWA

本書の特徴

電工試験に通じたプロが一発合格をナビゲート！

本書は、高等専修学校電気工事士科で電気工事士の育成にあたり、その後、電気工事専門誌の編集長として、解答速報／試験対策の連載記事など、最新の「電気工事士試験」を精査・検証し、受験者の質問に答え続けてきた、業界歴25年の広川ともき氏が執筆。時間のない社会人や独学者に向け、より効率的に学べる学習法（メソッド）が示されています。

“ムダなことはやらない”プロ直伝のテスト対策がわかります！

本書のココがすごい！

1 必修ポイントをていねいに伝授！

第１種電気工事士試験について教える側として、そして教材を制作する側として長年取り組んできた実績と豊富なノウハウから、その大切なポイントを教えます。

2 オールインワンだから安心！

（一財）電気技術者試験センターの科目に準拠した、テーマごとに解説したテキストと過去問集を１冊にまとめていて、過去問集で自分の実力を試すことができます。

3 効率的に学ぶ学習法（メソッド）で一発合格！

第１種電気工事士試験の合格ラインは60点以上ですが、忙しい社会人や計算が苦手な独学者に向け、合格レベル到達に必要な知識を確実に習得できるよう構成しています。

4 図解が豊富でわかりやすい！

受験者がつまずきやすい配線図問題なども、さまざまなパターンの図を数多く使いながらていねいに説明することにより、初学者でも理解しやすくなっています。

3つのステップで合格をつかみ取る！

STEP1　問題を解きながら理解できる

本書は、各テーマに必須の知識を解説した後、実際に出題された問題を解くことで、確実に理解を深めることができるよう構成されています。それらの問題を繰り返し解きながら、知識を確実にしていきましょう。

実際の出題を解いてみます！

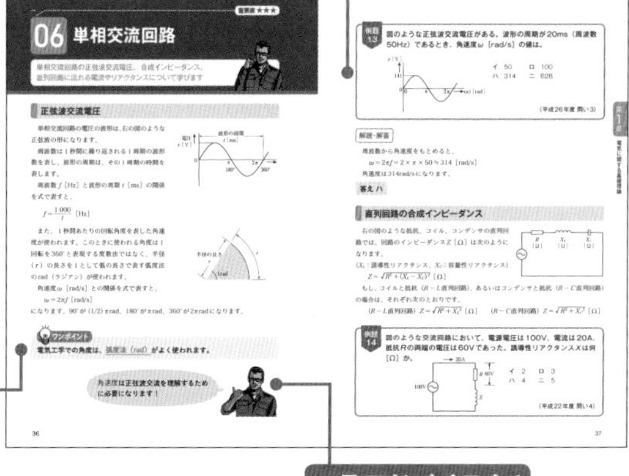

大事なヒントをここで教えます！

一言アドバイスも！

STEP2　「得点力」が高まる過去問題集

テキストを一通り学習して基礎ができたら、「PART2」の過去問集にチャレンジしてみましょう。試験に慣れて関連知識をさらに深めることができ、自然に得点力がつきます。これで、グッと合格に近づきます。

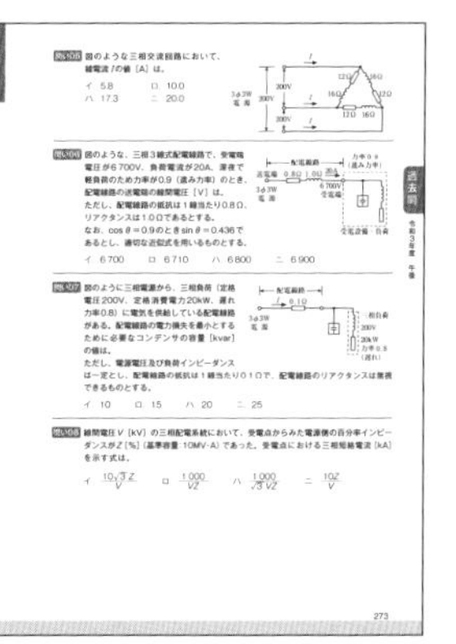

過去５回分を収録！

STEP3　不確かな知識、間違えた問題の再確認で理解を確実に

試験の直前には、ざっとテキストを復習して、知識にモレがないか確認しましょう。また、これまでのステップで解けなかった問題があれば、再度解いたり、該当部分の解説を精読して理解を深めましょう。

３つのステップが
「実戦型」テスト対策
になります！

はじめに

第１種電気工事士は、一般用電気工作物と500kW未満の自家用電気工作物の電気工事をするための国家資格です。この資格を取得すれば、一般に行われるほとんどの電気工事を行うことができます。

特に自家用電気工作物は、その多くが高圧（6 600V）で受電するもので、高圧受電設備など、より危険性の高い設備を取り扱うことになります。このような設備で大きな事故を起こしたときに財産や人身・生命、社会、経済などに与える影響は甚大です。ですので、第２種電気工事士でできる一般電気工作物（低圧受電）の工事と比較して、技術的な要求はさらに厳しくなります。

つまり、第１種電気工事士には、自家用電気工作物を含めた電気工事に関するより高度な知識が要求されています。その知識があるかどうかを問われるのが、本書で扱う「第１種電気工事士筆記試験」です。電気工事を実際に行う者としては、最も高いレベルが要求される資格における、知識面を問う試験なのです。

この資格は、試験だけでなく、所定の期間の実務経験が要求され、また免状取得後もその知識を定期的にアップデートするため講習会の受講をしなければなりません。このように、知識＋実技＋経験＋技術の更新が必要なきわめてレベルの高い技術者として期待されるわけです。その第一歩として、本書から「第１種電気工事士筆記試験」の知識をまずは学んでいただければと思います。

また、第１種電気工事士を取得後は、１級電気工事施工管理技士の受験資格が得られますので、これを利用して同資格を受験したり、さらに高度な知識が要求される第三種電気主任技術者を受験したりするなど、上級資格へステップアップしていくこともできます。そのような電気設備工事にかかわる重要な試験を、本書を活用して合格し、日本のインフラを支えるスペシャリストとして活躍されることを祈念しています。

株式会社ELEFAメディア　代表　広川ともき

本書を使った学習の進め方

①タイプ別学習法

計算問題が苦手な方

まずは、計算が少ない暗記する問題を中心に学習しましょう！

まず「第４章」「第５章」から始めていきましょう。第４章、第５章は暗記問題が多く、試験で出題される割合も高いので、確実に点数が取れます。そのような問題を優先して、最後に第１章などの計算問題にチャレンジします。

科目別解説の学習の順番

第４章　電気機器など、電気工事用の材料・工具
▼
第５章　高圧受電設備
▼
第６章　電気工事の施工方法
▼
第７章　自家用電気工作物の検査方法
▼
第８章　発電・送電・変電施設
▼
第９章　電気工作物の保安法令
▼
第10章　配線図
▼
第３章　電気応用
▼

第２章　配電理論および配電設計
▼
第１章　電気に関する基礎理論
▼
過去問題集

最後に仕上げとして、過去問題集に挑戦していくと良いでしょう。

計算問題にアレルギーがない方

計算問題の利点は基本的な式を覚えておき、それを活用できれば、さまざまな問題に対応できるということです。そのため、電気理論の基礎を最初に学んで、他の問題でも使えるようにしておくことができます。

電気数学をある程度理解できれば、第１章から順番に学んでいくと良いでしょう。

科目別解説の学習の順番

第１章　電気に関する基礎理論
▼
第２章　配電理論および配電設計
▼
第３章　電気応用
▼
第４章　電気機器など、電気工事用の材料・工具
▼
第５章　高圧受電設備
▼
第６章　電気工事の施工方法
▼
第７章　自家用電気工作物の検査方法
▼
第８章　発電・送電・変電施設
▼
第９章　電気工作物の保安法令
▼
第10章　配線図
▼
過去問題集

②学習スケジュール

・隙間時間を活用しよう

第１種電気工事士筆記試験は、第２種電気工事士筆記試験と比較してもかなり難しくなります。しばらく勉強から離れてしまった方などは、できれば２か月、少なくとも１か月程度は学習時間を取っておくと良いでしょう。試験直前に慌てて勉強することがないよう事前に学習計画を立てておきましょう。

③第１種電気工事士筆記試験の傾向

・第２種電気工事士筆記試験と比べて難易度は上がる

第１種電気工事士を受験される方は。第２種電気工事士筆記試験をすでに取得されている方が多いと思います。ですので、第２種電気工事士筆記試験の勉強方法で十分と思われるかもしれません。

しかし、第２種電気工事士筆記試験と比較して第１種電気工事士には、次のような特徴があるので注意が必要です。

①問題の内容のレベルが高くなる

第２種電気工事士筆記試験と類型の問題が出題されますが、その内容のレベルは高くなります。例えば、「電気に関する基礎理論」では、交流回路に関する問題が増え、コンデンサや電磁力に関する問題も、より詳細な点について問われるものになります。

②問題の範囲が広くなる

第１種電気工事士が工事できる範囲は、第２種電気工事士と比べて大きく広がるため、より広範囲な知識が問われます。例えば、問われる器具・材料や工具といったものも、自家用電気工作物で使われるものなども共に出題されます。

③自家用電気工作物への深い理解がもとめられる

高圧受電設備などの自家用電気工作物への知識を徹底的に問われます。ですので、自家用電気工作物に関する知識をしっかりと身につけておく必要があります。

これらから、過去にどのような問題が出題されているかを分析しながら、しっかりと対策をすることが必要でしょう。

本書では、それら過去問から頻出問題を厳選して徹底解説しています。解説を理解しながら練習問題を行い、最後に過去問という形で試験に備えてみてください。

―第1種電気工事士試験とは？―

電気工事士試験の概要

電気工事士は、電気工事の欠陥(けっかん)による災害の発生を防止するために、電気工事士法によって定められた資格です。この法律によって、一定範囲の電気工作物について電気工事の作業に従事する者が定められています。

電気工事士の資格には、「第１種電気工事士」と「第２種電気工事士」があります。第１種電気工事士は一般用電気工作物および自家用電気工作物（最大電力500kW未満の需要設備）の作業に、第２種電気工事士は一般用電気工作物の作業にそれぞれ、従事することができます。

<table>
<tr><th colspan="2">第１種電気工事士免状取得者</th></tr>
<tr><td rowspan="2">自家用電気工作物
（最大500kW未満）</td><th>第２種電気工事士免状取得者</th></tr>
<tr><td>一般用電気工作物</td></tr>
</table>

①第１種電気工事士

第１種電気工事士は、自家用電気工作物のうち最大電力500kW未満の需要設備の電気工事と一般用電気工作物の電気工事の作業に従事することができます。

ただし、自家用電気工作物の作業のうちネオン工事と非常用予備発電装置工事の作業に従事するには、特種電気工事資格者という別の認定証が必要です。

また、第１種電気工事士の免状を取得するには、試験に合格するだけでなく所定の実務経験が必要になります。

②第２種電気工事士

一般住宅や小規模な店舗、事業所など、送配電事業者から低圧（600V以下）で受電する場所の配線や電気使用設備等の一般用電気工作物の電気工事の作業に従事することができます。

また、免状取得後、３年以上の電気工事の実務経験を積むか、または所定の講習（認定電気工事従事者認定講習）を受け、産業保安監督部長から「認定電気工事従事者認定証」の交付を受ければ、自家用電気工作物（500kW未満）の低圧部分（電線路に係るものを除く）の作業に従事することができます。

第１種電気工事士試験の内容

第１種電気工事士試験には「筆記試験」と「技能試験」があります。技能試験は、筆記試験合格者と筆記試験免除者が受験できます。

筆記試験		
筆記試験科目	範　囲	問題数
1 電気に関する基礎理論	1 電流、電圧、電力及び電気抵抗 2 導体及び絶縁体　3 交流電気の基礎概念 4 電気回路の計算	5問程度
2 配電理論及び配線設計	1 配電方式　2 引込線　3 配線	4問程度
3 電気応用	照明、電熱及び電動機応用	2問程度
4 電気機器、蓄電池、配線器具、電気工事用の材料及び工具並びに受電設備	1 電気機器、蓄電池及び配線器具の構造、性能及び用途 2 電気工事用の材料の材質及び用途 3 電気工事用の工具の用途 4 受電設備の設計、維持及び運用	12問程度
5 電気工事の施工方法	1 配線工事の方法 2 電気機器及び配線器具の設置工事の方法 3 コード及びキャブタイヤケーブルの取付方法 4 接地工事の方法	7問程度
6 自家用電気工作物の検査方法	1 点検の方法　2 導通試験の方法 3 絶縁抵抗測定及び絶縁耐力試験の方法 4 接地抵抗測定の方法 5 継電器試験の方法　6 温度上昇試験の方法 7 試験用器具の性能及び使用方法	3問程度
7 配線図	配線図の表示事項及び表示方法	10問
8 発電施設、送電施設及び変電施設の基礎的な構造及び特性	発電施設、送電施設及び変電施設の種類、役割その他の基礎的な事項	4問程度
9 一般用電気工作物及び自家用電気工作物の保安に関する法令	1 電気工事士法、同法施行令及び同法施行規則 2 電気事業法、同法施行令、同法施行規則、電気設備に関する技術基準を定める省令及び電気関係報告規則 3 電気工事業の業務の適正化に関する法律、同法施行令及び同法施行規則 4 電気用品安全法、同法施行令、同法施行規則及び電気用品の技術上の基準を定める省令	3問程度

※問題数は年度により異なる。

技能試験（次に掲げる事項の全部又は一部）
1電線の接続　2配線工事　3電気機器、蓄電池及び配線器具の設置
4電気機器、蓄電池、配線器具並びに電気工事用の材料及び工具の使用方法
5コード及びキャブタイヤケーブルの取付け
6接地工事　7電流、電圧、電力及び電気抵抗の測定
8自家用電気工作物の検査　9自家用電気工作物の操作及び故障箇所の修理

受験手数料	インターネットによる申込み　10,900円（非課税） 書面による申込み　11,300円（非課税）
受験資格	特になし
筆記試験合格基準点	60点以上（年度によって調整あり）
筆記試験時間	2時間20分
筆記試験形式	四肢択一方式によりマークシートで解答
受験申込期間 （例年：変更される場合あり）	6月中旬～7月初旬
筆記試験実施時期 （例年：変更される場合あり）	10月初旬
筆記試験受験者数	令和2年度：30,520人　令和元年度：37,610人　平成30年度：36,048人
筆記試験合格率	令和2年度：52%　令和元年度：54%　平成30年度：40%

受験申込方法

（1）書面による受験申込み

「受験申込書」及び「払込取扱票」に必要事項を記入し、払込取扱票を郵便局の窓口へ提出し、受験手数料を納付する。受験申込書を郵便局より投函します。

（2）インターネットによる受験申込み

一般財団法人電気技術者試験センターのホームページへアクセスし、申込画面の手順に従って必要事項を入力し、選択した決済方法により受験手数料を納付します。

具体的な受験の申込方法については、一般財団法人 電気技術者試験センターのウェブサイト（https://www.shiken.or.jp/）で確認してください。

目次

PART1 科目別解説

第1章 電気に関する基礎理論

第2章 配電理論および配電設計

第3章 電気応用

第4章 電気機器など、電気工事用の材料・工具

第5章 高圧受電設備

第6章 電気工事の施工方法

第7章 自家用電気工作物の検査方法

第8章 発電・送電・変電施設

第9章 電気工作物の保安法令

第10章 配線図

PART2 過去問題集（5回分）

本書は、2021年10月時点での情報に基づいて執筆・編集を行っています。刊行後の制度変更等により、書籍内容と異なる場合もあります。あらかじめご留意ください。

PART1

科目別解説

第1章

電気に関する基礎理論

この章では、直流回路、電線の抵抗、交流回路、三相交流回路、各回路の電力などを学びます。
直流回路では、２電源の回路が出てきたり、コンデンサやコイルについての設問、また抵抗・コイル・コンデンサを含んだ回路や三相回路ではスター・デルタ等価変換の必要な問題が出てきます。
計算問題が主なものになりますので、繰り返し解きながら理解を深め、マスターしていきましょう！

重要度★★★

01 直流回路

合成抵抗やオームの法則から、
直流回路の問題のさまざまな答えのもとめ方を学びます

直列接続の合成抵抗

直列接続の合成抵抗のもとめ方は、直列に接続された抵抗をそれぞれ足していきます。

直列接続の合成抵抗＝抵抗A＋抵抗B

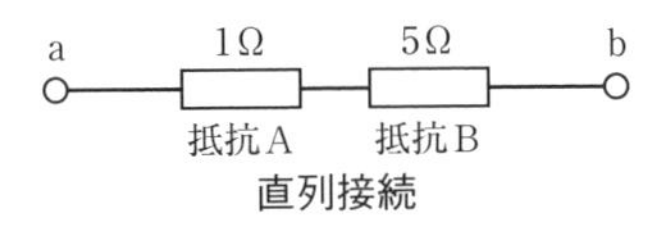

直列接続

この図では、1Ωと5Ωなので、a－b間の合成抵抗は1＋5で6Ωとなります。

並列接続の合成抵抗

並列接続の合成抵抗のもとめ方は、次の式のとおりです。

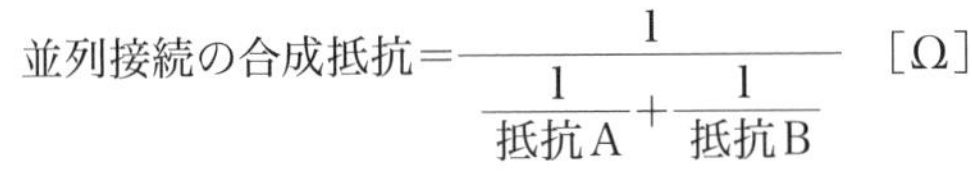

$$並列接続の合成抵抗=\frac{1}{\frac{1}{抵抗A}+\frac{1}{抵抗B}}\ [\Omega]$$

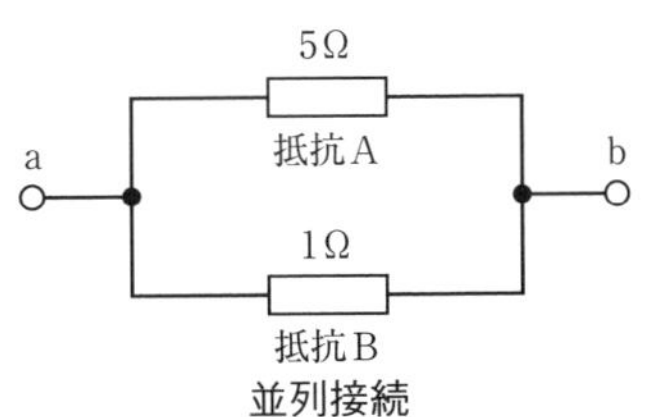

並列接続

また、2個の並列接続の簡単なもとめ方は、次のとおりです。

$$並列接続の合成抵抗=\frac{抵抗A\times抵抗B}{抵抗A+抵抗B}$$

この図では、5Ωと1Ωなので、a－b間の合成抵抗は（5×1）/（5＋1）で約0.83Ωとなります。

電流が流れない場合

抵抗のない電線が並列に接続されている場合は、電線にすべての電流が流れ、**抵抗には電流が流れません。**

こちらに電流がすべて流れる。（0Ω）

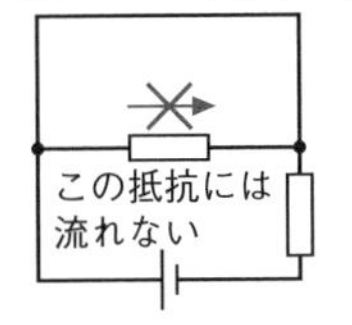

電圧がかからない場合

抵抗の両端の一方が開放されている場合には、**抵抗には電圧がかかりません**。電圧のかからない抵抗には電流も流れません。

電流が流れていない抵抗は**合成抵抗の計算から除外**します。

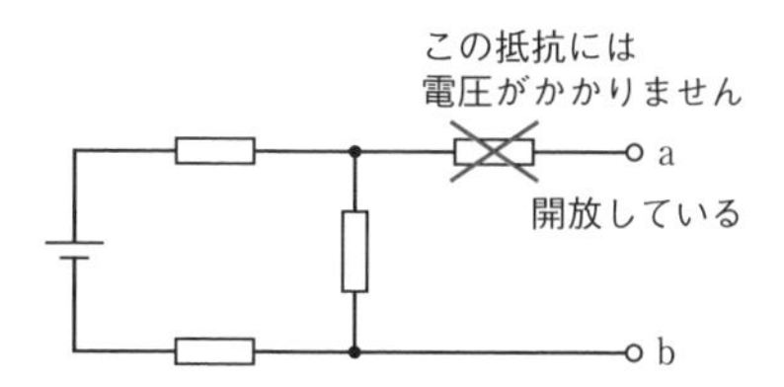

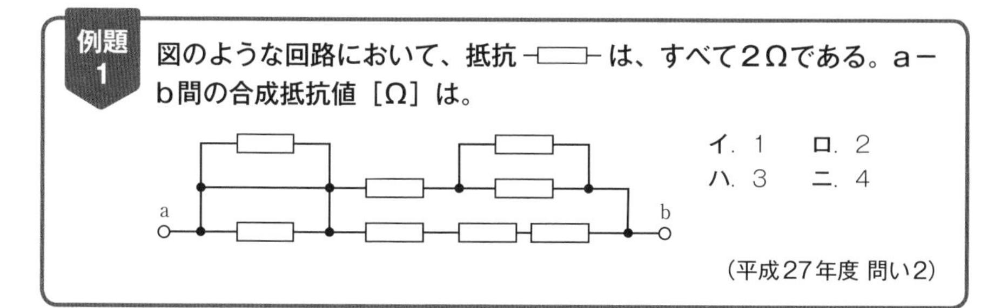

例題1 図のような回路において、抵抗 ─▭─ は、すべて2Ωである。a−b間の合成抵抗値［Ω］は。

イ．1　　ロ．2
ハ．3　　ニ．4

（平成27年度 問い2）

解説・解答

まず、左側二つの抵抗は、抵抗のない電線が並列に接続されているので、除外します。

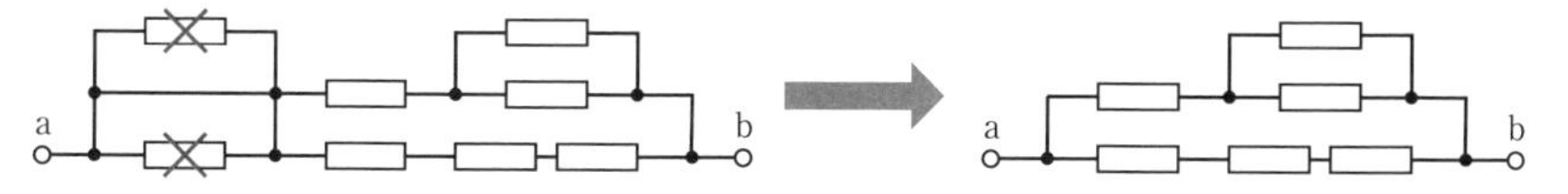

右上の二つの並列の抵抗を合成します。

$$\frac{2\times2}{2+2}=1\ [\Omega]$$

上下の直列に接続されている抵抗をそれぞれ合成していきます。

$2+1=3\ [\Omega]$　　$2+2+2=6\ [\Omega]$

合成した抵抗は、並列に接続されているので、並列接続の合成を行います。

$$\frac{6\times3}{6+3}=2\ [\Omega]$$

a−b間の合成抵抗値は2Ωになります。

答え ロ

電圧のかからない抵抗の計算からの除外を忘れないようにしましょう。

オームの法則を使った計算

「**オームの法則**」は、電圧、電流、抵抗の関係を示したもので、図で表すと下図のようになり、式に表すと次のようになります。

電圧＝電流×抵抗　　電流＝$\frac{電圧}{抵抗}$　　抵抗＝$\frac{電圧}{電流}$

直流回路の問題では、これらを組み合わせながら、答えをもとめていきます。

図のような直流回路において、電源電圧は36V、回路電流は6Aである。抵抗Rに流れる電流I_R［A］は。

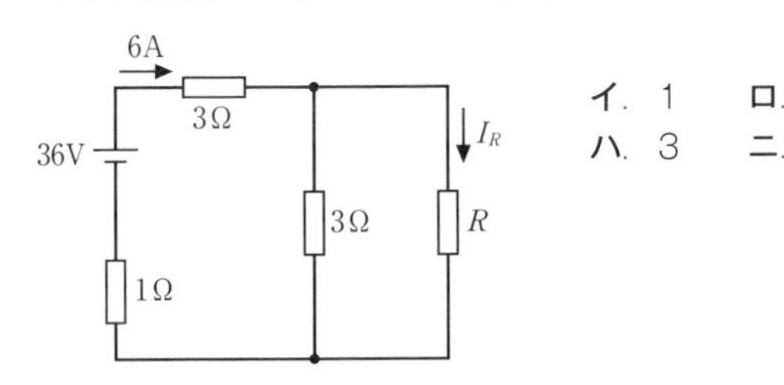

イ．1　　ロ．2
ハ．3　　ニ．4

（平成25年度 問い2）

解説・解答

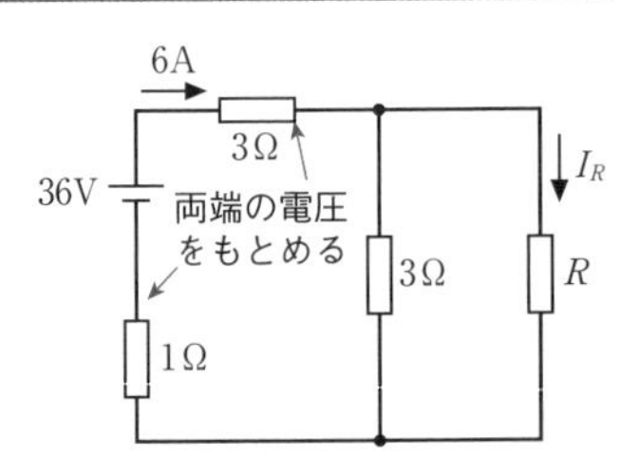

左上の3Ωの抵抗に流れる電流、また、左端の1Ωに流れる電流はそれぞれ6Aですので、それぞれの抵抗の両端の電圧をもとめます。

・左上3Ωの抵抗の両端の電圧

$6 \times 3 = 18$［V］

・左端1Ωの抵抗の両端の電圧

$6 \times 1 = 6$［V］

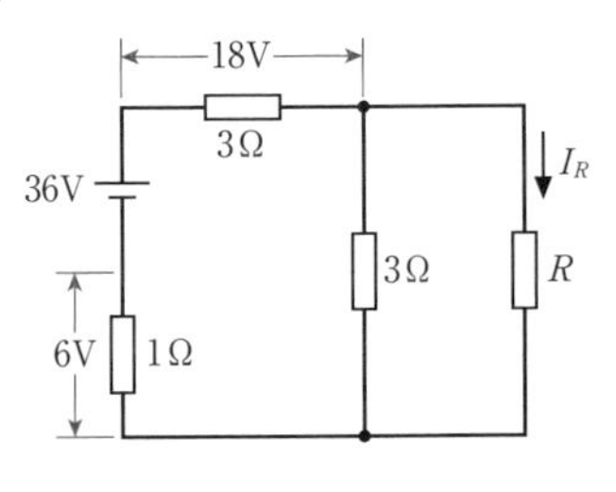

これらの電圧からRの抵抗にかかる電圧がもとめられます。RまたRと並列に接続している3Ωの抵抗にかかる電圧は、電源電圧から先ほどの3Ωと1Ωの抵抗にかかった電圧を引いたものになります。

・R（中央3Ω）の抵抗の両端の電圧

$36 - 18 - 6 = 12$［V］

Rの抵抗に流れる電流は、並列に接続された3Ωに流れる電流を6Aから引いた値になります。そのため、中央の3Ωの抵抗に流れる電流を先ほど求めた電圧を使ってもとめます。

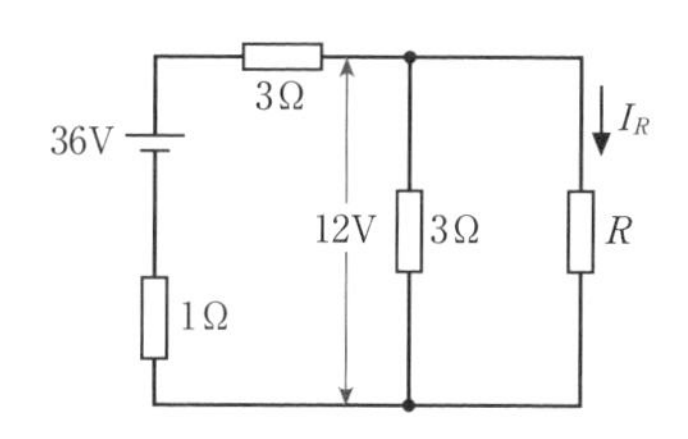

・**中央3Ωの抵抗に流れる電流**

$$\frac{12}{3}=4\ [\mathrm{A}]$$

抵抗Rに流れる電流の値は、

$6-4=2\ [\mathrm{A}]$

2Aになります。

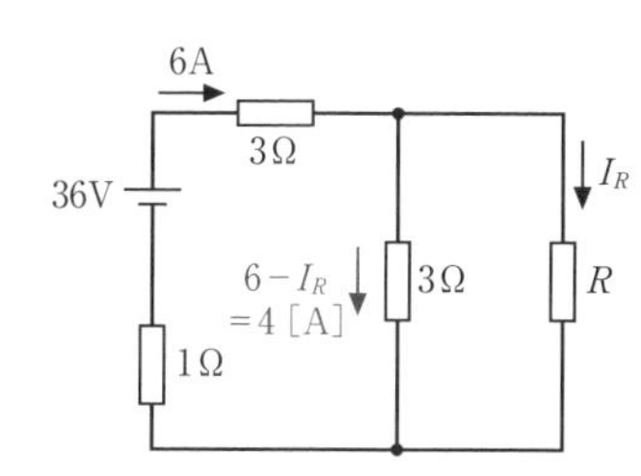

ワンポイント

直流回路は、このような電流を問う問題のほかに電圧・抵抗を問う問題も出題されています。オームの法則を使ったさまざまな解法に慣れておきましょう。

ブリッジ回路の平衡条件

右の図のような回路で、抵抗R_A、R_B、R_C、R_Dの値が次の条件になったとき、R_Eの抵抗には電流が流れません。

$R_A \times R_D = R_B \times R_C$

このような対角線上の向かい合った抵抗の積が同一になることを平衡した状態といい、この条件を「**ブリッジ回路の平衡条件**」と言います。

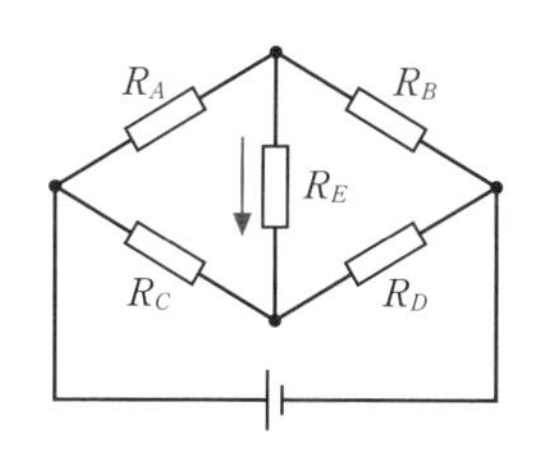

例題3

図のような直流回路において、抵抗2Ωに流れる電流I［A］は。ただし、電池の内部抵抗は無視する。

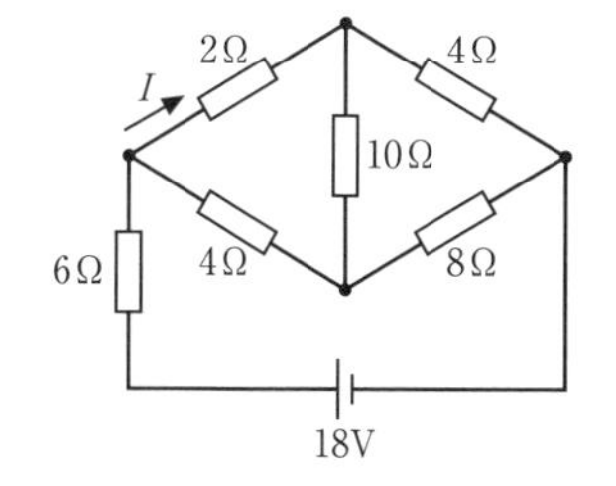

イ. 0.6　ロ. 1.2
ハ. 1.8　ニ. 3.0

（平成28年度 問い2）

解説・解答

問題の回路は、ブリッジ回路になっています。

- **左上と右下の抵抗の積**
  $2 \times 8 = 16$ [Ω]
- **右上と左下の抵抗の積**
  $4 \times 4 = 16$ [Ω] ←（積が同一）

平衡条件を満たしているので、右の図のように10Ωの抵抗を除外して計算できます。

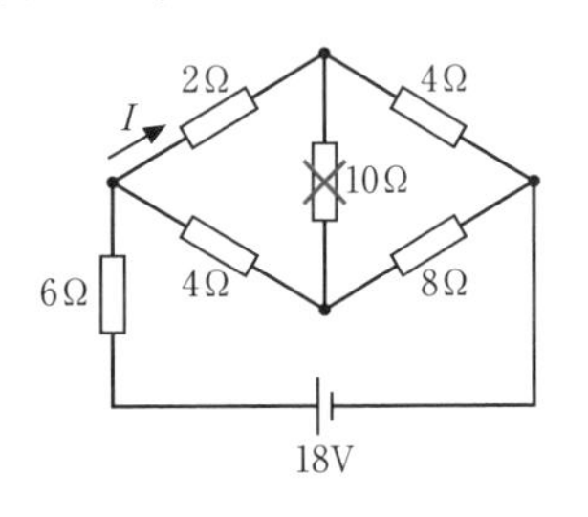

- **左上と右上の抵抗の合成**
  $2 + 4 = 6$ [Ω]
- **左下と右下の抵抗の合成**
  $4 + 8 = 12$ [Ω]
- **求めた合成抵抗（並列接続）の合成**

$$\frac{6 \times 12}{6 + 12} = 4 \ [\Omega]$$

この合成抵抗を左下の6Ωの抵抗と合成すると、回路全体の合成抵抗になります。

$6 + 4 = 10$ [Ω]

回路全体の合成抵抗から、回路全体に流れる電流は、

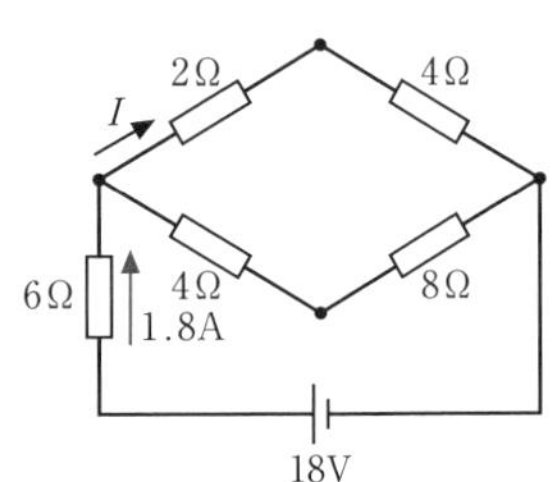

$$\frac{18}{10} = 1.8 \ [\mathrm{A}]$$

左上2Ωの抵抗と右上4Ωの抵抗にかかる電圧は、全体の電圧の左下6Ωの抵抗にかかる電圧との差なので、

$18 - (6 \times 1.8) = 7.2$ [V]

左上2Ωに流れる電流は、

$$\frac{7.2}{(2 + 4)} = 1.2 \ [\mathrm{A}]$$

抵抗2Ωに流れる電流 I は1.2Aになります。

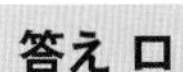

2電源の回路とキルヒホッフの法則

回路に電源が2箇所ある場合は、キルヒホッフの法則を使います。

<第1法則>

ある1点に入ってくる電流の合計は、出ていく電流の合計と等しい。

<第2法則>

閉回路において、電圧降下の合計は電源電圧の合計と等しい。

このことを次ページの右の図から式で表すと、a点は、

$I_1 + I_2 = I_3$（キルヒホッフの第1法則）

閉回路Aは、

$R_1I_1 - R_2I_2 = E_1 - E_2$

閉回路Bは、

$R_2I_2 + R_3I_3 = E_2$（キルヒホッフの第2法則）

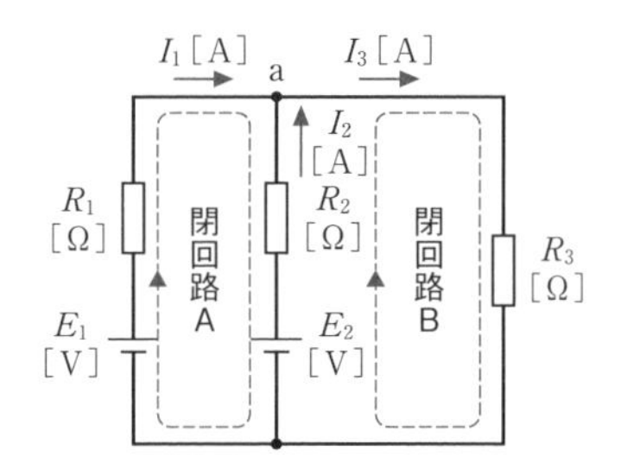

例題4 **図のような直流回路において、抵抗 $R = 3.4\Omega$ に流れる電流が30Aであるとき、図中の電流 I_1［A］は。**

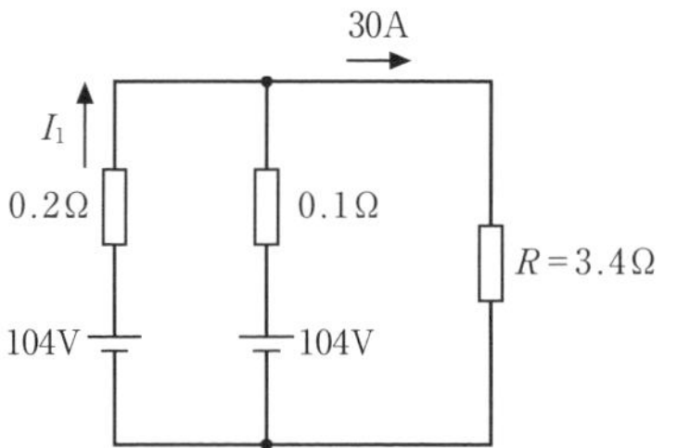

イ. 5　ロ. 10
ハ. 20　ニ. 30

（平成27年度 問い3）

解説・解答

キルヒホッフの第2法則より、閉回路Bは、

$104 = 0.1 \times I_2 + (30 \times 3.4)$

この式から、電流 I_2 をもとめると、

$$I_2 = \frac{104 - (30 \times 3.4)}{0.1} = 20 \text{［A］}$$

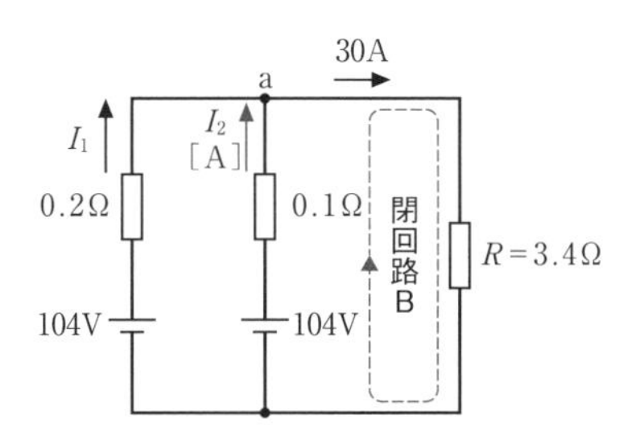

キルヒホッフの第1の法則よりa点における I_1 の電流は、

$30 - 20 = 10$［A］

電流 I_1 は10Aになります。

答え ロ

キルヒホッフの法則は、実際に使って覚えましょう。

練習問題❶ 図のような直流回路において、スイッチSが開いているとき、抵抗Rの両端の電圧は36Vであった、スイッチSを閉じたときの抵抗Rの両端の電圧［V］は。

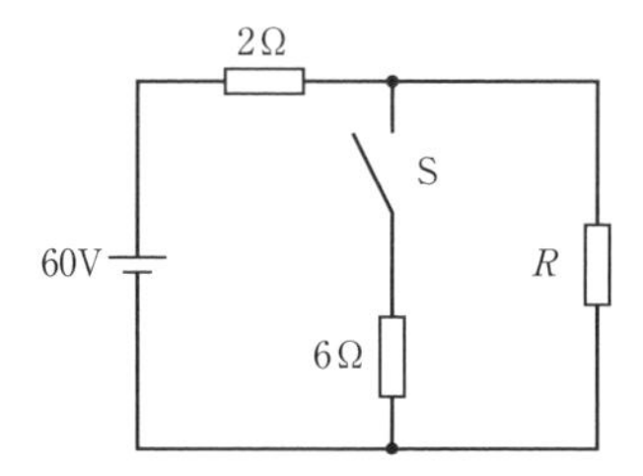

イ．3　ロ．12
ハ．24　ニ．30

（平成29年度 問い2）

練習問題❷ 図のような直流回路において、電源電圧は104V、抵抗R_2に流れる電流が6Aである。抵抗R_1の抵抗値［Ω］は。

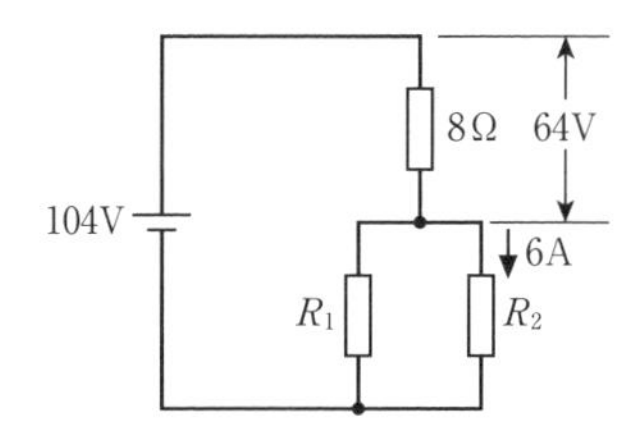

イ．5　ロ．6.8
ハ．13　ニ．20

（平成22年度 問い2）

解答

練習問題❶ ニ

スイッチSが開いているとき、2Ωの抵抗の両端の電圧は、60－36＝24［V］なので、回路の電流は、24/2＝12［A］。Rの抵抗値は、36/12＝3［Ω］。

スイッチSを閉じたときは、Rと並列に接続されている6Ωの抵抗を合成すると、(3×6)/(3＋6)＝2［Ω］。回路全体の電流は60/(2＋2)＝15［A］。抵抗Rの両端の電圧は、並列に接続された6Ωの抵抗と同じ電圧がかかるので、6ΩとR(3Ω)の合成抵抗値を使い、15×2＝30［V］。

練習問題❷ ニ

上の8Ωに流れる電流は64/8＝8［A］。R_1に流れる電流は8－6＝2［A］。R_1にかかる電圧は、104－64＝40［V］。R_1の抵抗値は、40/2＝20［Ω］。

重要度★★★

02 電線の抵抗

電線の抵抗値と電線の長さや導体の太さ、
また、周囲温度との関係について学びます

電線の長さや導体の断面積と抵抗値

電線の抵抗値は、電線の長さに比例し、導体の断面積に反比例します。また、単線でもより線でも断面積と長さが同じ場合、ほぼ同じ抵抗値になります。

電線の周囲温度や電線の材質と抵抗値

周囲の温度が上昇すると電線の抵抗値は大きくなります。また、アルミニウム電線の抵抗値は軟銅線の抵抗値より大きくなります。

電線は長いほど抵抗が増し、導体の太さが太いほど抵抗が減ります。また、電線の周囲温度が上がると、抵抗値が増します。

例題 5

電線の抵抗値に関する記述として、誤っているものは。

イ. 周囲の温度が上昇すると、電線の抵抗値は小さくなる。
ロ. 抵抗値は、電線の長さに比例し、導体の断面積に反比例する。
ハ. 電線の長さと導体の断面積が同じ場合、アルミニウム電線の抵抗値は、軟銅線の抵抗値より大きい。
ニ. 軟銅線では、電線の長さと断面積が同じであれば、より線も単線も抵抗値はほぼ同じである。

(平成27年度 問い1)

解説・解答

電線の抵抗値は周囲の温度が上昇すると大きくなります。

答え イ

重要度★★★

03 コンデンサ回路

コンデンサ回路で使う、静電容量・電荷・エネルギーの意味や計算方法を学びます

コンデンサに蓄えられる電荷とエネルギー

コンデンサとは、電荷［C（クーロン）］を蓄える部品です。電荷とは、電気量のことで、コンデンサの電荷を蓄える能力は、静電容量［F（ファラッド）］で表されます。静電容量C［F］のコンデンサに、直流電圧V［V］を掛けたとき蓄えられる電荷Q［C］は、

$Q=CV$［C］→（静電容量の式に変換）$C=\dfrac{Q}{V}$［F］

となります。この式から、**静電容量は電圧に反比例**することがわかります（分母にあると反比例）。

蓄えられる静電エネルギーW［J（ジュール）］は、

$$W=\frac{CV^2}{2}\ [\mathrm{J}]$$

となります。この式から、**蓄えられる静電エネルギーは電圧の２乗に比例**します（分子にあると比例）。

平行平板コンデンサの静電容量

平行平板コンデンサは、平板電極間に絶縁物（誘電体）を挟んだものです。誘電体の誘電率ε、電極の離隔距離d［m］、電極の面積A［m^2］の平行平板コンデンサの静電容量C［F］は、

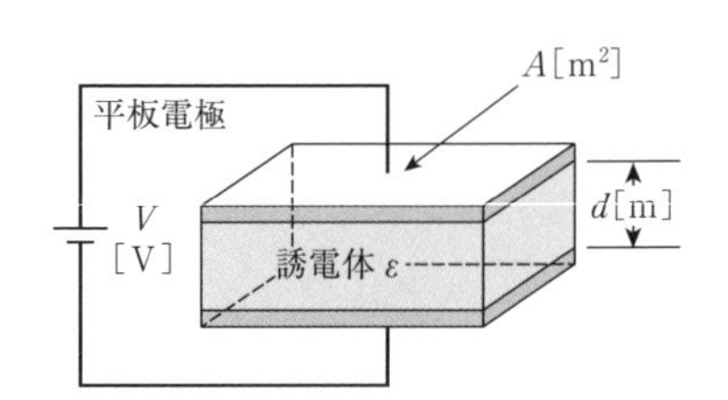

$$C=\varepsilon\frac{A}{d}\ [\mathrm{F}]$$

となります。この式から、**静電容量は電極の面積と誘電率に比例**し、**電極の離隔距離に反比例**します。

その電荷の持つ、静電力（クーロン力）を「電界の強さ」と言います。**電界の強さE［V/m］は電圧V［V］に比例**し、**電極の離隔距離d［m］に反比例**します。

$$E=\frac{V}{d}\ [\mathrm{V/m}]$$

図のように、面積Aの平板電極間に、厚さがdで誘電率εの絶縁物が入っている平行平板コンデンサがあり、直流電圧Vが加わっている。このコンデンサの静電エネルギーに関する記述として、正しいものは。

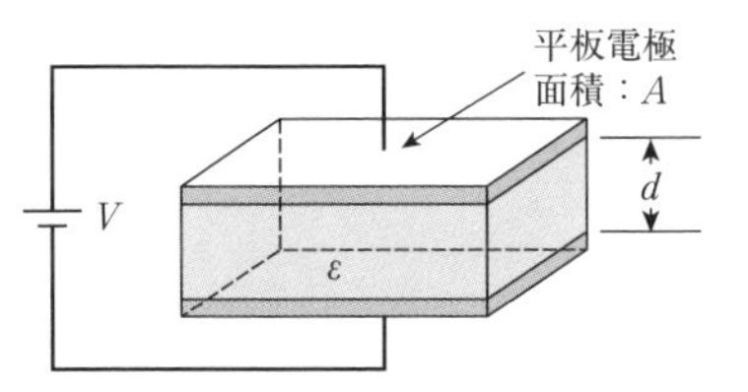

イ．電圧Vの２乗に比例する。
ロ．電極の面積Aに反比例する。
ハ．電極間の距離dに比例する。
ニ．誘電率εに反比例する。

（平成28年度 問い1）

解説・解答

この平行平板コンデンサの静電エネルギーWは、

$$W=\frac{CV^2}{2}\ [\mathrm{J}]$$

静電容量の式を代入すると、

$$W=\frac{\varepsilon AV^2}{2d}\ [\mathrm{J}]$$

この式から、平行平板コンデンサの静電エネルギーWは誘電率εと電極の面積Aと電圧Vの２乗に比例し、電極間の距離dに反比例します。

答え イ

合成静電容量

二つ以上のコンデンサのある回路においてコンデンサの静電容量は、抵抗の合成抵抗と同じように合成することができます。ただし、直列と並列の計算は逆になります。

<直列接続>

C_1［μF］　C_2［μF］

$$合成静電容量C=\frac{1}{\frac{1}{C_1}+\frac{1}{C_2}}=\frac{C_1\times C_2}{C_1+C_2}\ [\mu\mathrm{F}\ (マイクロファラッド)]$$

（μFはF$\times 10^{-6}$）

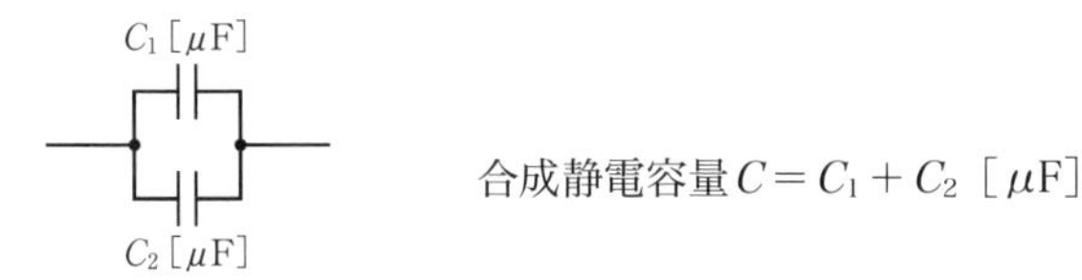

コンデンサ回路の計算

コンデンサ回路では、合成静電容量と電荷の計算式と静電エネルギーの計算式を使います。

電荷 $Q = CV$ [C]　　静電エネルギー $W = \dfrac{CV^2}{2}$ [J]

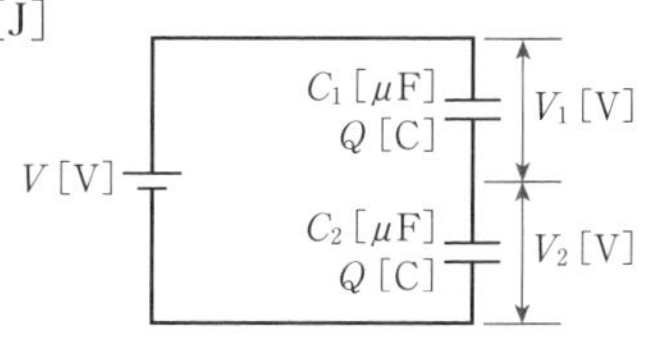

直列接続の場合、電圧はコンデンサの静電容量に対して次の式のようになります。

$$V_1 = \frac{C_2}{C_1 + C_2} V \text{ [V]} \qquad V_2 = \frac{C_1}{C_1 + C_2} V \text{ [V]}$$

電荷は同一になります。

並列接続の場合、電圧は同一です。電荷は次の式のようになります。

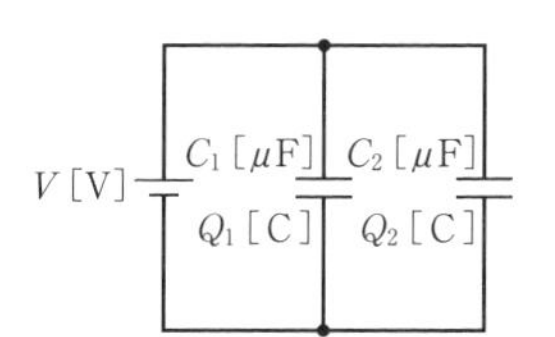

$Q_1 = C_1 V$ [C]　　$Q_2 = C_2 V$ [C]

例題 7

図のように、静電容量6μFのコンデンサ３個を接続して、直流電圧120Vを加えたとき、図中の電圧 V_1 の値 [V] は。

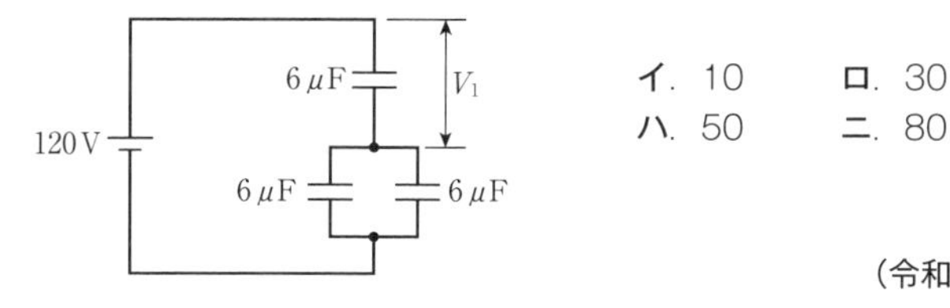

イ. 10　　ロ. 30
ハ. 50　　ニ. 80

（令和２年度 問い1）

解説・解答

まず、回路全体の合成静電容量 C をもとめます。

$$C = \frac{6 \times (6+6)}{6 + (6+6)} = 4 \text{ [μF]}$$

電荷 Q をもとめると、

$$Q = CV = 4 \times 10^{-6} \times 120 = 480 \times 10^{-6} \text{ [C]}$$

V_1 の電圧は、

$$V_1 = \frac{Q}{C} = \frac{480 \times 10^{-6}}{6 \times 10^{-6}} = 80 \text{ [V]}$$

80Vになります。

答え ニ

練習問題❸ 図のように、面積Sの平板電極間に、厚さがdで誘電率εの絶縁物が入っている平行平板コンデンサがあり、直流電圧Vが加わっている。このコンデンサの静電容量Cに関する記述として、正しいものは。

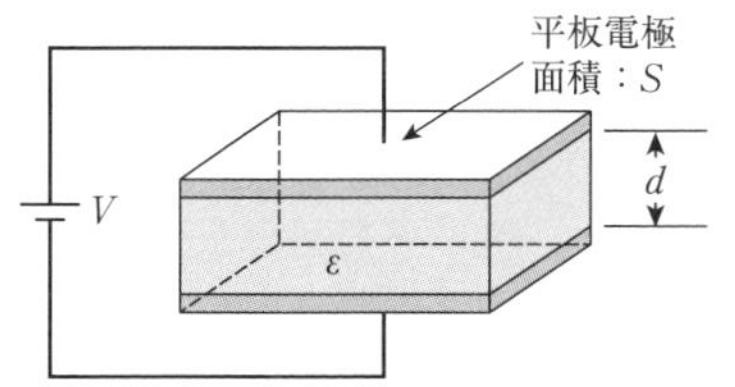

イ．電圧Vに比例する。
ロ．電極の面積Sに比例する。
ハ．電極の離隔距離dに比例する。
ニ．誘電率εに反比例する。

（平成21年度 問い1）

練習問題❹ 図のような回路において、静電容量1 μFのコンデンサに蓄えられる静電エネルギー［J］は。

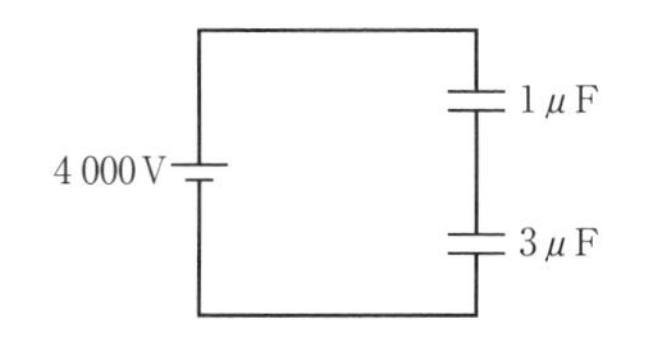

イ．0.75　ロ．3.0
ハ．4.5　ニ．9.0

（平成23年度 問い1）

解答

練習問題❸ ロ

静電容量の式は、

$$C=\varepsilon\frac{S}{d}\ [\mathrm{F}] \qquad C=\frac{Q}{V}$$

なので、電極の面積に比例します。

練習問題❹ ハ

1 μFにかかる電圧は、

$$V_1=\frac{3}{1+3}\times 4\,000=3\,000\ [\mathrm{V}]$$

1 μFに蓄えられる静電エネルギーは、

$$W=\frac{CV^2}{2}=\frac{1\times10^{-6}\times3\,000^2}{2}=4.5\,[\mathrm{J}]$$

4.5Jになります。

重要度★★★

04 電磁力・コイル

電線間で働く電磁力やコイルの電流、
磁気回路の磁束について学びます

電線間に働く電磁力

電流の流れる平行した２本の電線間には、同じ方向に電流を流すと吸引力が、反対方向に電流を流すと反発力が働きます。

この吸引力・反発力を電磁力といい、電流Iの２乗に比例し、電線間の距離dに反比例します。

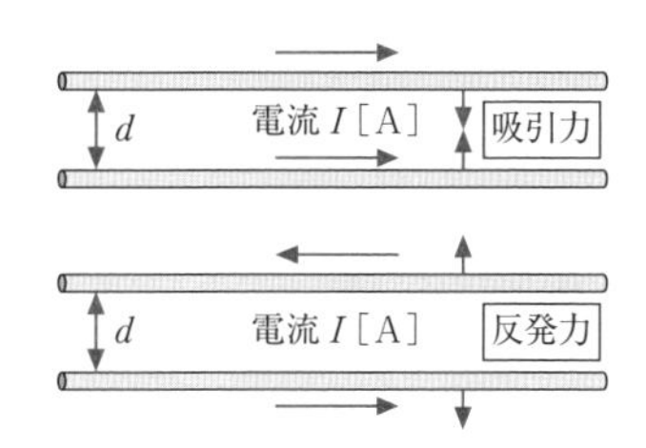

例題 8 **図のように、２本の長い電線が、電線間の距離d［m］で平行に置かれている。両電線に直流電流I［A］が互いに逆方向に流れている場合、これらの電線間に働く電磁力は。**

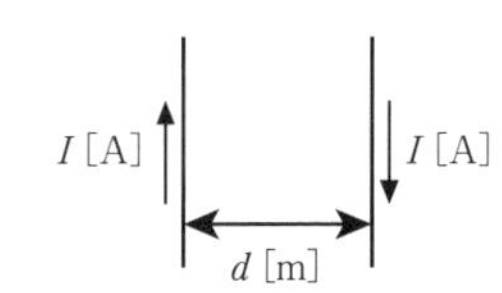

イ．$\frac{I}{d}$ に比例する吸引力　ロ．$\frac{I}{d^2}$ に比例する反発力

ハ．$\frac{I^2}{d}$ に比例する反発力　ニ．$\frac{I^2}{d^2}$ に比例する吸引力

（2019年度 問い1）

解説・解答

２本の長い電線には反対方向の電流が流れているので反発力になります。
また電磁力は、I^2/dに比例します。

答え ハ

円筒コイルの電流

巻数nのコイルに周波数fの交流電圧をかけると、電流Iは次の式のようになります。

$$I=\frac{V}{2\pi fL}\ [\mathrm{A}]\ （Lは自己インダクタンス）$$

この式から、次のようになります。

- 電圧Vを上げると電流Iは増加する。
- 周波数fを高くすると電流Iは減少する。

また、巻数nが増加すると電流Iは減少し、コイルに鉄心を入れると同じように電流Iが減少します。

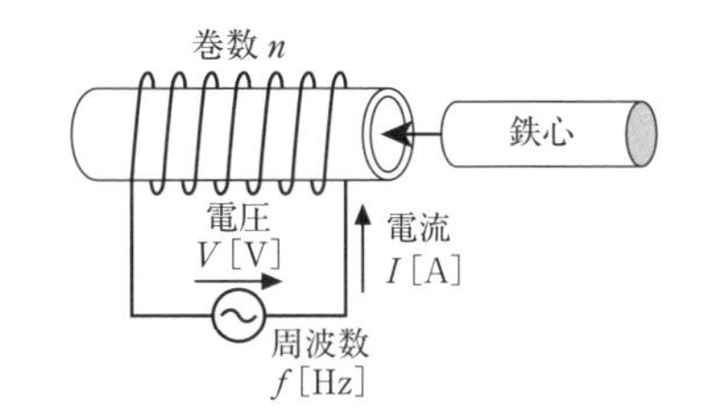

例題 9 **図のように、巻数nのコイルに周波数fの交流電圧Vを加え、電流Iを流す場合に、電流Iに関する説明として、正しいものは。**

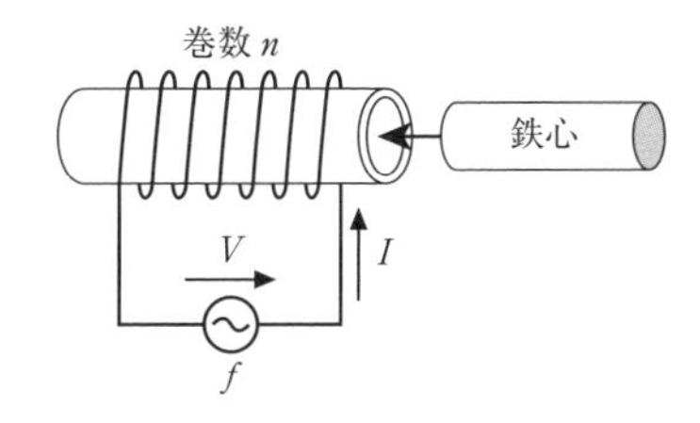

イ．巻数nを増加すると、電流Iは減少する。
ロ．コイルに鉄心を入れると、電流Iは増加する。
ハ．周波数fを大きくすると、電流Iは増加する。
ニ．電圧Vを上げると、電流Iは減少する。

（平成22年度 問い1）

解説・解答

電流Iが増加するのは、①電圧が上がった場合。電流Iが減少するのは、②巻数nが増加した場合、③周波数fが大きくなった場合、④コイルに鉄心を入れた場合です。

ですので、答えはイになります。

答え イ

磁気回路の磁束

磁気回路における磁極の強さを磁束と言います。

この磁束ϕ［Wb（ウェーバ）］を、右の図のような場合、透磁率μ、断面積A、巻数N、電流I、磁路の長さlとして式に表すと、

$$\phi = \frac{\mu ANI}{l} \text{ [Wb]}$$

磁束は、巻数Nと電流Iに比例します。

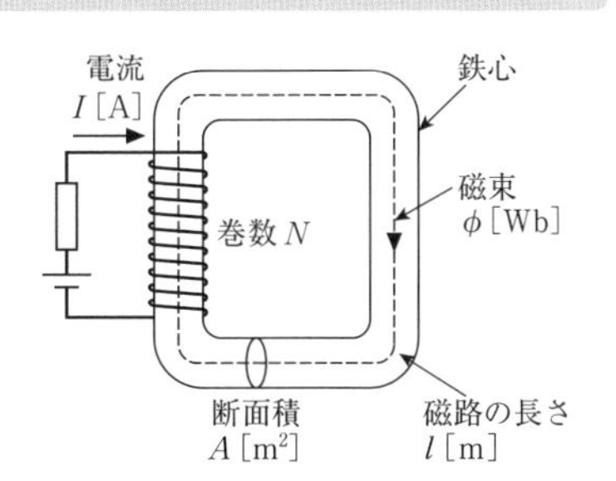

例題 10

図のように、鉄心が巻かれた巻数Nのコイルに、電流Iが流れている。鉄心内の磁束ϕは。
ただし、漏れ磁束及び磁束の飽和は無視するものとする。

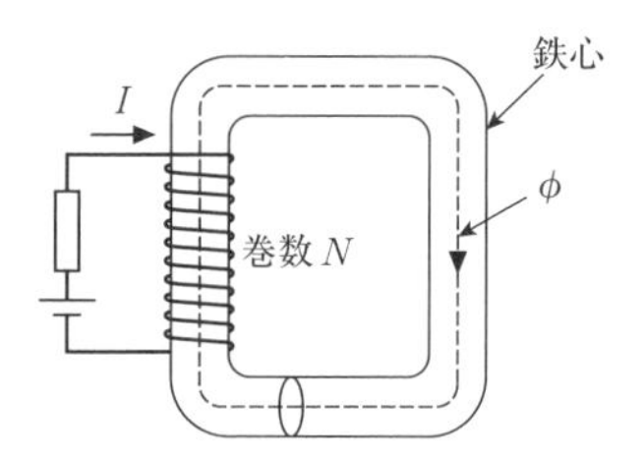

イ．NIに比例する。
ロ．N^2Iに比例する。
ハ．NI^2に比例する。
ニ．N^2I^2に比例する。

（平成26年度 問い1）

解説・解答

磁束はNIに比例します。

答え イ

第1種電気工事士筆記試験では、コンデンサやコイルの問題が多く出題されます。その特徴をよくつかんでおきましょう。

円筒コイル・磁気回路は、どの要素と比例するかあるいは反比例するか、式から答えられるようにしておきましょう！

重要度★★★

05 直流回路の消費電力・エネルギー

直流回路における消費電力のもとめ方と
コンデンサ・コイルに蓄えられるエネルギーについて学びます

直流回路における抵抗の消費電力のもとめ方

消費電力P［W］は、直流回路では、電圧V［V］×電流Iでもとめます。

$P = V \times I$ ［W］

オームの法則と組み合わせると、次のとおりです。

$P = \frac{V^2}{R} = I^2 R$ ［W］

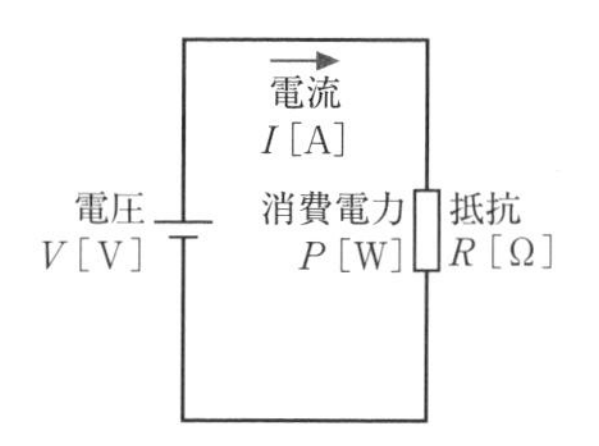

例題 11

図のような直流回路において、抵抗3Ωには4Aの電流が流れている。抵抗Rにおける消費電力［W］は。

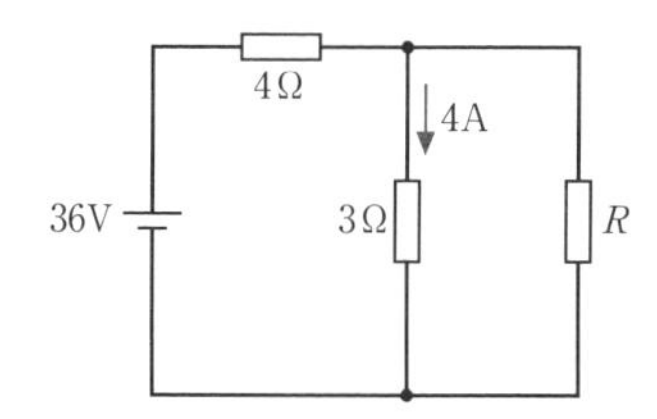

イ．6　　ロ．12
ハ．24　　ニ．36

（平成26年度 問い2）

解説・解答

中央の3Ωの抵抗にかかる電圧は、

$4 \times 3 = 12$ ［V］

左上の4Ωの抵抗にかかる電圧は、

$36 - 12 = 24$ ［V］

4Ωの抵抗に流れる電流は、

$\frac{24}{4} = 6$ ［A］

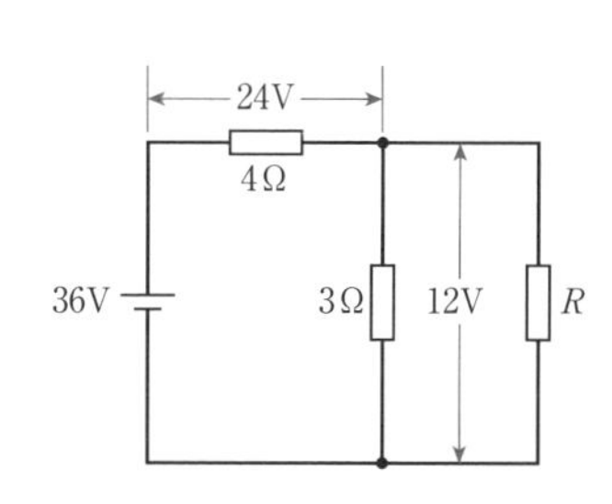

抵抗Rに流れる電流は、4Ωの抵抗に流れる電流から3Ωの抵抗に流れる電流を引けばよいので、

$6-4=2$ [A]

抵抗Rの電圧は3Ωの抵抗と同じ12Vなので、消費電力は、

$12\times2=24$ [W]

抵抗Rの消費電力は、24Wになります。

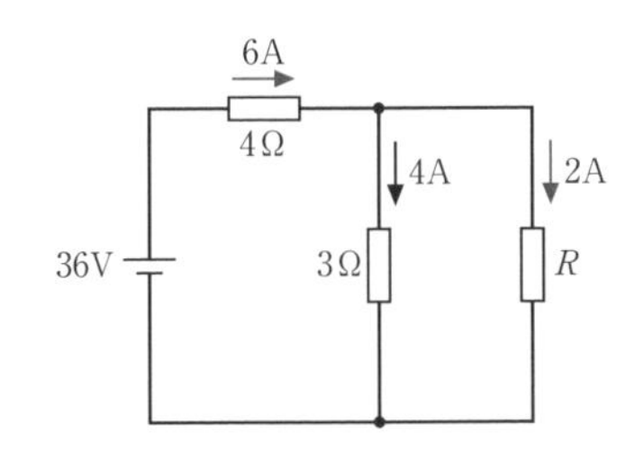

答え ハ

コンデンサ・コイルに蓄えられるエネルギー

コンデンサに蓄えられるエネルギーW_C [J] は、次の式のとおりです。

$$W_C=\frac{1}{2}CV^2 \text{ [J]}$$

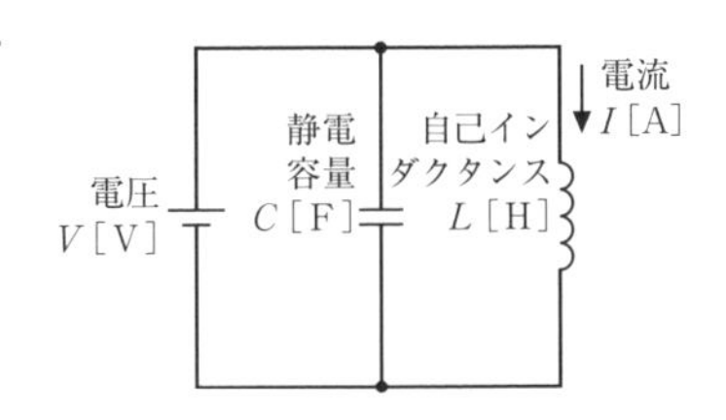

コイルに蓄えられるエネルギーW_L [J] は、次の式のとおりです{自己インダクタンスの単位はH（ヘンリー）}。

$$W_L=\frac{1}{2}LI^2 \text{ [J]}$$

例題 12

図のような直流回路において、電源電圧100V、$R=10\Omega$、$C=20\mu F$及び$L=2mH$で、Lには電流10Aが流れている。Cに蓄えられているエネルギーW_C [J] の値と、Lに蓄えられているエネルギーW_L [J] の値の組合せとして、正しいものは。

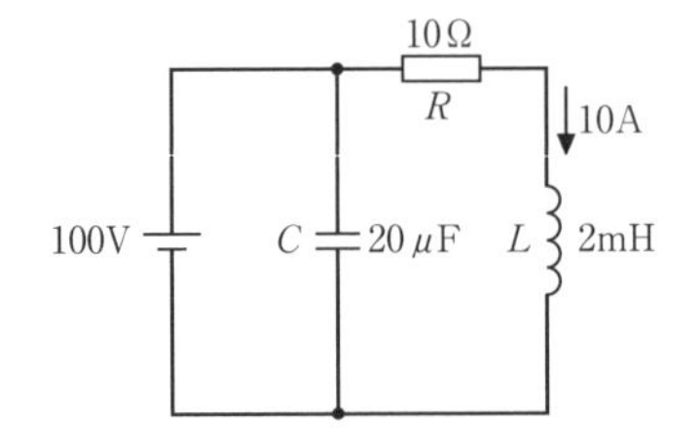

イ. $W_C=0.001$　$W_L=0.01$
ロ. $W_C=0.2$　$W_L=0.01$
ハ. $W_C=0.1$　$W_L=0.1$
ニ. $W_C=0.2$　$W_L=0.2$

（平成30年度 問い1）

解説・解答

Cに蓄えられているエネルギーW_C [J] は、

$$W_C=\frac{1}{2}CV^2=\frac{1}{2}\times20\times10^{-6}\times100^2=0.1 \text{ [J]}$$

Lに蓄えられているエネルギー W_L［J］は、

$$W_L = \frac{1}{2}LI^2 = \frac{1}{2} \times 2 \times 10^{-3} \times 10^2 = 0.1 \text{［J］}$$

両方0.1Jになるので答えはハです。

答え ハ

練習問題❺ 図のような回路において、抵抗３Ωの消費電力［W］は。

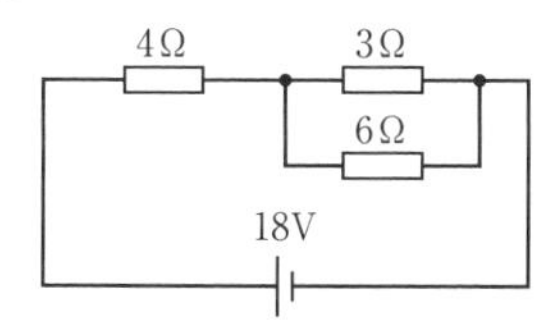

イ．3　　ロ．6
ハ．12　　ニ．36

（平成23年度 問い2）

解答

練習問題❺ ハ

回路全体の合成抵抗は、

4＋{(3×6)/(3＋6)}＝6［Ω］

抵抗４Ωに流れる電流は、電源電圧を合成抵抗で割ったものなので、

18/6＝3［A］

抵抗４Ωにかかる電圧は、

3×4＝12［V］

抵抗３Ωにかかる電圧は、電源電圧から抵抗４Ωの電圧を引いたものなので、

18－12＝6［V］

抵抗３Ωの消費電力は、$P = V^2/R$の式を使い、

$6^2/3$＝12［W］

オームの法則と消費電力の式は、組み合わせて使用できるようにしておきましょう！

重要度★★★

06 単相交流回路

単相交流回路の正弦波交流電圧、合成インピーダンス、並列回路に流れる電流やリアクタンスについて学びます

正弦波交流電圧

単相交流回路の電圧の波形は、右の図のような正弦波の形になります。

周波数は１秒間に繰り返される１周期の波形数を表し、波形の周期は、その１周期の時間を表します。

周波数 f［Hz］と波形の周期 t［ms］の関係を式で表すと、

$$f=\frac{1\,000}{t}\ [\mathrm{Hz}]$$

また、１秒間あたりの回転角度を表した角速度が使われます。このときに使われる角度は１回転を360°と表現する度数法ではなく、半径（r）の長さを１として弧の長さで表す弧度法のrad（ラジアン）が使われます。

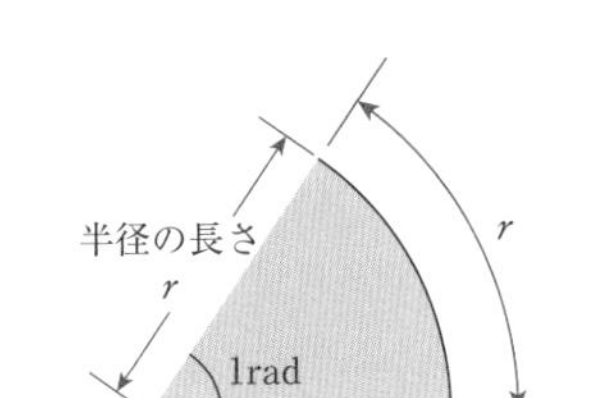

角速度ω［rad/s］との関係を式で表すと、

$$\omega=2\pi f\ [\mathrm{rad/s}]$$

になります。90°が(1/2)πrad、180°がπrad、360°が2πradになります。

ワンポイント

電気工学での角度は、弧度法（rad）がよく使われます。

角速度は正弦波交流を理解するために必要になります！

図のような正弦波交流電圧がある。波形の周期が20ms（周波数50Hz）であるとき、角速度ω［rad/s］の値は。

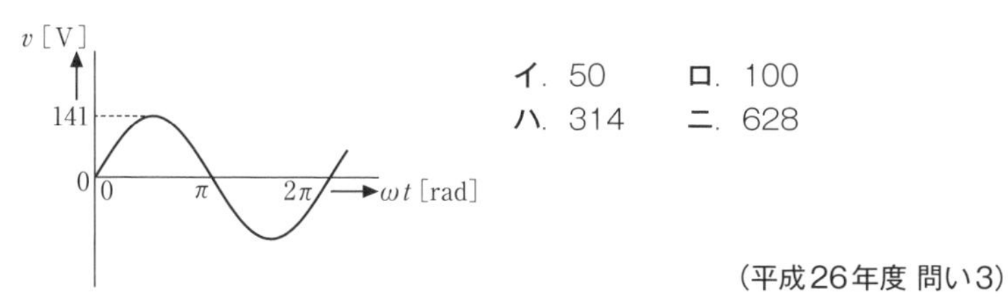

イ．50　ロ．100
ハ．314　ニ．628

（平成26年度 問い3）

解説・解答

周波数から角速度をもとめると、

$\omega = 2\pi f = 2 \times \pi \times 50 \fallingdotseq 314$［rad/s］

角速度は314rad/sになります。

答え ハ

直列回路の合成インピーダンス

右の図のような抵抗、コイル、コンデンサの直列回路では、回路のインピーダンスZ［Ω］は次のようになります。

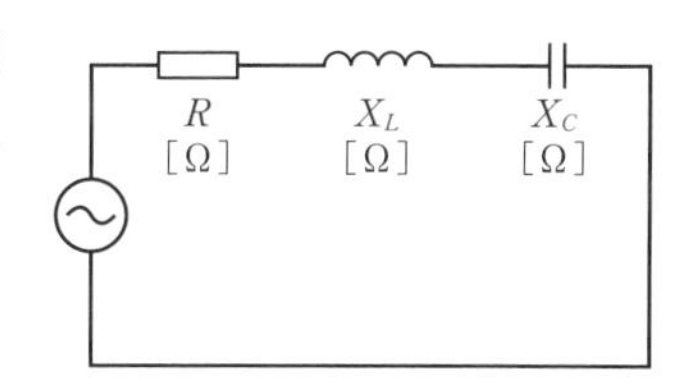

（X_L：誘導性リアクタンス、X_C：容量性リアクタンス）

$Z = \sqrt{R^2 + (X_L - X_C)^2}$［Ω］

もし、コイルと抵抗（$R-L$直列回路）、あるいはコンデンサと抵抗（$R-C$直列回路）の場合は、それぞれ次のとおりです。

（$R-L$直列回路）$Z = \sqrt{R^2 + X_L^2}$［Ω］　（$R-C$直列回路）$Z = \sqrt{R^2 + X_C^2}$［Ω］

図のような交流回路において、電源電圧は100V、電流は20A、抵抗Rの両端の電圧は60Vであった。誘導性リアクタンスXは何［Ω］か。

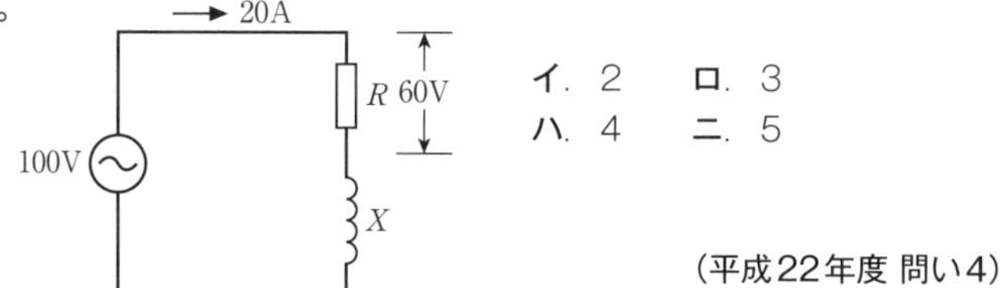

イ．2　ロ．3
ハ．4　ニ．5

（平成22年度 問い4）

第1章 電気に関する基礎理論

解説・解答

回路の合成インピーダンスZ［Ω］は、

$$Z=\frac{V}{I}=\frac{100}{20}=5\ [\Omega]$$

抵抗Rは、抵抗Rにかかっている電圧と電流でもとめられるので、

$$R=\frac{V_R}{I}=\frac{60}{20}=3\ [\Omega]$$

$R-L$直列回路の合成インピーダンスの式でもとめると、

$$Z=5=\sqrt{3^2+X_L{}^2}$$

上式の両辺を２乗すると、

$$Z^2=(\sqrt{3^2+X_L{}^2})^2=3^2+X_L{}^2=5^2$$

$$X_L=\sqrt{5^2-3^2}=4\ [\Omega]$$

誘導性リアクタンスは、4Ωになります。

答え ハ

並列回路に流れる電流

並列回路に流れる電流は、電圧を基準にすると、コイルに流れる電流は90°遅れ、コンデンサに流れる電流は90°進みます。

それぞれの回路を、ベクトル図と式で書くと次のとおりです。

<$R-L$並列回路>

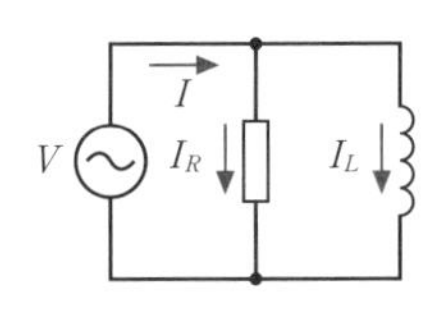

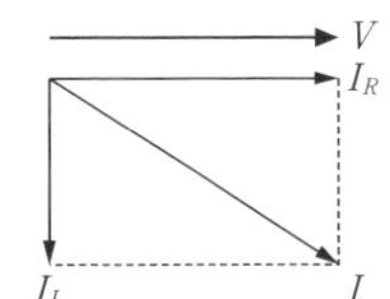

ベクトル図で90°遅れは矢印を下に向けて書きます。

$$I=\sqrt{I_R{}^2+I_L{}^2}$$

<$R-C$並列回路>

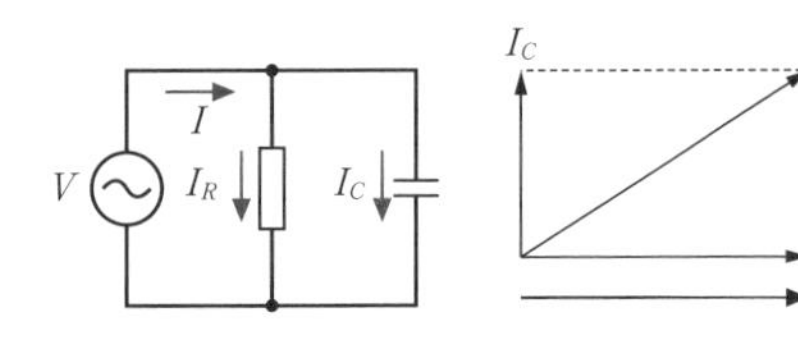

ベクトル図で90°進みは矢印を上に向けて書きます。

$$I=\sqrt{I_R{}^2+I_C{}^2}$$

<$R-L-C$並列回路>

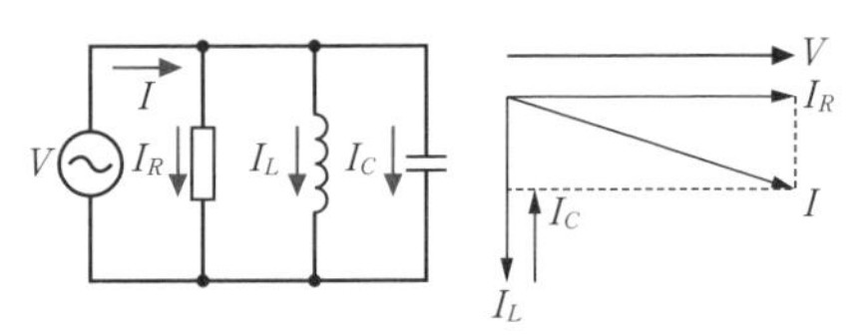

コイルに流れる電流からコンデンサに流れる電流を引きます。（$I_L>I_C$の場合）

$$I=\sqrt{I_R{}^2+(I_L-I_C)^2}$$

図のような交流回路において、電源電圧120V、抵抗20Ω、誘導性リアクタンス10Ω、容量性リアクタンス30Ωである。図に示す回路の電流 I［A］は。

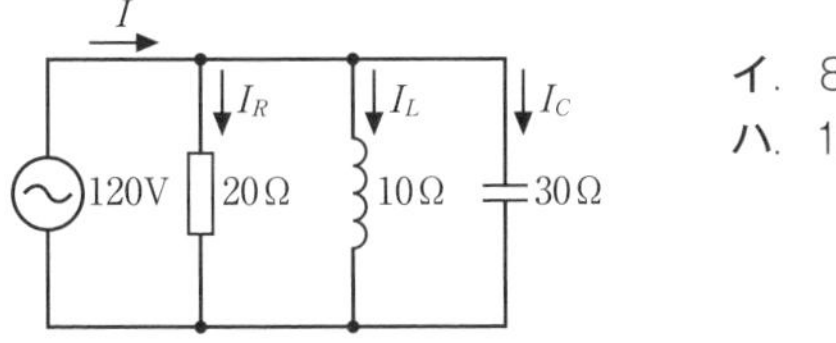

イ. 8　　ロ. 10
ハ. 12　　ニ. 14

（平成29年度 問い4）

解説・解答

抵抗、コイル、コンデンサにそれぞれ流れる電流（I_R、I_L、I_C）をもとめます。

$$I_R=\frac{V}{R}=\frac{120}{20}=6\ [\mathrm{A}]\qquad I_L=\frac{V}{X_L}=\frac{120}{10}=12\ [\mathrm{A}]\qquad I_C=\frac{V}{X_C}=\frac{120}{30}=4\ [\mathrm{A}]$$

$R-L-C$並列回路の回路電流の式に入れると、

$$I=\sqrt{I_R{}^2+(I_L-I_C)^2}=\sqrt{6^2+(12-4)^2}=10\ [\mathrm{A}]$$

回路の電流Iは10Aになります。

答え ロ

誘導性リアクタンスと容量性リアクタンス

コイルの誘導性リアクタンスX_L［Ω］を自己インダクタンスL［H］と周波数f［Hz］からもとめる式は、次のとおりです。

$$X_L=2\pi fL\ [\Omega]$$

コンデンサの容量性リアクタンスX_C［Ω］を静電容量C［F］と周波数f［Hz］からもとめる式は、次のとおりです。

$$X_C=\frac{1}{2\pi fC}$$

なお、コイルに交流電圧ではなく、直流電圧をかけると**抵抗値は0Ω**、またコンデンサは**∞Ω**になります。試験では、このことを使って解く問題が出る場合もありますので、覚えておきましょう。

例題 16 図のような交流回路において、電源が電圧100V、周波数が50Hzのとき、誘導性リアクタンスX_L＝0.6Ω、容量性リアクタンスX_C＝12Ωである。この回路の電源を電圧100V、周波数60Hzに変更した場合、回路のインピーダンス［Ω］の値は。

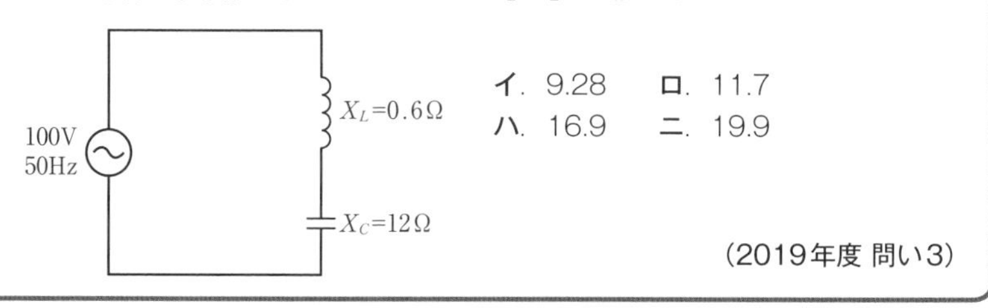

イ. 9.28　ロ. 11.7
ハ. 16.9　ニ. 19.9

（2019年度 問い3）

解説・解答

コイルの自己インダクタンスL［H］、コンデンサの静電容量C［F］は、

$$X_{L50}=2\pi fL\ [\Omega]\ \rightarrow\ L=\frac{X_{L50}}{2\pi f}=\frac{0.6}{2\pi\times 50}\ [\text{H}]$$

$$X_{C50}=\frac{1}{2\pi fC}\ [\Omega]\ \rightarrow\ C=\frac{1}{2\pi fX_{C50}}=\frac{1}{2\pi\times 50\times 12}\ [\text{F}]$$

60Hzに変更して誘導性リアクタンス、容量性リアクタンスの式に代入すると、

$$X_{L60}=2\pi\times 60\times\frac{0.6}{2\pi\times 50}=0.72\ [\Omega]\qquad X_{C60}=\frac{2\pi\times 50\times 12}{2\pi\times 60}=10\ [\Omega]$$

容量性リアクタンスのほうが大きいので、容量性リアクタンスから誘導性リアクタンスを引くと、

$$10-0.72=9.28\ [\Omega]$$

回路のインピーダンスは9.28［Ω］になります。

答え イ

直列回路は合成インピーダンス、並列回路は流れる電流をベースに答えをもとめましょう。

レッツ・トライ!

練習問題❻ 図のような交流回路において、回路の合成インピーダンス［Ω］は。

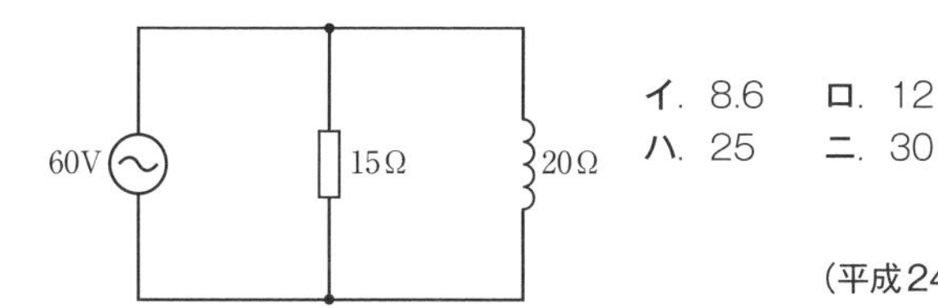

イ. 8.6　ロ. 12
ハ. 25　ニ. 30

（平成24年度 問い2）

練習問題❼ 図のように、角周波数が$\omega=500$rad/s、電圧100Vの交流電源に、抵抗$R=3\,\Omega$とインダクタンス$L=8$mHが接続されている。回路に流れる電流I［A］の値は。

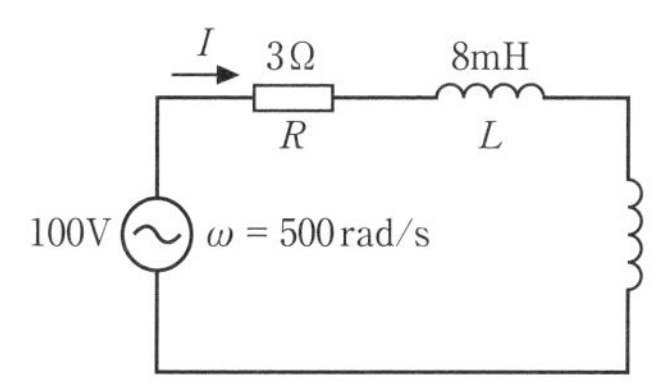

イ. 9　ロ. 14
ハ. 20　ニ. 33

（令和2年度 問い3）

解答

練習問題❻ ロ

抵抗とコイル、それぞれに流れる電流は、$I_R=60/15=4$［A］、$I_L=60/20=3$［A］。

回路全体に流れる電流は、$I=\sqrt{4^2+3^2}=5$［A］。回路の合成インピーダンスは、$Z=60/5=12$［Ω］になります。

練習問題❼ ハ

角周波数$\omega=2\pi f$より、周波数$f=\omega/2\pi=500/2\pi$［Hz］。Lの誘導性リアクタンスは、$2\pi fL=2\pi(500/2\pi)\times8\times10^{-3}=4$［Ω］。合成インピーダンスは、$Z=\sqrt{3^2+4^2}=5$［Ω］。回路に流れる電流は、$I=100/5=20$［A］になります。

重要度★★★

07 単相交流電力・熱量

単相交流回路における電力の計算や、
熱量の計算について学びます

単相交流電力の計算

単相交流回路の有効電力（消費電力）P［W］の式は、次のようになります。

V_R［V］
I［A］ R［Ω］ X_L［Ω］ X_C［Ω］
V［V］

$$P = VI\cos\theta = I^2R = \frac{V_R^{\ 2}}{R}\ \text{[W]}\ (\cos\theta \text{は力率})$$

消費電力は**抵抗Rで消費される電力**です。

皮相電力（見かけ上の電力）S［V・A］と、無

効電力（誘導性リアクタンスX_Lや容量性リアクタンスX_Cで生じる、消費しない電力）Q［var］は、次の式のとおりです。

$$S = VI\ \text{[V·A]} \qquad Q = VI\sin\theta\ (\sin\theta \text{は無効率})$$

消費電力・皮相電力・無効電力の関係は、右の図のとおりです。

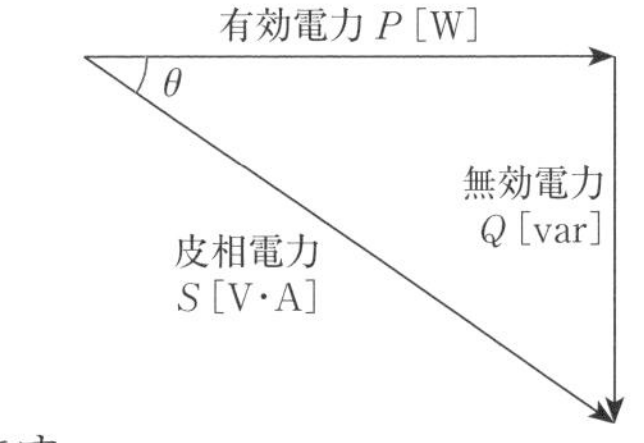

力率は皮相電力Sに対する、有効電力Pの割合で**三角関数$\cos\theta$**で表します。無効率は皮相電力Sに対する、無効電力Qの割合で**三角関数$\sin\theta$**で表します。

$$(\text{力率})\ \cos\theta = \frac{P}{S} \qquad (\text{無効率})\ \sin\theta = \frac{Q}{S}$$

なお、%表示の場合は、100を掛けます。

例題 17

図のような回路において、電源電圧が100V、誘導性リアクタンス$X_L = 8$［Ω］、抵抗$R = 4$［Ω］、容量性リアクタンス$X_C = 5$［Ω］である。回路の消費電力［kW］は。

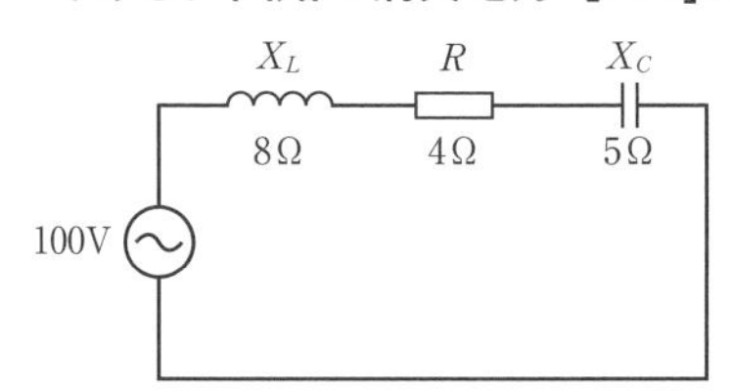

イ．1.0　ロ．1.2
ハ．1.6　ニ．2.0

（平成23年度 問い4）

解説・解答

回路の合成インピーダンスZは、

$$Z=\sqrt{R^2+(X_L-X_C)^2}=\sqrt{4^2+(8-5)^2}=5\ [\Omega]$$

回路に流れる電流Iは、

$$I=\frac{V}{Z}=\frac{100}{5}=20\ [\mathrm{A}]$$

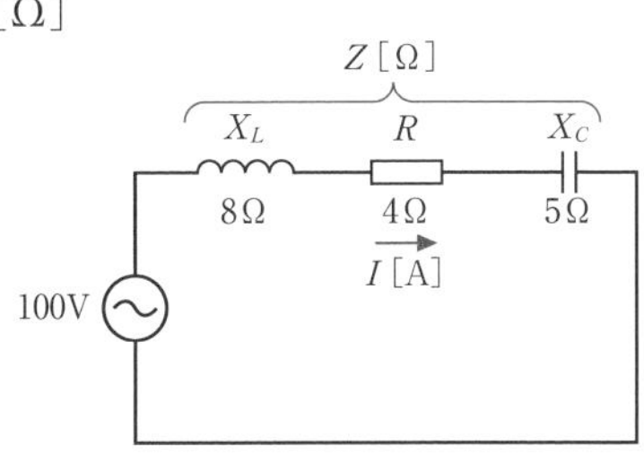

消費電力は、

$$P=I^2R=20^2\times 4=1\,600\ [\mathrm{W}]=1.6\ [\mathrm{kW}]$$

1.6kWになります。

答え ハ

図のような交流回路において、抵抗R＝10Ω、誘導性リアクタンスX_L＝10Ω、容量性リアクタンスX_C＝10Ωである。この回路の力率［%］は。

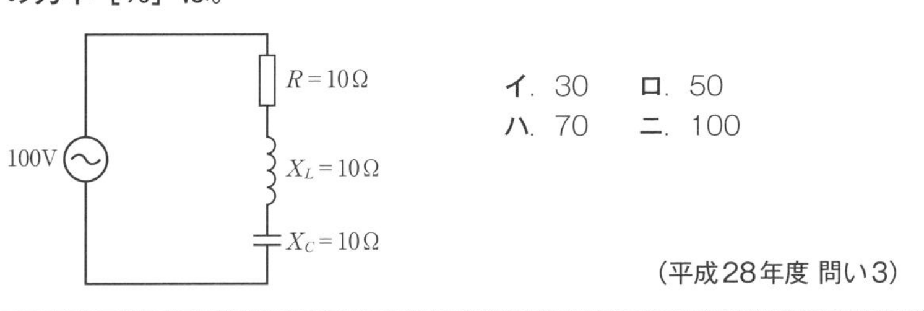

（平成28年度 問い3）

解説・解答

誘導性リアクタンスX_Lと容量性リアクタンスX_Cの値が同じため相殺して、無効電力が発生しません。そのため力率は100%になります。

答え ニ

電力量と熱量

Rの抵抗にt［秒］、I［A］の電流を流した場合の電力量W［W・s］は、

$$W=I^2Rt=Pt\ [\mathrm{W\cdot s}]$$

これは熱エネルギー（熱量）［J］として消費されます。

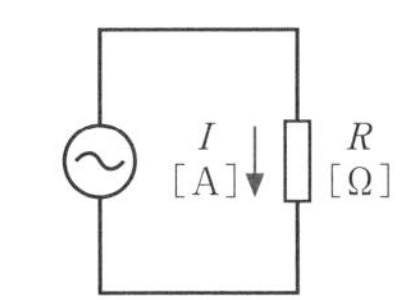

電力量Wと熱量Hをそれぞれの単位で換算すると、

（W・sの場合）1［W・s］＝1［J］　1 000［W・s］＝1［kJ］

(kW·hの場合) 1［kW·h］＝3 600［kJ］

となります。

例題 19

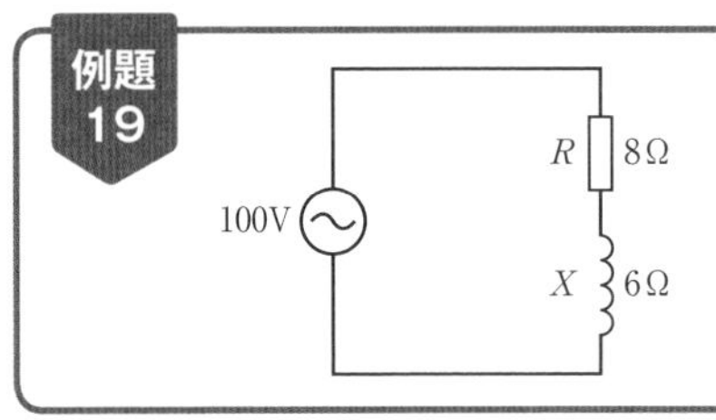

図のような交流回路において、抵抗Rで10分間に発生する熱量［kJ］は。

イ．245　　ロ．480
ハ．600　　ニ．800

(平成25年度 問い4)

解説・解答

回路の合成インピーダンスZと回路に流れる電流Iは、

$$Z=\sqrt{8^2+6^2}=10\ [\Omega] \qquad I=\frac{V}{Z}=\frac{100}{10}=10\ [\mathrm{A}]$$

ここから電力量W［W·s］をもとめ、熱量に換算すると、

$$W=I^2Rt=10^2\times8\times10\times60=480\,000\ [\mathrm{W\cdot s}]=480\,000\ [\mathrm{J}]=480\ [\mathrm{kJ}]$$

発生する熱量は480kJになります。

答え ロ

レッツ・トライ!

練習問題❽ **図のような回路において、電源電圧は100V、回路電流は25A、リアクタンスは5Ωである。この回路の抵抗Rの消費電力［W］は。**

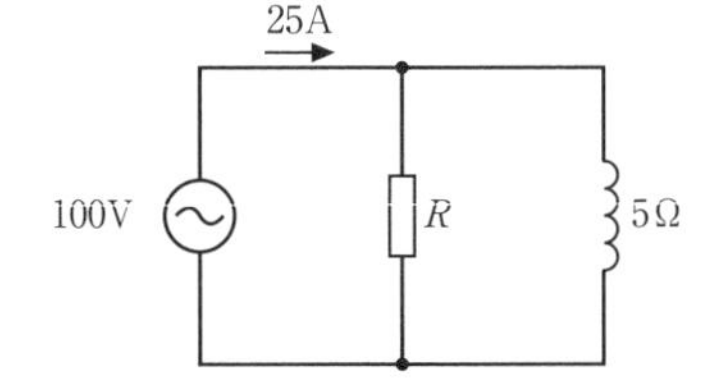

イ．1 000　　ロ．1 500
ハ．2 000　　ニ．2 500

(平成23年度 問い3)

解答

練習問題❽ ロ

コイルに流れる電流は100/5＝20［A］、抵抗Rに流れる電流は、$\sqrt{25^2-20^2}=$ 15［A］。消費電力は100×15＝1 500［W］になります。

08 三相交流回路

三相交流回路におけるスター結線、デルタ結線の計算方法、
スター・デルタ等価変換について学びます

三相交流回路における結線

三相交流回路には、Y(スター)結線と△(デルタ)結線の二つの結線方法があります。

①Y(スター)結線

Y結線は図のような結線です。線間電圧V_l［V］と相電圧V［V］の関係は、次の式のようになります。

$V_l=\sqrt{3}\,V$［V］　　$V=\dfrac{V_l}{\sqrt{3}}$［V］

線電流I_l［A］と相電流I［A］は同じです。

$I_l=I$［A］

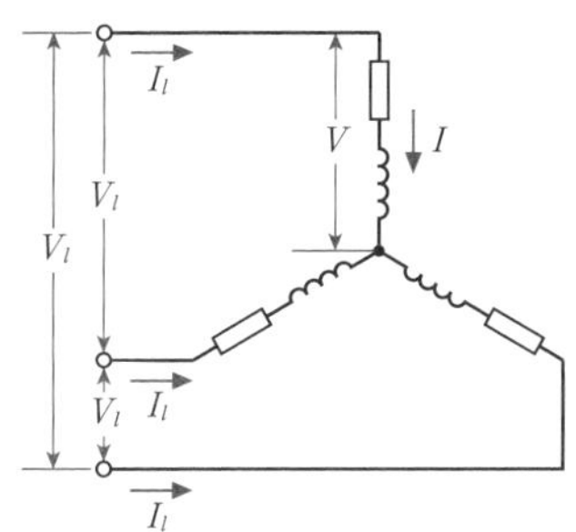

②△(デルタ)結線

△結線は図のような結線です。線間電圧V_l［V］と 相電圧V［V］は同じです。

$V_l=V$［V］

線電流I_l［A］と相電流I［A］の関係は、次の式のようになります。

$I_l=\sqrt{3}\,I$［A］　　$I=\dfrac{I_l}{\sqrt{3}}$［A］

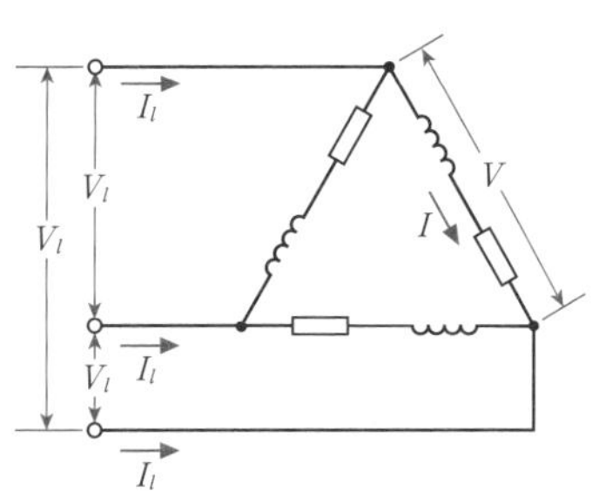

例題20 図のような三相交流回路において、電源電圧は200V、抵抗は8Ω、リアクタンスは6Ωである。抵抗の両端の電圧V_R［V］は。

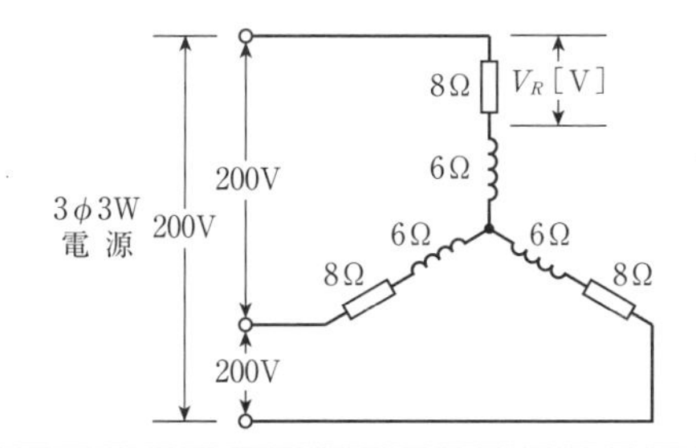

イ．57　　ロ．69
ハ．80　　ニ．92

（平成28年度 問い5）

解説・解答

この三相交流回路の相電圧Vを線間電圧からもとめると、

$$V=\frac{V_l}{\sqrt{3}}=\frac{200}{\sqrt{3}}\ [\mathrm{V}]$$

1相当たりのインピーダンスZをもとめ、相電圧とで相電流Iをもとめると、

$$Z=\sqrt{8^2+6^2}=10\ [\Omega] \qquad I=\frac{V}{Z}=\frac{\frac{200}{\sqrt{3}}}{10}=\frac{20}{\sqrt{3}}\ [\mathrm{A}]$$

抵抗にかかる電圧V_Rは、

$$V_R=IR=\frac{20}{\sqrt{3}}\times 8 \fallingdotseq 92\ [\mathrm{V}]$$

92Vになります。

答え ニ

スター・デルタ（Y−△）等価変換

スター結線の回路とデルタ結線の回路を、同一の電圧で同一の電流が流れる場合、次のようになります。

<デルタ結線をスター結線に変換する場合>

インピーダンス（抵抗・リアクタンス）を1/3倍にします。

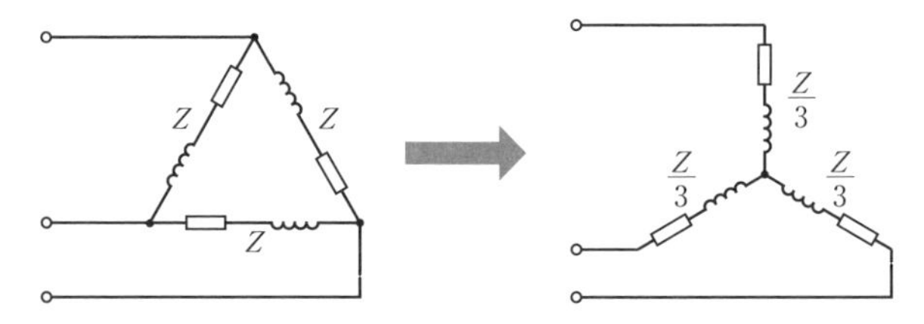

<スター結線をデルタ結線に変換する場合>

インピーダンス（抵抗・リアクタンス）を3倍にします。

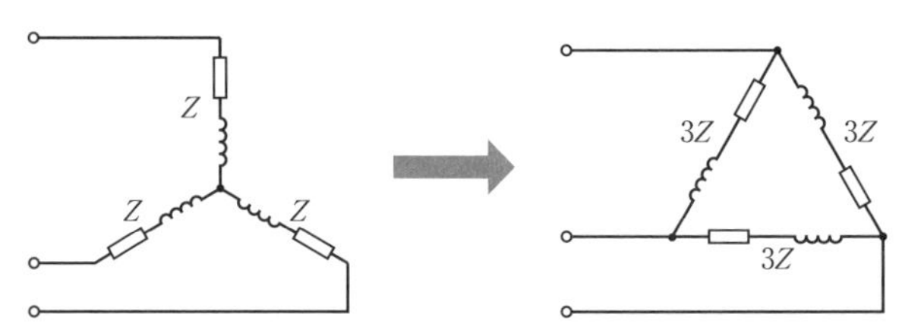

これをスター・デルタ（Y－△）等価変換といいます。三相交流回路の問題を解くのに必要になります。

例題 21 **図のような三相交流回路において、電流 I［A］は。**

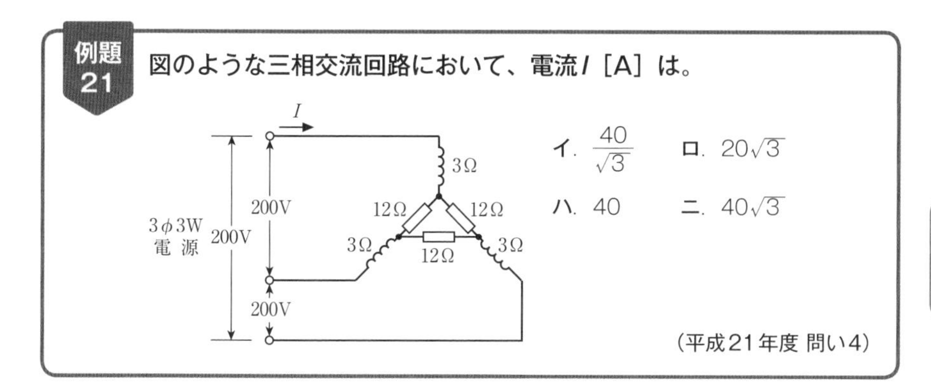

イ．$\frac{40}{\sqrt{3}}$　ロ．$20\sqrt{3}$

ハ．40　ニ．$40\sqrt{3}$

（平成21年度 問い4）

解説・解答

ちょうどスター結線の中にデルタ結線が含まれるような回路ですので、デルタ結線部分をスター結線に等価変換します。

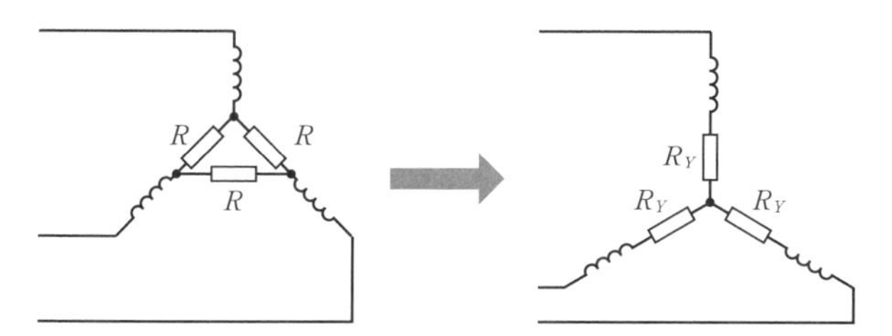

スター結線に変換した抵抗 R_Y の値は、

$$R_Y = \frac{R}{3} = \frac{12}{3} = 4\ [\Omega]$$

スター結線の回路の1相のインピーダンス Z と相電圧 V は、

$$Z = \sqrt{4^2 + 3^2} = 5\ [\Omega] \qquad V = \frac{V_l}{\sqrt{3}} = \frac{200}{\sqrt{3}}\ [\mathrm{V}]$$

インピーダンスと相電圧から電流 I をもとめると、

$$\frac{V}{Z} = \frac{\frac{200}{\sqrt{3}}}{5} = \frac{40}{\sqrt{3}}\ [\mathrm{A}]$$

電流 I は、$\frac{40}{\sqrt{3}}$ Aになります。

答え イ

第1章 電気に関する基礎理論

Y結線、△結線、両方が合わさった問題がよく出題されますので、双方の等価変換をできるようにしておきましょう。

△→Yは1/3倍、Y→△は3倍をすぐに使えるようにしておきましょう！

レッツ・トライ！

練習問題❾ 図のような三相交流回路において、電源電圧は216V、抵抗は$R=6\,\Omega$である。回路の電流I［A］は。

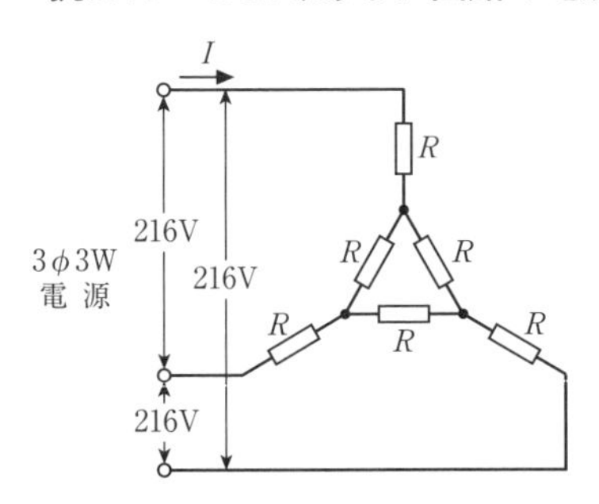

イ. 5.2　ロ. 12.0
ハ. 15.6　ニ. 27.0

（平成24年度 問い5）

解答

練習問題❾ ハ

デルタ結線部分をスター結線に変換するとその部分の抵抗は6/3＝2［Ω］。1相当たりの抵抗値は6＋2＝8［Ω］、相電圧は$216/\sqrt{3}$［V］。これらから、電流Iをもとめると$(216/\sqrt{3})/8 \fallingdotseq 15.6$［A］になります。

重要度★★★

09 三相交流電力

三相交流回路での、有効電力（消費電力）、無効電力、皮相電力などのもとめ方を学びます

三相交流回路の電力のもとめ方

三相交流回路の電力のもとめ方は、次のとおりです。

V_l：線間電圧　I_l：線電流　I：相電流

$\cos\theta$：力率　$\sin\theta$：無効率

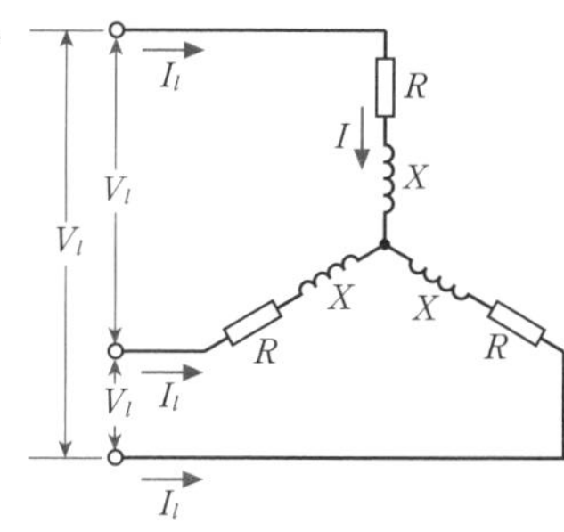

<有効電力>

$$P=\sqrt{3}\,V_l I_l \cos\theta = 3I^2R\ [\mathrm{W}]$$

<無効電力>

$$Q=\sqrt{3}\,V_l I_l \sin\theta = 3I^2X\ [\mathrm{var}]$$

<皮相電力>

$$S=\sqrt{3}\,V_l I_l = \sqrt{P^2+Q^2}\ [\mathrm{V\cdot A}]$$

<力率>

$$\cos\theta=\frac{P}{S}=\frac{R}{Z}$$

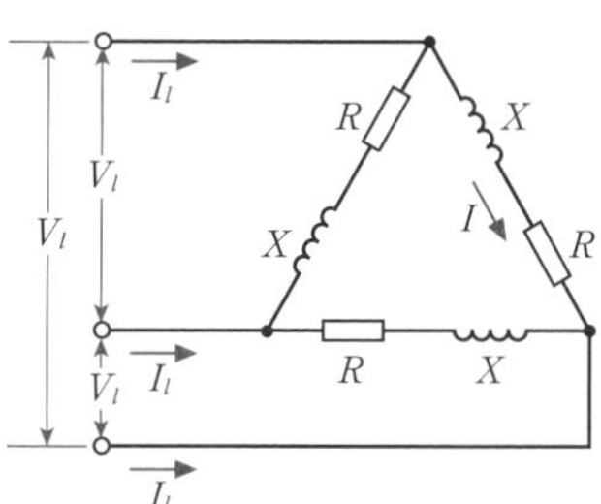

これらの式や今まで学んできた式を組み合わせて、電力をもとめていきます。

電気に関する基礎理論の科目でも、多く出題される問題ですので、いくつか例題を解いてみましょう。

例題 22 図のような三相交流回路において、電源電圧は200V、抵抗は4Ω、リアクタンスは3Ωである。回路の全消費電力［kW］は。

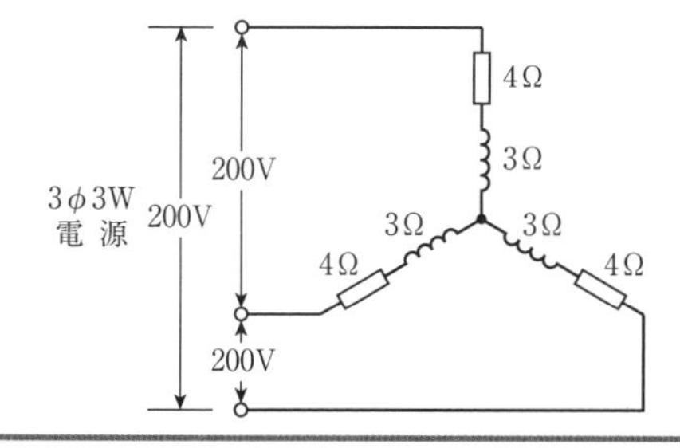

イ. 4.0　ロ. 4.8
ハ. 6.4　ニ. 8.0

（平成27年度 問い5）

解説・解答

1相当たりのインピーダンスZと相電圧Vは、

$$Z=\sqrt{4^2+3^2}=5\ [\Omega] \qquad V=\frac{V_l}{\sqrt{3}}=\frac{200}{\sqrt{3}}\ [\mathrm{V}]$$

インピーダンスと相電圧で相電流Iを出し、そこから全消費電力Pをもとめると、

$$I=\frac{V}{Z}=\frac{\frac{200}{\sqrt{3}}}{5}=\frac{40}{\sqrt{3}}\,[\mathrm{A}] \qquad P=3I^2R=3\times\left(\frac{40}{\sqrt{3}}\right)^2\times 4=6\,400\,[\mathrm{W}]=6.4\,[\mathrm{kW}]$$

全消費電力は、6.4kWになります。

答え ハ

消費電力は、抵抗で消費される電力を指します。

1相の消費電力をもとめて3倍すると全体の消費電力がもとめられます！

例題 23

図のような三相交流回路において、電源電圧は200V、抵抗Rは8Ω、誘導性リアクタンスXは6Ωである。回路の全無効電力［kvar］の値は。

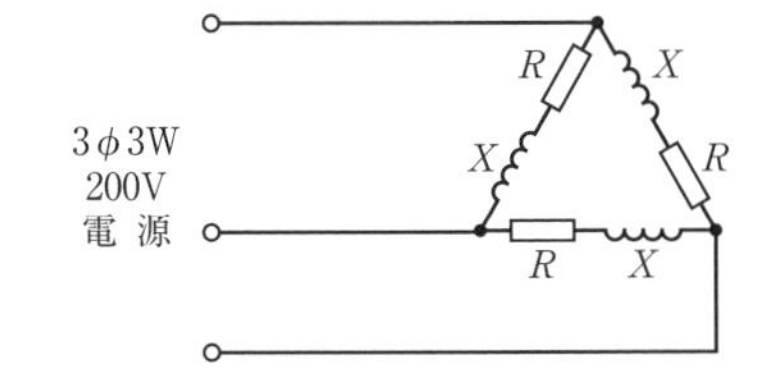

イ．4.2　ロ．7.2
ハ．9.6　ニ．12

（平成22年度 問い5）

解説・解答

1相当たりのインピーダンスZと相電流Iは、

$$Z=\sqrt{8^2+6^2}=10\ [\Omega] \qquad I=\frac{V}{Z}=\frac{200}{10}=20\ [\mathrm{A}]$$

相電流と誘導性リアクタンスで全無効電力Qをもとめると、

$$Q=3I^2X=3\times 20^2\times 6=7\,200\ [\mathrm{var}]=7.2\ [\mathrm{kvar}]$$

7.2kvarになります。

答え ロ

例題 24 図のような三相交流回路において、電源電圧はV [V]、抵抗は4Ω、誘導性リアクタンスは3Ωである。回路の全皮相電力［V・A］を示す式は。

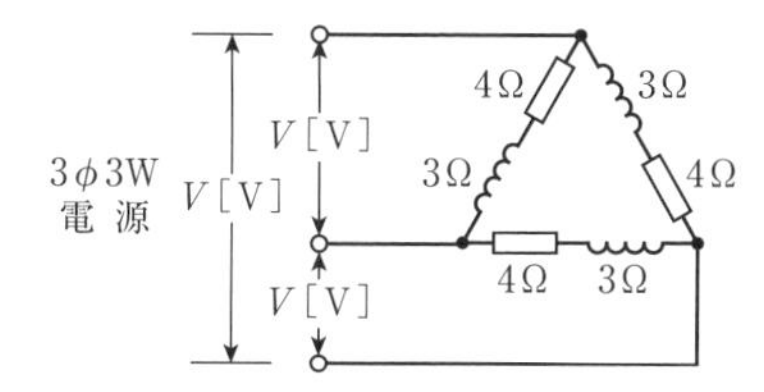

イ. $\dfrac{V}{5}$　ロ. $\dfrac{3V^2}{5}$　ハ. $\dfrac{9V^2}{25}$　ニ. $\dfrac{12V^2}{25}$

（平成25年度 問い5）

解説・解答

1相当たりのインピーダンスZと相電流Iは、

$$Z=\sqrt{4^2+3^2}=5\ [\Omega] \qquad I=\frac{V}{Z}=\frac{V}{5}\ [\mathrm{A}]$$

相電流Iから線電流I_lをもとめ、全皮相電力Sを示す式を導き出すと（$V_l=V$）、

$$I_l=\sqrt{3}\,I=\sqrt{3}\,\frac{V}{5}\ [\mathrm{A}] \qquad S=\sqrt{3}\,V_lI_l=\sqrt{3}\times V\times\sqrt{3}\,\frac{V}{5}=\frac{3V^2}{5}\ [\mathrm{V\cdot A}]$$

全皮相電力は、$\dfrac{3V^2}{5}$［V・A］になります。

答え ロ

コイルと抵抗の三相交流回路の場合、無効電力は誘導性リアクタンスから、皮相電力は合成インピーダンスからもとめられます。

消費電力(有効電力)、無効電力、皮相電力、力率をそれぞれ求められるようにしておきましょう!

レッツ・トライ!

練習問題⑩ 図のような三相交流回路において、電源電圧はV［V］、抵抗$R=5\,\Omega$、誘導性リアクタンス$X_L=3\,\Omega$である。回路の全消費電力［W］を示す式は。

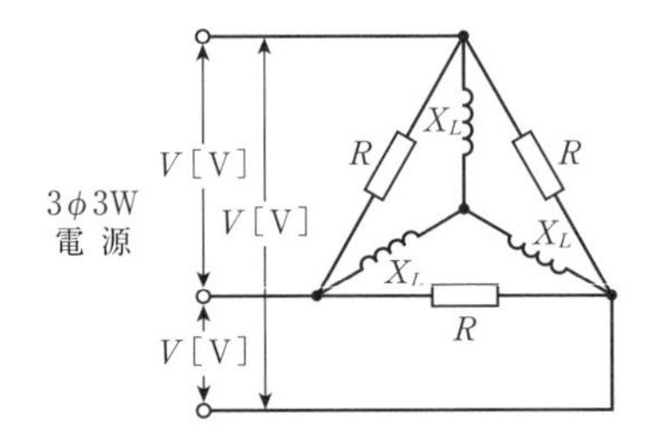

イ. $\frac{3V^2}{5}$　ロ. $\frac{V^2}{3}$

ハ. $\frac{V^2}{5}$　ニ. V^2

(平成29年度 問い5)

解答

練習問題⑩ イ

抵抗Rに流れる電流I_Rは、$V/R=V/5$［A］になります。回路の全消費電力は、$3I_R{}^2R=3\times(V/5)^2\times5=3V^2/5$になります。

第2章

配電理論および配電設計

この章では、電圧降下、電力損失、力率改善、需要率・負荷率・不等率、屋内配線設計などを学びます。
電圧降下、電力損失では、それぞれの配電方式についての理解が不可欠です。また、需要率・負荷率・不等率では、それぞれの意味をきちんと知っておく必要があります。
さらに、屋内配線設計のさまざまな条件も学びますので、それぞれの数値も覚えていきましょう！

重要度★★★

01 配電方式

低圧配電方式と単相３線式電線路のそれぞれの値のもとめ方、地絡発生時の対地電圧について学びます

低圧配電方式

低圧配電方式には、次のようなものがあります。

<単相２線式>

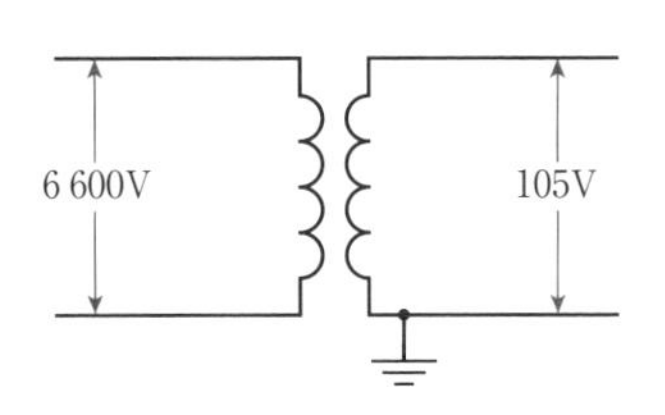

<単相３線式>

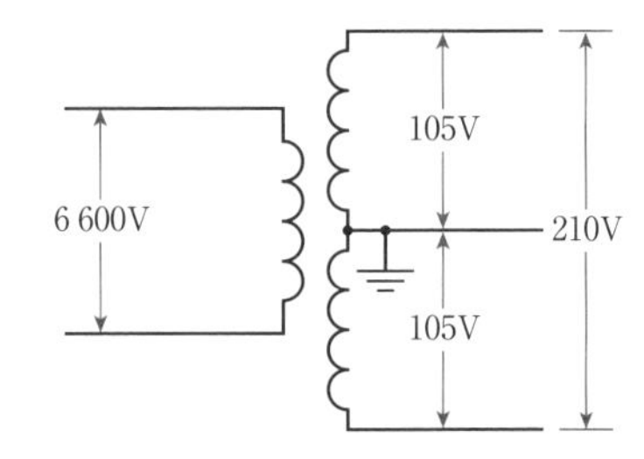

<三相３線式>

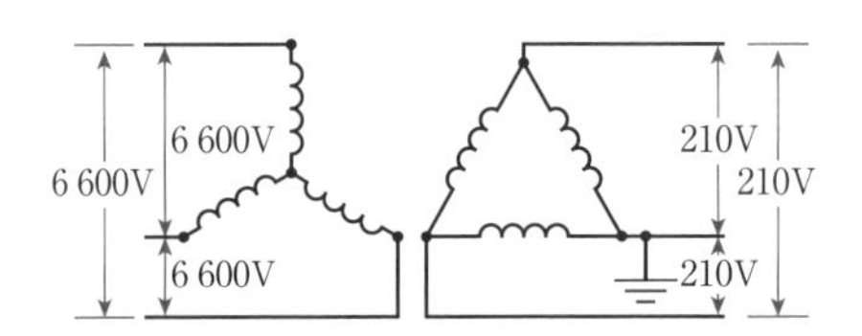

<三相４線式>

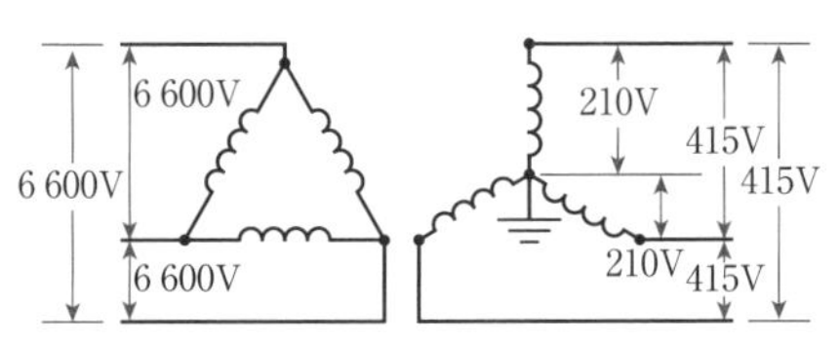

なお、変圧器から高圧側を一次側、低圧側を二次側と呼び、一次側に流れる電流を**一次電流**と二次側に流れる電流を**二次電流**と言います。

単相3線式配電線路の変圧器の一次電流

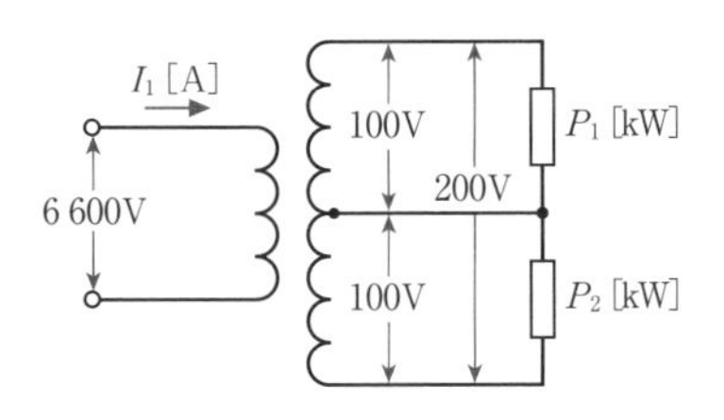

右の図のような単相３線式配電線路において、配電線路の損失、変圧器の励磁電流を無視すると**入力と出力が等しく**なり、次のような関係になります。

$$I_1 \times 6\,600 = P_1 + P_2$$

これを使って一次電流I_1をもとめることができます。

例題 1

図のような配電線路において、変圧器の一次側電流I_1［A］は。ただし、負荷はすべて抵抗負荷であり、変圧器と配電線路の損失及び変圧器の励磁電流は無視する。

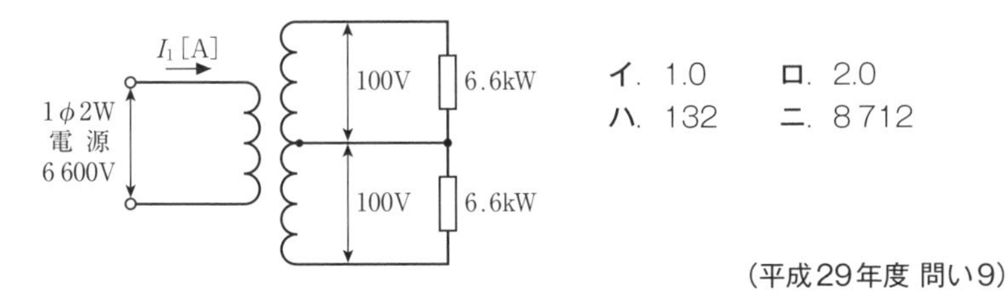

イ．1.0　　ロ．2.0
ハ．132　　ニ．8 712

（平成29年度 問い9）

解説・解答

一次側と二次側の関係から、一次側電流I_1をもとめると、

$$I_1 \times 6\,600 = P_1 + P_2 = 6\,600 + 6\,600 = 13\,200 \qquad \therefore I_1 = \frac{13\,200}{6\,600} = 2.0\ [\mathrm{A}]$$

I_1は2.0Aになります。

答え ロ

単相3線式配電線路で流れる電流

単相３線式回路で右の図のようなリアクタンスが含まれる回路の場合、中性線に流れる電流は、**キルヒホッフの法則**（第１法則）と**ベクトル図**からもとめます。

キルヒホッフの法則から、

$$I_N + I_B = I_A \quad \rightarrow \quad I_N = I_A + (-I_B)$$

ベクトル図から、I_Aと$-I_B$をベクトル合成したものがI_Nになります。ベクトル合成、は二つの矢印で作った平行四辺形の対角線になります。

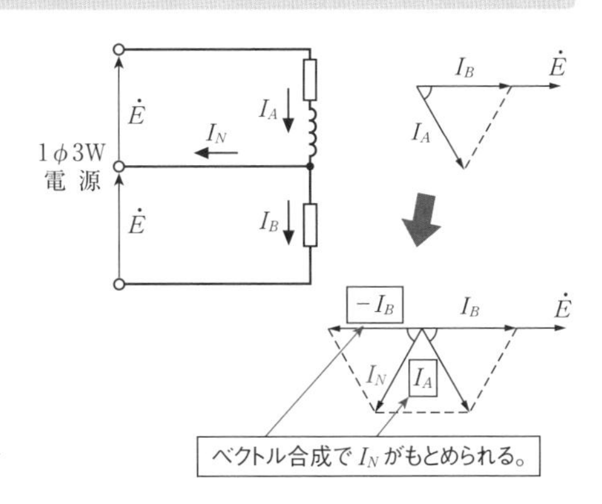

例題 2

図のような単相３線式配電線路において、負荷Aは負荷電流10Aで遅れ力率50%、負荷Bは負荷電流10Aで力率は100%である。中性線に流れる電流I_N［A］は。
ただし、線路インピーダンスは無視する。

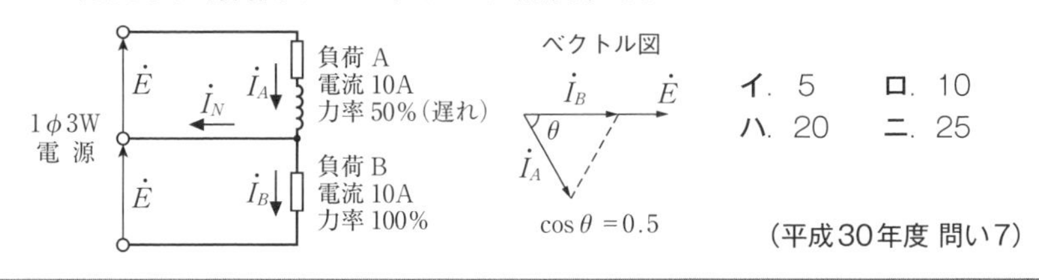

イ. 5　ロ. 10
ハ. 20　ニ. 25

（平成30年度 問い7）

解説・解答

キルヒホッフの第1法則から、

$\dot{I}_N + \dot{I}_B = \dot{I}_A \qquad \dot{I}_N = \dot{I}_A + (-\dot{I}_B)$

ベクトル図からベクトル合成をすると、右の図のようになります。

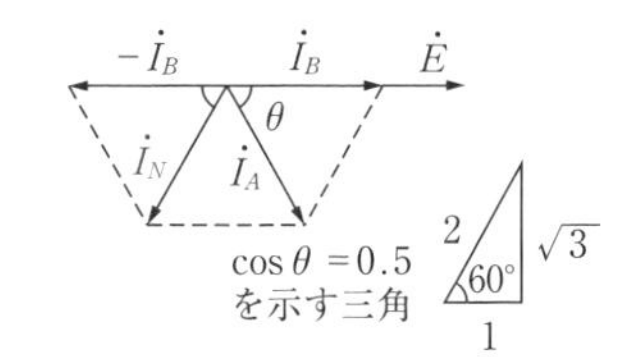

$\cos\theta = 0.5$なので、θは60°になります。

60°は正三角形の角度と同じで、$\dot{I}_A$、$-\dot{I}_B$、$\dot{I}_N$すべて同じ長さになります。

よって、$\dot{I}_N$は$\dot{I}_A$、$-\dot{I}_B$と同じ10Aになります。

答え ロ

ワンポイント

30°、60°の直角三角形は、正三角形の半分の三角形で次のようになります。三角関数ももとめやすく、使う場面も多いので、覚えておきましょう。

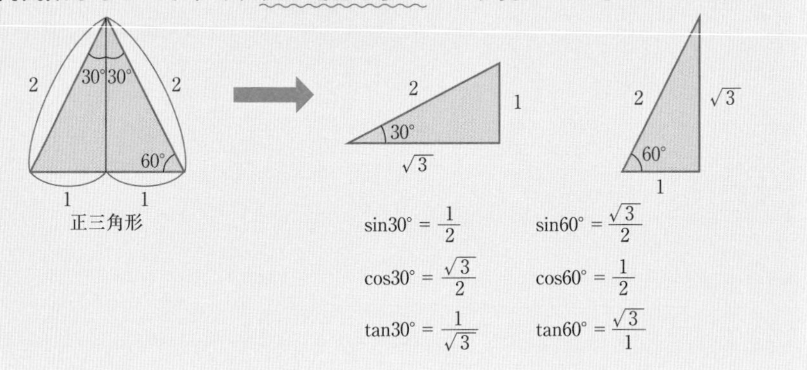

$\sin 30° = \frac{1}{2}$　$\sin 60° = \frac{\sqrt{3}}{2}$

$\cos 30° = \frac{\sqrt{3}}{2}$　$\cos 60° = \frac{1}{2}$

$\tan 30° = \frac{1}{\sqrt{3}}$　$\tan 60° = \frac{\sqrt{3}}{1}$

単相3線式配電線路の中性線の断線

単相３線式配電線路において中性線が断線した場合、抵抗負荷に加わる電圧は、下の図のようになります。

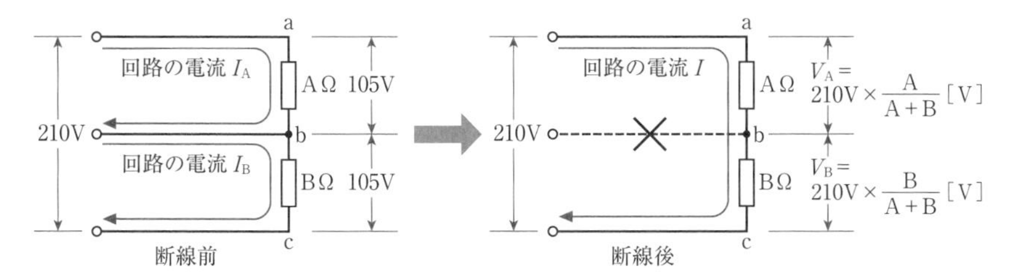

例題 3

図のような単相３線式電路（電源電圧210/105V）において、抵抗負荷A50Ω、B25Ω、C20Ωを使用中に、図中の×印点Pで中性線が断線した。断線後の抵抗負荷Aに加わる電圧［V］は。ただし、どの配線用遮断器も動作しなかったとする。

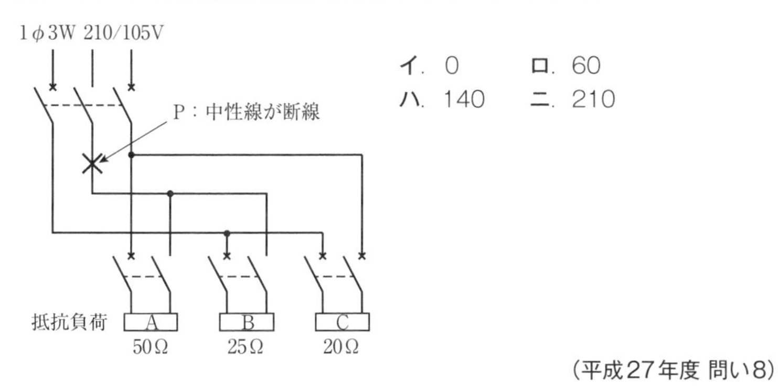

イ．0　　ロ．60
ハ．140　　ニ．210

（平成27年度 問い8）

解説・解答

105Vに接続されている抵抗負荷はAとBで、中性線が断線するとAの負荷に加わる電圧V_Aは次のようになります。

$$V_A = 210 \times \frac{R_A}{R_A + R_B} = 210 \times \frac{50}{50 + 25} = 140 \text{ [V]}$$

断線後の抵抗負荷Aに加わる電圧は140Vになります。

答え ハ

地絡発生時の対地電圧

地絡時の金属製外箱の対地電圧は、下図のように**等価回路**を作って計算します。

<地絡電流(I_g)>

$$I_g = \frac{V}{R_B + R_D} \text{ [A]}$$

<対地電圧(V_g)>

$$V_g = I_g R_D = \frac{V R_D}{R_B + R_D} \text{ [V]}$$

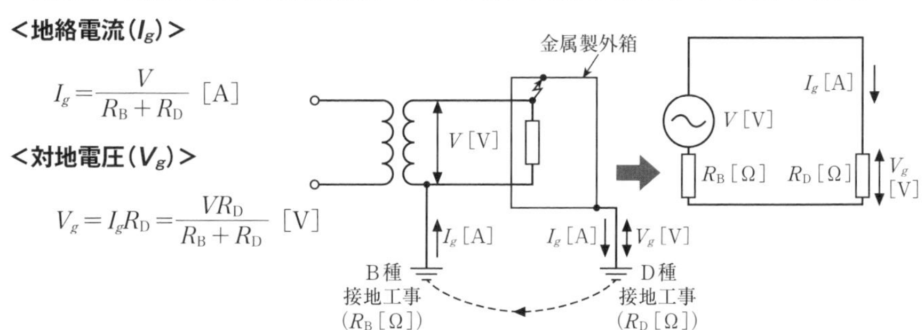

例題 4

図のような電路において、変圧器二次側のB種接地工事の接地抵抗値が10Ω、金属製外箱のD種接地工事の接地抵抗値が20Ωであった。負荷の金属製外箱のA点で完全地絡が生じたとき、A点の対地電圧[V]は。
ただし、金属製外箱、配線及び変圧器のインピーダンスは無視する。

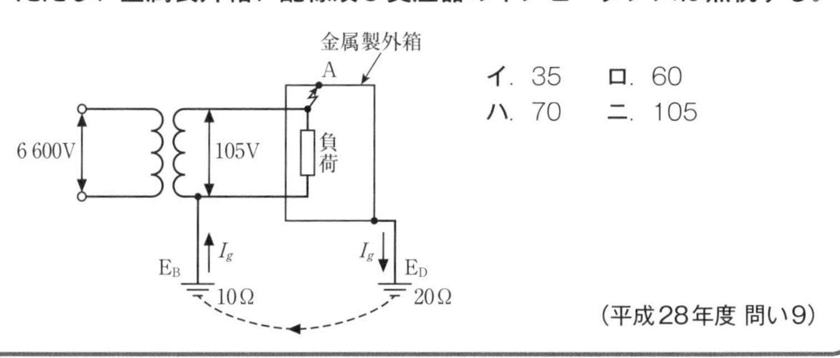

イ. 35　　ロ. 60
ハ. 70　　ニ. 105

(平成28年度 問い9)

解説・解答

図の電路を等価回路にすると、右の図のようになり、対地電圧V_gをもとめると、

$$V_g = \frac{V R_D}{R_B + R_D} = \frac{105 \times 20}{10 + 20} = 70 \text{ [V]}$$

対地電圧は、70Vになります。

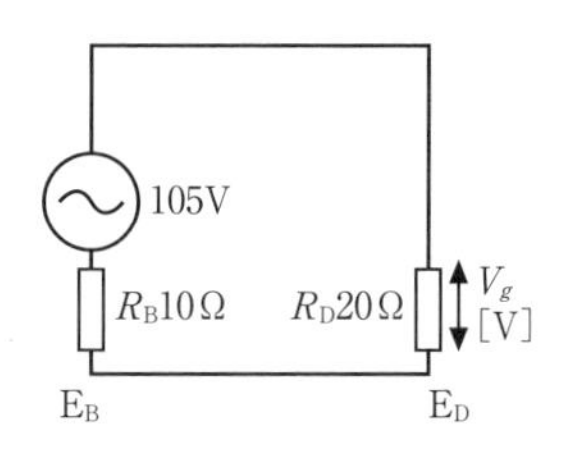

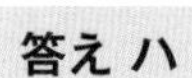

答え ハ

重要度★★★

02 電圧降下

単相2線式配電線路、単相3線式配電線路、三相3線式配電線路の電圧降下について学びます

単相2線式配電線路の電圧降下

右の図のような単相2線式配電線路の単線結線図の電圧降下vの式は、次のようになります（力率100%、電線のリアクタンスを無視した場合）。

$v = 2(I_1 + I_2)R_1 + 2I_2R_2$ ［V］

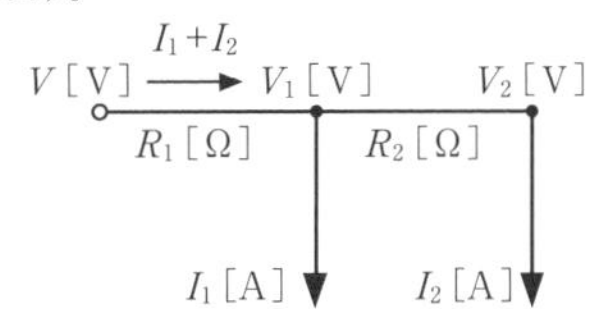

V_2の電圧は、次のようになります。

$V_2 = V - v$ ［V］

例題 5

図は単相２線式の配電電路の単線結線図である。電線１線当たりの抵抗は、A－B間で0.1Ω、B－C間で0.2Ωである。A点の線間電圧が210Vで、B点、C点にそれぞれ負荷電流10Aの抵抗負荷があるとき、C点の線間電圧［V］は。
ただし、線路リアクタンスは無視する。

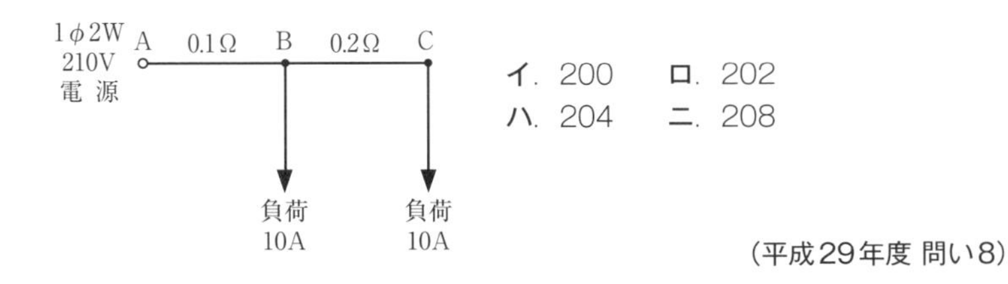

イ. 200　ロ. 202
ハ. 204　ニ. 208

（平成29年度 問い8）

解説・解答

配電線路の電圧降下vから、C点の電圧V_Cをもとめると、

$v = 2(I_1 + I_2)R_1 + 2I_2R_2 = 2(10 + 10) \times 0.1 + 2 \times 10 \times 0.2 = 8$ ［V］

$V_C = V - v = 210 - 8 = 202$ ［V］

C点の線間電圧は202Vになります。

答え ロ

線路リアクタンスを含めた電圧降下の式

電線には、抵抗以外に**線路リアクタンス**があります。力率100％未満の単相２線式配電線路での電圧降下vの式は、次のようになります。

$$v = V_s - V_r = 2I(r\cos\theta + x\sin\theta)\ [\mathrm{V}]$$

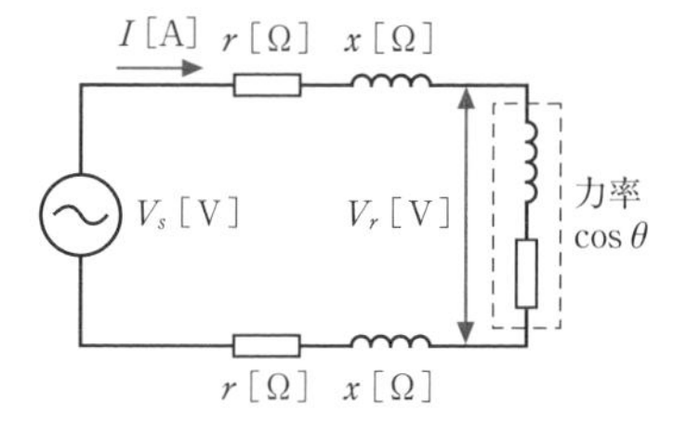

例題 6

図のような単相２線式配電線路において、電線１線当たりの抵抗r [Ω]、線路リアクタンスx [Ω]、線路に流れる電流をI [A] とするとき、電圧降下（$V_s - V_r$）の近似値 [V] を示す式は。
ただし、負荷の力率：$\cos\theta > 0.8$で、遅れ力率とする。

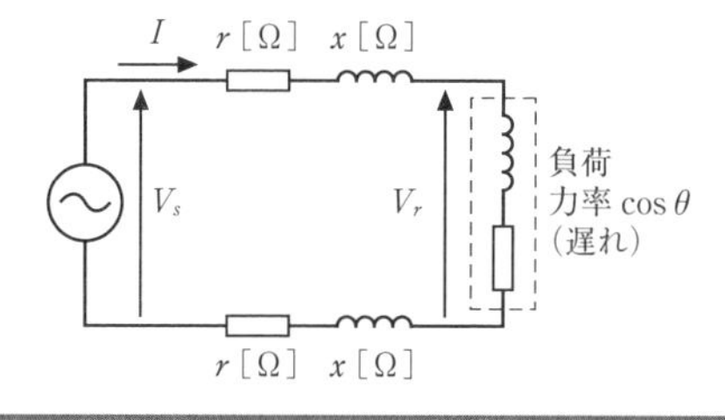

イ．$2I(r\cos\theta + x\sin\theta)$
ロ．$\sqrt{3}I(r\cos\theta + x\sin\theta)$
ハ．$2I(r\sin\theta + x\cos\theta)$
ニ．$\sqrt{3}I(r\sin\theta + x\cos\theta)$

（平成22年度 問い6）

解説・解答

単相２線式配電線路の電圧降下vの式は、$2I(r\cos\theta + x\sin\theta)$ になります。

答え イ

単相3線式配電線路の電圧降下

右図のような平衡負荷における単相３線式配電線路の上側の電圧降下v [Ω] は、次のようになります（線路リアクタンスを無視した場合）。

$$v = V_s - V_r = Ir\cos\theta\ [\mathrm{V}]$$

なお、**平衡負荷では中性線に電流が流れず、電圧降下も生じません**。

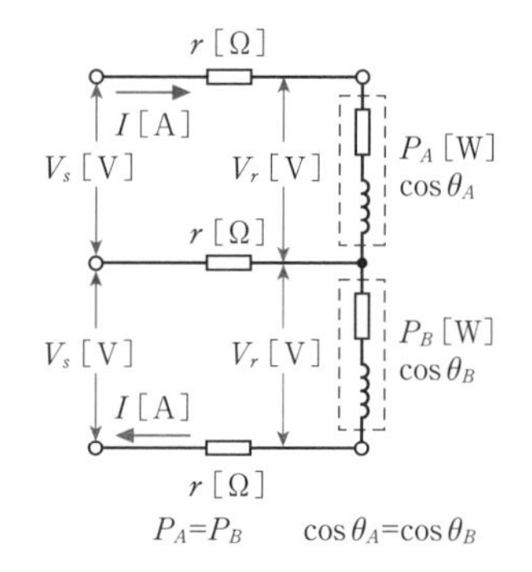

例題 7

図のような単相３線式配電線路において、負荷Ａ、負荷Ｂともに負荷電圧100V、負荷電流10A、力率0.8（遅れ）である。このとき、電源電圧 V の値［V］は。
ただし、配電線路の電線１線当たりの抵抗は0.5Ωである。
なお、計算においては、適切な近似式を用いること。

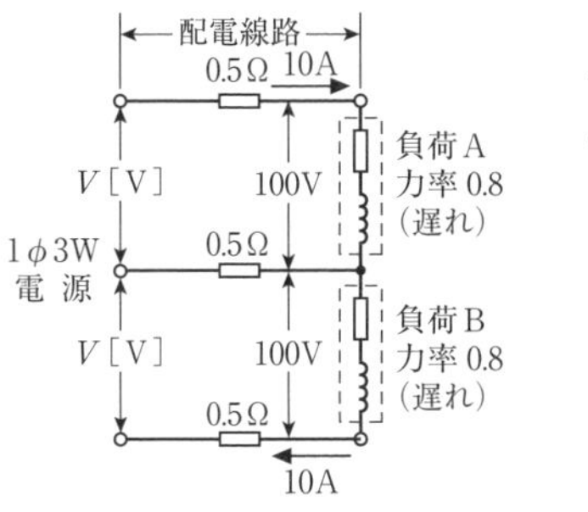

イ．102　ロ．104
ハ．112　ニ．120

（令和２年度 問い6）

解説・解答

この単相３線式配電線路では、負荷Ａ、負荷Ｂともに同一の負荷電流、力率であるため平衡負荷となり、中性線に電流は流れません。負荷Ａの上の電線路の電圧降下 v とそこからもとめられる電源電圧 V は、

$v = Ir\cos\theta = 10 \times 0.5 \times 0.8 = 4$［V］　$V = V_r + v = 100 + 4 = 104$［V］

電源電圧 V は104Vになります。

答え ロ

三相3線式配電線路の電圧降下

三相３線式配電線路の電圧降下 v の式は、次のとおりです。

$v = V_s - V_r = \sqrt{3}\,I(r\cos\theta + x\sin\theta)$［V］

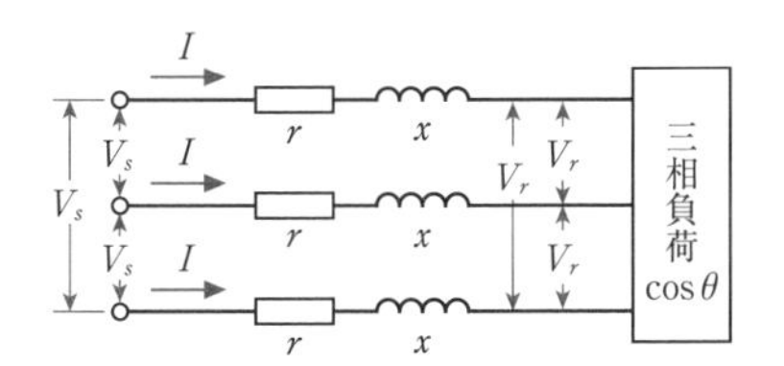

ワンポイント

第１種電気工事士筆記試験では、線路リアクタンスを考慮する問題も出題されます。考慮すべきかどうか条件をよく読んでおきましょう。

例題 8

図のような三相3線式配電線路で、電線1線当たりの抵抗をr［Ω］、リアクタンスをx［Ω］、線路に流れる電流をI［A］とするとき、電圧降下（V_s-V_r）［V］の近似値を示す式は。
ただし、負荷力率cosϕ＞0.8で、遅れ力率とする。

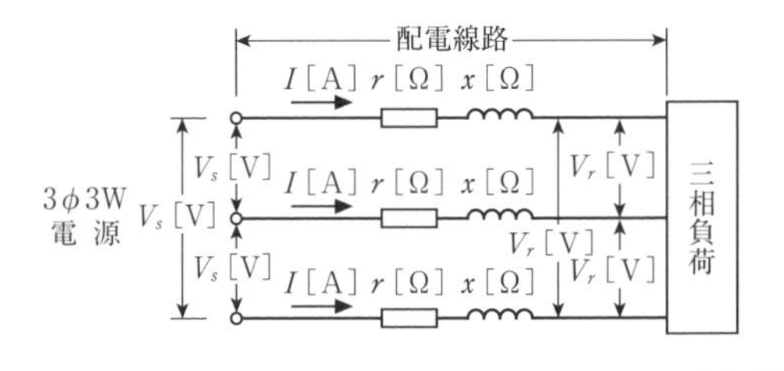

イ. $\sqrt{3}\,I(r\cos\theta - x\sin\theta)$
ロ. $\sqrt{3}\,I(r\sin\theta - x\sin\theta)$
ハ. $\sqrt{3}\,I(r\sin\theta + x\cos\theta)$
ニ. $\sqrt{3}\,I(r\cos\theta + x\sin\theta)$

（平成25年度 問い8）

解説・解答

三相3線式配電線路の電圧降下vは、$\sqrt{3}\,I(r\cos\theta + x\sin\theta)$ になります。

答え ニ

三相3線式配電線路の電圧降下には、$\sqrt{3}$が出てきます。次に学ぶ電力損失の場合は3が出てくるので混同しないようにしましょう。

レッツ・トライ！

練習問題❶ **図のような単相2線式配電線路において、図中の各点間の抵抗が、電線1線当たりそれぞれ0.1Ω、0.1Ω、0.2Ωである。A点の電源電圧が210Vで、B点、C点、D点にそれぞれ負荷電流10A、5A、5Aの抵抗負荷があるとき、D点の電圧［V］は。**

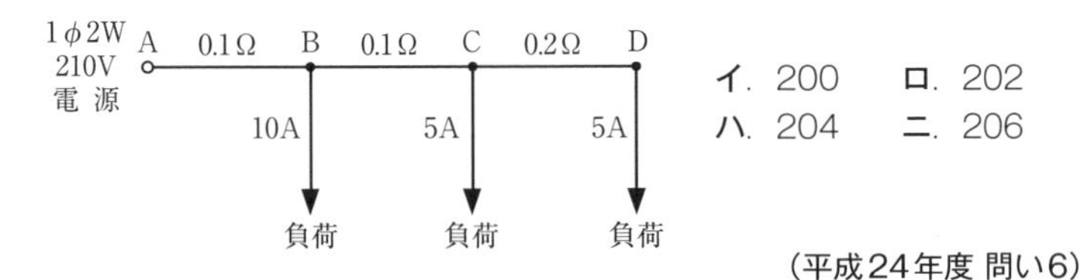

（平成24年度 問い6）

練習問題❷ 図のような単相3線式配電線路において、負荷抵抗は10Ω一定である。スイッチAを閉じ、スイッチBを開いているとき、図中の電圧Vは100Vであった。この状態からスイッチBを閉じた場合、電圧Vはどのように変化するか。
ただし、電源電圧は一定で、電線1線当たりの抵抗r［Ω］は3線とも等しいものとする。

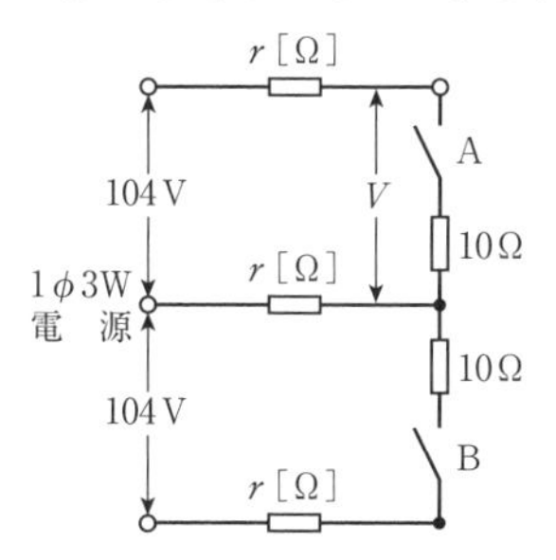

イ．約2V下がる。
ロ．約2V上がる。
ハ．変化しない。
ニ．約1V上がる。

（平成26年度 問い7）

解答

練習問題❶ ロ

210Vから電圧降下を引くと、

$$210-\{2(10+5+5)\times0.1+2(5+5)\times0.1+2\times5\times0.2\}=202\ [\mathrm{V}]$$

になります。

練習問題❷ ロ

スイッチAを閉じ、スイッチBを開いたときは、電圧降下は、

$$2Ir=104-100=4\ [\mathrm{V}]$$

となります。スイッチBを閉じると単相3線式回路の平衡負荷の状態になり中性線に電流が流れないため、電圧降下はIrになり、先ほどの電圧降下（$2Ir$）の1/2の2Vになります。Vは102Vとなるので、約2V上がります。

「配電理論および配電設計」の科目で、
この電圧降下と次に出てくる電力損失は
高い頻度で出題されます！
それぞれの配電線路での特徴を、よくつかんでおきましょう！

重要度★★★

03 電力損失

単相2線式配電線路、単相3線式配電線路、三相3線式配電線路の電力損失について学びます

単相2線式配電線路の電力損失

下の左の図のような単相２線式配電線路の電力損失P_Lの式は、次のとおりです。

$P_L = 2I^2r$ ［W］

右の図のように、分散負荷になると、各箇所の電力損失を合計します。

$P_L = 2(I_1 + I_2)^2r_1 + 2I_2^2r_2$ ［W］

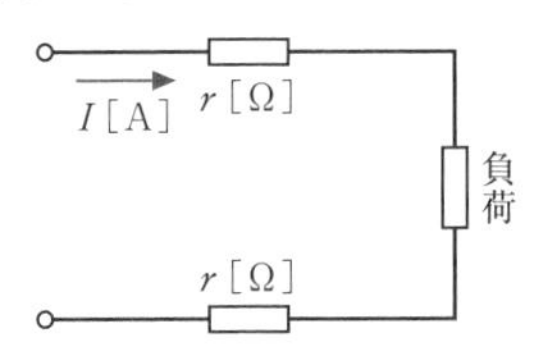

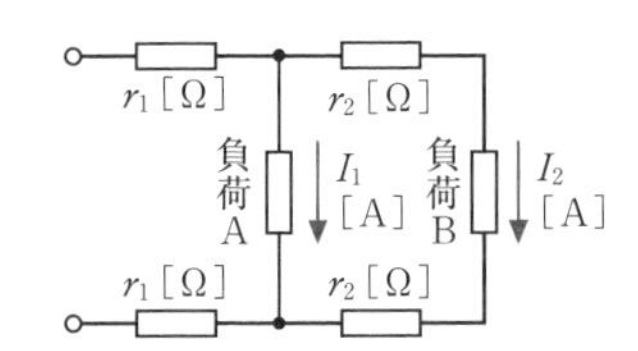

例題 9

図のように、単相２線式配電線路で、抵抗負荷Ａ（負荷電流20A）と抵抗負荷Ｂ（負荷電流10A）に電気を供給している。電源電圧が210Vであるとき、負荷Ｂの両端の電圧V_Bと、この配電線路の全電力損失P_Lの組合せとして、正しいものは。
ただし、１線当たりの電線の抵抗値は、図に示すようにそれぞれ0.1Ωとし、線路リアクタンスは無視する。

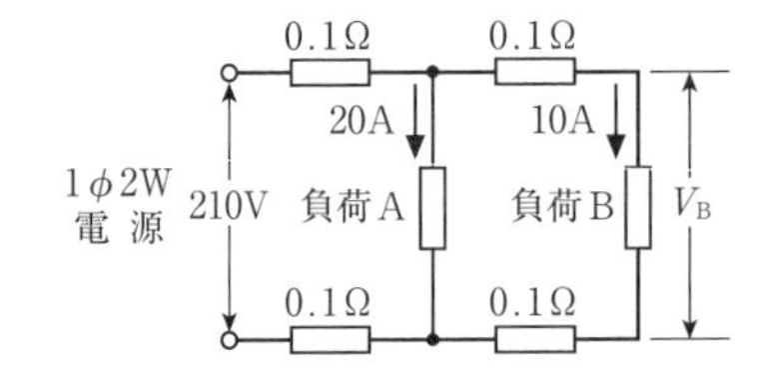

イ．$V_B = 202V$　$P_L = 100W$
ロ．$V_B = 202V$　$P_L = 200W$
ハ．$V_B = 206V$　$P_L = 100W$
ニ．$V_B = 206V$　$P_L = 200W$

（2019年度 問い6）

解説・解答

V_Bは、電源電圧210Vから電圧降下vを引いたものなので、

$V_B = 210 - v = 210 - \{2(20 + 10) \times 0.1 + 2 \times 10 \times 0.1\} = 202$ ［V］

全電力損失P_Lは、

$P_L = 2(I_A + I_B)^2 r_1 + 2I_B{}^2 r_2 = 2 \times (20 + 10)^2 \times 0.1 + 2 \times 10^2 \times 0.1 = 200$ [W]

負荷Bの両端の電圧V_Bは202V、全電力損失P_Lは200Wになります。

答え ロ

単相3線式配電線路の電力損失

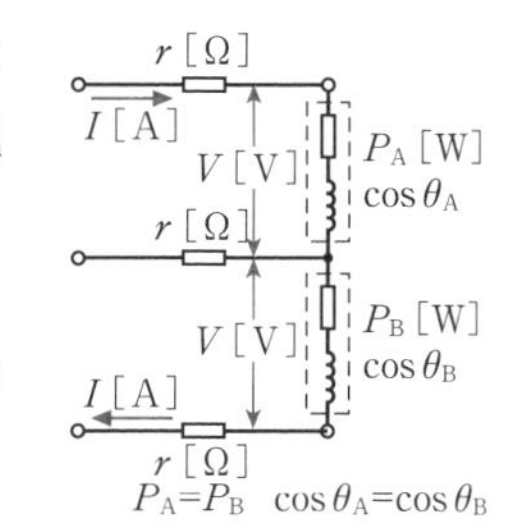

右の図のような単相3線式配電線路の電力損失P_Lの式は次のとおりです（平衡負荷の場合、線路リアクタンスは無視する）。

$P_L = 2I^2 r$ [W]

なお、中性線には電流が流れないので、電力損失も生じません。

例題 10

図のような単相3線式配電線路において、負荷A、負荷Bともに消費電力800W、力率0.8（遅れ）である。負荷電圧がともに100Vであるとき、この配電線路の電力損失［W］は。
ただし、電線1線当たりの抵抗は0.4Ωとし、配電線路のリアクタンスは無視する。

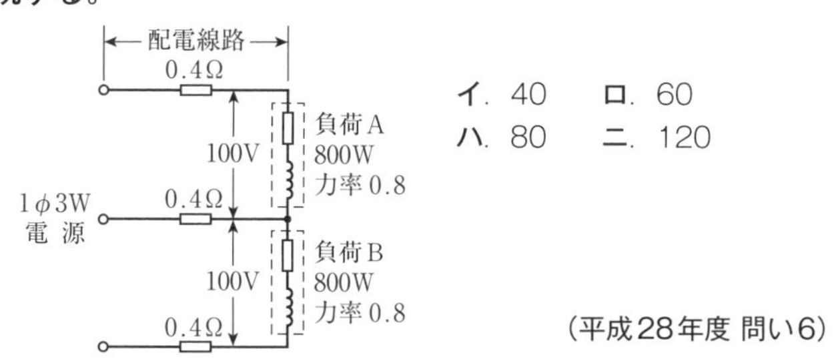

イ. 40　ロ. 60
ハ. 80　ニ. 120

（平成28年度 問い6）

解説・解答

この単相3線式配電線路は平衡負荷ですので、中性線に電流が流れません。配電線路に流れる電流Iを負荷Aの消費電力P_Aからもとめると、

$$P_A = VI\cos\theta \qquad I = \frac{P_A}{V\cos\theta} = \frac{800}{100 \times 0.8} = 10 \text{ [A]}$$

配電線路の電力損失P_Lをもとめると、

$P_L = 2I^2 r = 2 \times 10^2 \times 0.4 = 80$ [W]

配電線路の電力損失は80Wになります。

答え ハ

三相3線式配電線路の電力損失

右の図のような三相３線式配電線路の電力損失P_Lの式は、次のとおりです（線路リアクタンスは無視する）。

$P_L = 3I^2r$ ［W］

なお、**スター結線でもデルタ結線でも同じ式が使えます**。

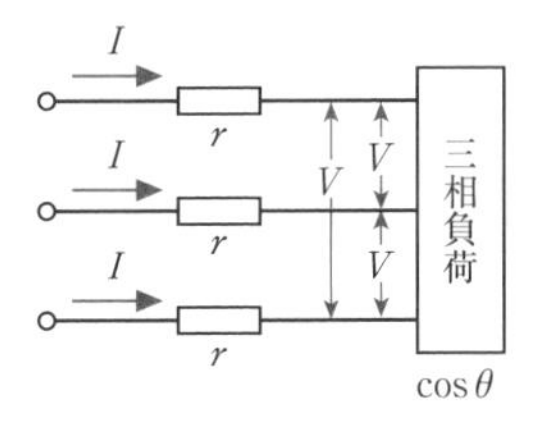

例題 11

図のように、定格電圧200V、消費電力18kW、力率0.9（遅れ）の三相負荷に電気を供給する配電線路がある。この配電線路の電力損失［kW］は。
ただし、電線１線当たりの抵抗は0.1Ωとし、配電線路のリアクタンスは無視できるものとする。

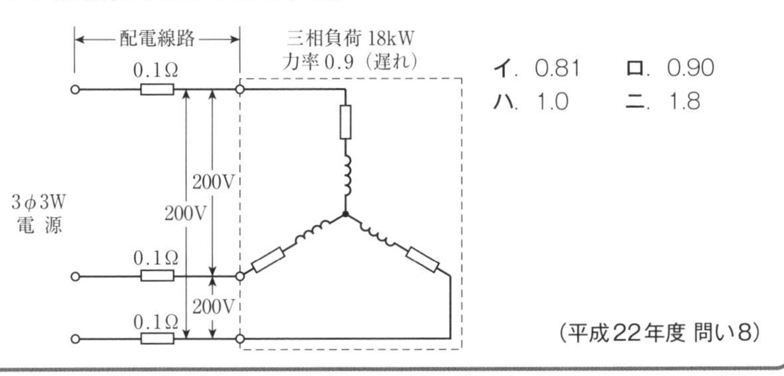

イ．0.81　　ロ．0.90
ハ．1.0　　ニ．1.8

（平成22年度 問い8）

解説・解答

配電線路に流れる電流Iを三相負荷の電力Pからもとめると、

$$P = \sqrt{3}\,VI\cos\theta \quad \rightarrow \quad I = \frac{P}{\sqrt{3}\,V\cos\theta} = \frac{18 \times 1\,000}{\sqrt{3} \times 200 \times 0.9} = \frac{100}{\sqrt{3}} \ [\mathrm{A}]$$

配電線路の電力損失P_Lをもとめると、

$$P_L = 3I^2r = 3 \times \left(\frac{100}{\sqrt{3}}\right)^2 \times 0.1 = 1\,000 \ [\mathrm{W}] = 1.0 \ [\mathrm{kW}]$$

配電線路の電力損失は1.0kWになります。

答え ハ

レッツ・トライ!

練習問題❸ 図1のような単相2線式電路を、図2のように単相3線式電路に変更した場合、電路の損失は何倍となるか。
ただし、負荷電圧は100V一定で、負荷A、負荷Bはともに1kWの抵抗負荷であり、電線の抵抗は1線当たり0.2Ωとする。

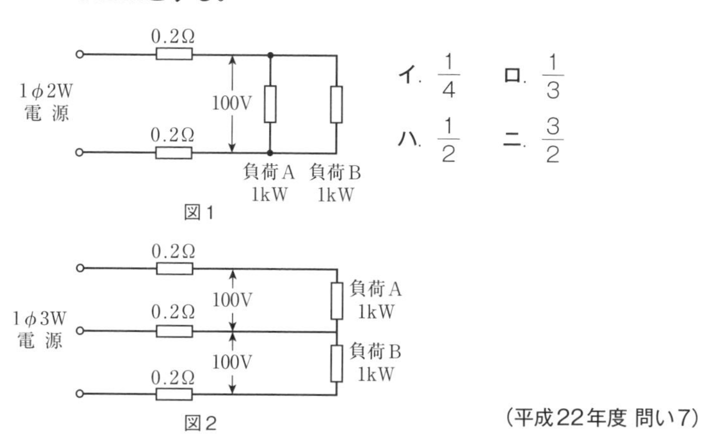

イ. $\frac{1}{4}$　ロ. $\frac{1}{3}$

ハ. $\frac{1}{2}$　ニ. $\frac{3}{2}$

（平成22年度 問い7）

解答

練習問題❸ イ

図1に流れる電流は負荷Aに流れる電流と負荷Bに流れる電流の合計なので、(1 000/100)＋(1 000/100)＝20［A］。電力損失は$2\times20^2\times0.2$＝160［W］。

図2は平衡負荷の単相3線式電路なので中性線に電流が流れません。上下の電路に流れる電流は、1 000/100＝10［A］。電力損失は$2\times10^2\times0.2$＝40［W］。

40/160＝1/4になります。

単相2線式電路と単相3線式電路を組み合わせた**電力損失の問題**が出題されることもあります！

重要度★★★

04 力率改善

進相コンデンサ設置による力率改善とコンデンサ容量の選定、直列リアクトル設置の無効電力の計算を学びます

進相コンデンサによる力率改善

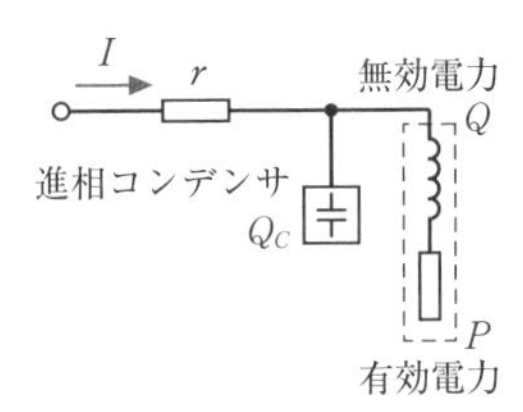

右の図のような電路において、コンデンサ設置前と設置後をベクトル図で表すと、右下のようになります。

このように、進相コンデンサの設置により無効電力を減少させることを**力率改善**と言います。

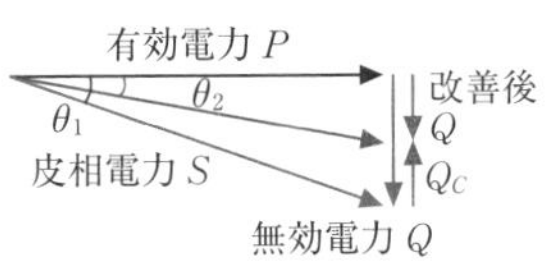

$\cos\theta_1 \rightarrow \cos\theta_2$ に改善
青が改善前、赤が改善後

進相コンデンサの設置により力率改善すると、次のような効果があります。

- 線電流が減少する
- 電圧降下、電力損失が減少する
- 無効電力が減少する

例題 12

図のように三相電源から、三相負荷（定格電圧200V、定格消費電力20kW、遅れ力率0.8）に電気を供給している配電線路がある。図のように低圧進相コンデンサ（容量15kvar）を設置して、力率を改善した場合の変化として、誤っているものは。
ただし、電源電圧は一定であるとし、負荷のインピーダンスも負荷電圧にかかわらず一定とする。なお、配電線路の抵抗は1線当たり0.1Ωとし、線路のリアクタンスは無視できるものとする。

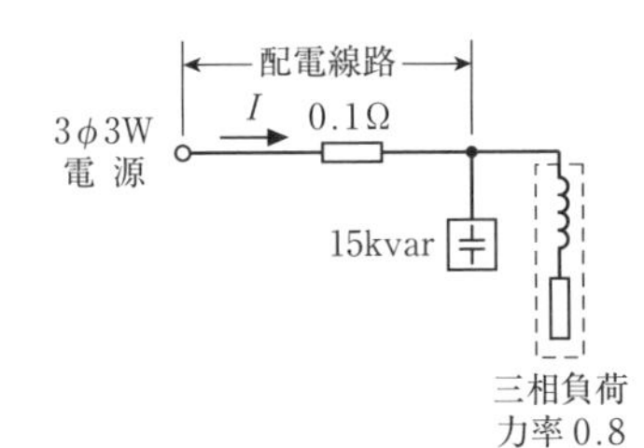

イ．線電流 I が減少する。
ロ．線路の電力損失が減少する。
ハ．電源からみて、負荷側の無効電力が減少する。
ニ．線路の電圧降下が増加する。

（平成26年度 問い9）

解説・解答

進相コンデンサによる力率改善によって、線路の電圧降下は減少します。

答え ニ

コンデンサ容量の選定

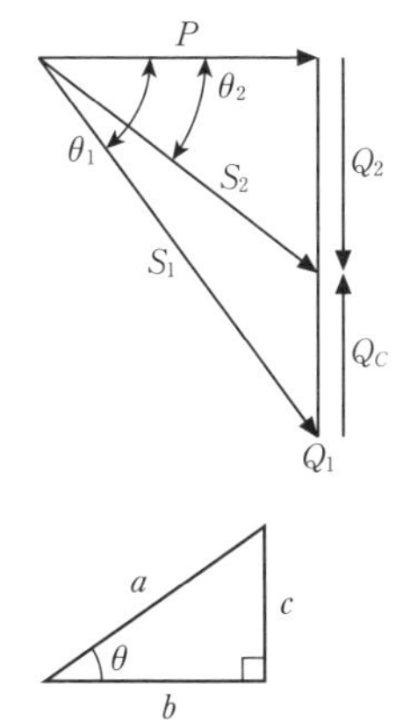

消費電力P、遅れ力率$\cos\theta_1$の負荷のある設備を力率$\cos\theta_2$に改善する場合の進相コンデンサの容量Q_Cの選定は、次のようになります（P：負荷の消費電力、S_1、S_2：皮相電力、1は改善前、2は改善後　Q_1、Q_2：無効電力、1は改善前、2は改善後）。

$$Q_C = Q_1 - Q_2 = S_1 \sin\theta_1 - S_2 \sin\theta_2$$
$$= P\tan\theta_1 - P\tan\theta_2 = P(\tan\theta_1 - \tan\theta_2)$$

なおtan（タンジェント）は三角関数で、右の図の三角形では次のようになります。

$$\tan\theta = \frac{c}{b} \qquad \cos\theta = \frac{b}{a} \qquad \sin\theta = \frac{c}{a}$$

例題 13

定格容量200kV·A、消費電力120kW、遅れ力率$\cos\theta_1 = 0.6$の負荷に電力を供給する高圧受電設備に高圧進相コンデンサを施設して、力率を$\cos\theta_2 = 0.8$に改善したい。必要なコンデンサの容量［kvar］は。
ただし、$\tan\theta_1 = 1.33$、$\tan\theta_2 = 0.75$とする。

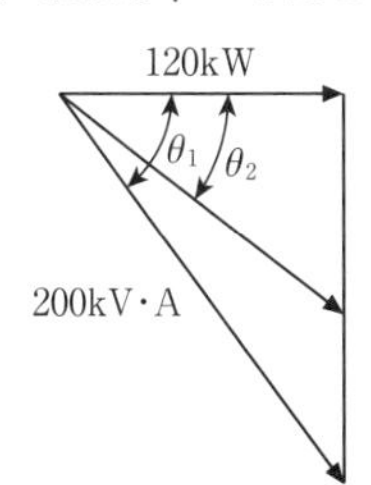

イ. 35　　ロ. 70
ハ. 90　　ニ. 160

（平成29年度 問い6）

解説・解答

コンデンサ容量Q_Cをもとめる式に入れると、

$$Q_C = P(\tan\theta_1 - \tan\theta_2) = 120(1.33 - 0.75) = 69.6$$

最も近い70kvarになります。

答え ロ

直列リアクトル設置の場合の無効電力の計算

進相コンデンサには、高調波の増加防止と突入電流抑制のため、右の図のように**直列リアクトル**を設置します。

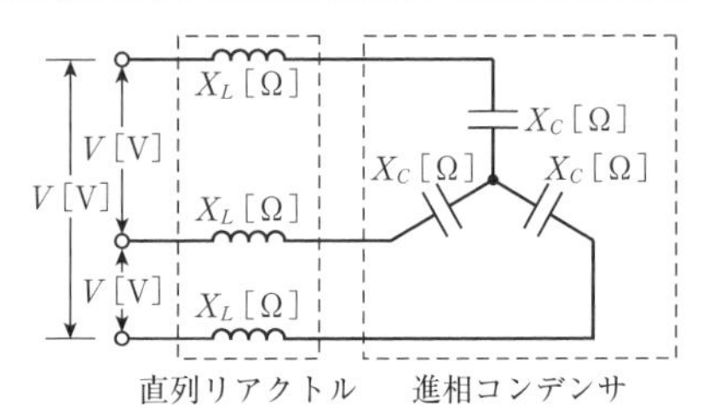

その無効電力Q [var] の式は、以下のとおりです。

$$Q = 3\frac{\left(\frac{V}{\sqrt{3}}\right)^2}{X_C - X_L} = \frac{V^2}{X_C - X_L} \text{ [var]}$$

例題 14 **図のような直列リアクトルを設けた高圧進相コンデンサがある。電源電圧がV [V]、誘導性リアクタンスが9Ω、容量性リアクタンスが150Ωであるとき、この回路の無効電力（設備容量）[var] を示す式は。**

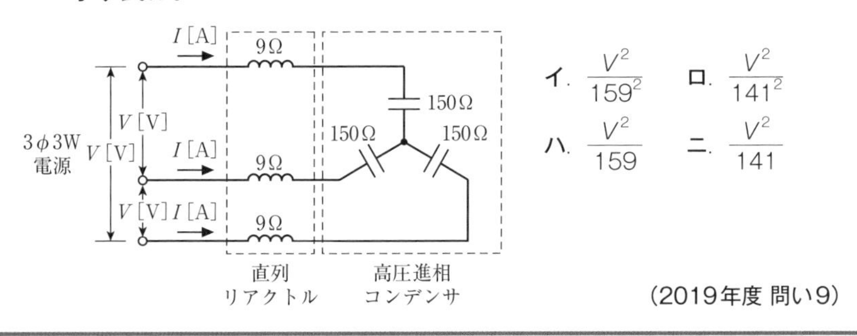

イ. $\frac{V^2}{159^2}$　ロ. $\frac{V^2}{141^2}$

ハ. $\frac{V^2}{159}$　ニ. $\frac{V^2}{141}$

(2019年度 問い9)

解説・解答

無効電力Qの式に、与えられた数値を代入すると、

$$Q = \frac{V^2}{X_C - X_L} = \frac{V^2}{150 - 9} = \frac{V^2}{141} \text{ [var]}$$

無効電力（設備容量）を示す式は、$V^2/141$ [var] になります。

答え ニ

05 需要率・負荷率・不等率

需要率、負荷率のもとめ方と負荷曲線を使った使用電力量のもとめ方、不等率のもとめ方を学びます

需要率

需要率とは、設備容量に対する最大需要電力の割合で、以下の式のようになります。

$$需要率 = \frac{最大需要電力 [kW]}{設備容量 [kW]} \times 100 [\%]$$

需要率と設備容量から**最大需要電力**をもとめることができます。

$$最大需要電力 = 設備容量 [kW] \times \frac{需要率 [\%]}{100} [kW]$$

負荷率

負荷率とは、ある期間中の最大需要電力に対する、ある期間中の平均需要電力の割合で、以下の式のようになります。

$$負荷率 = \frac{ある期間中の平均需要電力 [kW]}{ある期間中の最大需要電力 [kW]} \times 100 [\%]$$

平均需要電力は、次の式でもとめられます。

$$ある期間中の平均需要電力 = \frac{ある期間中の需要電力量 [kW \cdot h]}{ある期間中の時間 [h]} [kW]$$

例題 15

負荷設備の合計が500kWの工場がある。ある月の最大需要電力が250kWで、その月の需要電力量が72 000kW·hであった。その月の需要率a［%］と負荷率b［%］の組合せとして正しいものは。ただし、1ケ月は30日とする。

イ. a 20　b 40　　ロ. a 40　b 50
ハ. a 50　b 20　　ニ. a 50　b 40

（平成21年度 問い6）

解説・解答

この設備の需要率aは、

$$需要率 = \frac{最大需要電力\ [kW]}{設備容量\ [kW]} \times 100 = \frac{250}{500} \times 100 = 50\ [\%]$$

この１ケ月＝30日の平均需要電力は、

$$平均需要電力 = \frac{需要電力量\ [kW\cdot h]}{30日 \times 24\ [h]} = \frac{72\,000}{720} = 100\ [kW]$$

負荷率bは、

$$負荷率 = \frac{平均需要電力\ [kW]}{最大需要電力\ [kW]} \times 100 = \frac{100}{250} \times 100 = 40\ [\%]$$

需要率aは50%、負荷率bは40%になります。

答え ニ

負荷曲線の計算

負荷曲線から使用電力量をもとめる場合、**負荷曲線と時間の面積が使用電力量に相当**するので、それを使います。

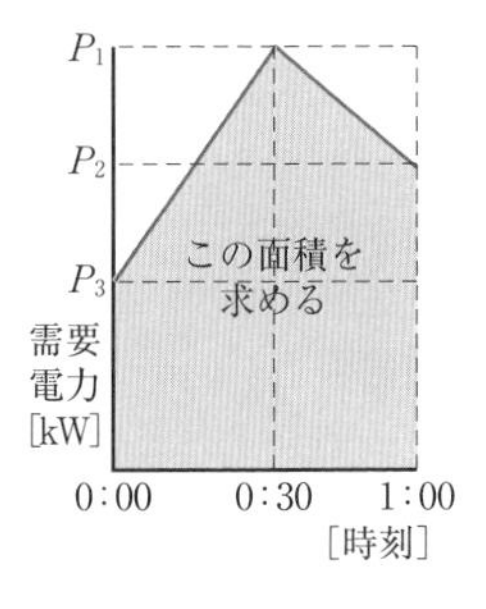

右の図では、0：00～0：30の面積は（0.5は30分）、

$$0.5P_3 + \frac{0.5(P_1 - P_3)}{2}$$

0:30～1:00の面積は、

$$0.5P_2 + \frac{0.5(P_1 - P_2)}{2}$$

これを合計したものが、その時間の使用電力量になります。負荷曲線が水平・垂直の場合は、四角形の面積のもとめ方になります。

例題 16

**受電設備において、14時から16時までの間の負荷曲線が図のようであった。
この２時間の使用電力量［kW･h］は。**

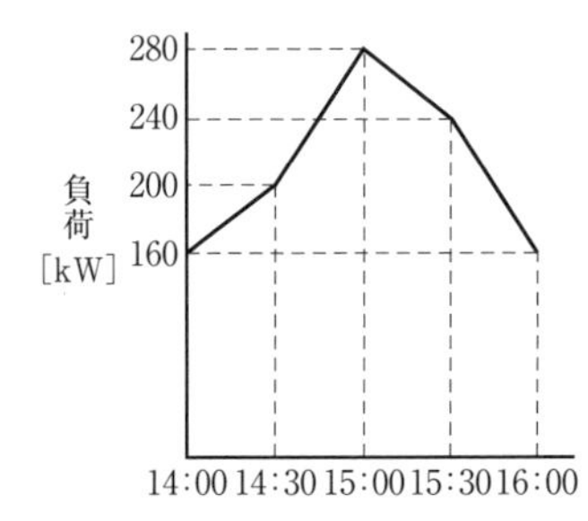

イ．360　　ロ．400
ハ．440　　ニ．480

（平成24年度 問い8）

解説・解答

14：00 〜 14：30と14：30 〜 15：00の使用電力量は、

$$0.5\times160+\frac{0.5(200-160)}{2}=90\ [\mathrm{kW\cdot h}]$$

$$0.5\times200+\frac{0.5(280-200)}{2}=120\ [\mathrm{kW\cdot h}]$$

15：00 〜 15：30と15：30 〜 16：00の使用電力量は、

$$0.5\times240+\frac{0.5(280-240)}{2}=130\ [\mathrm{kW\cdot h}]$$

$$0.5\times160+\frac{0.5(240-160)}{2}=100\ [\mathrm{kW\cdot h}]$$

これらを合計すると、

$$90+120+130+100=440\ [\mathrm{kW\cdot h}]$$

この2時間の需要家の使用電力量は440kW・hになります。

答え ハ

不等率

不等率は、各需要家の最大需要電力の和を合成最大需要電力で割ったものです。

右の負荷曲線で言うと合成最大需要電力は、赤の需要家と青の需要家の合計が最も多いⒹの時刻の需要電力の合計です。

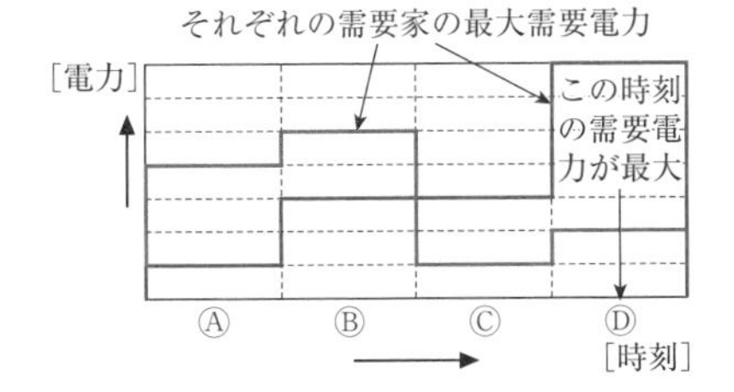

各需要家の最大需要電力の和を見ると、青の需要電力はⒷの時刻に最大になっているので、青の需要家はⒷの需要電力、赤の需要家はⒹの需要電力を合計したものです。必ず1以上になります。

$$\text{不等率}=\frac{\text{最大需要電力の和}}{\text{合成最大需要電力}}\geqq1$$

需要率・負荷率は1以下になり、不等率のみ1以上になります。

例題 17

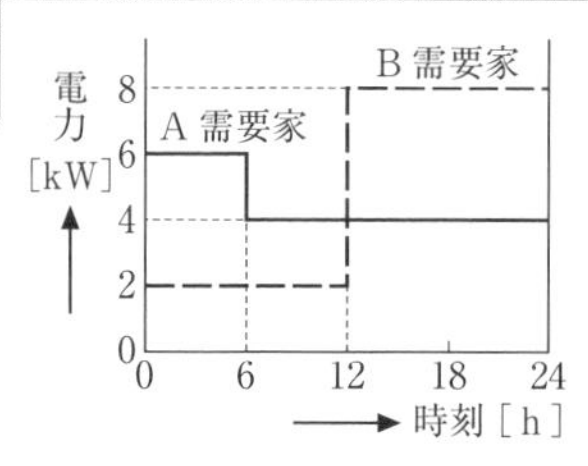

図のような日負荷曲線をもつA、Bの需要家がある。この系統の不等率は。

イ. 1.17　　ロ. 1.33
ハ. 1.40　　ニ. 2.33

(平成27年度 問い19)

解説・解答

合成最大需要電力は、12時から24時の需要電力の合計になるので、

$8+4=12$ [kW]

最大需要電力の和は、A需要家は0時から6時、B需要家は12時から24時の需要電力になるので、

$6+8=14$ [kW]

不等率をもとめると、

$$不等率=\frac{最大需要電力の和}{合成最大需要電力}=\frac{14}{12}\fallingdotseq 1.17$$

不等率は1.17になります。

答え イ

練習問題④ **負荷設備の合計が500kWの工場がある。ある月の需要率が40%、負荷率が50%であった。この工場のその月の平均需要電力 [kW] は。**

イ. 100　　ロ. 200　　ハ. 300　　ニ. 400

(令和2年度 問い9)

解答

練習問題④ イ

負荷設備と需要率から最大需要電力は、500×(40/100)＝200 [kW]。
最大需要電力と負荷率から平均需要電力は、200×(50/100)＝100 [kW]。

06 屋内配線設計

低圧分岐回路における電線の許容電流と
配線用遮断器の施設すべき箇所について学びます

低圧分岐回路の施設

低圧屋内幹線から分岐する回路には、分岐点から**3m以下**の箇所に過電流遮断器（配線用遮断器）を施設しなければなりません。

ただし、分岐回路の電線の許容電流が幹線を保護する配線用遮断器の定格電流の**35％以上**の場合は**8m以下**の場所に、**55％以上**の場合は長さに制限がありません。

また、分岐回路の幹線（細い幹線）に接続する、さらに、細い幹線の長さが3m以下の場合、同一条件で施設できます。

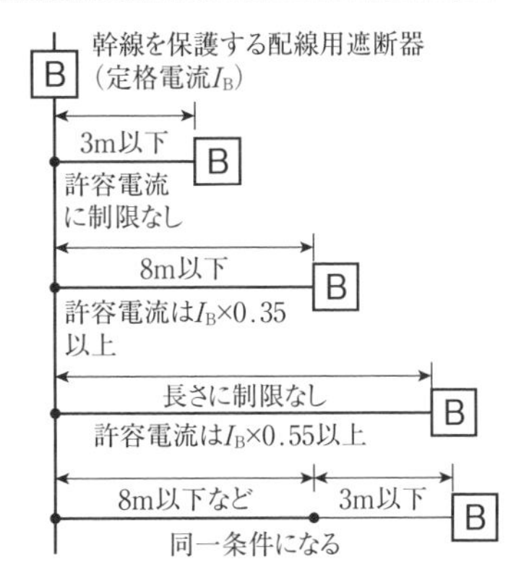

例題18 **図のような低圧屋内幹線を保護する配線用遮断器 B₁（定格電流100A）の幹線から分岐するA～Dの分岐回路がある。A～Dの分岐回路のうち、配線用遮断器 B の取り付け位置が不適切なものは。ただし、図中の分岐回路の電流値は電線の許容電流を示し、距離は電線の長さを示す。**

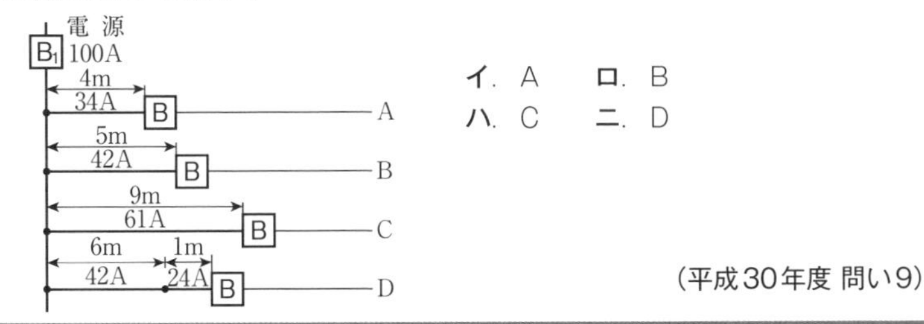

イ. A　　ロ. B
ハ. C　　ニ. D

（平成30年度 問い9）

解説・解答

34Aは100 × 0.35 ＝ 35［A］未満になり、3m以下の場所に設置しなければなりません。

答え イ

幹線の許容電流と過電流遮断器の定格電流

幹線の許容電流I_Wは、電動機の定格電流の合計I_Mとその他の負荷（電熱・照明負荷等）の合計I_Hの関係によって決まります。

$$I_M \leqq I_H \rightarrow I_W = I_M + I_H \qquad I_M > I_H \rightarrow \begin{cases} I_M \leqq 50 \rightarrow I_W = 1.25I_M + I_H \\ I_M > 50 \rightarrow I_W = 1.1I_M + I_H \end{cases}$$

また、過電流遮断器の定格電流I_Bは、$3I_M + I_H$もしくは$2.5I_W$どちらか小さいほうになります。

分岐回路を保護する過電流遮断器の種類・軟銅線の太さ・コンセント

分岐回路を保護する過電流遮断器の種類・軟銅線の太さ・コンセントは、次の表のようになります。

ただし、15Aを超え30A以下の定格電流の過電流遮断器（15Aを超え20A以下の場合は配線用遮断器を除く）では、20A未満のプラグを使用できるコンセントは施設できません。

過電流遮断器の種類	軟銅線の太さ	コンセント
定格電流 15A	直径 1.6mm 以上	15A 以下
定格電流 20A の配線用遮断器	直径 1.6mm 以上	20A 以下
定格電流 30A	直径 2.6mm 以上	20A 以上 30A 以下
定格電流 40A	断面積 8mm^2 以上	30A 以上 40A 以下
定格電流 50A 以上	断面積 14mm^2 以上	40A 以上 50A 以下

例題 19

低圧分岐回路の施設において、分岐回路を保護する過電流遮断器の種類、軟銅線の太さ及びコンセントの組合せで、誤っているものは。

	分岐回路を保護する過電流遮断器の種類	軟銅線の太さ	コンセント
イ.	定格電流 15A	直径 1.6mm	定格 15A
ロ.	定格電流 20A の配線用遮断器	直径 2.0mm	定格 15A
ハ.	定格電流 30A	直径 2.0mm	定格 20A
ニ.	定格電流 30A	直径 2.6mm	定格 20A（定格電流が 20A 未満の差込みプラグが接続できるものを除く。）

（平成29年度 問い24）

解説・解答

定格電流30Aの過電流遮断器で保護されている分岐回路では2.6mm以上の軟銅線の電線を使用し、20A未満のプラグが接続できる20Aコンセント（15A・20A兼用コンセント）は使用してはなりません。

答え ハ

練習問題⑤ 図のような、低圧屋内幹線からの分岐回路において、分岐点から配線用遮断器までの分岐回路を600Vビニル絶縁ビニルシースケーブル丸形（VVR）で配線する。この電線の長さaと太さbの組合せとして、誤っているものは。ただし、幹線を保護する配線用遮断器の定格電流は100Aとし、VVRの太さと許容電流は表のとおりとする。

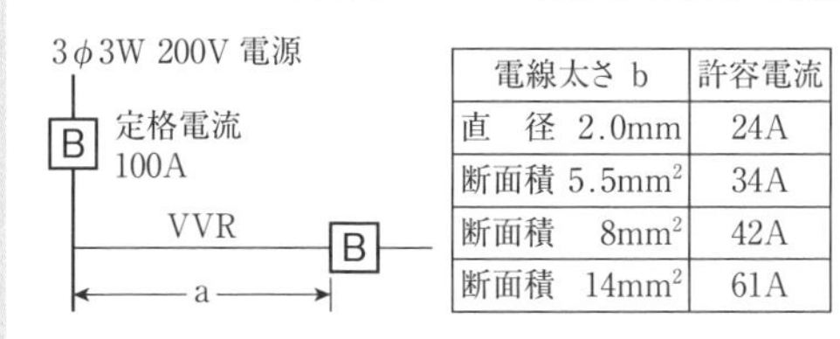

電線太さ b	許容電流
直　径 2.0mm	24A
断面積 5.5mm²	34A
断面積 8mm²	42A
断面積 14mm²	61A

イ. a：2m　b：2.0mm
ロ. a：5m　b：5.5mm²
ハ. a：7m　b：8mm²
ニ. a：10m　b：14mm²

（平成27年度 問い7）

解答

練習問題⑤ ロ

5mの場所では、3mを超え8m以下ですので許容電流が幹線を保護する配線用遮断器の定格電流が35%以上、つまり、$100 \times 0.35 = 35$［A］以上なければなりません。5.5mm²の電線の許容電流は34Aですので誤っています。

ワンポイント

第2種電気工事士筆記試験でも出題されますが、第1種でも出ますので、改めて思い出しましょう。

重要度★★★

07 架空電線路の強度計算

電線のたるみのもとめ方と、
支線の張力から水平張力の最大値のもとめ方について学びます

電線のたるみ

架空電線路の**電線のたるみ**は、次の式でもとめられます。

$$D=\frac{wS^2}{8T} \ [\mathrm{m}]$$

電線支持点間の距離 S [m]
たるみ D [m]
電線の水平張力 T [N]
電線の単位長当たりの重量：w [N/m]

例題 20

水平径間100mの架空送電線がある。電線1m当たりの重量が20N/m、水平引張強さが20kNのとき、電線のたるみ*D* [m] は。

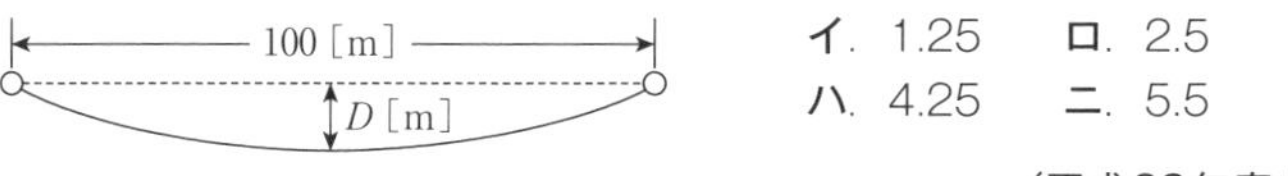

イ. 1.25　　ロ. 2.5
ハ. 4.25　　ニ. 5.5

（平成22年度 問い18）

解説・解答

与えられた数値をたるみDの式に代入すると、

$$D=\frac{wS^2}{8T}=\frac{20\times 100^2}{8\times 20\times 1\,000}=1.25 \ [\mathrm{m}]$$

電線のたるみは1.25mになります。

答え イ

水平張力の最大値

右の図のような支線の張力T_Sから、支線の安全率をfとし、**水平張力*T*の最大値**をもとめる式は、以下のとおりです。

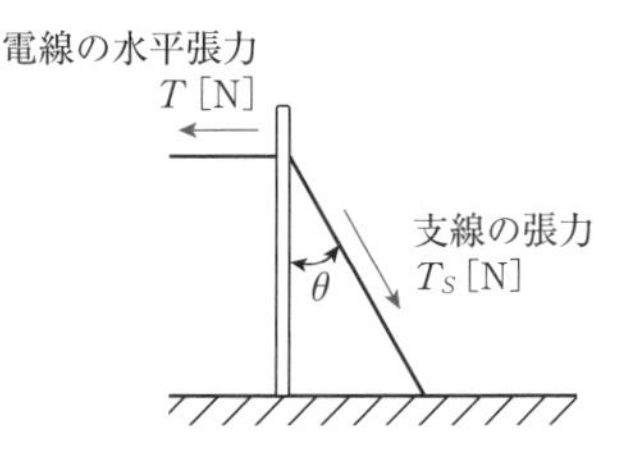

許容される支線の張力　$\frac{T_S}{f}$ [N]

水平張力の最大値　$\dfrac{T_S}{f} \times \sin\theta$ [N]

なお、sin30°は右の図のように1/2になります。
試験によく出るので覚えておきましょう。

例題 21

図のように取り付け角度が30°となるように支線を施設する場合、支線の許容張力をT_S＝24［kN］とし、支線の安全率を2とすると、電線の水平張力Tの最大値［kN］は。

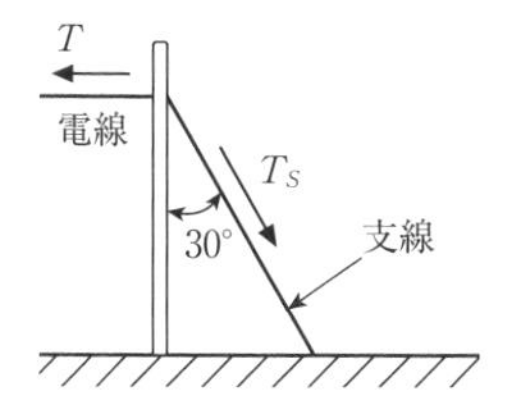

イ．6　ロ．10
ハ．12　ニ．24

（平成23年度 問い9）

解説・解答

許容される支線の張力から、電線の水平張力の最大値をもとめると（sin30°は1/2）、

許容される支線の張力：$\dfrac{T_S}{f} = \dfrac{24}{2} = 12$ [kN]

水平張力の最大値：$\dfrac{T_S}{f} \sin 30° = 12 \times \dfrac{1}{2} = 6$ [kN]

電線の水平張力の最大値は6kNになります。

答え イ

電線のたるみの式は「ダブル（w）の鈴（S^2）がハット（8T）の上にある。」と語呂合わせで覚えてもいいでしょう！

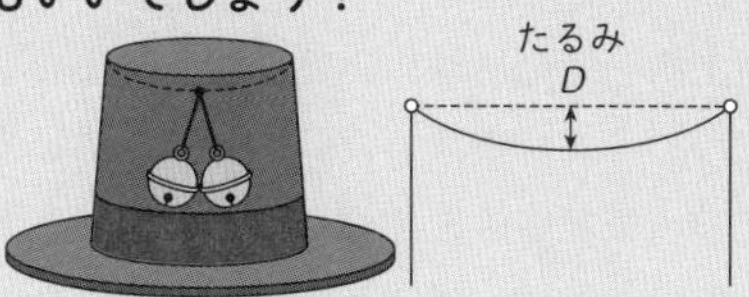

Column

第2種の「電圧降下」との違い

第２種電気工事士筆記試験においても、「配電理論および配電設計」の科目の中で、電圧降下は、非常に多く出題されます。

同じように、第１種電気工事士筆記試験においても、電圧降下は高い頻度で出題されるのですが、第２種電気工事士筆記試験に出題されるものと少し内容が異なっています。

■線路リアクタンスの考慮

実際の計算が必要な問題では、「ただし線路リアクタンスは無視する」と書かれる場合が多いのですが、式を問う問題では、線路リアクタンスを含めた式について問われることもあります。

でも、この線路リアクタンスとは何なのでしょうか？ これは、電線路のインダクタ（コイル）やキャパシタ（コンデンサ）による、電流の通りにくさを表します。特に長い電線路では、抵抗による電圧降下だけでなく、キャパシタ（容量性リアクタンス）についても考慮しなければならないのです。つまり、電線路がコンデンサ的な性質も持っており、それを考慮しなければならないということです。

■力率と無効率

また、第１種電気工事士筆記試験で出題される電圧降下では、力率（$\cos\theta$）と無効率（$\sin\theta$）についても考慮します。電線路の抵抗rと力率$\cos\theta$、線路リアクタンスxと無効率$\sin\theta$をそれぞれ掛けて計算する式が出てくるわけです。これらは、力率と無効率の意味がわからないとなかなか覚えにくいものです。

このように、第２種電気工事士筆記試験に出題される電圧降下に関する問題と比較すると、交流回路についてより考慮した問題となっています。

ですので、第１種電気工事士筆記試験に出題される電圧降下の問題は、単に第２種の問題の延長というだけでなく、交流回路についてきちんと理解しておく必要があります。

第3章

電気応用

この章では、電力を応用した、照明、電熱、電動力などを学びます。
照度計算や電熱器の発生熱量、巻上電動機の出力などの計算問題も出てきます。
それぞれの問題の計算方法もしっかりと押さえておきましょう！

重要度★★★

01 照明器具・光源

LEDランプの特徴、ハロゲンランプの形状、
S形埋込み形照明器具について学びます

LEDランプの特徴

LEDランプとは、光源に発光ダイオードを使用したランプのことです。次のような特徴があります。

- 発光効率は、白熱灯に比べて**発光効率が高い**
- 白色LEDランプは、一般に**青色のLEDと黄色の蛍光体**による発光
- 発光原理は、**エレクトロルミネセンス**

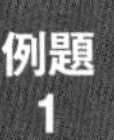

例題1

LEDランプの記述として、誤っているものは。

イ. LEDランプは、発光ダイオードを用いた照明用光源である。
ロ. 白色LEDランプは、一般に青色のLEDと黄色の蛍光体による発光である。
ハ. LEDランプの発光効率は、白熱灯の発光効率に比べて高い。
ニ. LEDランプの発光原理は、ホトルミネセンスである。

（平成27年度 問い10）

解説・解答

LEDの発光原理は、エレクトロルミネセンスになります。

答え ニ

ハロゲン電球

ハロゲン電球とは、ガラス球に石英ガラスを、封入ガスにハロゲンガスを使用した電球で、一般電球に比べ**小さな形状と長寿命、優れた光束維持率**という特徴があります。

その形状は、右の写真のとおりです。

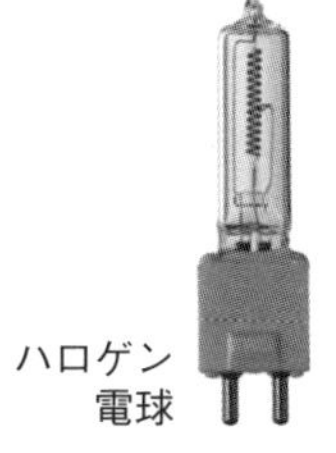
ハロゲン電球

写真に示す品物の名称は。

イ. ハロゲン電球
ロ. キセノンランプ
ハ. 電球形LEDランプ
ニ. 高圧ナトリウムランプ

（平成28年度 問い14）

解説・解答

写真は、ハロゲン電球になります。

答え イ

S形埋込み形照明器具

断熱材施工天井において埋込み形照明器具（ダウンライト）を取り付ける場合には、**S形埋込み形照明器具**を使用しなければなりません。

S形埋込み形照明器具には、（一社）日本照明工業会のS_B、S_{GI}、S_Gの表示マークを貼付しています。

写真の照明器具には矢印で示すような表示マークが付されている。この器具の用途として、適切なものは。

イ. 断熱材施工天井に埋め込んで使用できる。
ロ. 非常用照明として使用できる。
ハ. 屋外に使用できる。
ニ. ライティングダクトに設置して使用できる。

（平成29年度 問い14）

解説・解答

写真はS形埋込み形照明器具で、断熱材施工天井に埋め込んで使用できます。

答え イ

重要度★★★

02 照度計算

水平面照度や点光源の光度のもとめ方と
JIS照度基準について学びます

点光源における水平面照度

右の図のような、光度I［cd（カンデラ）］のA点の点光源におけるB点の水平面照度E［lx（ルクス）］は、次の式のようになります。

$$E=\frac{I}{r^2}\cos\theta\ [\mathrm{lx}] \quad r=\sqrt{h^2+d^2} \quad \cos\theta=\frac{h}{r}$$

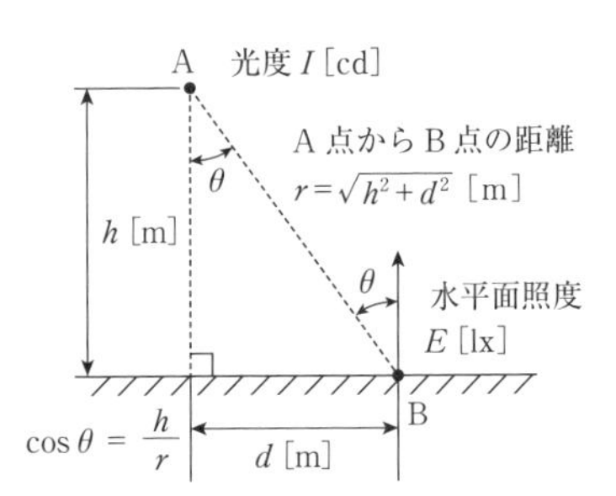

この式で、B点の水平面照度EからA点の点光源の光度Iをもとめると、

$$I=\frac{Er^2}{\cos\theta}\ [\mathrm{cd}]$$

例題 4 **図のQ点における水平面照度が8lxであった。点光源Aの光度I［cd］は。**

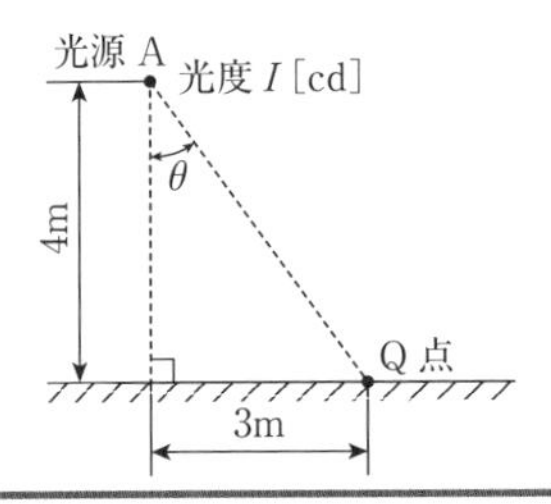

イ. 50　ロ. 160
ハ. 250　ニ. 320

（平成26年度 問い12）

解説・解答

光源AからQ点の距離rと$\cos\theta$は、

$$r=\sqrt{h^2+d^2}=\sqrt{4^2+3^2}=5\ [\mathrm{m}] \qquad \cos\theta=\frac{h}{r}=\frac{4}{5}=0.8$$

光度Iを、水平面照度E、A－Q間の距離r、$\cos\theta$からもとめると、

$$I=\frac{Er^2}{\cos\theta}=\frac{8\times5^2}{0.8}=250\ [\mathrm{cd}]$$

光度Iは250cdになります。

答え ハ

JIS照度基準

日本産業規格（JIS）では照明設計基準の一つとして、**維持照度の推奨値**を示しています。

維持照度の推奨値は、右の表のとおりです。

場所	維持照度の推奨値
事務所の事務室	750lx
工場の普通の視作業	500lx
学校の教室（机上面）	300lx

「日本産業規格（JIS）」では照明設計基準の一つとして、維持照度の推奨値を示している。同規格で示す学校の教室（机上面）における維持照度の推奨値［lx］は。

イ．30　　ロ．300　　ハ．900　　ニ．1 300　　（令和2年度 問い11）

解説・解答

学校の教室（机上面）のJISの示す維持照度の推奨値は300lxです。

答え ロ

レッツ・トライ！

練習問題❶ **床面上r［m］の高さに、光度I［cd］の点光源がある。光源直下の床面照度E［lx］を示す式は。**

イ．$E=\frac{I^2}{r}$　　ロ．$E=\frac{I^2}{r^2}$　　ハ．$E=\frac{I}{r}$　　ニ．$E=\frac{I}{r^2}$

（平成28年度 問い11）

解答

練習問題❶ ニ

光源直下は$\cos\theta$が1になるので、床面照度は$E=I/r^2$になります。

重要度★★★

03 電熱

さまざまな電気加熱方式の原理と用途、
電熱器の発生熱量や熱効率のもとめ方を学びます

電気加熱方式

電気機器で使われる電気加熱方式には、次のようなものがあります。

- **抵抗加熱**　抵抗体に発生する**ジュール熱**を利用する
- **赤外線加熱**　**赤外線の放射**を利用する
- **誘電加熱**　絶縁体を強い高周波電界の中に入れ、**誘電損失による発熱**を利用する
- **誘導加熱**　**電磁誘導**を利用し、金属などを加熱する

電子レンジの加熱方式は「誘電加熱」、電磁調理器の加熱方式は「誘導加熱」になります。

例題 6　**写真で示す電磁調理器の発熱原理は。**

イ．誘導加熱
ロ．抵抗加熱
ハ．誘電加熱
ニ．赤外線加熱

（平成27年度 問い15）

解説・解答

電磁調理器の発熱原理は誘導加熱です。

答え イ

電熱器の発生熱量

消費電力P［kW］の電熱器でt［h］時間使用した場合の発生熱量Hの式は、次のとおりです。

$H = 3\,600Pt$［kJ］

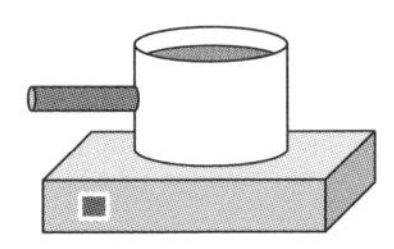

例題 7

定格電圧100V、定格消費電力1kWの電熱器を、電源電圧90Vで10分間使用したときの発生熱量［kJ］は。
ただし、電熱器の抵抗の温度による変化は無視するものとする。

イ．292　　ロ．324　　ハ．486　　ニ．540

（平成27年度 問い12）

解説・解答

電源電圧が定格電圧と異なるので、消費電力から電熱器の抵抗Rを求めます（力率$\cos\theta$は電熱器なので100%）。

$$P=\frac{V^2}{R}=1\,000=\frac{100^2}{R}=\frac{10\,000}{R} \quad\rightarrow\quad R=\frac{10\,000}{1\,000}=10\ [\Omega]$$

電源電圧90Vの消費電力P_{90}をもとめ、そこから発生熱量Hをもとめます。

$$P_{90}=\frac{V^2}{R}=\frac{90^2}{10}=810\ [\mathrm{W}]\ =0.81\ [\mathrm{kW}]$$

$$H=3\,600Pt=3\,600\times0.81\times\frac{1}{6}=486\ [\mathrm{kJ}]$$

発生熱量は486kJになります。

答え ハ

電熱器の熱効率

電熱器の熱効率は、その電熱器の発熱量に対して、温めた水などの**温度上昇した熱量の割合**です。水1Lを温めるのに4.2kJの熱量が必要になるので、下の図のような水M[L]をT［度］温めたときの電熱器（消費電力P［kW］）の熱効率ηを式にすると、次のようになります。

$$熱効率\eta=\frac{4.2MT}{3\,600Pt}\times100\ [\%]$$

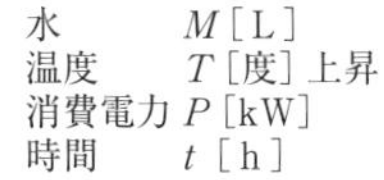

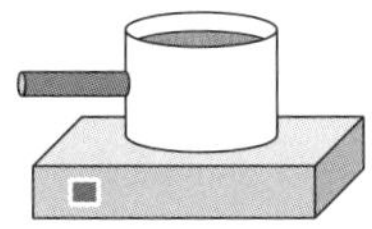

例題 8

消費電力1kWの電熱器を1時間使用したとき、10リットルの水の温度が43℃上昇した。この電熱器の熱効率［%］は。

イ．40　　ロ．50　　ハ．60　　ニ．70

（平成21年度 問い12）

解説・解答

与えられた数値を熱効率ηの式に当てはめると、

$$\eta=\frac{4.2MT}{3\,600Pt}\times 100=\frac{4.2\times 10\times 43}{3\,600\times 1\times 1}\times 100 \fallingdotseq 50\ [\%]$$

熱効率は約50%になります。

答え ロ

計算に出てくる3 600は、1時間を秒に変換したものです。

電熱は第２種電気工事士筆記試験の
内容を思い出してみてください！

Column

電気応用の問題の特徴

電気応用は、過去の出題を見ると他の科目の中でも出題される問題数は少ない傾向があります。一方で、その範囲は広く、照明器具・光源、照度計算、電熱、電動力応用などをそれぞれ暗記したり、数式なども覚えたりしないといけません。

それで、**暗記できるものを優先**して覚えていき、計算問題に関しては、他の科目で重複するものや、第２種電気工事士筆記試験ですでに学んだものを中心に効率よく覚えていくと良いでしょう。

重要度★★★

04 電動力応用

巻上機用電動機の出力のもとめ方と
揚水ポンプの電動機の入力のもとめ方を学びます

巻上機用電動機の出力

右の図のような巻上機用電動機で、巻上荷重 W［kN］、巻上速度 v［m/min］、機械効率 η の場合の巻上機用電動機の出力 P は、次の式のようになります。

$$P=\frac{Wv}{60\eta}\ [\mathrm{kW}]\quad（巻上速度が［m/s］の場合は\frac{Wv}{\eta}）$$

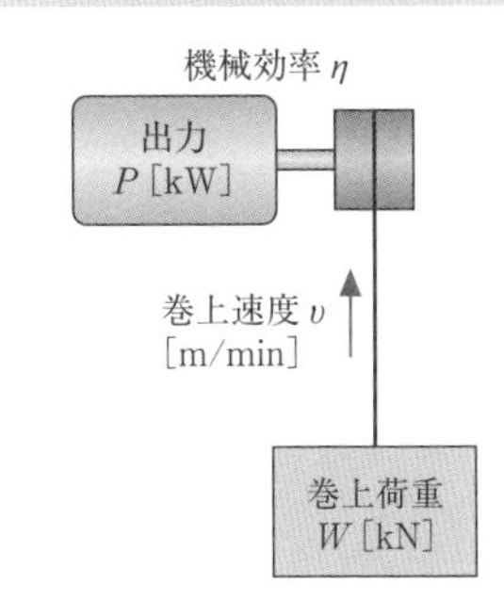

例題 9

**巻上荷重1.96kNの物体を毎分60mの速さで巻き上げているときの巻上機用電動機の出力［kW］は。
ただし、巻上機の効率は70%とする。**

イ. 0.7　ロ. 1.0　ハ. 1.4　ニ. 2.8

（平成25年度 問い10）

解説・解答

巻上機用電動機の出力の式に、数値を代入すると、

$$P=\frac{Wv}{60\eta}=\frac{1.96\times 60}{60\times 0.7}=2.8\ [\mathrm{kW}]$$

電動機の出力は2.8kWになります。

答え ニ

揚水ポンプの電動機の入力

右の図のような揚水ポンプの入力P［kW］を示す式は、次のようになります。

$$P = \frac{9.8QH}{\eta_P \eta_m} \text{ [kW]}$$

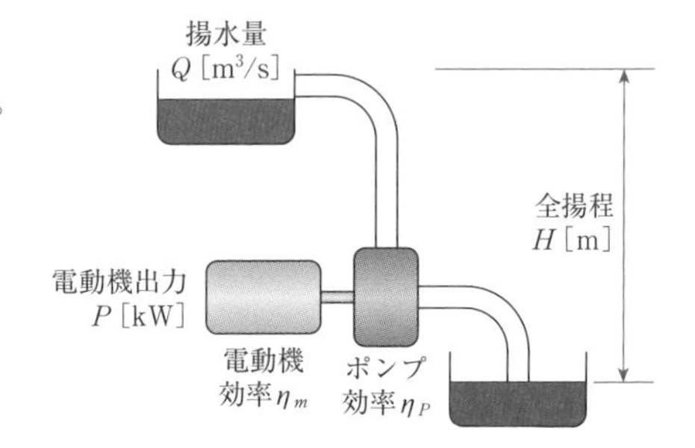

例題 10

全揚程がH［m］、揚水量がQ［m³/s］である揚水ポンプの電動機の入力［kW］を示す式は。
ただし、電動機の効率をη_m、ポンプの効率をη_pとする。

イ．$\dfrac{9.8QH}{\eta_P \eta_m}$　ロ．$\dfrac{QH}{9.8\eta_P \eta_m}$　ハ．$\dfrac{9.8H\eta_P \eta_m}{Q}$　ニ．$\dfrac{QH\eta_P \eta_m}{9.8}$

（平成23年度 問い16）

解説・解答

揚水ポンプの入力P［kW］を示す式は、

$$\frac{9.8QH}{\eta_P \eta_m}$$

になります。

答え イ

揚水ポンプの問題は、「発電施設、送電施設、変電施設」の科目の揚水発電機で、類似問題が出るときがあります。

電気応用は出題数が少ないですが、覚えやすい問題が多いので、加点のためにも押さえておきましょう！

第4章

電気機器など、電気工事用の材料・工具

この章では、変圧器、電動機、蓄電池、配線器具、工事用材料や工具について学びます。
計算問題も若干入ってきますので、それぞれの機器、器具、工具・材料の特徴などをつかむとともに、計算問題もできるかぎり解いてみましょう。
問題数も多い科目となりますので、しっかり押さえておきましょう！

重要度★★★

01 変圧器

変圧器の結線、柱上変圧器のタップ電圧、変圧器の損失、
百分率インピーダンスについて学びます

変圧器の結線

変圧器のY−Y結線、△−△結線、V結線の接続図は、次の図のようになります。

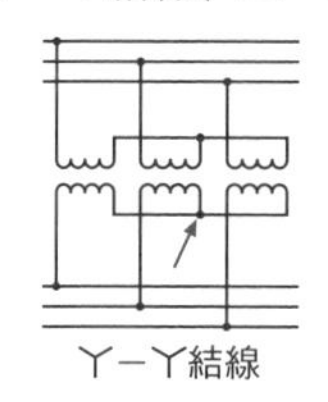

Y−Y結線

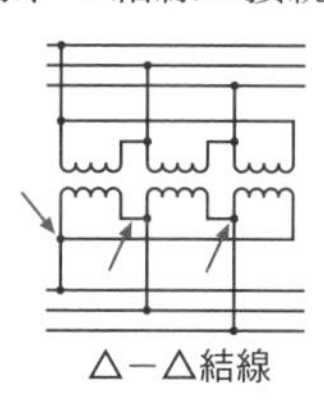

△−△結線

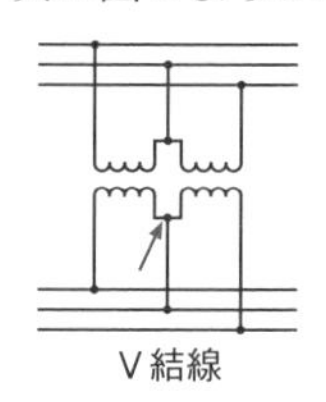

V結線

それぞれの結線の区別の仕方は、Y−Y結線は変圧器の片端が矢印のように**1箇所で接続**されています。△−△結線は変圧器の両端が他の変圧器と矢印のように**3箇所で接続**されています。V結線は変圧器が2台で**V字になるよう接続**されています。

変圧器の最大出力

変圧器を△−△結線した場合とV結線した場合、その変圧器の1台当たりの容量に対して次の最大出力と利用率が得られます。

＜△−△結線＞

最大出力＝単相変圧器1台の容量×3　　変圧器1台当たりの最大の利用率1

＜V結線＞

最大出力＝単相変圧器1台の容量×$\sqrt{3}$　　変圧器1台当たりの最大の利用率$\frac{\sqrt{3}}{2}$

例題1

変圧器の結線方法のうちY−Y結線は。

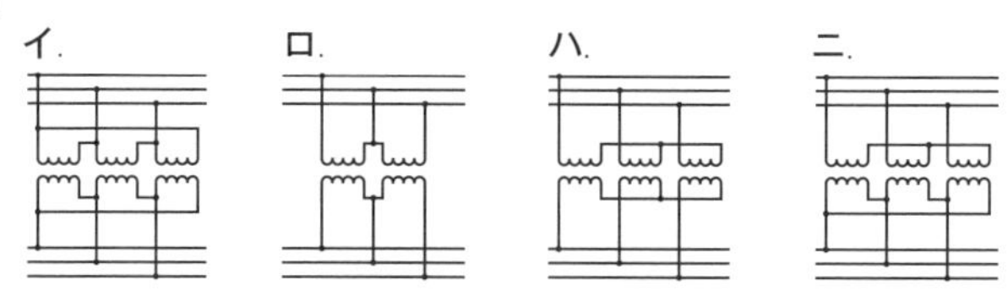

（平成28年度 問い17）

解説・解答

Y－Y結線は他の変圧器と一箇所で接続されていますので、ハになります。

答え ハ

例題2 図のように単相変圧器T_1、T_2を結線した場合の最大出力［kV·A］は。ただし、変圧器は過負荷で運転しないものとする。

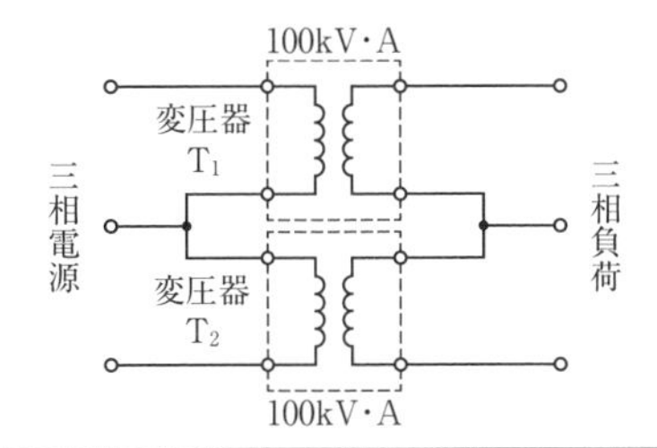

イ．100　　ロ．141
ハ．173　　ニ．200

（平成23年度 問い19）

解説・解答

図では100kV・Aの変圧器がV結線されているので、最大出力は、

$100 \times \sqrt{3} = 173$ ［kV・A］

答え ハ

柱上変圧器のタップ電圧

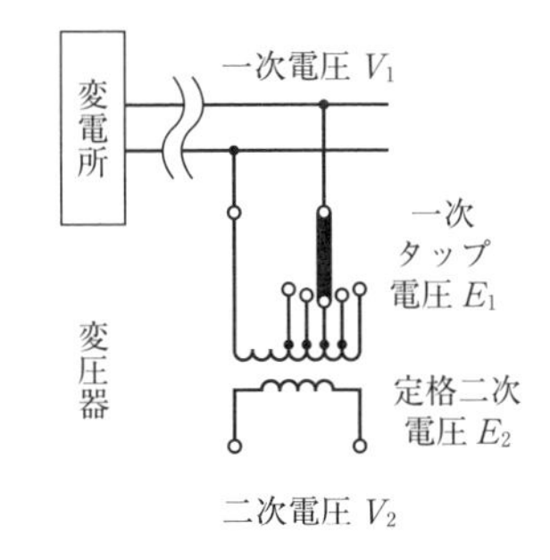

柱上変圧器は、二次電圧を適正なものに保つため電圧を切り替える**タップ**が一次側にあります。

一次側電圧に近いタップ電圧を選ぶことで、定格電圧に近い二次電圧を得ることができます。

一次タップ電圧E_1と定格二次電圧E_2の比は、一次電圧V_1と二次電圧V_2の比に等しくなります。また、タップによって調整された一次側の変圧器巻線と二次側の巻線も同じように比例します。

$$\frac{V_1}{V_2} = \frac{E_1}{E_2}$$

一次タップ電圧E_1をAからBに変更した場合は、タップ電圧E_{1A}と定格二次電圧E_2から一次電圧V_1をもとめ、タップ電圧E_{1B}と定格二次電圧E_2の比から、二次電圧V_{2B}をもとめることができます。実際に例題で見てみましょう。

例題 3 **定格二次電圧が210Vの配電用変圧器がある。変圧器の一次タップ電圧が6 600Vのとき、二次電圧は200Vであった。一次タップ電圧を6 300Vに変更すると、二次電圧の変化は。**
ただし、一次側の供給電圧は変わらないものとする。

イ．約10V上昇する。　　ロ．約10V降下する。
ハ．約20V上昇する。　　ニ．約20V降下する。

(2019年度 問い8)

解説・解答

一次電圧V_1を二次電圧V_{2A}とタップ電圧E_{1A}と定格二次電圧E_2からもとめると、

$$\frac{V_1}{V_{2A}}=\frac{E_{1A}}{E_2}=\frac{V_1}{200}=\frac{6\,600}{210} \quad \rightarrow \quad V_1=6\,600\times\frac{200}{210}\ [\mathrm{V}]$$

タップ電圧E_1を6 600から6 300に変更すると、二次電圧V_{2B}は、

$$\frac{V_1}{V_{2B}}=\frac{E_{1B}}{E_2}=\frac{6\,600\times\frac{200}{210}}{V_{2B}}=\frac{6\,300}{210} \quad \rightarrow \quad V_{2B}=\frac{6\,600\times\frac{200}{210}}{\frac{6\,300}{210}}\fallingdotseq 210\ [\mathrm{V}]$$

一次タップ電圧を6 300Vに変更すると、二次電圧は約210Vと約10V上昇します。

答え イ

変圧器の損失

変圧器の損失には、**無負荷損**と**負荷損**があります。

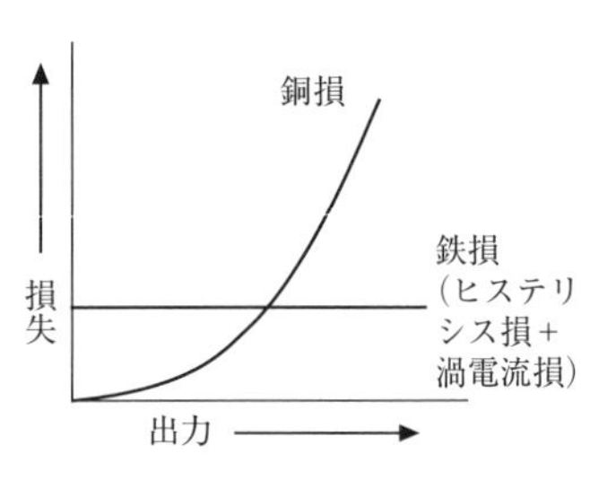

<無負荷損>

無負荷損は負荷電流とは無関係に生じる損失で、鉄損が主なものになります。

鉄損は**ヒステリシス損**と**渦電流損**によって構成されており、ヒステリシス損と渦電流損は**一次電圧の２乗に比例**し、ヒステリシス損は**周波数に反比例**します。

また、鉄損は変圧器の出力に関係なく、右上の図の特性曲線のように一定になります。

<負荷損>

負荷損は負荷電流によって生じる損失で、銅損がほとんどになります。銅損は**負荷電流の２乗に比例**するので、図の特性曲線のように出力が増加すると増加します。

変圧器の効率

変圧器の効率が最大になる条件は、**鉄損と銅損が等しいとき**になります。

変圧器の損失に関する記述として、誤っているものは。

- **イ**. 無負荷損の大部分は鉄損である。
- **ロ**. 負荷電流が2倍になれば銅損は2倍になる。
- **ハ**. 鉄損にはヒステリシス損と渦電流損がある。
- **ニ**. 銅損と鉄損が等しいときに変圧器の効率が最大となる。

（平成25年度 問い11）

解説・解答

銅損は負荷電流の2乗に比例します。

答え ロ

変圧器の並行運転条件

同一容量の単相変圧器2台以上を**並行運転する条件**は、次のとおりです。

- 各変圧器の極性を一致させて結線する。
- 各変圧器の変圧比が等しい。
- 各変圧器のインピーダンス電圧が等しい。

同一容量の単相変圧器を並行運転するための条件として、必要でないものは。

- **イ**. 各変圧器の極性を一致させて結線すること。
- **ロ**. 各変圧器の変圧比が等しいこと。
- **ハ**. 各変圧器のインピーダンス電圧が等しいこと。
- **ニ**. 各変圧器の効率が等しいこと。

（平成26年度 問い19）

解説・解答

変圧器の効率は、並行運転の条件ではありません。

答え ニ

変圧器の百分率インピーダンス

百分率（%）インピーダンスとは、**一次定格電圧に対するインピーダンス電圧の割合**を%で示したものです。

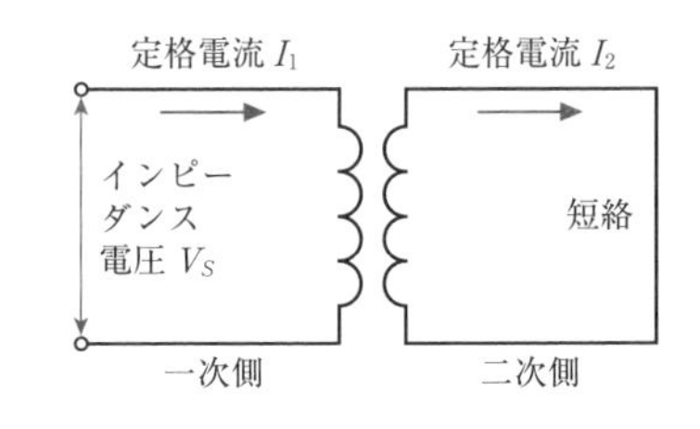

インピーダンス電圧とは、二次側を短絡した際に一次側に定格電流I_1が流れるように調整した一次側の電圧で、変圧器の巻線のインピーダンスによって生じる電圧降下を示したものです。

百分率インピーダンス%Zを式で表すと、次のようになります。

$$\%Z=\frac{V_S}{V_1}\times 100=\frac{I_1Z_1}{V_1}\times 100\ [\%]$$

（V_S：インピーダンス電圧　V_1：定格一次電圧　I_1：定格一次電流　Z_1：一次側に換算したインピーダンス）

百分率インピーダンスを使うと一次側に定格電流を加え、二次側が短絡したときに流れる短絡電流が容易にもとめられます。定格電流（一次：I_1、二次I_2）から短絡電流をもとめる式は、次のようになります（なお、定格電流は、定格容量÷定格電圧でもとめられます）。

<一次短絡電流>

$$一次短絡電流I_{1S}=I_1\times\frac{100}{\%Z}\ [\mathrm{A}]$$

<二次短絡電流>

$$二次短絡電流I_{2S}=I_2\times\frac{100}{\%Z}\ [\mathrm{A}]$$

なお、三相変圧器の二次側定格電流をもとめる際には、定格容量÷($\sqrt{3}$×定格電圧)になるので注意してください。

例題 6

定格容量50kV・A、定格一次電圧6 600V、定格二次電圧210V、百分率インピーダンス4%の単相変圧器がある。一次側に定格電圧が加わっている状態で二次側端子間で短絡した場合、二次側の短絡電流［kA］は。
ただし、変圧器より電源側のインピーダンスは無視するものとする。

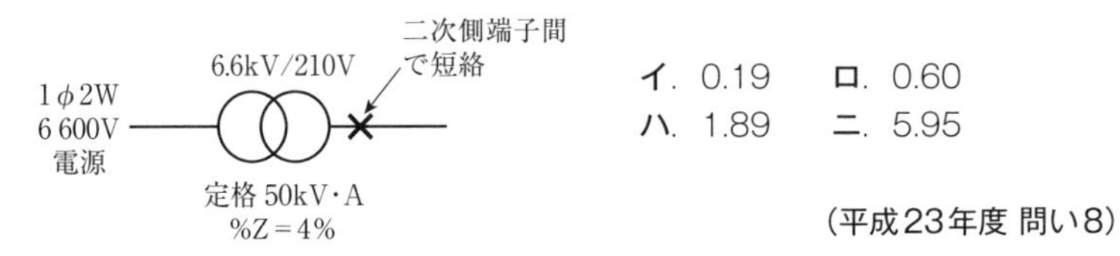

イ．0.19　　ロ．0.60
ハ．1.89　　ニ．5.95

（平成23年度 問い8）

解説・解答

二次定格電流をもとめて、二次側の短絡電流をもとめると、

$$I_2 = \frac{50 \times 1\,000}{210} = \frac{5\,000}{21}\ [\mathrm{A}] \qquad I_{2S} = I_2 \times \frac{100}{\%Z} = \frac{5\,000}{21} \times \frac{100}{4}$$

$$\fallingdotseq 5\,950\ [\mathrm{A}] \fallingdotseq 5.95\ [\mathrm{kA}]$$

二次側の短絡電流は約5.95kAになります。

答え ニ

変圧器はさまざまな側面を問われますので、整理しながら覚えていきましょう！

レッツ・トライ！

練習問題❶ 柱上変圧器A、B、Cの一次側の電圧は、電圧降下により、それぞれ6 450V、6 300V、6 150Vである。柱上変圧器A、B、Cの二次側電圧をそれぞれ105Vに調整するため、一次側タップを選定する組合せとして、正しいものは。

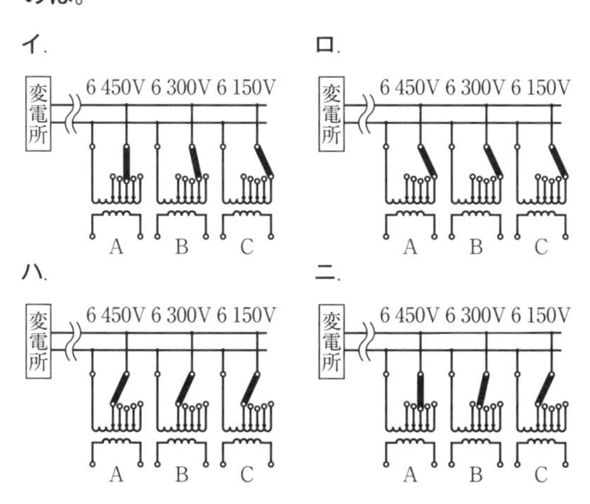

（平成25年度 問い19）

練習問題❷ 変圧器の出力に対する損失の特性曲線において、aが鉄損、bが銅損を表す特性曲線として、正しいものは。

イ.

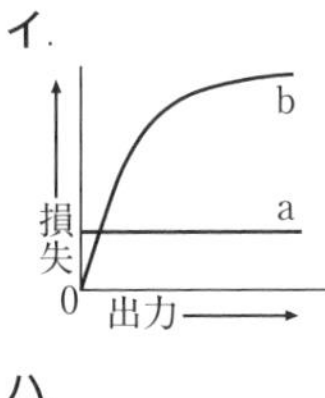

ロ.

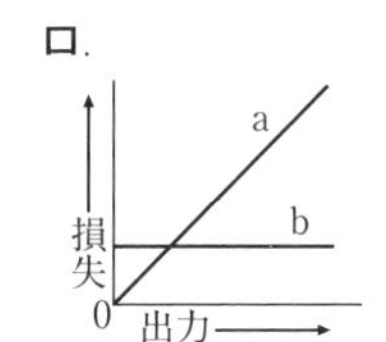

ハ.

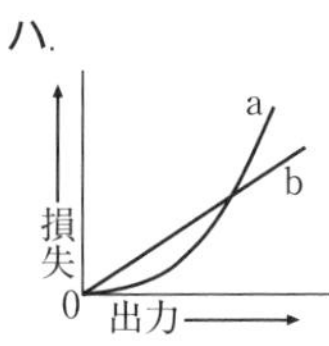

ニ.

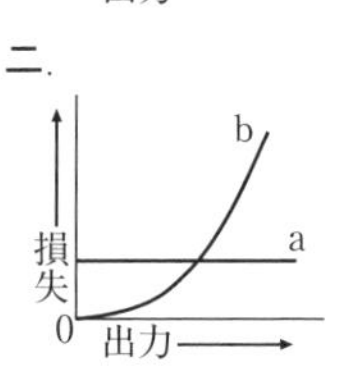

（令和2年度 問い12）

練習問題❸ 定格容量150kV･A、定格一次電圧6 600V、定格二次電圧210V、百分率インピーダンス5%の三相変圧器がある。一次側に定格電圧が加わっている状態で、二次側端子間における三相短絡電流［kA］は。

ただし、変圧器より電源側のインピーダンスは無視するものとする。

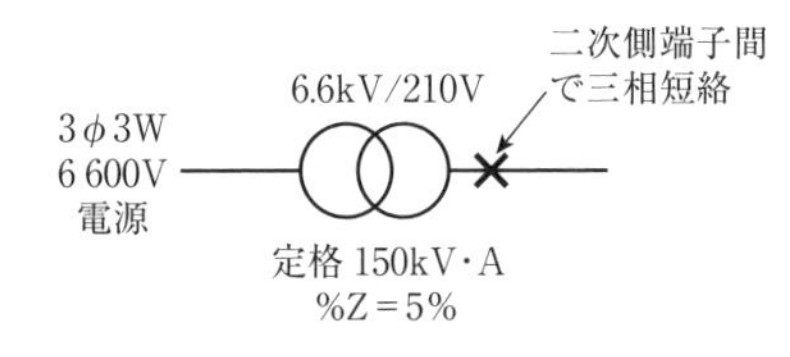

イ. 3.00　ロ. 8.25

ハ. 14.29　ニ. 24.75

（平成26年度 問い8）

解答

練習問題❶ ニ

一次側の巻線が短く（左に）なるほどタップ電圧は低くなります。

練習問題❷ ニ

ニの特性曲線は、aが鉄損、bが銅損になっています。

練習問題❸ ロ

二次定格電流I_2は、$(150\times1\,000)/(\sqrt{3}\times210)\fallingdotseq412.4$［A］。二次側端子間における三相短絡電流$I_{2s}$は、$412.4\times(100/5)\fallingdotseq8\,250$［A］$\fallingdotseq8.25$［kA］になります。

重要度★★★

02 電動機

三相誘導電動機の出力、回転速度とすべり、トルク曲線、始動方法、回転方向、同期発電機の並行運転の条件について学びます

三相誘導電動機の出力

三相誘導電動機の定格出力Pは、次の式でもとめられます。

$P=\sqrt{3}\,VI\cos\theta\cdot\eta$　（$\cos\theta$：力率、η：効率）

例題 7

定格電圧200V、定格出力11kWの三相誘導電動機の全負荷時における電流［A］は。
ただし、全負荷時における力率は80%、効率は90%とする。

イ．23　　ロ．36　　ハ．44　　ニ．81

（令和2年度 問い10）

解説・解答

三相誘導電動機の式から、全負荷時の電流をもとめると、

$$P=\sqrt{3}\,VI\cos\theta\cdot\eta \quad\rightarrow\quad I=\frac{P}{\sqrt{3}\,V\cos\theta\cdot\eta}=\frac{11\times1\,000}{\sqrt{3}\times200\times0.8\times0.9}\fallingdotseq44\ [\mathrm{A}]$$

全負荷時に流れる電流は44Aとなります。

答え ハ

三相誘導電動機の回転速度とすべり

三相誘導電動機は回転速度が同期速度より低下します。これを示したものが**すべり**です。同期速度N_sとすべりs、また回転速度Nの関係は、次の式のようになります。

同期速度$N_s=\dfrac{120f}{p}$［min^{-1}］　（f：周波数　p：極数）

すべり$s=\dfrac{N_s-N}{N_s}\times100$［%］　回転速度$N=N_s(1-s)$

例題 8 定格出力22kW、極数４の三相誘導電動機が電源周波数60Hz、滑り5%で運転されている。
このときの１分間当たりの回転数は。

イ. 1 620　ロ. 1 710　ハ. 1 800　ニ. 1 890

（平成29年度 問い11）

解説・解答

同期速度N_sとすべりsから回転速度Nをもとめます。

$$N_s = \frac{120f}{p} = \frac{120 \times 60}{4} = 1\,800\ [\mathrm{min}^{-1}]$$

$$N = N_s(1-s) = 1\,800(1-0.05) = 1\,710\ [\mathrm{min}^{-1}]$$

答え ロ

三相誘導電動機のトルク曲線

三相誘導電動機のトルクは回転速度が上がるほど大きくなりますが、ある回転速度を超えると急激に下がります。

ちょうど右の図のようなトルク曲線になります。

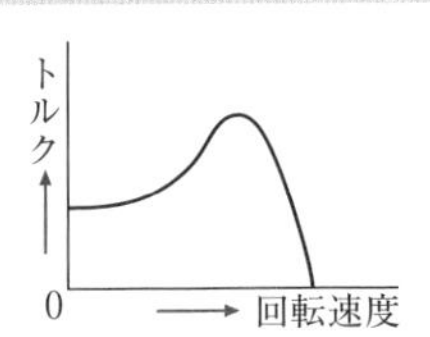

例題 9 図において、一般用低圧三相かご形誘導電動機の回転速度に対するトルク曲線は。

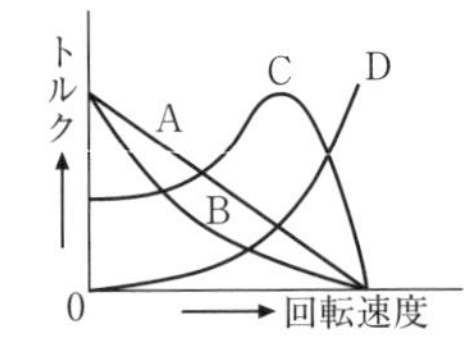

イ. A　ロ. B
ハ. C　ニ. D

（平成29年度 問い10）

解説・解答

回転速度が上がるほどトルクも上がりますが、ある回転速度から急激に落ち込みます。そのような曲線になっているのはCです。

答え ハ

三相誘導電動機の始動方法

三相誘導電動機の始動方法には、次のようなものがあります。

<Y－△（スターデルタ）始動法>

電動機の固定子巻線をY結線にして始動したのち、△結線に切り替える方法です。

始動電圧は**定格電圧の**$\frac{1}{\sqrt{3}}$に、線電流と始動トルクは**全電圧始動に比べて**$\frac{1}{3}$になるので、始動時の電流を抑えることができます。

<全電圧始動（直入れ）>

固定子巻線に全電圧をかけて始動する方法で、始動電流は**定格電流の５倍～７倍**です。

<始動補償器始動>

三相単巻変圧器により固定子巻線への電圧を低い電圧にして始動し、運転時には三相単巻変圧器から定格電圧に切り替える始動方法です。

<リアクトル始動>

始動時の電流をリアクトルを固定子巻線と電源の間に直列接続して抑えます。

<二次抵抗始動>

二次巻線（回転子巻線）にスリップリングから抵抗器を接続し、始動時には抵抗を大きくし、回転が上がると抵抗を減らして運転時にスリップリングを切り離す始動方法です。巻線形誘導電動機にのみ使われ、**三相かご形誘導電動機では用いられません。**

例題 10

かご形誘導電動機のY－△始動法に関する記述として、誤っているものは。

イ. 固定子巻線をY結線にして始動したのち、△結線に切り換える方法である。

ロ. 始動トルクは△結線で全電圧始動した場合と同じである。

ハ. △結線で全電圧始動した場合に比べ、始動時の線電流は $\frac{1}{3}$ に低下する。

ニ. 始動時には固定子巻線の各相に定格電圧の $\frac{1}{\sqrt{3}}$ 倍の電圧が加わる。

（2019年度 問い10）

解説・解答

Y－△始動法の始動トルクは、△結線での全電圧始動に比べ$\frac{1}{3}$になります。

答え ロ

三相誘導電動機の回転方向

三相誘導電動機の回転方向を変更する場合は、接続されている３本の電線のうち２本を入れ替えることによって逆回転になります。

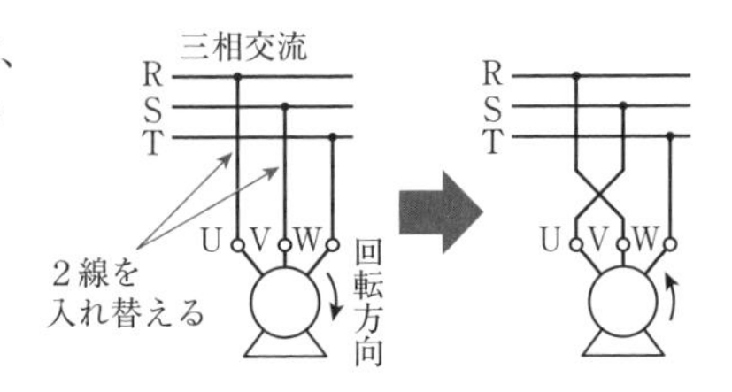

例題 11 **三相誘導電動機の結線①を②、③のように変更した時、①の回転方向に対して、②、③の回転方向の記述として、正しいものは。**

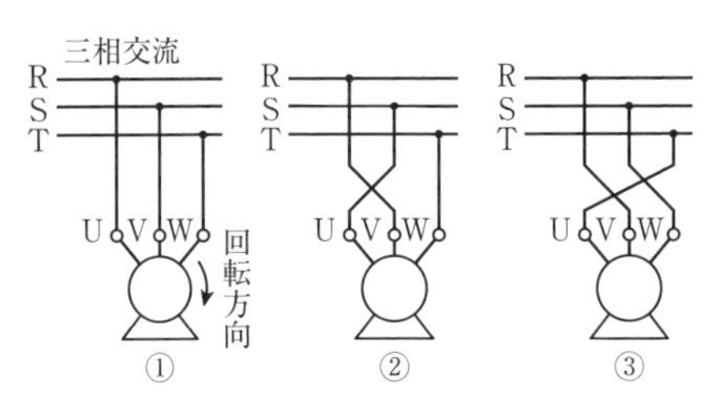

イ. ③は①と逆に回転をし、②は①と同じ回転をする。
ロ. ②は①と逆に回転をし、③は①と同じ回転をする。
ハ. ②、③ともに①と逆に回転をする。
ニ. ②、③ともに①と同じ回転をする。

（平成27年度 問い11）

解説・解答

２本入れ替えた②は逆に回転し、３本入れ替えた③は同じ回転をします。

答え ロ

同期発電機の並行運転の条件

同期発電機の並行運転の条件は、次のとおりです。

- 周波数が等しい
- 起電力の大きさが等しい
- 起電力の位相が一致している
- 電圧波形が等しい

例題 12 **同期発電機を並行運転するための条件として、必要でないものは。**

イ. 周波数が等しいこと。　**ロ.** 電圧の大きさが等しいこと。
ハ. 発電容量が等しいこと。　**ニ.** 電圧の位相が一致していること。

（平成22年度 問い19）

解説・解答

発電容量は、同期発電機の並行運転の条件ではありません。

答え ハ

電動機は第２種電気工事士筆記試験で出たような問題もありますので、プラスアルファで覚えていきましょう。

レッツ・トライ！

練習問題④ ６極の三相かご形誘導電動機があり、その一次周波数がインバータで調整できるようになっている。この電動機が滑り5%、回転速度1 140min^{-1}で運転されている場合の一次周波数［Hz］は。

イ．30　ロ．40　ハ．50　ニ．60

（平成30年度 問い10）

練習問題⑤ 三相かご形誘導電動機の始動方法として、用いられないものは。

イ．二次抵抗始動　ロ．全電圧始動（直入れ）
ハ．スターデルタ始動　ニ．リアクトル始動

（平成26年度 問い11）

解答

練習問題④ ニ

回転速度Nから同期速度N_sをもとめると、$N=N_s(1-s) \rightarrow N_s=N/(1-s)=1\,140/(1-0.05)=1\,200$［min^{-1}］。周波数をもとめると、$N_s=120f/p \rightarrow f=N_sp/120=(1\,200\times6)/120=60$［Hz］になります。

練習問題⑤ イ

二次抵抗始動は巻線形誘導電動機に使われ、三相かご形誘導電動機では用いません。

第4章 電気機器など、電気工事用の材料・工具

重要度★★★

03 蓄電池・整流回路

鉛蓄電池・アルカリ蓄電池の特徴、充電・放電特性曲線、
整流回路の波形、三相全波整流回路の接続などを学びます

蓄電池の特徴

蓄電池には、次のような特徴があります。

<鉛蓄電池>

- 起電力は約2V
- 電解液は希硫酸
- 放電を行うと電解液の比重が低下する
- 過放電に弱い

<アルカリ蓄電池>

- 起電力は約1.2V
- 電解液は主に水酸化カリウム
- 電解液の比重は変化しない
- 鉛蓄電池と比較し保守が簡単
- 小型密閉化が容易
- 過放電に強い

例題 13 蓄電池に関する記述として、正しいものは。

イ．鉛蓄電池の電解液は、希硫酸である。
ロ．アルカリ蓄電池の放電の程度を知るためには、電解液の比重を測定する。
ハ．アルカリ蓄電池は、過放電すると充電が不可能になる。
ニ．単一セルの起電力は、鉛蓄電池よりアルカリ蓄電池の方が高い。

（平成30年度 問い13）

解説・解答

鉛蓄電池の電解液は希硫酸なのでイは正しいです。アルカリ蓄電池の電解液の比重は変化しないのでロは誤りです。また、アルカリ蓄電池は過放電でも充電ができるので、ハは誤りです。単一セルの起電力では鉛蓄電池は約2V、アルカリ蓄電池は約1.2Vと鉛蓄電池のほうが高いのでニは誤りです。よって答えはイになります。

答え イ

鉛蓄電池の充電・放電特性曲線

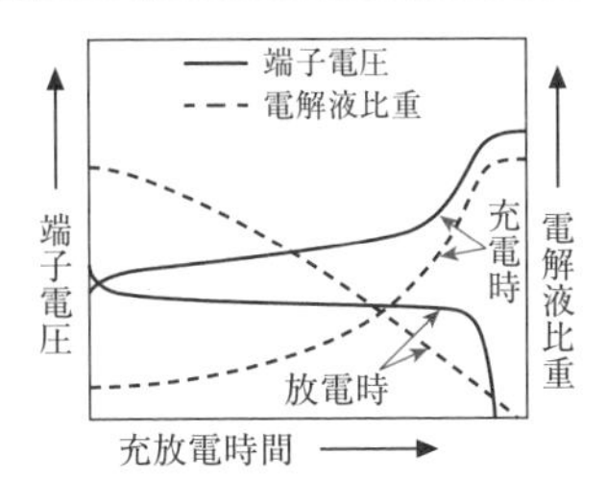

鉛蓄電池の端子電圧は、充電時には時間とともに少しずつ上がり、一定時間になると急激に上がります。放電時には一定で、一定時間になると急激に下がります。

電解液比重は、充電時には時間とともに上がり、放電時には時間とともに下がります。

例題 14

図は、鉛蓄電池の端子電圧・電解液比重の充電及び放電特性曲線である。組合せとして、正しいものは。

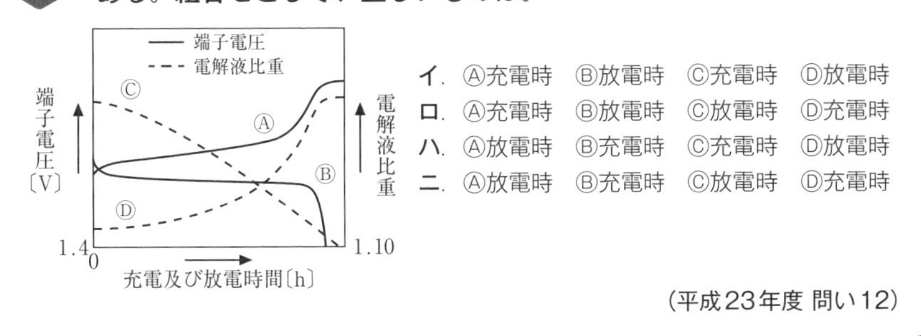

イ. Ⓐ充電時　Ⓑ放電時　Ⓒ充電時　Ⓓ放電時
ロ. Ⓐ充電時　Ⓑ放電時　Ⓒ放電時　Ⓓ充電時
ハ. Ⓐ放電時　Ⓑ充電時　Ⓒ充電時　Ⓓ放電時
ニ. Ⓐ放電時　Ⓑ充電時　Ⓒ放電時　Ⓓ充電時

(平成23年度 問い12)

解説・解答

Ⓐは充電時の端子電圧の特性曲線、Ⓑは放電時の端子電圧の特性曲線、Ⓒは放電時の電解液比重の特性曲線、Ⓓは充電時の電解液比重の特性曲線になります。

答え ロ

浮動充電方式の直流電源装置の構成

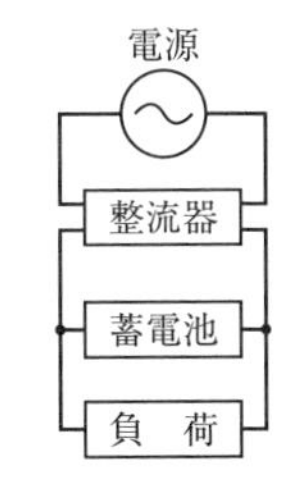

浮動充電方式の直流電源装置の構成は、**電源と整流器**を接続して、交流から直流に変換、整流器からの直流の電気を並列に接続された**蓄電池と負荷**に同時に供給しています。

負荷使用時にも常時充電されているので、蓄電池は常に全充電状態になっています。

例題 15 浮動充電方式の直流電源装置の構成図として、正しいものは。

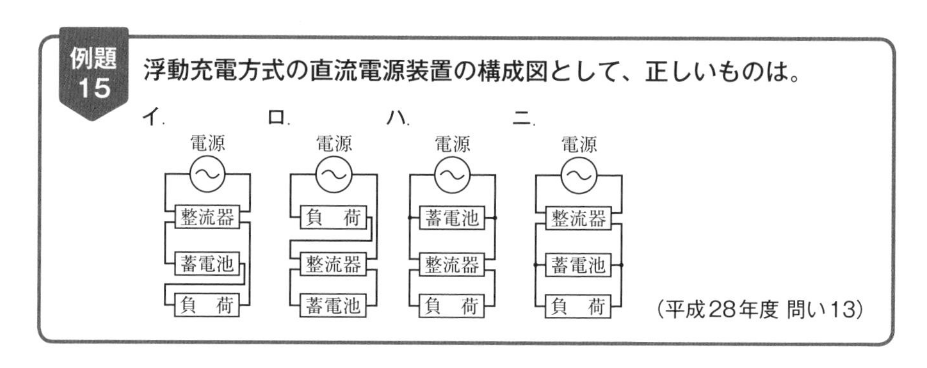

解説・解答

電源の交流を整流器で直流に変換し、並列接続された蓄電池と負荷に供給します。

答え ニ

ダイオードの特徴

整流回路に使用するダイオードは、**電流を一方向にしか流さない**性質を持ちます。正弦波交流を流すと、片側の波形の電流のみ流します。これを**半波整流**と言います。

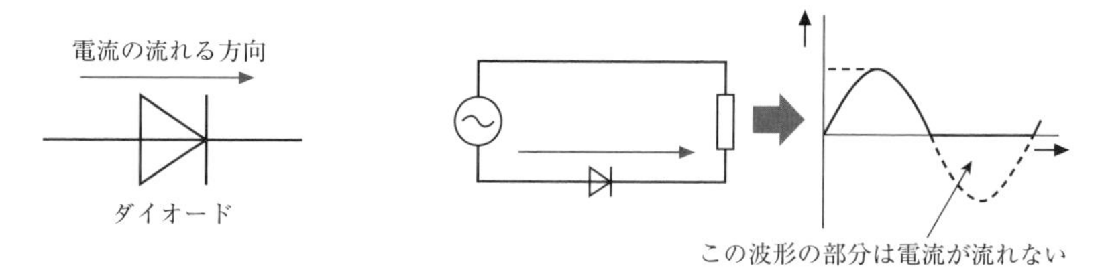

整流回路の波形

ダイオードを直列にコンデンサを並列に接続した整流回路を**平滑回路**と言います。

ダイオードによって半波整流になり、電圧が下がるとコンデンサに充電された電荷が放電されるため、負荷Rにかかる電圧v_0は右下の図のような波形になります。

なお、波形のピークは最大値で**実効値の1.41倍**になります。

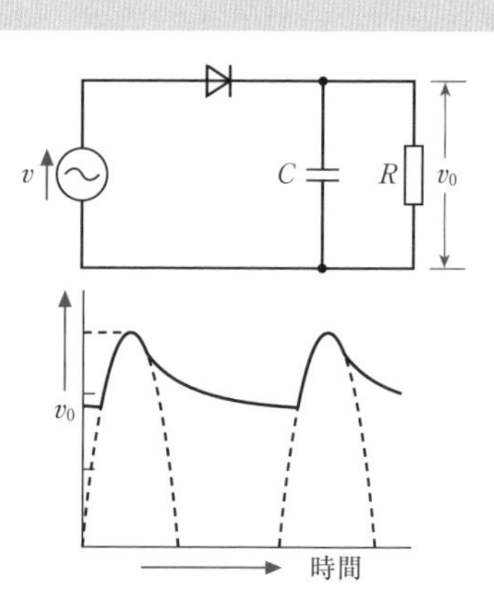

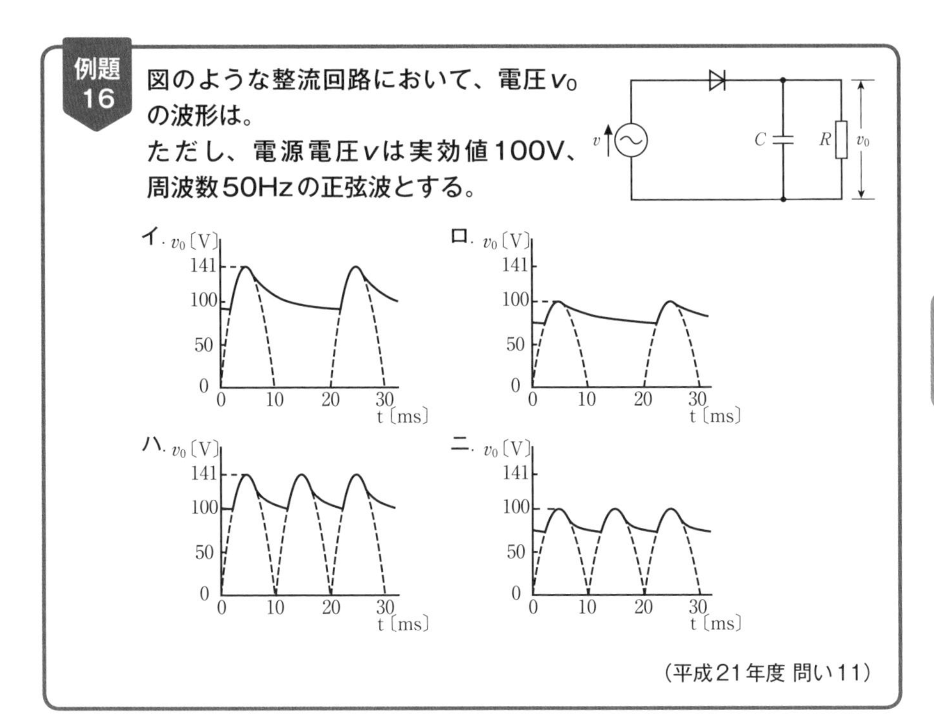

解説・解答

半波整流で波形の間にコンデンサの放電電圧があるもので、波形のピークが実効値100Vを1.41倍にした141Vのイになります。

答え イ

サイリスタ回路

サイリスタ回路はゲート回路から流れる電流によって、電流を調整できる回路です。図のようなサイリスタ（逆阻止３端子サイリスタ）回路の場合は半波整流回路となり、**逆方向へは電流が流れません。**

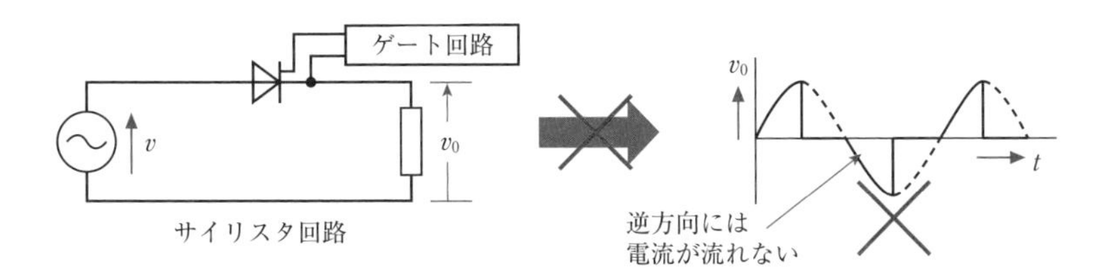

例題 17

図に示すサイリスタ（逆阻止3端子サイリスタ）回路の出力電圧v_0の波形として、得ることのできない波形は。
ただし、電源電圧は正弦波交流とする。

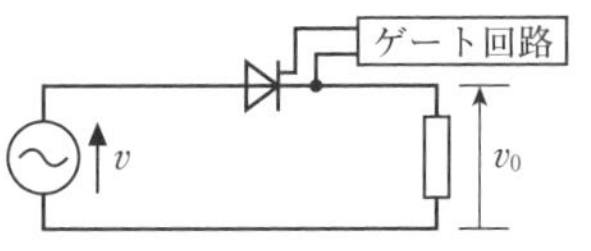

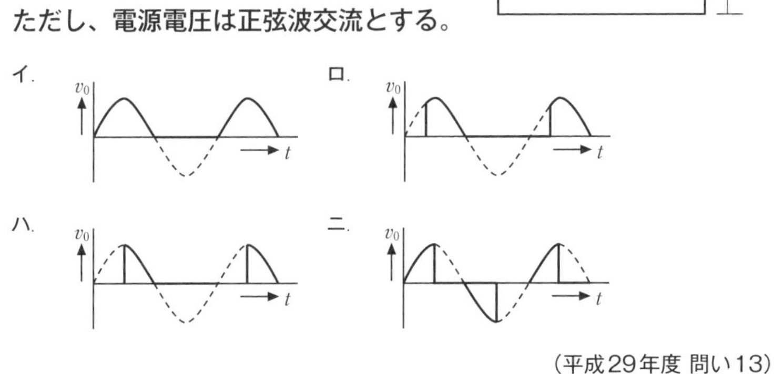

（平成29年度 問い13）

解説・解答

半波整流回路になりますので、逆方向に電流が流れているニを得ることはできません。

答え ニ

三相全波整流回路の接続

三相全波整流回路は、６個のダイオードを結線して回路を作ることができます。

その接続は右の図のとおりです。

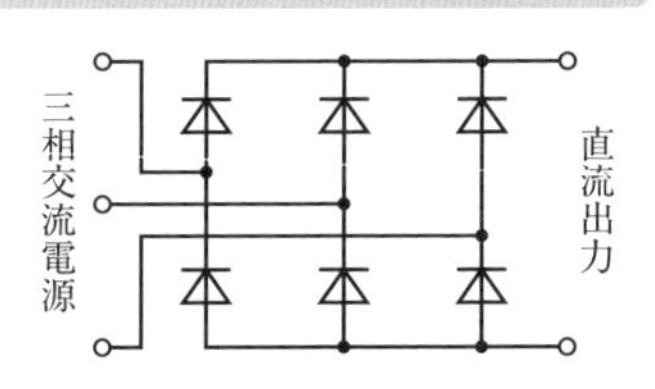

例題 18 三相全波整流回路のダイオード6個の結線として、正しいものは。

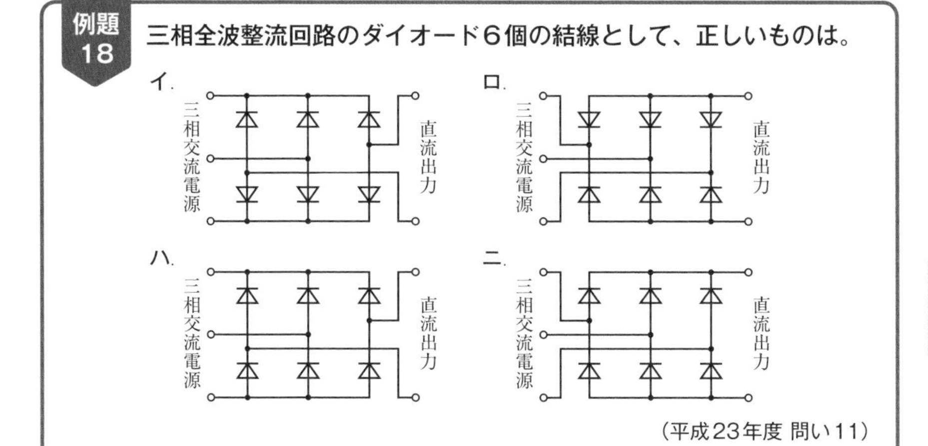

（平成23年度 問い11）

解説・解答

三相全波整流回路のダイオード６個の結線は、ニのようになります。

答え ニ

インバータ

インバータとは、**直流電力を交流電力に変換する装置**です。また、交流電力から直流電力に変換する装置はコンバータと言います。

例題 19 **インバータ（逆変換装置）の記述として、正しいものは。**

イ. 交流電力を直流電力に変換する装置
ロ. 直流電力を交流電力に変換する装置
ハ. 交流電力を異なる交流の電圧、電流に変換する装置
ニ. 直流電力を異なる直流の電圧、電流に変換する装置

（令和2年度 問い13）

解説・解答

インバータは直流電力を交流電力に変換する装置です。

答え ロ

無停電電源装置（UPS）

無停電電源装置（UPS）は、コンピュータなどの電源側の停電や瞬時電圧低下に対する対策のために使用されます。

例題 20 **コンピュータ等の電源側の停電及び瞬時電圧低下に対する対策のために使用されるものは。**

イ．無停電電源装置（UPS）　ロ．可変電圧可変周波数制御装置（VVVF）
ハ．自動電圧調整装置（AVR）　ニ．フリッカ継電器（FCR）

（平成23年度 問い13）

解説・解答

コンピュータなどの電源側の停電や瞬時電圧低下に対する対策のために使用されるのは、無停電電源装置（UPS）になります。

答え イ

レッツ・トライ！

練習問題❻ **鉛蓄電池と比較したアルカリ蓄電池の特徴として、誤っているものは。**

イ．電解液が不要である。
ロ．起電力は鉛蓄電池より小さい。
ハ．保守が簡単である。
ニ．小型密閉化が容易である。

（平成25年度 問い13）

解答

練習問題❻ イ

アルカリ蓄電池には、電解液に水酸化カリウムを主に使用しています。

重要度★★★

04 電気機器・配線器具

絶縁材料の耐熱クラス、低圧用電気機器、
コンセントとスイッチについて学びます

絶縁材料の耐熱クラス

電気機器の絶縁材料は、**最高連続使用温度によってクラス分け**されています。その耐熱クラスは、下の表のとおりです。

種　別	Y	A	E	B	F	H	200	220	250
最高連続使用温度[℃]	90	105	120	130	155	180	200	220	250

例題 21

電気機器の絶縁材料の耐熱クラスは、JISに定められている。選択肢のなかで、最高連続使用温度［℃］が最も高い、耐熱クラスの指定文字は。

イ. A　　ロ. E　　ハ. F　　ニ. Y　　(2019年度 問い11)

解説・解答

最高連続使用温度は、Aは105℃、Eは120℃、Fは155℃、Yは90℃になります。この中で最も高いのはFになります。

答え ハ

低圧用電気機器

＜電磁開閉器＞

電磁石に電流を流すことにより、三相動力回路の入切をする開閉器です。**電磁接触器**と**熱動継電器**で構成されています。

＜漏電遮断器＞

地絡電流を検知して、自動的に電路を遮断するものです。

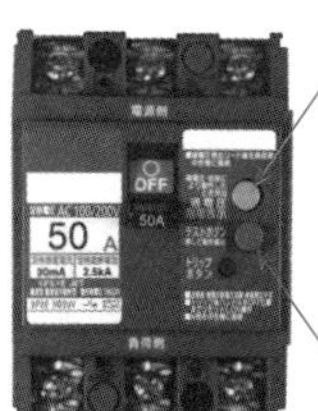

電磁開閉器　漏電遮断器

テストボタンと**漏電表示ボタン**の有無で、過電流遮断器と区別します。

例題 22 写真に示す矢印の機器の名称は。

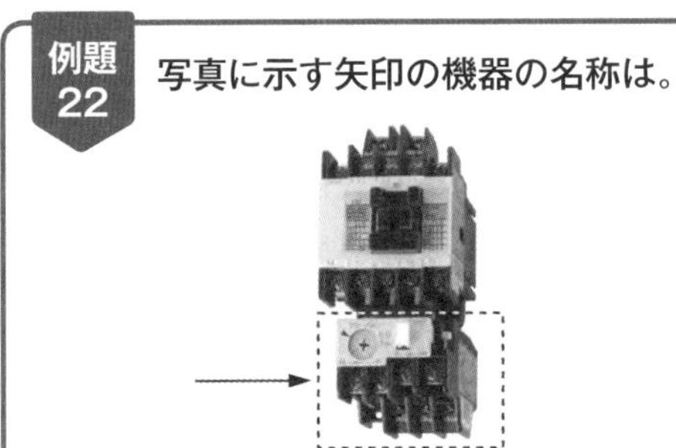

イ. 自動温度調節器
ロ. 熱動継電器
ハ. 漏電遮断器
ニ. タイムスイッチ

（平成28年度 問い15）

解説・解答

写真は電磁開閉器を構成する熱動継電器です。

答え ロ

単相200Vコンセントの極配置

単相200Vコンセントの種類と極配置は、右の表のようになります。

200Vの受刃の形状は**水平方向**になります（100Vは垂直方向）。

また、20Aの受刃の形状は**直角**になります。

定　格	接地極なし	接地極付
15A250V		
20A250V		
30A250V（引掛形）	（省略）	

配線用遮断器とコンセントの定格電流

分岐回路における配線用遮断器の容量から施設できるコンセントは、下の表のようになります。

配線用遮断器の定格電流	20A	30A	40A
コンセント	20A 以下	20A 以上 30A 以下	30A 以上 40A 以下

引掛形コンセントと抜止形コンセント

引掛形コンセントと抜止形コンセントは、どちらもプラグを回転させることによって容易に抜けない構造としたものですが、引掛形コンセントは**専用のプラグ**を使う、抜止形コンセントは**通常のプラグ**を使うという違いがあります。

例題 23 単相200Vの回路で使用できないコンセントは。

イ.

ロ.

ハ.

ニ.

(平成25年度 問い24)

解説・解答

刃受けの形状が垂直方向のロは100Vで使用するもので、200Vでは使用できません。

答え ロ

特殊な用途のコンセント

<医用コンセント>

医療施設での電気が原因の事故を防ぐため、医用電気機器に用いるコンセントは、医用コンセントとしなければなりません。

医用コンセントは、右の写真のように**背面から接地リード線**（赤色の矢印）が出ており、確実に接地ができるようにしています。

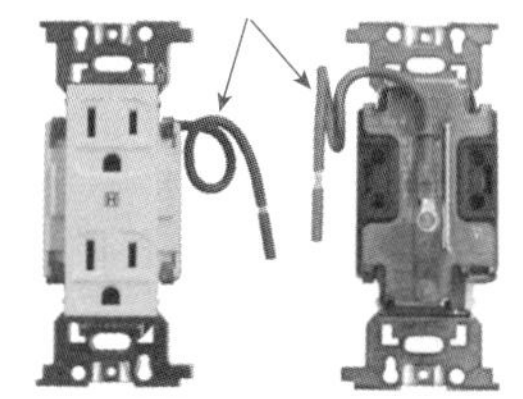

医用コンセント

例題 24 写真に示す配線器具の名称は。

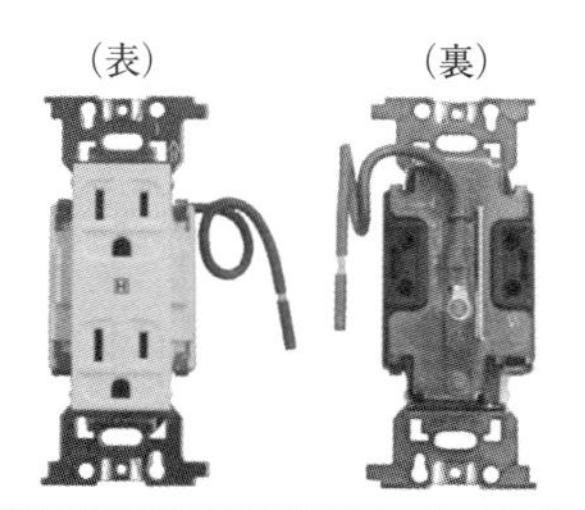

（表）　（裏）

イ. 接地端子付コンセント
ロ. 抜止形コンセント
ハ. 防雨形コンセント
ニ. 医用コンセント

(平成28年度 問い24)

解説・解答

接地リード線が背面から出ているので、医用コンセントであることがわかります。

答え ニ

特殊な用途のスイッチ

＜遅延スイッチ＞

トイレの換気扇などに使われ、操作部を「切り操作」した後、**一定時間後に動作**するスイッチです。

＜熱線式自動スイッチ＞

人体の体温等を検知し**自動的に開閉する**スイッチで、玄関灯などに使用されます。

人体の体温を検知して自動的に開閉するスイッチで、玄関の照明などに用いられるスイッチの名称は。

イ．熱線式自動スイッチ　　ロ．自動点滅器
ハ．リモコンセレクタスイッチ　　ニ．遅延スイッチ

（2019年度 問い24）

解説・解答

人体の体温を検知して自動的に開閉するスイッチは、熱線式自動スイッチです。

答え イ

練習問題❼ 写真に示す配線器具を取り付ける施工方法の記述として、誤っているものは。

イ．接地極にはD種接地工事を施した。
ロ．単相200Vの機器用のコンセントを取り付けた。
ハ．三相400Vの機器用のコンセントとしては使用できない。
ニ．定格電流20Aの配線用遮断器に保護されている電路に取り付けた。

（平成27年度 問い25）

解答

練習問題❼ ニ

写真は250V30Aの接地極付引掛形コンセントで、20Aの配線用遮断器で保護されている分岐回路では使用できません。

重要度★★★

05 工事用材料・工具

電気工事で使用する材料と工具、
CVケーブル・CVTケーブルを接続する作業について学びます

電気工事で使用する材料

電気工事で使用する材料には、次のようなものがあります。

名称	インサート	あと施工アンカー	ボードアンカー
写真と用途	コンクリートに、設備などを固定するのに使用	コンクリートに、設備などを固定するのに使用	石こうボードに、軽量の設備などを固定するのに使用
名称	裸圧着スリーブ	ボルトコネクタ	差込形コネクタ
写真と用途	圧着工具によって電線を接続するのに使用	レンチなどで電線を接続するのに使用	単線絶縁電線の接続に使用
名称	シーリングフィッチング	コンクリートボックス	
写真と用途	防爆工事の電線管工事で使い、空気の流入を防ぐ	コンクリート打設前に設置し、コンクリート内部に施設する。左は八角コンクリートボックス、右は四角コンクリートボックス	
名称	合成樹脂製可とう電線管用エンドカバー		絶縁トロリー
写真と用途	コンクリート内に埋設配管された合成樹脂製可とう電線管の出口に使用		絶縁カバー（硬質塩化ビニル等） 導体（銅等） ホイストなど移動して使用する電気機器に電気を供給する

写真に示す材料のうち、電線の接続に使用しないものは。

イ.

ロ.

ハ.

ニ.

（平成29年度 問い25）

解説・解答

写真イはあと施工アンカーで、コンクリートに設備などを固定するのに使用します。

答え イ

写真に示す品物の名称は。

イ. シーリングフィッチング
ロ. カップリング
ハ. ユニバーサル
ニ. ターミナルキャップ

（平成26年度 問い15）

解説・解答

写真は、シーリングフィッチングで防爆工事に使われます。

答え イ

電気工事で使用する工具

電気工事で使用する工具には、次のようなものがあります。

名 称	パイプベンダ	油圧式パイプベンダ	ケーブルグリップ
写真と用 途	金属管の曲げ作業に使用	太径の金属管の曲げ作業に使用	ケーブルを延線するとき、引っ張るのに使用

名称	ケーブルジャッキ	延線ローラ	高速切断機
写真と用途	ケーブルが巻かれたドラムからケーブルを出すのに使用	ケーブル延線の際、コーナーなどでスムーズに引っ張れるようにする	といしを高速で回転させ、鋼材等の切断・研削をする。研削には、**といしの側面を使用してはならない**
名称	水準器	電動ハンマドリル	トルクレンチ
写真と用途	拡大 気泡によって水平を判断するのに使用	拡大 コンクリートに穴をあけるのに使用	ボルトを一定のトルクで締めるのに使用

例題28 写真のうち、鋼板製の分電盤や動力制御盤を、コンクリートの床や壁に設置する作業において、一般的に使用されない工具はどれか。

(令和2年度 問い26)

解説・解答

鋼板製の分電盤や動力制御盤を、コンクリートの床や壁に設置する作業では、①コンクリートに電動ハンマドリル（ハ）で、あと施工アンカー用の穴をあけ、②あと施工アンカー施設後、③水準器（ニ）で水平を確認して④盤をボルトを使いトルクレンチ（ロ）で締めて固定する、という作業になります。

したがって、使用しないのはイの油圧式パイプベンダです。

答え イ

CVケーブル・CVTケーブルを接続する作業

低圧配電盤にCVケーブル、CVTケーブルを接続する作業では、次の工具を使います。

- ケーブルカッタ
- 油圧式圧着工具
- 電工ナイフ
- トルクレンチ

例題 29 **低圧配電盤に、CVケーブル又はCVTケーブルを接続する作業において、一般に使用しない工具は。**

イ．電工ナイフ　　ロ．油圧式圧着工具
ハ．油圧式パイプベンダ　　ニ．トルクレンチ

（平成28年度 問い26）

解説・解答

ハの油圧式パイプベンダは使いません。

答え ハ

レッツ・トライ！

練習問題❽ **工具類に関する記述として、誤っているものは。**

イ．高速切断機は、といしを高速で回転させ鋼材等の切断及び研削をする工具であり、研削には、といしの側面を使用する。
ロ．油圧式圧着工具は、油圧力を利用し、主として太い電線などの圧着接続を行う工具で、成形確認機構がなければならない。
ハ．ノックアウトパンチャは、分電盤などの鉄板に穴をあける工具である。
ニ．水準器は、配電盤や分電盤などの据え付け時の水平調整などに使用される。

（平成30年度 問い25）

解答

練習問題❽ イ

高速切断機で研削する際に、側面を使用することは禁じられています。

第5章

高圧受電設備

この章では、高圧受電設備について、そこで使われる設備・機器、また、設計、維持及び運用について学んでいきます。
第1種電気工事士のまさに中心となる内容であり、配線図でも出てくる問題です。
覚えることは多いですが、出題数も多いので、しっかり学んでおきたいところです！

重要度★★★

01 高圧受電設備の概要

高圧受電設備について、その構造によって分類された種類と主遮断器によって分類された種類を学びます

高圧受電設備の種類

高圧受電設備には、大きく分けて**開放形高圧受電設備**と**キュービクル式高圧受電設備**があります。

<開放形高圧受電設備>

「開放形」というように、高圧受電設備をパイプ・形鋼などで組み立てたフレームに開放して取り付けた受電設備です。平面図では下のようになります。

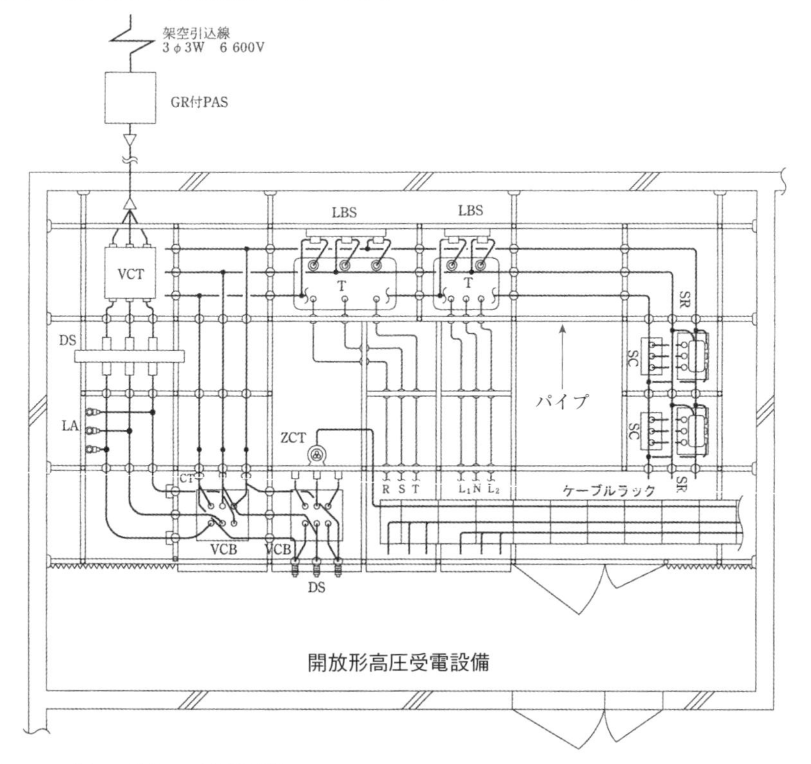

<キュービクル式高圧受電設備>

高圧受電設備を金属製箱内に収めたものです。開放形高圧受電設備と比較して、より

小さな面積で設置でき、事前に工場で組み立てられているので、**現地工事も簡単**になり**工事期間も短縮**できます。また、機器が一式設置された金属製箱内に収めてあるため、**安全性も高い**です。立面図は次のようになります。

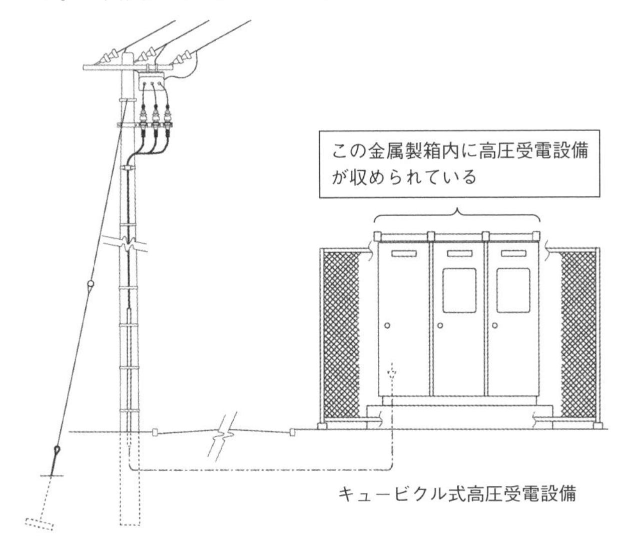

例題 1 **キュービクル式高圧受電設備の特徴として、誤っているものは。**

イ．接地された金属製箱内に機器一式が収容されるので、安全性が高い。
ロ．開放形受電設備に比べ、より小さな面積に設置できる。
ハ．開放形受電設備に比べ、現地工事が簡単となり工事期間も短縮できる。
ニ．屋外に設置する場合でも、雨等の吹き込みを考慮する必要がない。

（令和２年度 問い21）

解説・解答

キュービクル式受電設備を屋外に施設する場合は、雨などの吹き込みを考慮する必要があります。

答え ニ

主遮断器による高圧受電設備の種類

<PF・S形>

高圧受電盤内の主遮断装置に、**限流ヒューズ付高圧負荷開閉器（LBS）**を使用するものをPF・S形と言います。キュービクル式は設備容量**300kV・A以下**と制限されます。

PF・S形の高圧負荷開閉器（LBS）には、次のものが必要になります。

①高圧限流ヒューズ　②ストライカによる引外し装置　③相間、側面の絶縁バリア

＜CB形＞

高圧受電盤内の主遮断装置に、**高圧交流遮断器（CB）**を使用するものをCB形と言います。キュービクル式は設備容量**4 000kV・A以下**と制限されます。

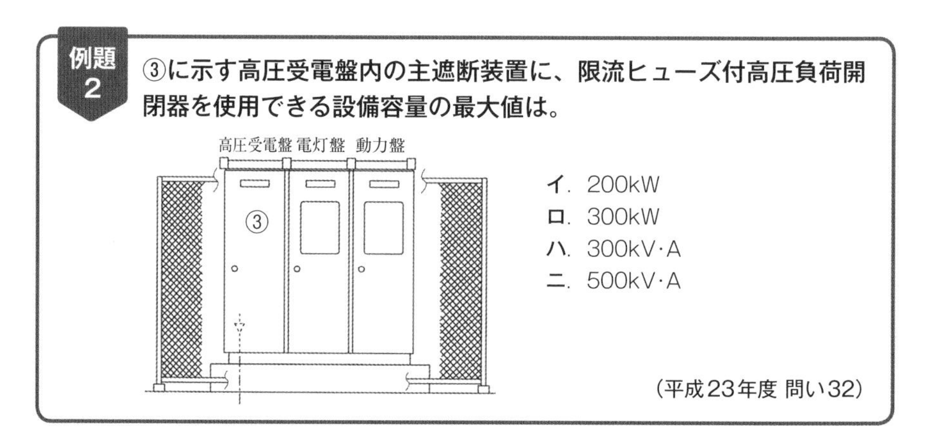

例題2

③に示す高圧受電盤内の主遮断装置に、限流ヒューズ付高圧負荷開閉器を使用できる設備容量の最大値は。

イ．200kW
ロ．300kW
ハ．300kV・A
ニ．500kV・A

（平成23年度 問い32）

解説・解答

主遮断装置に、限流ヒューズ付高圧負荷開閉器を使用する受電設備はPF・S形で、設備容量の最大値は300kV・Aになります。

答え ハ

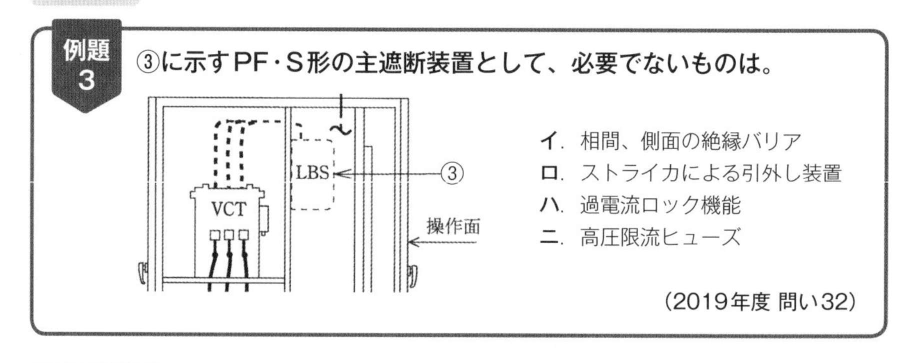

例題3

③に示すPF・S形の主遮断装置として、必要でないものは。

イ．相間、側面の絶縁バリア
ロ．ストライカによる引外し装置
ハ．過電流ロック機能
ニ．高圧限流ヒューズ

（2019年度 問い32）

解説・解答

PF・S形の主遮断装置には、過電流ロック機能は必要ありません。

答え ハ

02 開閉器・遮断器など

高圧受電設備の開閉器や遮断器、限流ヒューズ付高圧負荷開閉器の限流ヒューズ、受電用遮断器の遮断容量などを学びます

高圧受電設備の開閉器・遮断器

高圧受電設備では、次の表のような開閉器や遮断器が使われます。

地絡継電装置付高圧交流負荷開閉器（GR付PAS）	地中線用地絡継電装置付き高圧交流負荷開閉器（UGS）	高圧真空遮断器（VCB）
	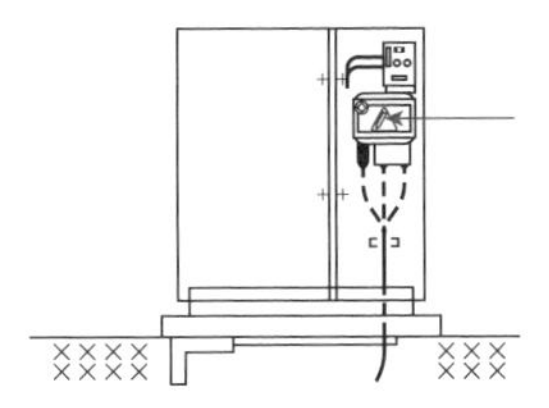	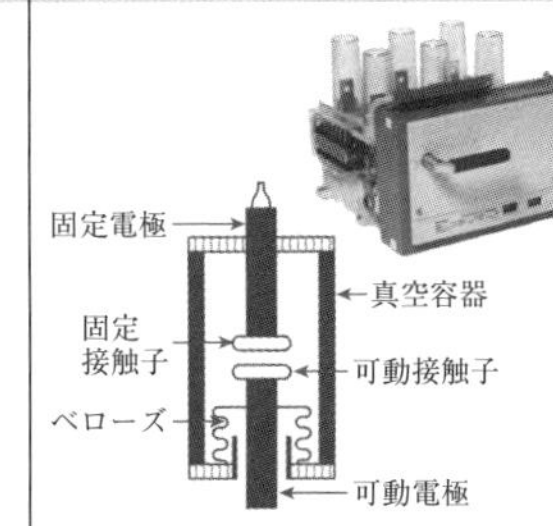
架空引込みの高圧受電設備に設置され、地絡継電装置によって需要家（自家用）側の高圧電路に地絡事故が発生した際、波及事故を防ぐため自動遮断します。短絡事故の発生時には、自動遮断できません。	供給用配電箱（高圧キャビネット）に設置されます。波及事故の防止のため、地絡方向継電装置を使用することが望ましいです。	高圧交流遮断器の一つで、CB形の主遮断器として最も多く使われています。高真空容器に電極を収め、遮断時に発生するアークを抑制します。
限流ヒューズ付高圧負荷開閉器（LBS）	**断路器（DS）**	**高圧カットアウト（PC）**
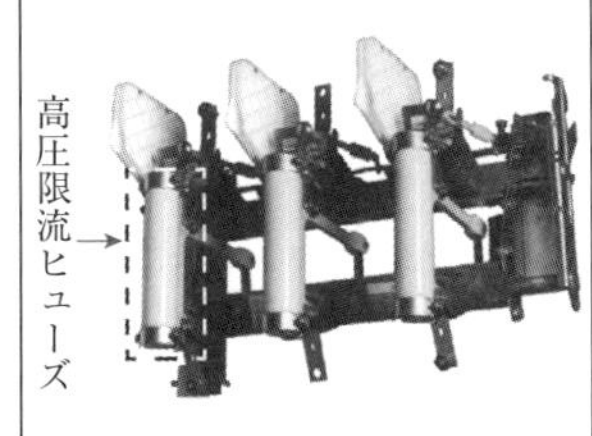		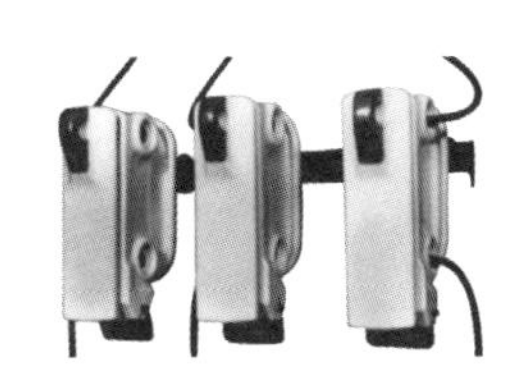
PF・S形の主遮断装置や、変圧器、高圧進相コンデンサの電源側の開閉器・保護装置として使われます。	停電作業の際、電路の開閉に使われます。通電時の開閉は、アークが発生して危険です。	容量の小さい変圧器、進相コンデンサなどの開閉器として使われます。

例題 4

写真に示すGR付PASを設置する場合の記述として、誤っているものは。

イ．自家用側の引込みケーブルに短絡事故が発生したとき、自動遮断する。

ロ．電気事業用の配電線への波及事故の防止に効果がある。

ハ．自家用側の高圧電路に地絡事故が発生したとき、自動遮断する。

ニ．電気事業者との保安上の責任分界点又はこれに近い箇所に設置する。

（令和2年度 問い22）

解説・解答

GR付PASは、短絡事故発生時には自動遮断しません。

答え イ

例題 5

写真に示す品物の用途は。

イ．容量300kV･A未満の変圧器の一次側保護装置として用いる。

ロ．保護継電器と組み合わせて、遮断器として用いる。

ハ．電力ヒューズと組み合わせて、高圧交流負荷開閉器として用いる。

ニ．停電作業などの際に、電路を開路しておく装置として用いる。

（平成28年度 問い22）

解説・解答

写真は断路器（DS）で、停電作業の際に電路を開路しておく装置です。

答え ニ

断路器は、通電時に開路するとアークによる事故が起きるので、絶対にしてはなりません！

①に示す地絡継電装置付き高圧交流負荷開閉器（UGS）に関する記述として、不適切なものは。

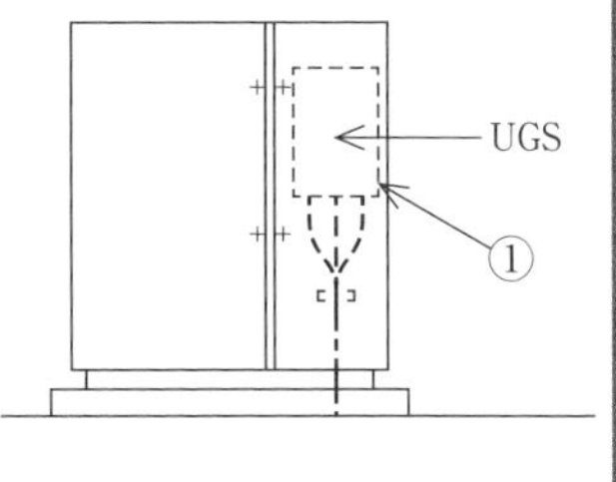

イ．電路に地絡が生じた場合、自動的に電路を遮断する機能を内蔵している。

ロ．定格短時間耐電流は、系統（受電点）の短絡電流以上のものを選定する。

ハ．短絡事故を遮断する能力を有する必要がある。

ニ．波及事故を防止するため、一般送配電事業者の地絡保護継電装置と動作協調をとる必要がある。

（2019年度 問い30）

解説・解答

UGSには短絡事故を遮断する能力はありません。

答え ハ

写真に示す機器の略号（文字記号）は。

イ．MCCB　　ロ．PAS

ハ．ELCB　　ニ．VCB

（平成29年度 問い23）

解説・解答

写真は、高圧真空遮断器（VCB）です。

答え ニ

限流ヒューズ

限流ヒューズ付負荷開閉器の限流ヒューズは、**短絡電流を限流遮断**するもので、小形、軽量で、定格遮断電流は大きく20kA、40kAなどがあります。密閉されていてアークやガスの放出がありません。用途によって、T、M、C、Gの4種類があります。

ストライカ引外し装置

限流ヒューズが溶断すると、右の写真の矢印部分から溶断表示棒が動作し、**開閉器を開放**します。これをストライカ引外し装置と言います。

このようにすることで、三相を開放し欠相（一相が欠けたまま通電する）を防止します。

例題 8

写真の機器の矢印で示す部分に関する記述として、誤っているものは。

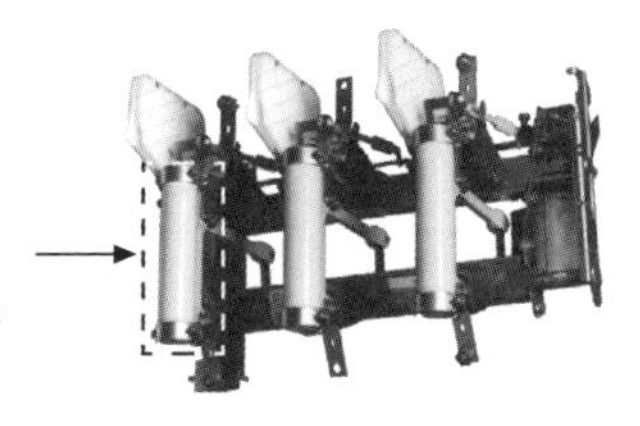

イ．小形、軽量であるが、定格遮断電流は大きく20kA、40kA等がある。
ロ．通常は密閉されているが、短絡電流を遮断するときに放出口からガスを放出する。
ハ．短絡電流を限流遮断する。
ニ．用途によって、T、M、C、Gの４種類がある。

（平成30年度 問い22）

解説・解答

写真の矢印で示す部分は限流ヒューズです。密閉されているので、短絡電流を遮断してもアークやガスの放出がありません。

答え ロ

例題 9

写真の矢印で示す部分の役割は。

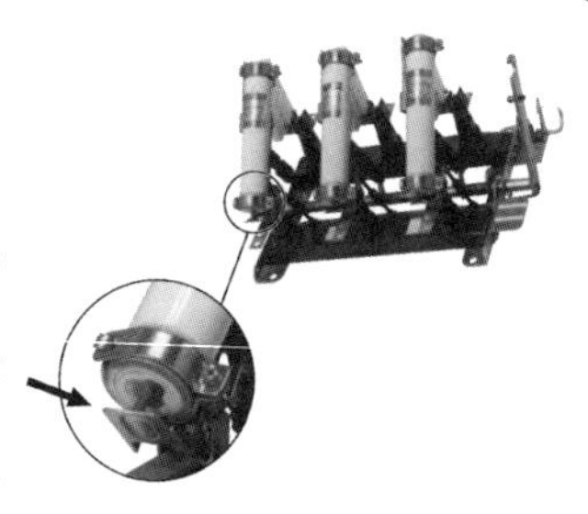

イ．過大電流が流れたとき、開閉器が開かないようにロックする。
ロ．ヒューズが溶断したとき、連動して開閉器を開放する。
ハ．開閉器の開閉操作のとき、ヒューズが脱落するのを防止する。
ニ．ヒューズを装着するとき、正規の取付位置からずれないようにする。

（平成25年度 問い23）

解説・解答

写真の矢印で示す部分はストライカ引外し装置で、連動して開閉器を開放します。

答え ロ

高圧交流真空電磁接触器

高圧交流真空電磁接触器は、**高頻度開閉を目的**に使用されます。

例題 10

次の機器のうち、高頻度開閉を目的に使用されるものは。

イ．高圧断路器　　ロ．高圧交流負荷開閉器
ハ．高圧交流真空電磁接触器　　ニ．高圧交流遮断器

（令和2年度 問い20）

解説・解答

高頻度開閉を目的に使用されるのは、高圧交流真空電磁接触器です。

答え ハ

受電用遮断器の遮断容量

受電用遮断器の容量は、最も大きくなる受電点の三相短絡電流で決定します。三相短絡電流I_Sの式と基準容量P_Sをもとめる式は、

$$I_S = \frac{P_S}{\sqrt{3}\,V}\ [\mathrm{kA}] \qquad P_S = \sqrt{3}\,VI_S\ [\mathrm{MV\cdot A}] \qquad (V：定格電圧)$$

例題 11

高圧受電設備の受電用遮断器の遮断容量を決定する場合に、必要なものは。

イ．受電点の三相短絡電流　　ロ．受電用変圧器の容量
ハ．最大負荷電流　　ニ．小売電気事業者との契約電力

（2019年度 問い20）

解説・解答

受電用遮断器の容量は、受電点の三相短絡電流で決定します。

答え イ

それぞれの遮断器・開閉器の目的とその能力を覚えていきましょう。

例題 12 公称電圧6.6kV、周波数50Hzの高圧受電設備に使用する高圧交流遮断器（定格電圧7.2kV、定格遮断電流12.5kA、定格電流600A）の遮断容量［MV·A］は。

イ．80　　ロ．100　　ハ．130　　ニ．160

（平成27年度 問い21）

解説・解答

基準容量P_Sをもとめる式から、

$$P_S = \sqrt{3}\,VI_S = \sqrt{3} \times 7.2 \times 12.5 \fallingdotseq 155.9\ [\text{MV·A}]$$

最も近い160MV·Aが遮断容量になります。

答え ニ

レッツ・トライ！

練習問題❶ 写真に示す機器の略号（文字記号）は。

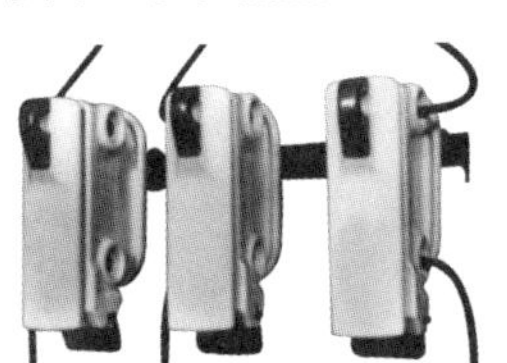

イ．PC　　ロ．CB
ハ．LBS　　ニ．DS

（平成26年度 問い22）

解答

練習問題❶ イ

写真は高圧カットアウトで文字記号はPCです。

重要度★★★

03 進相コンデンサ・直列リアクトル・変圧器

進相コンデンサ・直列リアクトル・変圧器について、
また、自動力率調整装置や高調波の発生源について学びます

進相コンデンサ・直列リアクトル・変圧器の概要

進相コンデンサ・直列リアクトル・高圧変圧器は次のようなものです。

高圧進相コンデンサ(SC)	直列リアクトル(SR)	変圧器(T)
		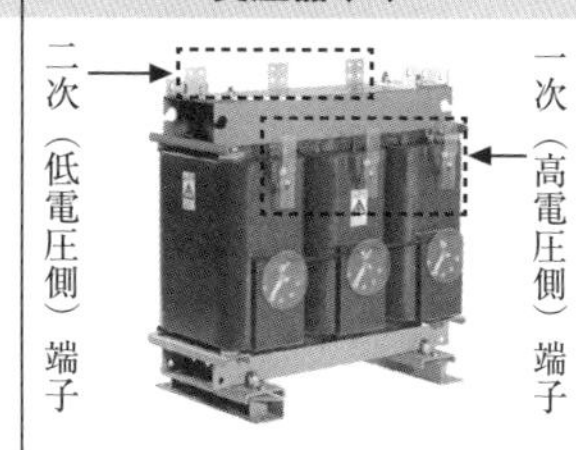
負荷の力率を改善するため、施設されます。開路後の残留電荷を放電するため、放電装置を内蔵したものがあります。	高調波電流による障害防止、進相コンデンサ回路の開閉による突入電流抑制のため、施設されます。一般に、コンデンサ容量の6%または13%のものが使用されます。	写真に示す変圧器は、モールド変圧器です。油入変圧器に比べ、安全性が高く、サイズが小さく、湿気・粉じんに強い特徴があります。

例題 13 写真に示す機器の用途は。

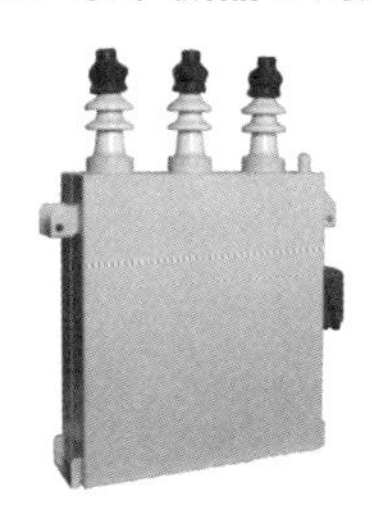

イ. 高調波を抑制する。
ロ. 突入電流を抑制する。
ハ. 電圧を変圧する。
ニ. 力率を改善する。

(平成24年度 問い23)

解説・解答

写真は高圧進相コンデンサです。負荷の力率の改善が用途です。

答え ニ

端子の数が3つが進相コンデンサ、6つが直列リアクトルになります。

写真に示す機器の用途は。

イ. 大電流を小電流に変流する。
ロ. 高調波電流を抑制する。
ハ. 負荷の力率を改善する。
ニ. 高電圧を低電圧に変圧する。

（2019年度 問い22）

解説・解答

写真は直列リアクトルです。高調波電流や突入電流の抑制が用途です。

答え ロ

例題 15 **写真に示すモールド変圧器の矢印部分の名称は。**

イ. タップ切替端子
ロ. 耐震固定端部
ハ. 一次（高電圧側）端子
ニ. 二次（低電圧側）端子

（平成30年度 問い15）

解説・解答

矢印部分は二次（低電圧側）端子になります。

答え ニ

自動力率調整装置設置時のコンデンサ用開閉器

受変電設備では、夜間などの軽負荷時には、進相コンデンサの進み無効電力によって、力率が悪くなり、送電端電圧より受電端電圧が上昇するフェランチ効果によって、送配電会社の送電系統に影響を与えます。

そのため、進相コンデンサを負荷の使用状況に合わせて、投入・遮断を指令する装置を**自動力率調整装置**と言います。

自動力率調整装置で使われるコンデンサ用開閉装置は頻度が高いため、**高圧交流真空電磁接触器**が使われます。

ワンポイント

自動力率調整装置のような高頻度の回路には、高圧交流真空電磁接触器が使われます。

例題 16 **⑤で示す高圧進相コンデンサに用いる開閉装置は、自動力率調整装置により自動で開閉できるよう施設されている。このコンデンサ用開閉装置として、最も適切なものは。**

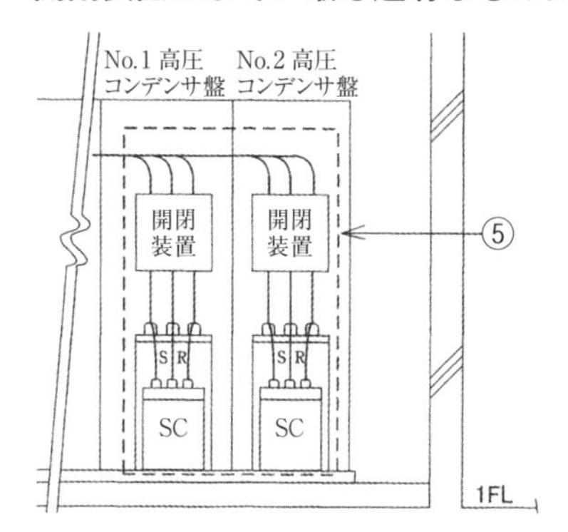

イ．高圧交流真空電磁接触器
ロ．高圧交流真空遮断器
ハ．高圧交流負荷開閉器
ニ．高圧カットアウト

（平成29年度 問い34）

解説・解答

自動力率調整装置により自動で開閉するコンデンサ用開閉装置として、最も適切なものは、高圧交流真空電磁接触器です。

答え イ

高調波の発生源

高調波とは、基本周波数に整数倍の周波数を持つ正弦波交流を言います。高調波は、電路や設備に悪影響を及ぼします。

発生源の主なものは、

- 交流アーク炉
- 半波整流器
- 動力制御用インバータ

などがあります。**進相コンデンサは高調波の発生源ではありません。**

例題 17 **高調波の発生源とならない機器は。**

イ．交流アーク炉　　ロ．半波整流器
ハ．進相コンデンサ　ニ．動力制御用インバータ

（平成30年度 問い21）

解説・解答

進相コンデンサは高調波の発生源ではありません。

答え ハ

単相変圧器のV結線の高圧側結線

単相変圧器２台を使用して三相200Vの電源を得る場合の結線方法は、**V結線**となります。

高圧側の結線は、右の図のとおりです。高圧側のR、S、Tは、低圧側のR、S、Tに対応するように結線されます。

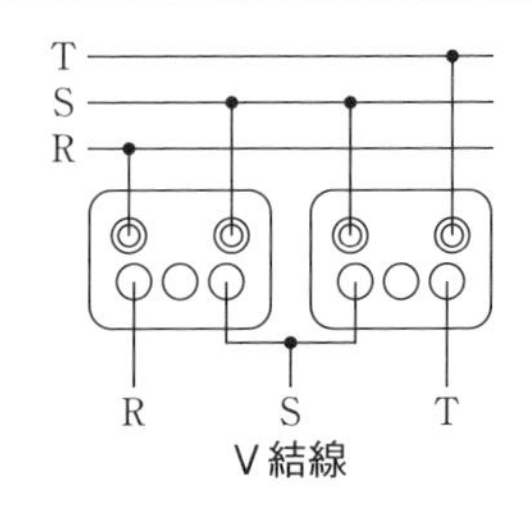

V結線

例題 18 **③に示す変圧器は、単相変圧器２台を使用して三相200Vの動力電源を得ようとするものである。この回路の高圧側の結線として、正しいものは。**

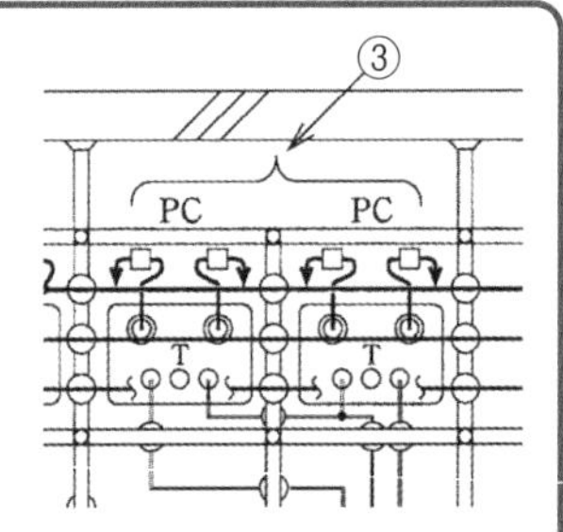

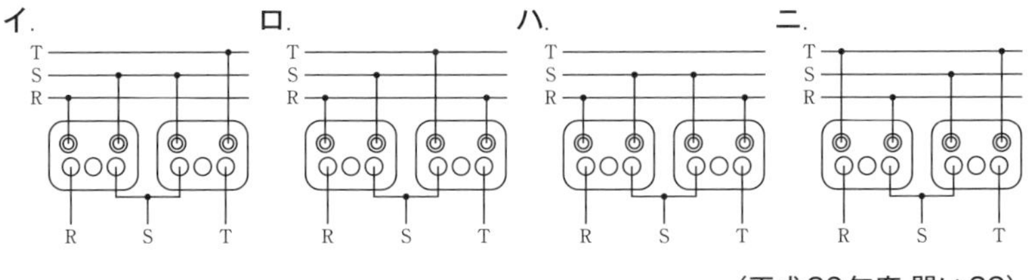

（平成26年度 問い32）

解説・解答

単相変圧器２台を使用して三相200Vを得る場合の高圧側の結線はＶ結線で、イのようになります。

答え イ

Ｖ結線は、Ｓ相を共通に接続してＲ相、Ｔ相をそれぞれ接続しています。

進相コンデンサ・直列リアクトル・変圧器は、高圧受電設備の中心的な機器です！

レッツ・トライ！

練習問題❷ **③に示す進相コンデンサと直列リアクトルに関する記述として、誤っているものは。**

イ．直列リアクトル容量は、一般に、進相コンデンサ容量の5％のものが使用される。

ロ．直列リアクトルは、高調波電流による障害防止及び進相コンデンサ回路の開閉による突入電流抑制のために施設する。

ハ．進相コンデンサに、開路後の残留電荷を放電させるため放電装置を内蔵したものを施設した。

ニ．進相コンデンサの一次側に、保護装置として限流ヒューズを施設した。

（平成22年度 問い32）

解答

練習問題❷ イ

直列リアクトル容量は、一般には進相コンデンサ容量の6％もしくは13％のものが使用されます。

重要度★★★

04 計器用変成器・保護継電器・その他の機器

計器用変成器・その他の機器の概要と計器用変成器の施設や取扱い、保護装置の組み合わせや保護協調について学びます

計器用変成器・その他の機器の概要

計器用変成器・その他の機器には、次のものがあります。

計器用変圧器（VT）	変流器（CT）	避雷器（LA）	電力需給用計器用変成器（VCT）
高電圧を低電圧に変圧するものです。電圧計や電力計、地絡継電器（GR）の動作に使われます。	大電流を小電流に変成するものです。電流計や力率計、過電流遮断器（OCR）の動作に使われます。	高圧電路の雷電圧保護をするもの、近年は酸化亜鉛素子を利用したものが主流です。A種接地工事を施します。	高電圧を低電圧に変圧、大電流を小電流に変成して電力量を計量するのに使われます。

例題 19

写真に示す機器の用途は。

イ．高電圧を低電圧に変圧する。
ロ．大電流を小電流に変流する。
ハ．零相電圧を検出する。
ニ．コンデンサ回路投入時の突入電流を抑制する。

（平成29年度 問い22）

解説・解答

写真は計器用変圧器（VT）で、高電圧を低電圧に変圧するものです。

答え イ

例題 20 **写真に示す機器の用途は。**

イ．零相電流を検出する。
ロ．高電圧を低電圧に変成し、計器での測定を可能にする。
ハ．進相コンデンサに接続して投入時の突入電流を抑制する。
ニ．大電流を小電流に変成し、計器での測定を可能にする。

（令和2年度 問い23）

解説・解答

写真は変流器（CT）で、大電流を小電流に変成し、計器で測定できるようにするものです。

答え ニ

写真に示す機器の名称は。

イ．電力需給用計器用変成器
ロ．高圧交流負荷開閉器
ハ．三相変圧器
ニ．直列リアクトル

（2019年度 問い23）

解説・解答

写真は、電力需給用計器用変成器です。

答え イ

計器用変圧器（VT）の設置

計器用変圧器（VT）は、定格二次電圧が110V、定格負担以下で使用する必要があり、十分な定格遮断電流を持つ限流ヒューズを取り付ける必要があります。

なお、容量が小さいため、**照明などの電源としての使用はできません。**

計器用変圧器（VT）

例題 22

③に示すVTに関する記述として、誤っているものは。

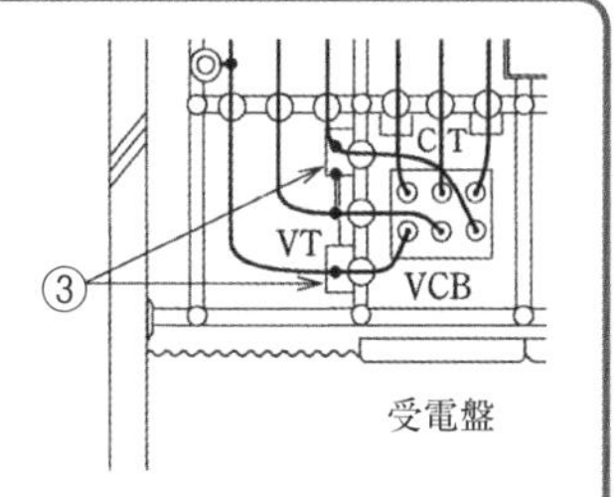

イ．VTには、定格負担（単位［V·A］）があり、定格負担以下で使用する必要がある。
ロ．VTの定格二次電圧は、110Vである
ハ．VTの電源側には、十分な定格遮断電流を持つ限流ヒューズを取り付ける。
ニ．遮断器の操作電源の他、所内の照明電源としても使用することができる。

（平成30年度 問い32）

解説・解答

計器用変圧器（VT）は、所内の照明電源としては使用できません。

答え ニ

変流器（CT）二次側に流れる電流

変流器の二次側電流I_2は、次の式でもとめることができます。

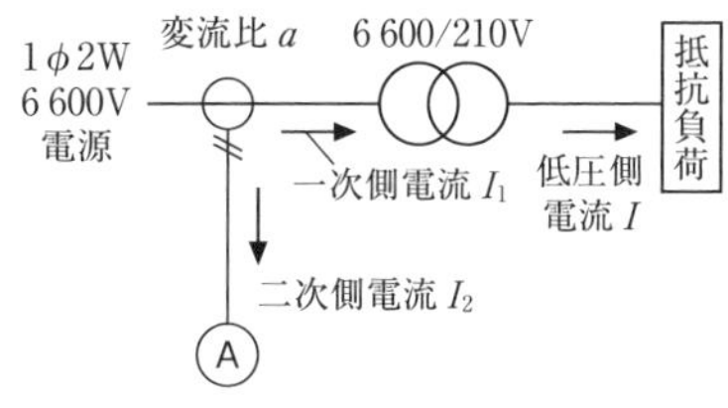

$$I_2 = \frac{一次側電流 I_1}{変流比 a} \ [A]$$

一次側電流をもとめる式は、次のとおりです。

$$I_1 \times 6\,600 = I \times 210 \quad \rightarrow \quad I_1 = \frac{I \times 210}{6\,600} \ [A]$$

例題 23

図のように、変圧比が6 600/210Vの単相変圧器の二次側に抵抗負荷が接続され、その負荷電流は440Aであった。このとき、変圧器の一次側に設置された変流器の二次側に流れる電流I［A］は。ただし、変流器の変流比は25/5Aとし、負荷抵抗以外のインピーダンスは無視する。

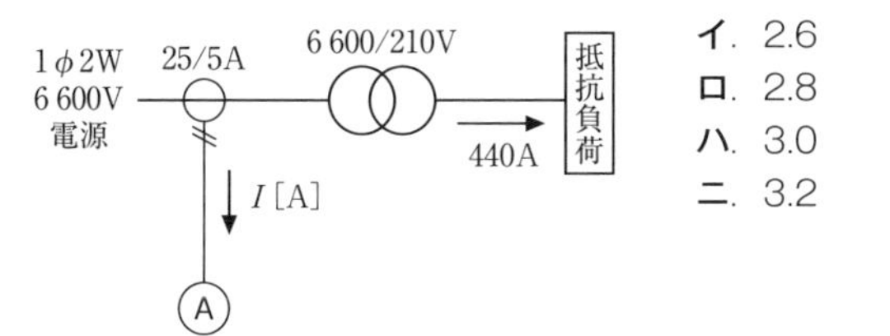

イ．2.6
ロ．2.8
ハ．3.0
ニ．3.2

（平成28年度 問い8）

解説・解答

変圧器の一次側電流は、変圧比でもとめることができます。

$$I_1 = \frac{440 \times 210}{6\,600} = 14 \text{ [A]}$$

一次側電流と変流比で、変流器の二次側電流Iをもとめると、

$$I = \frac{\text{一次側電流} I_1}{\text{変流比} a} = \frac{14}{25/5} = 2.8 \text{ [A]}$$

変流器の二次側に流れる電流は2.8［A］になります。

答え ロ

通電中の変流器（CT）から電流計を取り外す手順

変流器（CT）は通電中に**二次側を開放**すると、高電圧が誘導され、**巻線が焼損する恐れ**があります。そのため、通電中に変流器から変圧器を取り外す場合は、次の手順を踏みます。

①変流器の二次側を短絡する　→　②電流計を取り外す

変流器（CT）

例題 24

高圧母線に取り付けられた、通電中の変流器の二次側回路に接続されている電流計を取り外す場合の手順として、適切なものは。

イ．変流器の二次側端子の一方を接地した後、電流計を取り外す。
ロ．電流計を取り外した後、変流器の二次側を短絡する。
ハ．変流器の二次側を短絡した後、電流計を取り外す。
ニ．電流計を取り外した後、変流器の二次側端子の一方を接地する。

（平成29年度 問い20）

解説・解答

変流器（CT）の二次側は、通電中は開放してはならないので、変流器の二次側を短絡してから電流計を取り外します。

答え ハ

避雷器（LA）の設置

避雷器（LA）の設置では、電路が架空電線路に接続されている場合、**引込口近くに設置**するのが望ましいです。また、避雷器には電路から切り離せるように断路器を施設する必要があります。避雷器のA種接地工事は、サージインピーダンスをできるだけ低くするため、接地線を太く短くしなければなりません。

避雷器はヒューズが溶断すると役割を果たせなくなるため、**限流ヒューズなどを施設してはなりません。**

例題 25

②に示す避雷器の設置に関する記述として不適切なものは。

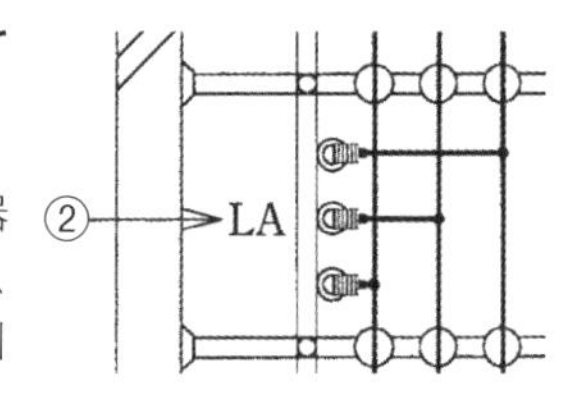

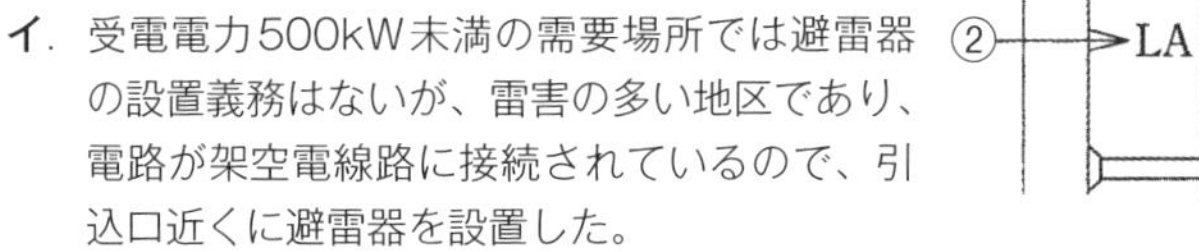

イ．受電電力500kW未満の需要場所では避雷器の設置義務はないが、雷害の多い地区であり、電路が架空電線路に接続されているので、引込口近くに避雷器を設置した。

ロ．保安上必要なため、避雷器には電路から切り離せるように断路器を施設した。

ハ．避雷器の接地はA種接地工事とし、サージインピーダンスをできるだけ低くするため、接地線を太く短くした。

ニ．避雷器には電路を保護するため、その電源側に限流ヒューズを施設した。

（平成26年度 問い31）

解説・解答

避雷器（LA）には、その役割を果たせなくなるため限流ヒューズを施設してはなりません。

答え ニ

保護装置の組合せ

地絡保護のため、**地絡継電器（GR）**は、**零相変流器（ZCT）**と組み合わせて使用します。

短絡保護装置として、**過電流継電器（OCR）**は、**変流器（CT）**や**高圧真空遮断器（VCB）**などの**遮断器**と組み合わせて使用します。

例題 26

高圧受電設備の短絡保護装置として、適切な組合せは。

イ．過電流継電器
　　高圧柱上気中開閉器

ロ．地絡継電器
　　高圧真空遮断器

ハ．地絡方向継電器
　　高圧柱上気中開閉器

ニ．過電流継電器
　　高圧真空遮断器

（平成29年度 問い21）

解説・解答

短絡保護装置として、過電流継電器（OCR）と高圧真空遮断器（VCB）の組み合わせが適切になります。

答え ニ

保護協調

高圧受電設備の主遮断装置は、短絡事故による波及事故を防ぐため、電力会社と**保護協調を取る必要**があります。

右の図に示すように、配電用変電所の過電流継電器動作特性Ⓐよりも**高圧受電設備の過電流継電器とCBの連動遮断特性Ⓑを左下にする（早く動作させる）必要**があります。

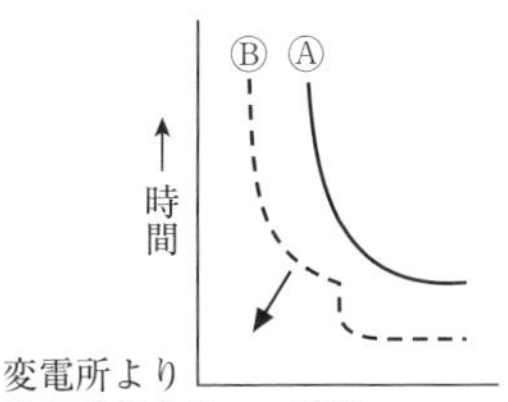

例題 27

CB形高圧受電設備と配電用変電所の過電流継電器との保護協調がとれているものは。
ただし、図中①の曲線は配電用変電所の過電流継電器動作特性を示し、②の曲線は高圧受電設備の過電流継電器とCBの連動遮断特性を示す。

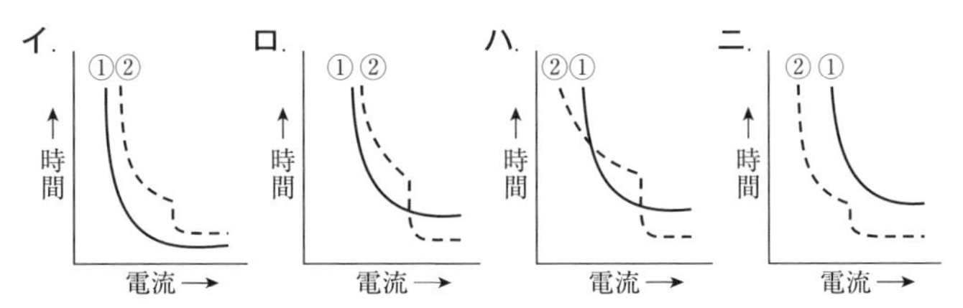

（令和2年度 問い37）

解説・解答

配電用変電所の過電流継電器より、すべての時間で早く動作するのは、ニになります。

答え ニ

練習問題❸ 零相変流器と組み合わせて使用する継電器の種類は。

イ．過電圧継電器　　ロ．過電流継電器
ハ．地絡継電器　　ニ．比率差動継電器

（平成30年度 問い20）

解答

練習問題❸ ハ

零相変流器（ZCT）と組み合わせるのは地絡継電器（GR）です。

ワンポイント

零相変流器は地絡電流を検出できるので、地絡継電器と組み合わせます。

計器用変成器、保護継電器については、
第10章の配線図でも扱います！

重要度★★★

05 高圧ケーブル

ケーブル終端接続部の種類とストレスコーンの役割、
水トリーについて学びます

ケーブル終端接続部

ケーブル終端接続部は「**ケーブルヘッド**」とも呼ばれる高圧ケーブルの端部です。

右の写真は、「ゴムストレスコーン形屋内終端接続部」というもので、矢印の部分にはストレスコーンが使われています。

高圧ケーブルの切断面では、遮へい銅テープの端部に電気力線が集中するため、絶縁破壊が起きやすくなります。そこで**ストレスコーン**を使うことにより、**遮へい端部の電位傾度を緩和する**役割を持っています。

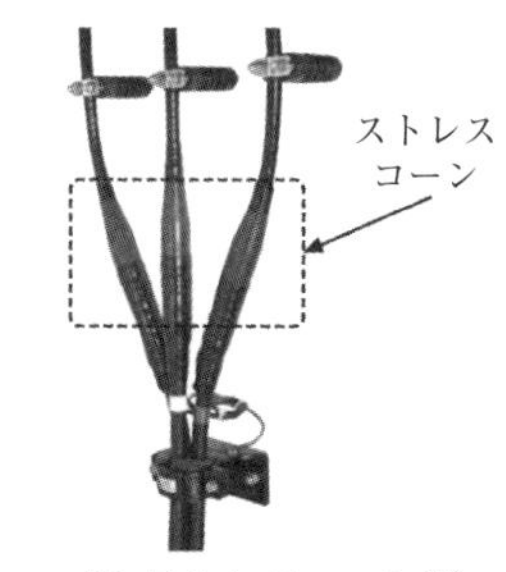

ゴムストレスコーン形屋内終端接続部

右の図は、「耐塩害屋外終端接続部」です。がいしを使った終端接続部になっています。

ほかにも、「ゴムストレスコーン形屋外終端接続部」、「ゴムとう管形屋外終端接続部」、「テープ巻形屋外終端接続部」があります。

ゴムとう管形屋外終端接続部には、ストレスコーン部が内蔵されているので、**あらためてストレスコーンを作る必要はない**という特徴があります。

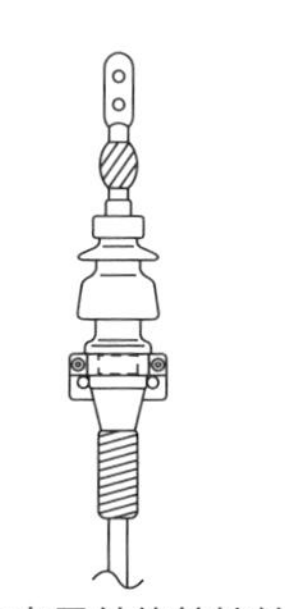
耐塩害屋外終端接続部

例題28 **写真の矢印で示す部分の主な役割は。**

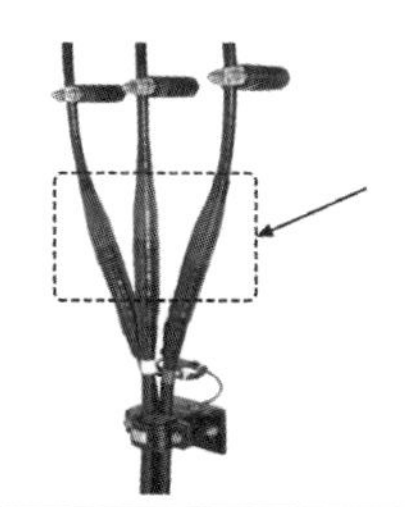

イ．水の浸入を防止する。
ロ．機械的強度を補強する。
ハ．電流の不平衡を防止する。
ニ．遮へい端部の電位傾度を緩和する。

（平成21年度 問い22）

解説・解答

矢印で示す部分はストレスコーンで、遮へい端部の電位傾度を緩和する働きがあります。

答え ニ

①に示すCVTケーブルの終端接続部の名称は。

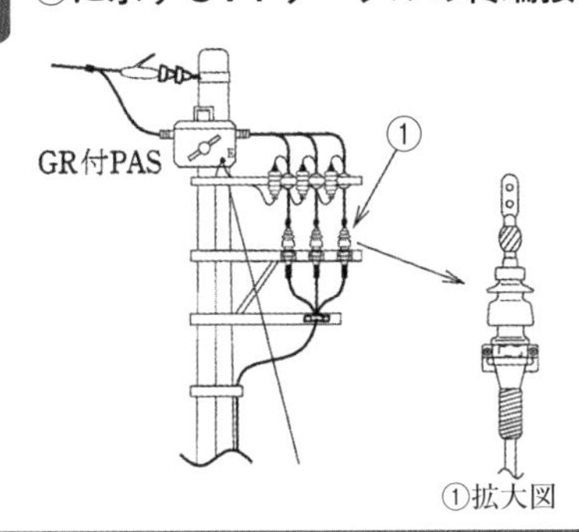

イ. 耐塩害屋外終端接続部
ロ. ゴムとう管形屋外終端接続部
ハ. ゴムストレスコーン形屋外終端接続部
ニ. テープ巻形屋外終端接続部

（平成27年度 問い30）

解説・解答

拡大図のがいしから、耐塩害屋外終端接続部であることがわかります。

答え イ

①に示すケーブル終端接続部に関する記述として、不適切なものは。

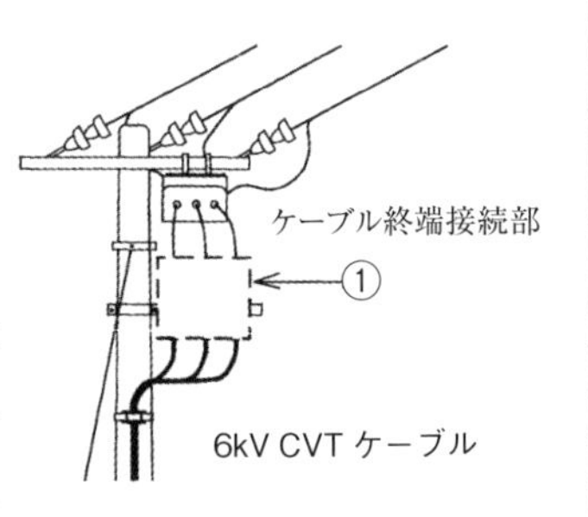

イ. ストレスコーンは雷サージ電圧が侵入したとき、ケーブルのストレスを緩和するためのものである。
ロ. 終端接続部の処理では端子部から雨水等がケーブル内部に浸入しないように処理する必要がある。
ハ. ゴムとう管形屋外終端接続部にはストレスコーン部が内蔵されているので、あらためてストレスコーンを作る必要はない。
ニ. 耐塩害終端接続部の処理は海岸に近い場所等、塩害を受けるおそれがある場所に適用される。

（平成29年度 問い30）

解説・解答

ストレスコーンは遮へい端部の電位傾度を緩和するもので、雷サージ電圧へ対応するものではありません。

答え イ

水トリー

水トリーとは、CVTケーブルの架橋ポリエチレン内部に樹枝状の劣化が生じ、水の浸入によって絶縁破壊が発生することです。

短絡・地絡事故につながるので、絶縁劣化診断などで対策をします。

水トリー

例題31 6kV CVTケーブルにおいて、水トリーと呼ばれる樹枝状の劣化が生じる箇所は。

イ. ビニルシース内部
ロ. 遮へい銅テープ表面
ハ. 架橋ポリエチレン絶縁体内部
ニ. 銅導体内部

（2019年度 問い21）

解説・解答

水トリーは、架橋ポリエチレン絶縁体内部に生じる劣化です。

答え ハ

水トリーは、ケーブル要因の事故でも多い事故の原因です。

ケーブル終端接続部については、配線図でも出題されます！

Column

高圧受電設備の機器の覚え方

第１種電気工事士筆記試験の大きな特徴の一つが、高圧受電設備に関する問題です。

自家用電気工作物を扱う第１種電気工事士筆記試験では、自家用電気工作物の施設の一部である高圧受電設備が試験問題の対象に含まれるわけです。

ただ受験者の中には、高圧受電設備を見る機会がない方もおられることでしょう。そうすると、なかなかそれらの機器について覚えるのが難しいと感じられるかもしれません。そこで、どうやって覚えるべきか少し考えてみましょう。

■身近で見られる高圧受電設備

確かに、電気室やキュービクル内部に施設される高圧受電設備の機器はなかなか見ることがないと思います。それでも一般の人でも見られる機器もあります。

よく見られるのが、「地絡継電装置付き高圧交流負荷開閉器（GR付きPAS）」です。

高圧受電をしている工場などの引込場所によく見られます。そして、その場所にケーブル終端接続部（ケーブルヘッド）も見られますので、こういったところから覚えていくのは一つの手かもしれません。

■整理しながら覚える

本書でも行っていますが、電気の流れに合わせて、受電点から二次側に向けて整理しながら覚えていくのも良いでしょう。特に、配線図では単線結線図が出てきますので、上から順番に覚えていくとわかりやすいです。

第１種電気工事士の資格は高圧受電設備も施工できる資格ですので、ここでしっかり覚えておきましょう。

第6章

電気工事の施工方法

この章では、配線工事の方法、電気機器及び配線器具の設置工事の方法、接地工事の方法などを学びます。
低圧屋内配線だけでなく、高圧配線工事も数多く出題されます。さらに、低圧屋内配線に関する設問もより詳細になります。
第２種電気工事士筆記試験と比較し、範囲も内容も大幅にレベルが上がるので、要点を押さえながら学びましょう！

重要度★★★

01 低圧屋内配線の工事の種類①

低圧屋内配線工事の種類と特殊場所の工事、金属管工事、ケーブル工事について学びます

低圧屋内配線の施設場所による工事の種類

低圧屋内配線では、施設場所によって施設することのできる工事の種類が決まっています。次の表のようになります。

施設場所の区分 ＼ 工事の種類		金属管工事	ケーブル工事	合成樹脂管工事*	金属可とう電線管工事**	がいし引き工事	金属線ぴ工事	金属ダクト工事	フロアダクト工事	ライティングダクト工事	平形保護層工事
展開した場所	乾燥した場所	●	●	●	●	●	○	●		○	
	湿気の多い場所または水気のある場所	●	●	●	●	●					
点検できる隠ぺい場所	乾燥した場所	●	●	●	●	●	○	●		○	○
	湿気の多い場所または水気のある場所	●	●	●	●	●					
点検できない隠ぺい場所	乾燥した場所	●	●	●	●				○		
	湿気の多い場所または水気のある場所	●	●	●	●						

○は使用電圧 300V 以下　＊：CD管を除く　＊＊：1種金属製を除く

例題1

点検できる隠ぺい場所で、湿気の多い場所又は水気のある場所に施す使用電圧300V以下の低圧屋内配線工事で、施設することができない工事の種類は。

イ．金属管工事　　ロ．金属線ぴ工事
ハ．ケーブル工事　　ニ．合成樹脂管工事

（平成30年度 問い29）

解説・解答

金属線ぴ工事は、点検できる隠ぺい場所では、乾燥した場所でしか施工できません。

答え ロ

特殊場所の工事

危険物などのある場所では、工事の種類や施工に使う材料が決められています。

特殊な場所	工事の種類・材料
爆燃性粉じんの存在する場所	金属管工事（薄鋼電線管以上の強度を有するものを使用） ケーブル工事（鋼帯等の外装のあるケーブルまたはMIケーブル以外は、管その他防護装置に収める）
可燃性ガスの存在する場所	
可燃性粉じんの存在する場所	金属管工事（薄鋼電線管以上の強度を有するものを使用） ケーブル工事（鋼帯等の外装のあるケーブルまたはMIケーブル以外は、管その他防護装置に収める） 合成樹脂管工事（厚さ2mm未満の合成樹脂製電線管及びCD管を除く）
石油類などの危険物の存在する場所	

粉じんの多い場所、可燃性ガスの存在する場所においては、移動電線には、**接続点のない3種以上のキャブタイヤケーブル**を使用し、スイッチやコンセントには、**電気機械器具防爆構造規格に適合するもの**を使用します。

また、電動機の接続部分など可とう性の必要な個所で粉じんの多い場所では「**粉じん防爆型フレキシブルフィッチング**」、可燃性ガスの存在する場所では「**耐圧防爆型フレキシブルフィッチング**」または「**安全増防爆型フレキシブルフィッチング**」を使用します。

なお、薄鋼電線管以上の強度を有するものなので、**ねじなし電線管は使用できません**。

例題2 **可燃性ガスが存在する場所に低圧屋内電気設備を施設する施工方法として、不適切なものは。**

イ. 金属管工事により施工し、厚鋼電線管を使用した。
ロ. 可搬形機器の移動電線には、接続点のない3種クロロプレンキャブタイヤケーブルを使用した。
ハ. スイッチ、コンセントは、電気機械器具防爆構造規格に適合するものを使用した。
ニ. 金属管工事により施工し、電動機の端子箱との可とう性を必要とする接続部に金属製可とう電線管を使用した。

（平成28年度 問い29）

解説・解答

可燃性ガスが存在する場所において、電動機に接続する部分等可とう性を必要とする配線には耐圧防爆型フレキシブルフィッチング、または安全増防爆型フレキシブルフィッチングを使用しなければなりません。

答え ニ

金属管工事

金属管工事では、次のように施工する必要があります。

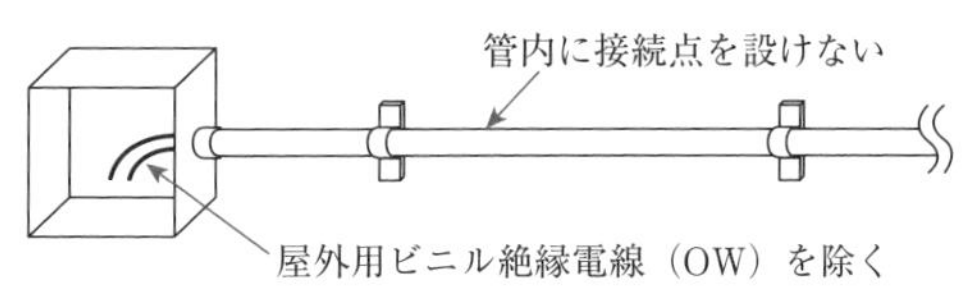

- 使用電線は絶縁電線（**屋外用ビニル絶縁電線を除く**）であること
- **より線**または**直径3.2mm以下の単線**であること
- 金属管内では、電線に**接続点を設けない**こと
- 湿気の多い場所または水気のある場所に施設する場合は、**防湿装置を施す**こと
- 低圧屋内配線の使用電圧が300V以下の場合は、管に**D種接地工事**を施すこと

  ただし、次の場合は省略できます。

管の長さが**4m以下**で乾燥した場所に施設する場合、または対地電圧150V以下で管の長さが**8m以下**で、簡易接触防護装置を施すとき、または乾燥した場所に施設した場合。

- 低圧屋内配線の使用電圧が300Vを超える場合は、**C種接地工事**を施すこと

  ただし、接触防護装置を施す場合は、D種接地工事にできます。

例題 3

金属管工事の記述として、誤っているものは。

イ．金属管に、直径2.6mmの絶縁電線（屋外用ビニル絶縁電線を除く）を収めて施設した。
ロ．電線の長さが短くなったので、金属管内において電線に接続点を設けた。
ハ．金属管を湿気の多い場所に施設するため、防湿装置を施した。
ニ．使用電圧が200Vの電路に使用する金属管にD種接地工事を施した。

（平成21年度 問い27）

解説・解答

金属管内において、電線の接続点を設けてはいけません。

答え ロ

それぞれの工事方法の特徴、接地工事に関する事項を覚えておきましょう。

ケーブル工事

ケーブル工事では、次のように施工する必要があります。

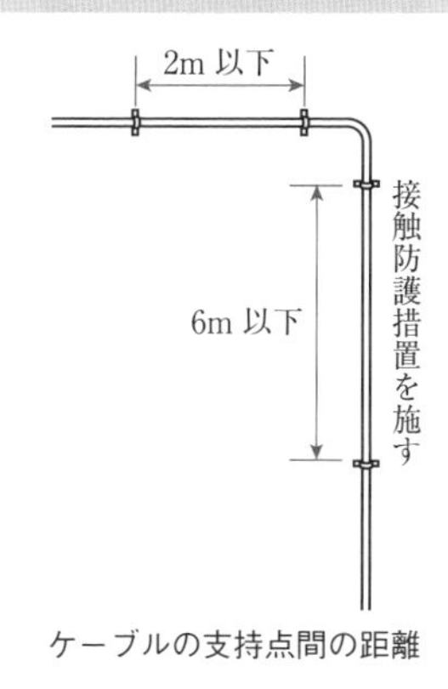

ケーブルの支持点間の距離

- 重量物の圧力または著しい機械的衝撃を受けるおそれがある場合は、適当な**防護装置を設ける**こと
- ケーブルの支持点間の距離は**2m以下**（接触防護措置を施した場所において垂直に取り付ける場合は**6m以下**）
- 低圧屋内配線の使用電圧300V以下で防護装置を使用する場合は、その金属部分に**D種接地工事**を施すこと
  ただし、次の場合は省略できます。

  管の長さが**4m以下**で乾燥した場所に施設する場合、または対地電圧150V以下で管の長さが**8m以下**で、簡易接触防護措置を施すとき、または乾燥した場所に施設した場合。
- 低圧屋内配線の使用電圧300Vを超えて防護装置を使用する場合は、その金属部分に**C種接地工事**を施すこと
  ただし、接触防護措置を施す場合は、D種接地工事にできます。
- ビニルキャブタイヤケーブルは、使用電圧が300V以下の**展開した場所**または**点検できる隠ぺい場所**で使用できる

例題 4

使用電圧300V以下のケーブル工事による低圧屋内配線において、不適切なものは。

イ. 架橋ポリエチレン絶縁ビニルシースケーブルをガス管と接触しないように施設した。

ロ. ビニル絶縁ビニルシースケーブル（丸形）を造営材の側面に沿って、支持点間を1.5mにして施設した。

ハ. 乾燥した場所で長さ2mの金属製の防護管に収めたので、金属管のD種接地工事を省略した。

ニ. 点検できない隠ぺい場所にビニルキャブタイヤケーブルを使用して施設した。

（2019年度 問い29）

解説・解答

ビニルキャブタイヤケーブルは、点検できない隠ぺい場所では施設できません。

答え ニ

練習問題❶ **展開した場所で、湿気の多い場所又は水気のある場所に施す使用電圧300V以下の低圧屋内配線工事で、施設することができない工事の種類は。**

イ．金属管工事　　　ロ．ケーブル工事
ハ．平形保護層工事　ニ．合成樹脂管工事

（平成25年度 問い27）

練習問題❷ **使用電圧が300V以下の低圧屋内配線のケーブル工事の記述として、誤っているものは。**

イ．ケーブルの防護装置に使用する金属製部分にD種接地工事を施した。
ロ．ケーブルを造営材の下面に沿って水平に取り付け、その支持点間の距離を3mにして施設した。
ハ．ケーブルに機械的衝撃を受けるおそれがあるので、適当な防護装置を施した。
ニ．ケーブルを接触防護措置を施した場所に垂直に取り付け、その支持点間の距離を5mにして施設した。

（平成28年度 問い27）

解答

練習問題❶ ハ

展開した場所で、湿気の多い場所又は水気のある場所に平形保護層工事は施設できません。

練習問題❷ ロ

ケーブルの支持点間の距離は2mです。

実際に施工する際も知っておく必要がありますので、しっかり覚えましょう！

重要度★★★

02 低圧屋内配線の工事の種類②

合成樹脂管工事、バスダクト工事、金属線ぴ工事、ライティングダクト工事、アクセスフロア工事について学びます

合成樹脂管工事

合成樹脂管工事では、次のように施工する必要があります。

- 使用電線は絶縁電線（**屋外用ビニル絶縁電線を除く**）であること
- **より線**または**直径3.2mm以下の単線**であること
- 合成樹脂管内では、電線に**接続点を設けない**こと

例題5 **合成樹脂管工事に使用できない絶縁電線の種類は。**

イ．600Vビニル絶縁電線　　ロ．600V二種ビニル絶縁電線
ハ．600V耐燃性ポリエチレン絶縁電線　　ニ．屋外用ビニル絶縁電線

（平成30年度 問い28）

解説・解答

合成樹脂管工事では、屋外用ビニル絶縁電線は使用できません。

答え ニ

バスダクト工事

バスダクトとは、板状のアルミ製もしくは銅製の帯状導体を絶縁物で支持し、金属製の箱状のケースに収めたもので、大電流で使用する幹線に使われます。

次のように施工する必要があります。

バスダクト

- バスダクトの支持点間の距離は**3m以下**（取扱者以外のものが出入りできないように措置した場所において垂直に取り付ける場合は**6m以下**）
- 湿気の多い場所または水気のある場所に施設する場合は、**屋外用バスダクト**を使用し、バスダクト内部に**水が浸入してたまらないようにす**

ること

- 低圧屋内配線の使用電圧が300V以下の場合は、**D種接地工事**を施すこと
- 低圧屋内配線の使用電圧が300Vを超える場合は、**C種接地工事**を施すこと
  ただし、接触防護措置を施す場合は、**D種接地工事**にできます。

例題 6

展開した場所のバスダクト工事に関する記述として、誤っているものは。

イ. 低圧屋内配線の使用電圧が200Vで、かつ、接触防護措置を施したので、ダクトの接地工事を省略した。

ロ. 低圧屋内配線の使用電圧が400Vで、かつ、接触防護措置を施したので、ダクトにはD種接地工事を施した。

ハ. 低圧屋内配線の使用電圧が200Vで、かつ、湿気が多い場所での施設なので、屋外用バスダクトを使用し、バスダクト内部に水が浸入してたまらないようにした。

ニ. ダクトを造営材に取り付ける際、ダクトの支持点間の距離は2mとして施設した。

(平成28年度 問い28)

解説・解答

バスダクトは接触防護措置を施しても接地工事の省略はできません。

答え イ

金属線ぴ工事

金属製線ぴには、幅4cm未満の1種金属製線ぴと幅4cm以上5cm以下の2種金属製線ぴがあります。

次のように施工する必要があります。

- 使用電線は絶縁電線（**屋外用ビニル絶縁電線を除く**）であること
- 線ぴ内では、**電線に接続点を設けない**こと（ただし、一定の条件で接続できる場合がある）
- 電気用品安全法の適用を受ける線ぴおよびボックスその他の付属品であること

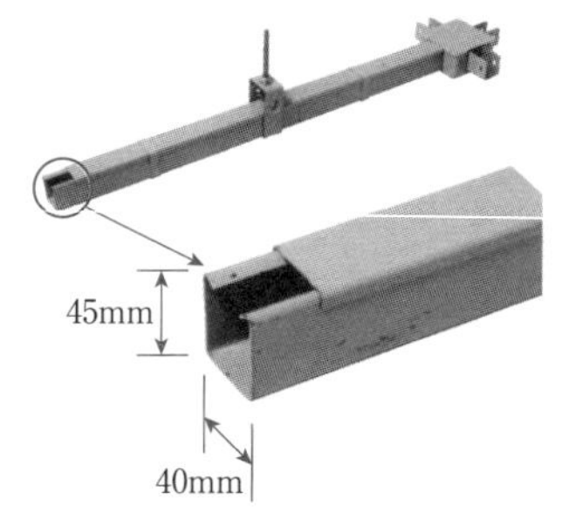

2種金属製線ぴ

- 線ぴとボックスその他付属品は堅ろうに、かつ、電気的に完全に接続すること
- D種接地工事を施すこと

ただし、次の場合は省略できます。

線ぴの長さが4m以下で施設する場合、または対地電圧150V以下で線ぴの長さが8m以下で簡易接触防護措置を施すとき、または乾燥した場所に施設した場合。

例題 7 **金属線ぴ工事の記述として、誤っているものは。**

イ. 電線には絶縁電線（屋外用ビニル絶縁電線を除く。）を使用した。

ロ. 電気用品安全法の適用を受けている金属製線ぴ及びボックスその他の附属品を使用して施工した。

ハ. 湿気のある場所で、電線を収める線ぴの長さが12mなので、D種接地工事を省略した。

ニ. 線ぴとボックスを堅ろうに、かつ、電気的に完全に接続した。

（平成27年度 問い27）

解説・解答

金属線ぴ工事のD種接地工事の省略できる条件は、線ぴの長さが4m以下、もしくは対地電圧150V以下で線ぴの長さが8m以下で簡易接触防護措置を施すとき、または乾燥した場所に施設した場合です。

答え ハ

ライティングダクト工事

ライティングダクトは、スポットライトなどの照明やコンセントをダクトの任意の場所に取り付けられるものです。

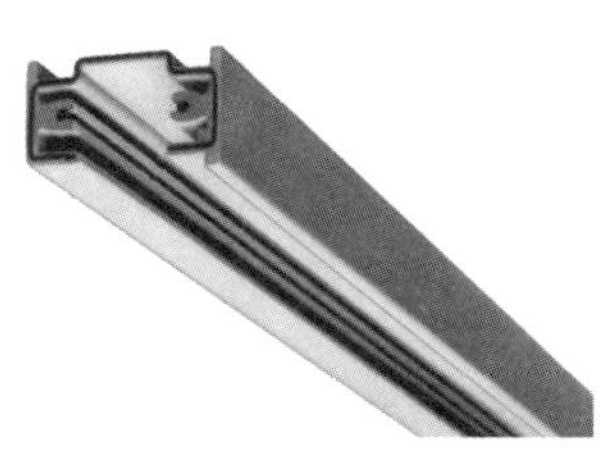

ライティングダクト

次のように施工する必要があります。

- ダクトは造営材に**堅ろうに取り付ける**
- ダクトの支持点間の距離は**2m以下**とする
- ダクトの終端部は**閉そく**する
- ダクトの開口部は**下に向けて**施設すること。ただし、簡易接触防護措置を施し、かつダクト内部にじんあいが侵入しがたいように施設する場合は**横向き**にできる

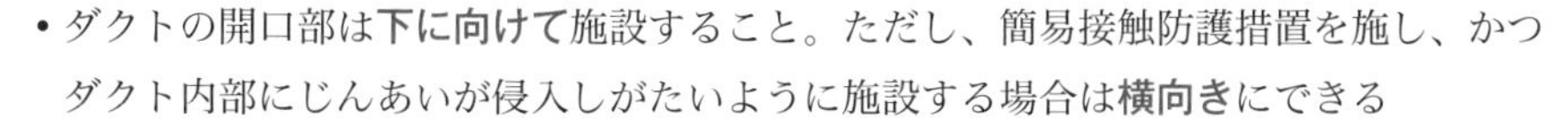

- **D種接地工事**を施すこと

ただし、次の場合は省略できます。

合成樹脂その他の**絶縁物で金属製部分を被覆**したダクトを使用する場合、または対地電圧150V以下でダクトの長さが**4m以下**の場合。

ライティングダクトの工事の記述として、不適切なものは。

イ．ライティングダクトを1.5mの支持間隔で造営材に堅ろうに取り付けた。
ロ．ライティングダクトの終端部を閉そくするために、エンドキャップを取り付けた。
ハ．ライティングダクトにD種接地工事を施した。
ニ．接触防護措置を施したので、ライティングダクトの開口部を上向きに取り付けた。

（平成30年度 問い27）

解説・解答

ライティングダクトは上向きに施設してはなりません。

答え ニ

アクセスフロア工事

アクセスフロアとは、コンピュータ室、事務室などの配線用のための二重構造の床のことです。

次のように施工する必要があります。

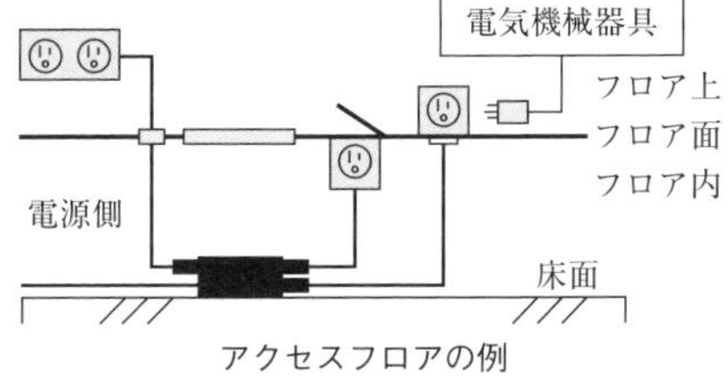

アクセスフロアの例

- フロア内の配線には、**ビニル外装ケーブルのほか、ポリエチレン外装ケーブル、クロロプレン外装ケーブル、ビニルキャブタイヤケーブル**なども使用できる
- フロア内では、電源ケーブルと弱電流電線が接触しないように、セパレータ等による**混触防止措置を施す**
- 分電盤は原則として**フロア内に施設しない**

アクセスフロア内の低圧屋内配線等に関する記述として、不適切なものは。

イ．フロア内のケーブル配線にはビニル外装ケーブル以外の電線を使用できない。
ロ．移動電線を引き出すフロアの貫通部分は，移動電線を損傷しないよう適切な処置を施す。
ハ．フロア内では、電源ケーブルと弱電流電線が接触しないようセパレータ等による混触防止措置を施す。
ニ．分電盤は原則としてフロア内に施設しない。

（平成23年度 問い27）

解説・解答

アクセスフロア内のケーブル配線では、ビニル外装ケーブル以外でも使用できるケーブルやキャブタイヤケーブルがあります。

答え イ

アクセスフロアの設置そのものは、電気工事ではないので注意！

練習問題❸ 写真に示すものの名称は。

イ. 金属ダクト
ロ. バスダクト
ハ. トロリーバスダクト
ニ. 銅帯

（平成30年度 問い14）

練習問題❹ 写真に示す材料の名称は。

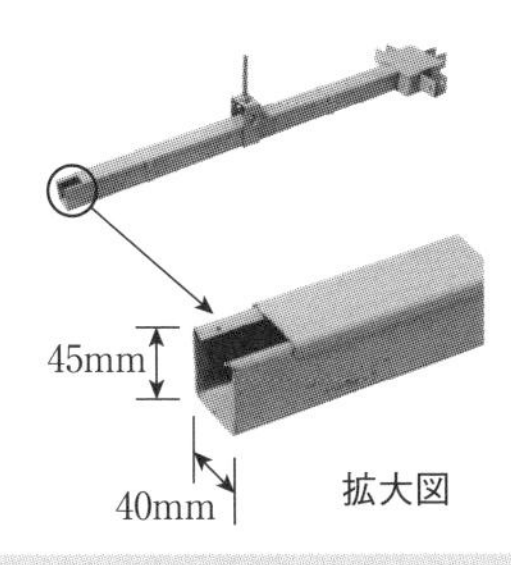

イ. 金属ダクト
ロ. 二種金属製線ぴ
ハ. フロアダクト
ニ. ライティングダクト

（2019年度 問い15）

解答

練習問題❸ ロ

写真はバスダクトです。

練習問題❹ ロ

写真は二種金属製線ぴです。

重要度★★★

03 動力の分岐回路、電線の接続法・許容電流

動力の分岐回路、電線の接続法、
絶縁電線の許容電流について学びます

動力の分岐回路

動力の分岐回路では、次のことを考慮する必要があります。

- 電線の許容電流は**50A以下は1.25倍以上、50Aを超えている場合は1.1倍以上**にする
- スターデルタ始動方式の場合は、制御盤と電動機間の**配線は6本**になる
- スターデルタ始動方式の始動電流は、**全電圧始動方式の電流の1/3**にすることができる

電線の接続法

絶縁電線相互の接続は、次のように行う必要があります。

- 電線の電気抵抗を**増加させない**
- 電線の引張強さを**20%以上減少させない**
- 接続部分を、絶縁電線の絶縁物と**同等以上の絶縁効力のあるもの**で被覆する
- 接続部分には**接続管その他の器具**を使用し、または**ろう付け**すること

絶縁電線の許容電流

絶縁電線の許容電流とは、電線の連続使用時に、電流による発熱により、**絶縁物に著しい劣化をきたさない限界電流**を言います。

例題 10

絶縁電線相互の接続に関する記述として、不適切なものは。

イ. 接続部分には、接続管を使用した。
ロ. 接続部分を、絶縁電線の絶縁物と同等以上の絶縁効力のあるもので、十分被覆した。
ハ. 接続部分において、電線の電気抵抗が20%増加した。
ニ. 接続部分において、電線の引張り強さが10%減少した。

(平成27年度 問い28)

解説・解答

電線の相互の接続部分において、電気抵抗を増加させてはなりません。

答え ハ

例題 11

600Vビニル絶縁電線の許容電流（連続使用時）に関する記述として、適切なものは。

イ．電流による発熱により、電線の絶縁物が著しい劣化をきたさないようにするための電流値。

ロ．電流による発熱により、絶縁物の温度が80℃となる時の電流値。

ハ．電流による発熱により、電線が溶断する時の電流値。

ニ．電圧降下を許容範囲に収めるための最大の電流値。

（平成27年度 問い26）

解説・解答

許容電流は、電線の連続使用時に電流による発熱により、電線の絶縁物が著しい劣化をきたさないようにするための電流値です。

答え イ

例題 12

⑤に示す動力制御盤(3φ200V)からの分岐回路に関する記述として、不適当なものは。ただし、送風機用電動機はスターデルタ始動方式とする。

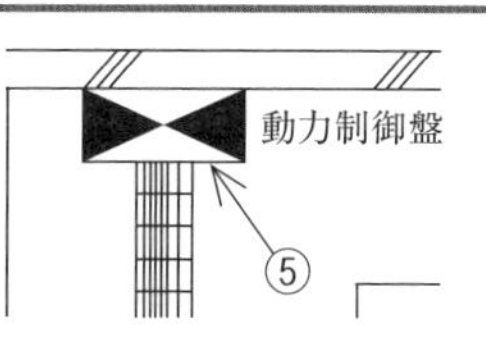

イ．ポンプの分岐回路の定格電流は50A以下であるので、分岐回路に使用される電線は、許容電流が電動機の定格電流の1.25倍以上のものが必要である。

ロ．送風機の分岐回路の定格電流は50Aを超えるので、分岐回路に使用される電線は、許容電流が電動機の定格電流の1.1倍以上のものが必要である。

ハ．送風機用電動機は、スターデルタ始動方式であるため、制御盤と電動機間の配線は6本必要（接地線を除く）である。

ニ．スターデルタ始動方式の始動電流は、全電圧始動方式の電流の$1/\sqrt{3}$にすることができる。

（平成24年度 問い34）

解説・解答

スターデルタ始動方式の始動電流は、全電圧始動方式の電流の1/3になります。

答え ニ

重要度★★★

04 地中電線路・支線工事・引込線の施工

地中電線路の施設、引込柱の支線工事、高圧引込ケーブルの施工、架空引込ケーブルの引込線、高圧地中引込線の施工について学びます

地中電線路

電気設備の技術基準の解釈では、「地中電線路は、電線に**ケーブルを使用**し、かつ、**管路式**、**暗きょ式**又は**直接埋設式**により施設すること」と規定しています。

地中電線路に使用する管、暗きょなどの防護装置の金属部分、金属製の電線接続箱には、**D種接地工事**を施さなければなりません。

暗きょ式で施設する場合は、地中電線を不燃物又は自消性のある難燃性の管に収めるなどの**耐燃措置**を施さなければなりません。

高圧地中電線路は長さが**15m以下である場合を除き**、約2mの間隔で、**物件の名称**、**管理者名**及び**電圧**を表示しなければなりません。

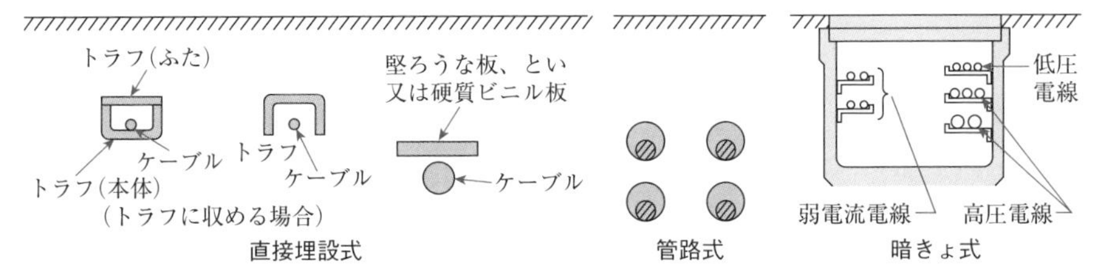

> **例題 13**
>
> **電気設備の技術基準の解釈では、地中電線路の施設について「地中電線路は、電線にケーブルを使用し、かつ、管路式、暗きょ式又は［　　　　］により施設すること。」と規定されている。**
> **上記の空欄にあてはまる語句として、正しいものは。**
>
> **イ**. 深層埋設式　**ロ**. 間接埋設式　**ハ**. 直接埋設式　**ニ**. 浅層埋設式
>
> (平成28年度 問い20)

解説・解答

空欄にあてはまる語句は「直接埋設式」です。

答え ハ

例題 14

地中電線路の施設に関する記述として、誤っているものは。

イ. 長さが15mを超える高圧地中電線路を管路式で施設し、物件の名称、管理者名及び電圧を表示した埋設表示シートを、管と地表面のほぼ中間に施設した。

ロ. 地中電線路に絶縁電線を使用した。

ハ. 地中電線に使用する金属製の電線接続箱にD種接地工事を施した。

ニ. 地中電線路は暗きょ式で施設する場合に、地中電線を不燃物又は自消性のある難燃性の管に収めて施設した。

（令和2年度 問い29）

解説・解答

地中電線路に使用できる電線はケーブルです。絶縁電線は使用できません。

答え ロ

引込柱の支線工事

引込柱の支線は、引込線に対し、反対方向に設置して、引張荷重を平衡させるために設置されます。

引込柱の支線工事では右の図にあるように、亜鉛めっき鋼より線、玉がいし、アンカを使用します。

支線として亜鉛めっき鋼より線が、絶縁のため玉がいしが、地面に固定するためアンカが、それぞれ使われます。

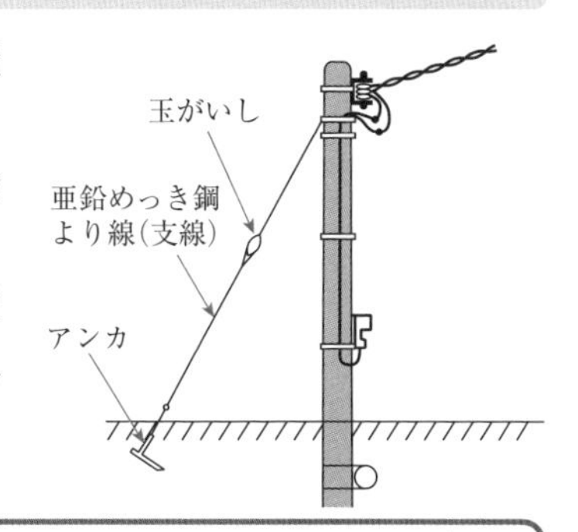

例題 15

引込柱の支線工事に使用する材料の組合せとして、正しいものは。

イ. 亜鉛めっき鋼より線、玉がいし、アンカ

ロ. 耐張クランプ、巻付グリップ、スリーブ

ハ. 耐張クランプ、玉がいし、亜鉛めっき鋼より線

ニ. 巻付グリップ、スリーブ、アンカ

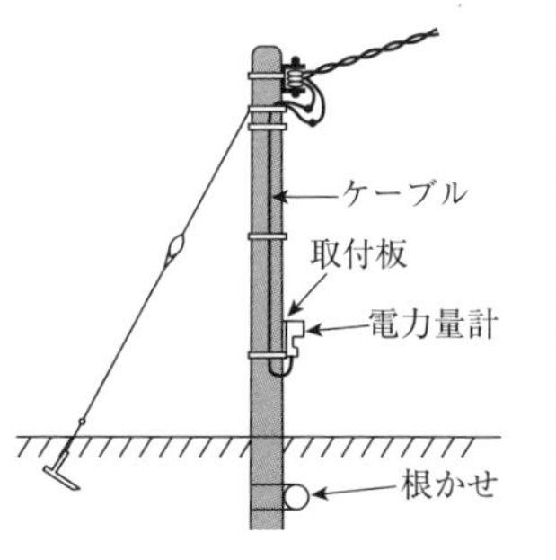

（令和2年度 問い25）

解説・解答

引込柱の支線工事には、亜鉛めっき鋼より線、玉がいし、アンカが使われます。

答え イ

高圧引込ケーブルの施工

高圧引込ケーブルの施工は、次のように行う必要があります。

- 高圧引込線として使用できるケーブルには、**トリプレックス形架橋ポリエチレン絶縁ビニルシースケーブル（CVT）**などがある
- 電線の太さの選定は、**受電する電流**、**短時間耐電流**などを考慮し、**電気事業者と協議**する
- ケーブルの引込口は、水の浸入を防止するためケーブルの太さ、種類に適合した**防水処理を施す**
- 重汚損から超重汚損地区での屋外部分の終端処理は、**耐塩害屋外終端接続部**にしなければならない

例題 16

①に示す高圧引込ケーブルに関する施工方法等で、不適切なものは。

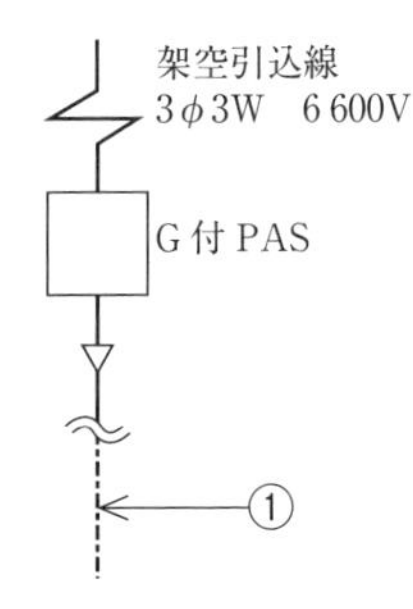

イ. ケーブルには、トリプレックス形6 600V架橋ポリエチレン絶縁ビニルシースケーブルを使用して施工した。

ロ. 施設場所が重汚損を受けるおそれのある塩害地区なので、屋外部分の終端処理はゴムとう管形屋外終端処理とした。

ハ. 電線の太さは、受電する電流、短時間耐電流などを考慮し、電気事業者と協議して選定した。

ニ. ケーブルの引込口は、水の浸入を防止するためケーブルの太さ、種類に適合した防水処理を施した。

（平成26年度 問い30）

解説・解答

施設場所が重汚損を受けるおそれのある塩害地区の屋外部分の終端処理は、耐塩害屋外終端接続部にする必要があります。

答え ロ

高圧架空引込ケーブルによる引込線の施工

高圧架空引込ケーブルによる引込線の施工は、次のように施設する必要があります。

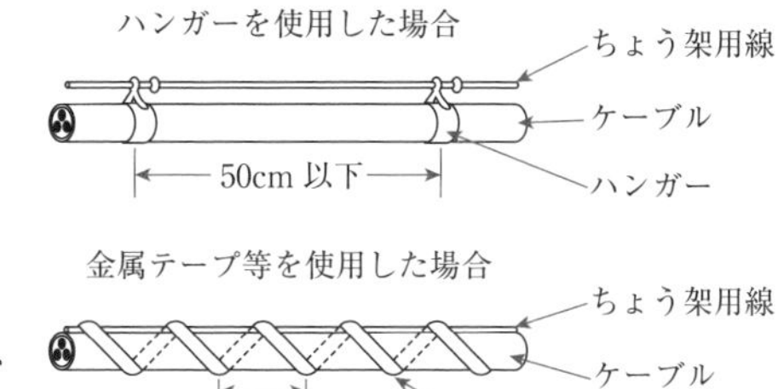

- ちょう架用線にハンガーを使用してちょう架する場合は、ハンガーの間隔を**50cm以下**として施設すること
- 高圧ケーブルをちょう架用線に接触させ、その上に容易に腐食しがたい金属テープ等を使ってちょう架する場合は、テープは**20cm以下**の間隔に保って、らせん状に巻き付けて施設する
- ちょう架用線に使用する金属体には、**D種接地工事**を施す
- ちょう架用線は、積雪などの特殊条件を考慮した想定荷重に耐える必要がある（**安全率は2.5以上**）
- 高圧ケーブルは、ちょう架用線の引き留め箇所で、熱収縮と機械的振動ひずみに備えて**ケーブルにゆとり**を設ける

第6章 電気工事の施工方法

例題17 ②に示す高圧架空引込ケーブルによる、引込線の施工に関する記述として、不適切なものは。

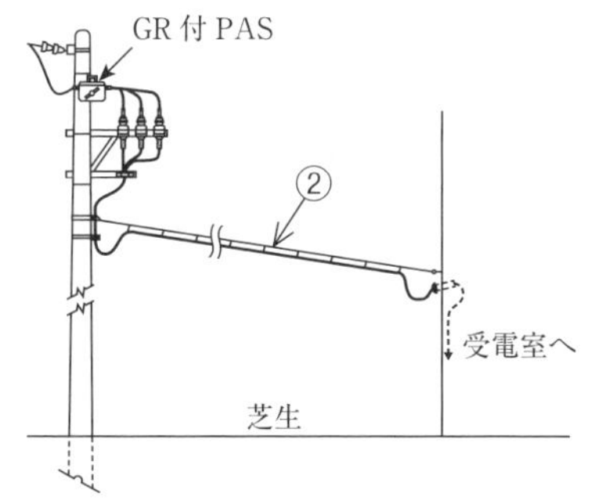

イ．ちょう架用線に使用する金属体には、D種接地工事を施した。

ロ．高圧架空電線のちょう架用線は、積雪などの特殊条件を考慮した想定荷重に耐える必要がある。

ハ．高圧ケーブルは、ちょう架用線の引き留め箇所で、熱収縮と機械的振動ひずみに備えてケーブルにゆとりを設けた。

ニ．高圧ケーブルをハンガーにより、ちょう架用線に1mの間隔で支持する方法とした。（平成30年度 問い31）

解説・解答

高圧ケーブルを、ハンガーを使ってちょう架する場合は、ハンガーの間隔は50cm以下にする必要があります。

答え ニ

高圧地中引込線の施設

高圧地中引込線の施工は、次のように施設する必要があります。

- 直接埋設式により施設する場合の埋設深さは、車両その他の重量物の圧力を受けるおそれがある場所では**1.2m以上**、その他の場所では**0.6m以上**とする
- 直接埋設式では、ケーブルはトラフなどに収めて施設する。ただし、CDケーブルまたは**堅ろうながい装を有するケーブル**を使用する場合などは、この限りでない
- 管路式の管路の埋設深さは**0.3m以上**とする
- 地中電線を収める金属製の管路を管路式とした場合は、**D種接地工事を省略**できる
- 地中に施設する管材料の種類では、鋼管、コンクリート管、**波付硬質合成樹脂管（FEP）**などがある
- 地中引込線の長さが**15m以下**のものは、表示を省略できる

重量物の圧力を受けるおそれのある場所 1.2m 以上
その他 0.6m 以上
直接埋設式
0.3m 以上
管路式

例題 18

②に示す構内の高圧地中引込線を施設する場合の施工方法として、不適切なものは。

イ．地中電線に堅ろうながい装を有するケーブルを使用し、埋設深さ（土冠）を1.2mとした。

ロ．地中電線を収める防護装置に鋼管を使用した管路式とし、管路の接地を省略した。

ハ．地中電線を収める防護装置に波付硬質合成樹脂管（FEP）を使用した。

ニ．地中電線路を直接埋設式により施設し、長さが20mであったので電圧の表示を省略した。

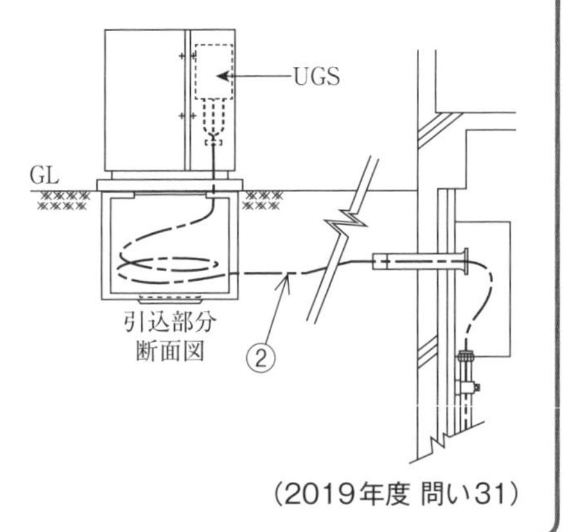

（2019年度 問い31）

解説・解答

地中電線路が15mを超えるので、表示を省略することはできません。

答え ニ

防水鋳鉄管

防水鋳鉄管は、ケーブルが地中から屋内に引き込まれる部分で使われます。防水鋳鉄管を使うことにより、屋内に浸水するのを防ぎます。

防水鋳鉄管

例題 19

②に示す地中高圧ケーブルが屋内に引き込まれる部分に使用される材料として、最も適切なものは。

イ．合成樹脂管
ロ．防水鋳鉄管
ハ．金属ダクト
ニ．シーリングフィッチング

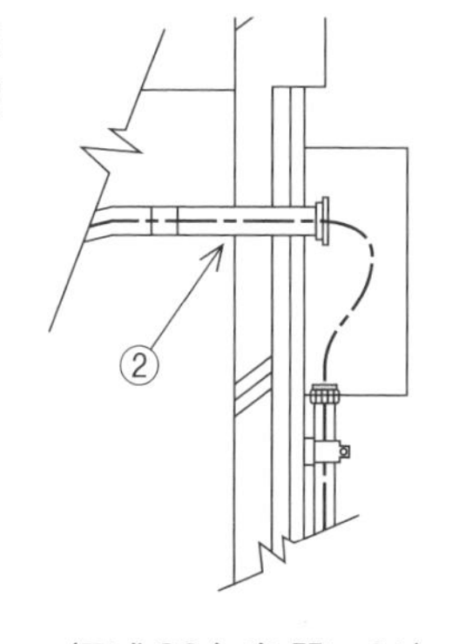

（平成28年度 問い31）

解説・解答

ケーブルを地中から屋内に引き込まれる部分で使えるのは防水鋳鉄管です。

答え ロ

ケーブル引込口など開口部

ケーブル引込口などの開口部は、鳥獣類などの小動物が侵入するおそれがあるため、必要以上に設けません。

ケーブルを引き込む場所には、屋内や電気設備に外部からの物が侵入しないようにします！

例題 20

④に示すケーブル引込口などに、必要以上の開口部を設けない主な理由は。

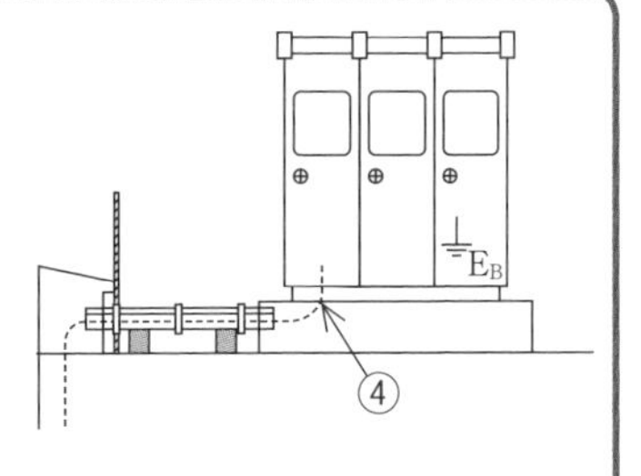

イ．火災時の放水、洪水等で容易に水が浸入しないようにする。

ロ．鳥獣類などの小動物が侵入しないようにする。

ハ．ケーブルの外傷を防止する。

ニ．キュービクルの底板の強度を低下させないようにする。

（平成25年度 問い33）

解説・解答

鳥獣類などの小動物が侵入しないようにするためです。

答え ロ

レッツ・トライ!

練習問題❺ **②に示す地中にケーブルを施設する場合、使用する材料と埋設深さ（土冠）として、不適切なものは。ただし、材料はJIS規格に適合するものとする。**

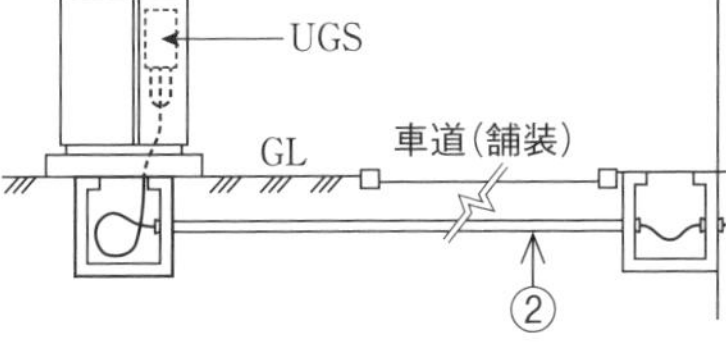

イ．ポリエチレン被覆鋼管　舗装下面から0.2m

ロ．硬質塩化ビニル管　舗装下面から0.3m

ハ．波付硬質合成樹脂管　舗装下面から0.5m

ニ．コンクリートトラフ　地表面から1.2m

（平成25年度 問い31）

解答

練習問題❺ **イ**

管路式で施設する場合は、埋設深さは舗装下面より0.3m以上なければなりません。

重要度★★★

05 高圧屋内配線・受電設備の施工

高圧屋内配線の工事の種類、高圧ケーブルの太さの検討、
ケーブルラック工事、屋外キュービクルの施設を学びます

高圧屋内配線

高圧屋内配線は、次の工事で施設する必要があります。

- ケーブル工事
- がいし引き工事（乾燥した場所であって展開した場所に限る）

例題21 **高圧屋内配線を、乾燥した場所であって展開した場所に施設する場合の記述として、不適切なものは。**

イ．高圧ケーブルを金属管に収めて施設した。
ロ．高圧ケーブルを金属ダクトに収めて施設した。
ハ．接触防護措置を施した高圧絶縁電線をがいし引き工事により施設した。
ニ．高圧絶縁電線を金属管に収めて施設した。

（平成26年度 問い28）

解説・解答

高圧屋内配線を金属管工事で施設することはできません。

答え ニ

高圧ケーブルの太さ

高圧ケーブルの太さは、次の事項を検討します。

- 電線の許容電流
- 電線の短時間耐電流
- 電路の短絡電流

高圧屋内配線では、ケーブル工事が
主に行われています！

②に示す高圧ケーブルの太さを検討する場合に必要ない事項は。

イ．電線の許容電流
ロ．電線の短時間耐電流
ハ．電路の地絡電流
ニ．電路の短絡電流

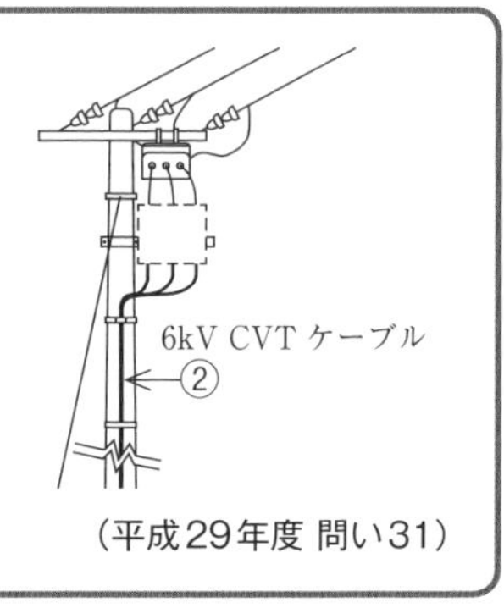

（平成29年度 問い31）

解説・解答

高圧ケーブルの太さの選定では、電線の許容電流、電線の短時間耐電流、電路の短絡電流を検討します。

答え ハ

ケーブルラック工事

ケーブルラック工事は、次のように施設する必要があります。

- ケーブルラックはケーブルの重量に十分耐える構造で、**堅固に施設**する
- 低圧屋内配線の使用電圧が300V以下の場合は、**D種接地工事**を施すこと
  ただし、次の場合は省略できます。

ラックの長さが**4m以下**で乾燥した場所に施設する場合、または対地電圧150V以下でラックの長さが**8m以下**で簡易接触防護措置を施すとき、またはラックの金属製部分が絶縁物で被覆したものである場合。

- 低圧屋内配線の使用電圧が300Vを超える場合は、**C種接地工事**を施すこと
  ただし、接触防護措置を施す場合は、D種接地工事にできます。
- 壁を貫通する部分は、火災延焼防止に必要な耐火処理を施す
  また、ケーブルラックに敷設された配線の離隔距離は、次のようになります。
- 高圧ケーブルと低圧ケーブルもしくは弱電流電線は**15cm以上**
- 低圧ケーブルは弱電流電線と**接触しない**
  高圧ケーブル相互、または低圧ケーブル相互の離隔距離は定められていません。

例題 23

④に示すケーブルラックの施工に関する記述として、誤っているものは。

④
ケーブルラック

イ．ケーブルラックの長さが15mであったが、乾燥した場所であったため、D種接地工事を省略した。

ロ．ケーブルラックは、ケーブル重量に十分耐える構造とし、天井コンクリートスラブからアンカーボルトで吊り、堅固に施設した。

ハ．同一のケーブルラックに電灯幹線と動力幹線のケーブルを布設する場合、両者の間にセパレータを設けなくてもよい。

ニ．ケーブルラックが受電室の壁を貫通する部分は、火災延焼防止に必要な耐火処理を施した。

（2019年度 問い33）

解説・解答

15mの長さのケーブルラックの接地工事は省略できません。

答え イ

ケーブルシールドの接地方法

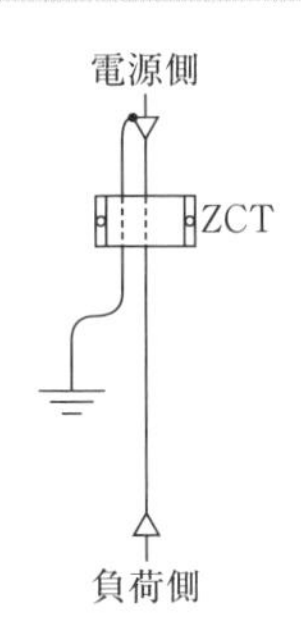

高圧ケーブル内で地絡が発生した場合、確実に地絡事故を検出できるよう右の図のように電源側からのケーブルシールドの接地線を零相変流器（ZCT）の中に通します。

ZCTに電源側からのケーブルシールドの接地線を通すことにより、ケーブルシールドの地絡電流と接地線を流れる地絡電流が相殺し、ケーブルの地絡電流を確実に検出できます。

ケーブルシールドの接地方法は、その理由をきちんと理解して覚えましょう！

③に示す高圧ケーブル内で地絡が発生した場合、確実に地絡事故を検出できるケーブルシールドの接地方法として、正しいものは。

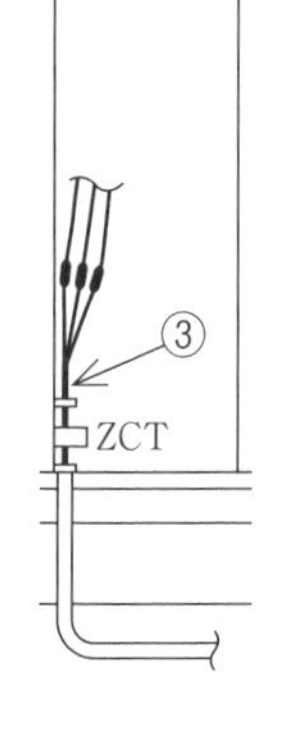

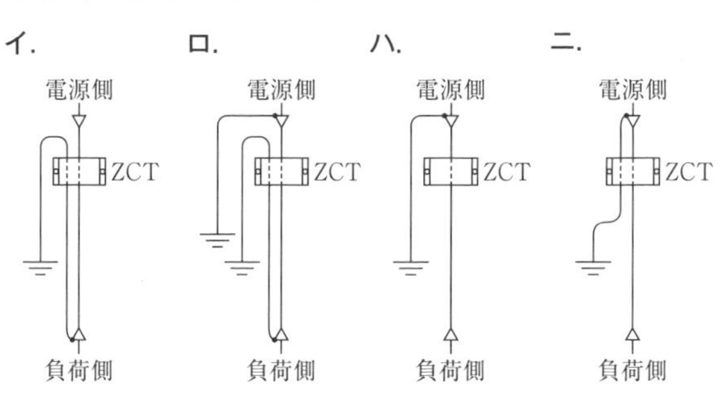

（平成29年度 問い32）

解説・解答

電源側からケーブルシールドの接地線がZCTに入っているニが確実に地絡事故を検出できる接地方法です。

答え ニ

屋外キュービクル式高圧受電設備の施設

屋外キュービクル式高圧受電設備は、次のように施設する必要があります。

- 建築物から**3m以上**の距離を保つこと
- キュービクルの周囲の保有距離は、1m＋保安上有効な距離以上とする
- 基礎は、キュービクルの設置に**十分な強度を有する**こと
- 一般の人が容易に近づける場所は、キュービクルの周囲に**さく等を設ける**

屋外キュービクル式高圧受電設備は多く用いられる受電設備の一つです！

例題 25

④に示す屋外キュービクルの施設に関する記述として、不適切なものは。

イ. キュービクル式受電設備（消防長が火災予防上支障がないと認める構造を有するキュービクル式受電設備を除く。）を、窓など開口部のある建築物に近接して施設することになったので、建築物から2mの距離を保って施設した。

ロ. キュービクルの周囲の保有距離は、1m＋保安上有効な距離以上とした。

ハ. キュービクルの基礎は、耐震性を考慮し、十分な強度を有する基礎とした。

ニ. キュービクルの施設場所は、一般の人が容易に近づける場所なので、キュービクルの周囲にさくを設置した。

（平成23年度 問い33）

解説・解答

建築物からは3m以上の距離を保つ必要があります。

答え イ

変圧器の防振・耐震対策

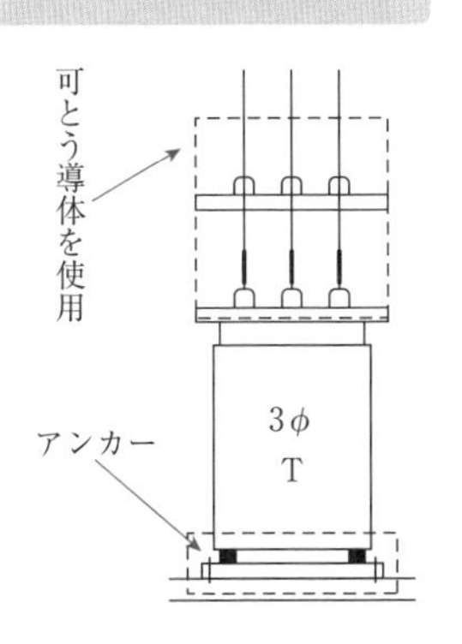

変圧器の防振・耐震対策は、以下のとおりです。

- 変圧器と低圧母線との接続に**可とう導体**の使用
- 変圧器を基礎に直接支持する場合のアンカーボルトは、移動、転倒を考慮して**引き抜き力**、**せん断力**の両方を検討して支持
- **防振装置**の使用

なお、可とう導体は地震時の振動やブッシングや母線に異常な力が加わらないよう十分なたるみを持たせ、かつ、振動や負荷側短絡時の電磁力で、母線が短絡しないように施設する必要があります。

例題 26 **④に示す変圧器の防振又は、耐震対策等の施工に関する記述として、適切でないものは。**

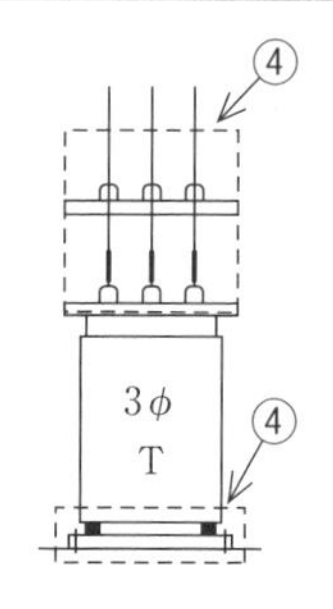

イ. 低圧母線に銅帯を使用したので、変圧器の振動等を考慮し、変圧器と低圧母線との接続には可とう導体を使用した。

ロ. 可とう導体は、地震時の振動でブッシングや母線に異常な力が加わらないよう十分なたるみを持たせ、かつ、振動や負荷側短絡時の電磁力で母線が短絡しないように施設した。

ハ. 変圧器を基礎に直接支持する場合のアンカーボルトは、移動、転倒を考慮して引き抜き力、せん断力の両方を検討して支持した。

ニ. 変圧器に防振装置を使用する場合は、地震時の移動を防止する耐震ストッパが必要である。耐震ストッパのアンカーボルトには、せん断力が加わるため、せん断力のみを検討して支持した。

（平成29年度 問い33）

解説・解答

耐震ストッパのアンカーボルトにはせん断力だけでなく、引き抜き力も考慮する必要があります。

答え ニ

練習問題❻ **高圧屋内配線で、施工できる工事方法とは。**

イ. ケーブル工事　　ロ. 金属管工事
ハ. 合成樹脂管工事　　ニ. 金属ダクト工事

（平成22年度 問い29）

解答

練習問題❻ **イ**

高圧屋内配線で、施工できる工事方法はケーブル工事です。

重要度★★★

06 接地工事

接地工事の種類、B種接地工事の接地抵抗値、人が触れるおそれのある場所での施工、接地極·接地線の選定について学びます

接地工事の種類

接地工事の種類と適用は、次のとおりです。

接地工事の種類	接地抵抗値	適用(主なもの)
A種接地工事	10Ω以下	• 高圧用または特別高圧用の機械器具の鉄台および外箱(外箱のない変圧器の鉄心も含む) • 避雷器 • 高圧ケーブルの遮へい層
B種接地工事	150/I_g Ω以下(混触時に1秒を超え2秒以内に自動的に電路を遮断する装置を施設するときは300/I_g Ω以下、1秒以内は600/I_g Ω以下) I_g:1線地絡電流	• 変圧器低圧側の中性点、または300V以下で中性点に施しがたい場合は低圧側の1端子に施す • 低圧電路が非接地の場合は高圧巻線と低圧巻線の間に設けた混触防止板に施す
C種接地工事	10Ω以下(地絡を生じた際に0.5秒以内に自動的に電路を遮断する装置を施設するときは500Ω以下)	• 300Vを超える低圧用の機械器具の鉄台および外箱
D種接地工事	100Ω以下(地絡を生じた際に0.5秒以内に自動的に電路を遮断する装置を施設するときは500Ω以下)	• 300V以下の低圧用の機械器具の鉄台および外箱 • 高圧計器用変成器の二次側電路

B種接地工事の接地抵抗値

B種接地工事は、高圧と低圧が混触した場合に低圧電路を保護するためのものです。

B種接地抵抗値の最大値の計算式は、次のとおりです。

$$\text{B種接地抵抗値} = \frac{150\ [\text{V}]}{\text{変圧器高圧側電路の1線地絡電流}\ [\text{A}]}\ [\Omega]$$

ただし、変圧器の高低圧混触により、低圧側電路の対地電圧が150Vを超えた場合に、**1秒を超え2秒以下で自動的に高圧側電路を遮断する装置を設けるときは**、計算式の150Vを**300V**、**1秒以下で遮断する装置を設けるとき**は150Vを**600V**とすることができます。

接地線に人が触れるおそれのある場所での施工

A種やB種接地工事に使用する接地線を人の触れるおそれのある場所に施設する場合は、次のようにする必要があります。

- 接地極は、地下75cm以上の深さに埋設すること
- 接地線を鉄柱などに沿って埋設する場合は、接地極を1m以上離すか、鉄柱の底面より30cm以上の深さに埋設する
- 接地線の地下75cm～地表上2mまでは合成樹脂管（厚さ2mm未満の合成樹脂管およびCD管を除く）などで覆う

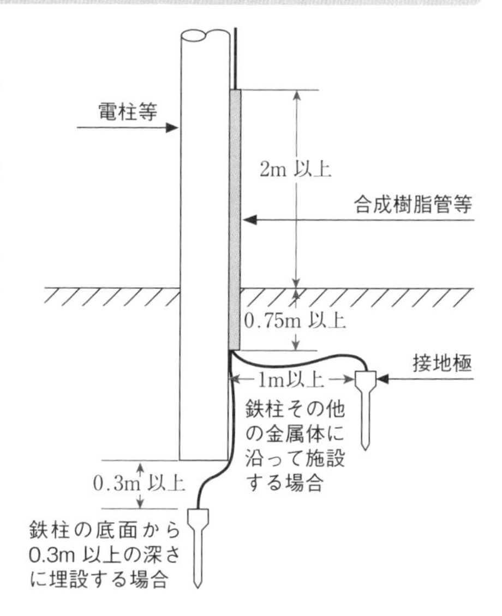

例題 27

人が触れるおそれがある場所に施設する機械器具の金属製外箱等の接地工事について、電気設備の技術基準の解釈に適合するものは。ただし、絶縁台は設けないものとする。

イ．使用電圧200Vの電動機の金属製の台及び外箱には、B種接地工事を施す。
ロ．使用電圧6kVの変圧器の金属製の台及び外箱には、C種接地工事を施す。
ハ．使用電圧400Vの電動機の金属製の台及び外箱には、D種接地工事を施す。
ニ．使用電圧6kVの外箱のない乾式変圧器の鉄心には、A種接地工事を施す。

（平成29年度 問い35）

解説・解答

使用電圧200Vの電動機の金属製の台及び外箱には、D種接地工事、使用電圧6kVの変圧器の金属製の台及び外箱には、A種接地工事、使用電圧400Vの電動機の金属製の台及び外箱には、C種接地工事をそれぞれ施します。

使用電圧6kVの外箱のない乾式変圧器の鉄心には、A種接地工事ですので適合しています。

答え ニ

例題 28 ③に示すキュービクル内の変圧器に施設するB種接地工事の接地抵抗値として許容される最大値［Ω］は。
ただし、高圧と低圧の混触により低圧側電線の対地電圧が150Vを超えた場合、1秒以内に高圧電路を自動的に遮断する装置が設けられており、高圧側電路の1線地絡電流は6Aとする。

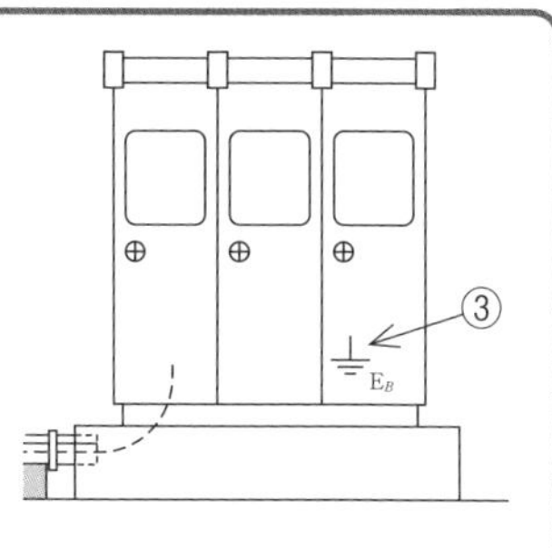

イ．25　　ロ．50　　ハ．100　　ニ．120

（平成25年度 問い32）

解説・解答

B種接地抵抗値の計算式によりもとめると、

$$\text{B種接地抵抗値} = \frac{600\ [\text{V}]}{\text{変圧器高圧側電路の1線地絡電流}\ [\text{A}]} = \frac{600}{6} = 100\ [\Omega]$$

B種接地工事の接地抵抗値として許容される最大値は100Ωになります。

答え ハ

例題 29 電気設備の技術基準の解釈によれば、高圧電路と低圧電路とを結合する変圧器には、混触による危険を防止するためにB種接地工事を施すことになっている。B種接地工事を施す箇所として、誤っているものは。

イ．6.6kV/210-105V　単相変圧器の低圧側の中性点端子
ロ．6.6kV/210V　三相変圧器（二次側：三角結線、低圧電路非接地）の金属製の混触防止板
ハ．6.6kV/210V　三相変圧器（二次側：三角結線）の低圧側の1端子
ニ．6.6kV/420V　三相変圧器（二次側：星形結線）の低圧側の1端子

（平成24年度 問い21）

解説・解答

二次側星（スター）形結線は、中性点があるので、中性点にB種接地工事を施す必要があります。

答え ニ

接地極の選定

接地極の選定は、次のとおりです。

- 埋設または打ち込み接地極としては、銅板、銅棒、鉄管、鉄棒、銅覆鋼板、炭素被覆鋼棒などを用いる
- 銅板を使用する場合は、厚さ0.7mm以上、大きさ900cm^{2}以上
- 厚鋼電線管を使用する場合は、外径25mm以上、長さ0.9m以上
- 銅溶覆鋼棒を使用する場合は、直径8mm以上、長さ0.9m以上

なお、アルミ板など地中で腐食する恐れのあるものは使用できません。

例題 30 地中に埋設又は打ち込みをする接地極として、不適切なものは。

イ. 内径36mm長さ1.5mの厚鋼電線管

ロ. 直径14mm長さ1.5mの銅溶覆鋼棒

ハ. 縦900mm×横900mm×厚さ1.6mmの銅板

ニ. 縦900mm×横900mm×厚さ2.6mmのアルミ板

（平成30年度 問い24）

解説・解答

アルミ板は地中に埋設すると、腐食するおそれがあるので使用できません。

答え ニ

接地線の太さ

接地工事において使用する接地線（軟銅線）の太さは、右の表のとおりです。

A種接地工事やB種接地工事は、より線の断面積で出題されることが多いので注意してください。

接地工事の種類	接地線の太さ
A種接地工事	直径2.6mm以上（断面積5.5mm^{2}以上）
B種接地工事	変圧器の高圧電路と低圧電路を結合するものである場合、直径2.6mm以上（断面積5.5mm^{2}以上）
C種接地工事	直径1.6mm以上
D種接地工事	直径1.6mm以上

A種、B種とC種、D種の接地線を分けて覚えると覚えやすいです。

例題 31

③に示す高圧キュービクル内に設置した機器の接地工事において、使用する接地線の太さ及び種類について、適切なものは。

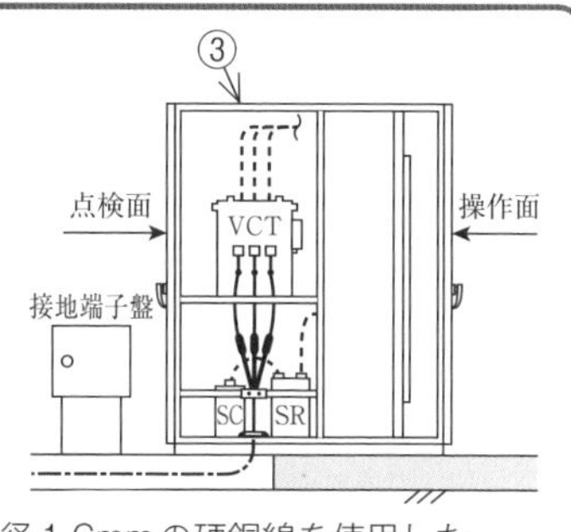

イ．変圧器二次側、低圧の1端子に施す接地線に、断面積3.5mm²の軟銅線を使用した。
ロ．変圧器の金属製外箱に施す接地線に、直径2.0mmの硬アルミ線を使用した。
ハ．LBSの金属製部分に施す接地線に、直径1.6mmの硬銅線を使用した。
ニ．高圧進相コンデンサの金属製外箱に施す接地線に、断面積5.5mm²の軟銅線を使用した。

（平成28年度 問い32）

解説・解答

イはB種接地工事で断面積5.5mm²以上、ロとハはA種接地工事になり、直径2.6mm以上になります。ニはA種接地工事になり、5.5mm²以上なので適切です。

答え ニ

練習問題⑦ 接地工事に関する記述として、不適切なものは。

イ．人が触れるおそれのある場所で、B種接地工事の接地線を地表上2mまで金属管で保護した。
ロ．D種接地工事の接地極をA種接地工事の接地極（避雷器用を除く）と共用して、接地抵抗を10Ω以下とした。
ハ．地中に埋設する接地極に大きさ900mm × 900mm × 1.6mmの銅板を使用した。
ニ．接触防護措置を施していない400V低圧屋内配線において、電線を収めるための金属管にC種接地工事を施した。

（2019年度 問い27）

解答

練習問題⑦ イ

合成樹脂管で保護しなくてはなりません。

Column

高圧受電設備の施工

第１種電気工事士筆記試験では、低圧屋内配線工事の問題だけではなく、高圧受電設備の施工に関する問題も出題されます。

高圧受電設備の施工では、引込線の施工、高圧屋内配線、受電設備の施工、接地工事などが主なものになります。

■引込線の施工、高圧屋内配線

引込線の施工では、需要場所の建物に地中から引き込む方法と架空で引き込む方法があります。

地中から引き込む場合の施工では、地中電線路に関する技術基準に関連する問題が出題されます。

また、架空で引き込む場合の施工では、引込柱の支線工事に関する問題、ちょう架用線を使用した施工に関する問題などが出題されます。

高圧屋内配線は、引き込んだ場所から受電設備まで配線する工事となります。高圧屋内配線では、施設できる工事の種類などが問われます。

これらは受電設備の施工の手前側のものですが、だいたいこのあたりを押さえておくと良いでしょう。

■受電設備の施工、接地工事

受電設備の施工では、キュービクル式高圧受電設備がよく使われます。試験問題でも、このあたりが出題されてきています。

また、接地工事では、Ａ種接地工事、Ｂ種接地工事が出てきます。このあたりもどこでどの種類の接地工事が出てくるのか整理しておく必要があります。

このように、高圧受電設備の施工は、他の工事と比較して範囲そのものは、それほど広くないので、なかなか覚えにくいかもしれませんが、頑張って覚えてみましょう。

第7章

自家用電気工作物の検査方法

この章では、低圧屋内配線の検査、受電設備など高圧の設備の検査について学びます。
絶縁抵抗値測定などの第２種電気工事士筆記試験にもある定番の問題から、絶縁耐力試験など高圧受電設備特有の検査まで出題されます。
特に高圧受電設備の検査についてはしっかりと押さえておきましょう！

重要度★★★

01 低圧屋内配線の検査

低圧屋内配線の絶縁抵抗値と漏えい電流の許容される最大値、電気計器のJIS記号について学びます

低圧屋内配線の絶縁抵抗測定

低圧屋内配線の開閉器または過電流遮断器で区切ることができる電路ごとの絶縁性能は、右の表の**絶縁抵抗値以上**にしなければなりません。

電路の使用電圧区分		絶縁抵抗値
300V 以下	対地電圧 150V 以下	0.1MΩ
	その他	0.2MΩ
300V を超えるもの		0.4MΩ

例題 1

電気使用場所における対地電圧が200Vの三相3線式電路の、開閉器又は過電流遮断器で区切ることのできる電路ごとに、電線相互間及び電路と大地との間の絶縁抵抗の最小限度値［MΩ］は。

イ. 0.1　　ロ. 0.2　　ハ. 0.4　　ニ. 1.0

（平成24年度 問い35）

解説・解答

200Vの三相3線式電路は、対地電圧が150Vを超えるので絶縁抵抗値は0.2MΩになります。

答え ロ

漏えい電流値

絶縁抵抗測定が困難な場所において漏えい電流（漏れ電流）を測定して判定する場合は、電路に使用電圧が加わった状態で漏えい電流が1mA以下である必要があります。

100V ⇒ 0.1MΩ、200V ⇒ 0.2MΩ、400V ⇒ 0.4MΩのそれぞれの漏えい電流は1mAになります！

例題 2

電気設備の技術基準の解釈において、停電が困難なため低圧屋内配線の絶縁性能を、漏えい電流を測定して判定する場合、使用電圧が100Vの電路の漏えい電流の上限値として、適切なものは。

イ．0.1mA　　ロ．0.2mA　　ハ．1.0mA　　ニ．2.0mA

（平成26年度 問い35）

解説・解答

絶縁抵抗値を測定するのが困難な場所で、使用電圧を加えた状態で漏えい電流を測定して判定する際の最大値は1.0mAになります。

答え ハ

計器のJIS記号

電気計器のJIS記号は、下の表のようになります。

動作原理	可動コイル形	可動鉄片形	整流形	電流力計形	誘導形	熱電形
記号						
使用回路	直流	交流	交流	交流 直流	交流	交流 直流

例題 3

可動鉄片形の計器であることを示すJIS記号は。

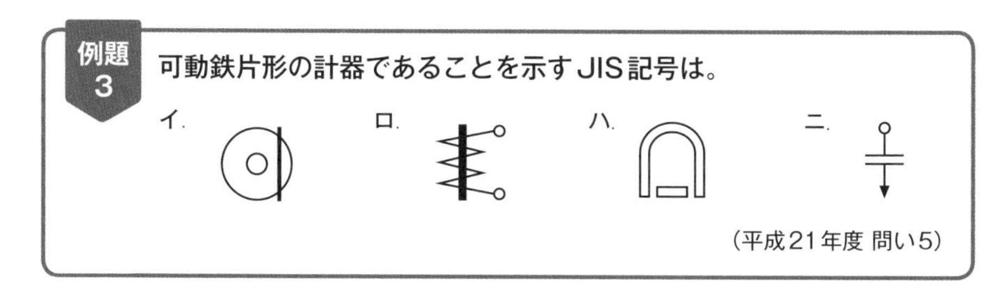

（平成21年度 問い5）

解説・解答

可動鉄片形の計器のJIS記号はロになります。

答え ロ

可動鉄片形がコイルのようであったりとなかなか覚えにくい図記号ですが、そこを逆手にとって覚えるのも手です！

レッツ・トライ！

練習問題❶ 低圧屋内配線の開閉器又は過電流遮断器で区切ることができる電路ごとの絶縁性能として、「電気設備技術基準（解釈を含む）」に適合するものは。

イ．対地電圧200Vの電動機回路の絶縁抵抗を測定した結果、0.1MΩであった。

ロ．対地電圧100Vの電灯回路の絶縁抵抗を測定した結果、0.05MΩであった。

ハ．対地電圧100Vのコンセント回路の漏えい電流を測定した結果、2mAであった。

ニ．対地電圧100Vの電灯回路の漏えい電流を測定した結果、0.5mAであった。

（平成22年度 問い37）

練習問題❷ 低圧屋内配線の開閉器又は過電流遮断器で区切ることができる電路ごとの絶縁性能として、電気設備の技術基準（解釈を含む）に適合するものは。

イ．使用電圧100Vの電灯回路は、使用中で絶縁抵抗測定ができないので、漏えい電流を測定した結果、1.2mAであった。

ロ．使用電圧100V（対地電圧100V）のコンセント回路の絶縁抵抗を測定した結果、0.08MΩであった。

ハ．使用電圧200V（対地電圧200V）の空調機回路の絶縁抵抗を測定した結果、0.17MΩであった。

ニ．使用電圧400Vの冷凍機回路の絶縁抵抗を測定した結果、0.43MΩであった。

（2019年度 問い35）

解答

練習問題❶ ニ

漏えい電流は、1mA以下でなければなりません。

練習問題❷ ニ

300Vを超える低圧屋内配線の絶縁抵抗値は0.4MΩ以上になります。

重要度★★★

02 受電設備の検査

高圧受電設備の使用前自主検査と定期点検、
作業接地と平均力率をもとめる計器について学びます

使用前自主検査

高圧受電設備が完成して使用する前に、使用前自主検査を行わなければなりません。使用前自主検査の項目は、次のとおりです。

①外観検査　**②接地抵抗測定**　**③絶縁抵抗測定**　**④絶縁耐力試験**　**⑤保護装置試験**
⑥遮断器関係試験　⑦負荷試験（出力試験）　⑧騒音測定　⑨振動測定

例題 4

受電電圧6 600Vの受電設備が完成した時の自主検査で、一般に行わないものは。

イ．高圧電路の絶縁耐力試験　　ロ．高圧機器の接地抵抗測定
ハ．変圧器の温度上昇試験　　ニ．地絡継電器の動作試験

（令和2年度 問い36）

解説・解答

使用前自主検査では、変圧器の温度上昇試験は行いません。

答え ハ

受電設備の定期点検

高圧受電設備は維持管理のため、**定期点検が義務付け**られています。定期点検で行う項目は、次のとおりです。

<月次点検>

①外観点検　②設備電圧・負荷電流測定　③漏れ電流の測定により、低圧回路の絶縁状態を確認　④高圧機器本体及び接続部等の温度測定

<年次点検>

停電により設備を停止状態にして行うものです。月次点検の項目に加えて、
①絶縁抵抗測定　②接地抵抗測定　③保護装置試験

⑤に示す受電設備の維持管理に必要な定期点検で通常行わないものは。

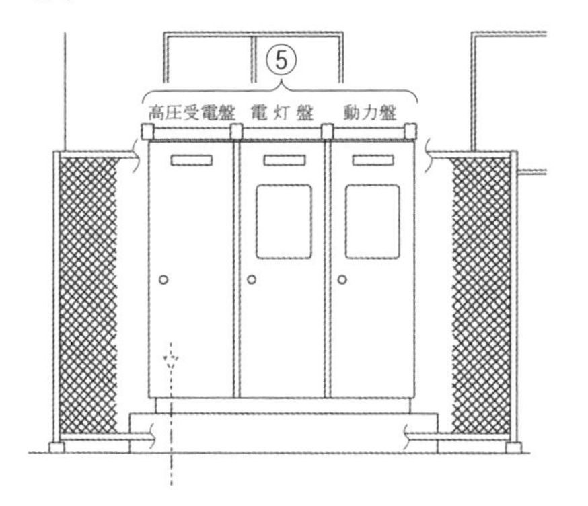

イ．接地抵抗の測定
ロ．絶縁抵抗の測定
ハ．保護継電器試験
ニ．絶縁耐力試験

（平成23年度 問い34）

解説・解答

高圧受電設備の定期点検では、絶縁耐力試験は通常行いません。

答え ニ

作業接地

停電作業中は、安全のため、短絡接地器具を使用します。このことを**作業接地**と言います。その手順は、以下のとおりです。

①取り付けに先立ち、短絡接地器具の取り付け箇所の無充電を検電器で確認する。
②取り付け時には、まず**接地側金具を接地線に接続**し、次に電路側金具を電路側に接続する。
③取り付け中は、「短絡接地中」の標識をして注意喚起を図る。
④取り外し時には、まず電路側金具を外し、**次に接地側金具を外す**。

復電時には、短絡接地器具が取り外されているかを必ず確認します！

例題6 **高圧受電設備の年次点検において、電路を開放して作業を行う場合は、感電事故防止の観点から、作業箇所に短絡接地器具を取り付けて安全を確保するが、この場合の作業方法として、誤っているものは。**

イ．取り付けに先立ち、短絡接地器具の取り付け箇所の無充電を検電器で確認する。

ロ．取り付け時には、まず接地側金具を接地線に接続し、次に電路側金具を電路側に接続する。

ハ．取り付け中は、「短絡接地中」の標識をして注意喚起を図る。

ニ．取り外し時には、まず接地側金具を外し、次に電路側金具を外す。

（2019年度 問い36）

解説・解答

接地側金具を取り外すときは、まず電路側金具を取り外し、次に接地側金具を取り外します。接地側金具は、安全のためできるだけつながった状態にしておく（最初に取り付け、最後に取り外す）と覚えておきましょう。

答え ニ

平均力率を求めるための計器

ある期間の**平均力率を求めるための計器**は、次のとおりです。

• 電力量計　• 無効電力量計

電力量（有効電力量）と無効電力量から力率を求めることができます。

例題7 **需要家の月間などの１期間における平均力率を求めるのに必要な計器の組合せは。**

イ．	ロ．	ハ．	ニ．
電力計 電力量計	電力量計 無効電力量計	無効電力量計 最大需要電力計	最大需要電力計 電力計

（平成28年度 問い36）

解説・解答

1期間の平均力率を求められる計器の組合せは、電力量計と無効電力量計です。

答え ロ

重要度★★★

03 絶縁耐力試験

絶縁耐力試験の試験電圧、実施方法、変圧器における
二次側巻線の一括接地や可変リアクトルの使用について学びます

絶縁耐力試験の試験電圧

高圧の電路・機器は、絶縁性能の確認のため絶縁耐力試験を行います。絶縁耐力試験の**試験電圧のもとめ方**は、次のとおりです。

$$最大使用電圧＝公称電圧\times\frac{1.15}{1.1}\ [\mathrm{V}]$$

$$交流試験電圧＝最大使用電圧\times 1.5\ [\mathrm{V}]$$

また、**ケーブル**の場合は、交流試験電圧の**2倍の直流電圧**でもよいです。

例題 8

最大使用電圧6 900Vの交流電路に使用するケーブルの絶縁耐力試験を直流電圧で行う場合の試験電圧［V］の計算式は。

イ．6 900×1.5　　ロ．6 900×2
ハ．6 900×1.5×2　　ニ．6 900×2×2

（平成29年度 問い37）

解説・解答

ケーブルの絶縁耐力試験を直流電圧で行う場合は、交流試験電圧の2倍になります。交流試験電圧は最大使用電圧の1.5倍ですから、

ケーブルに印加する直流電圧＝6 900 × 1.5 × 2［V］

答えはハの式になります。

答え ハ

絶縁耐力試験の実施方法

絶縁耐力試験の前後には、1 000V以上の絶縁抵抗計による絶縁抵抗測定と安全確認を実施します。また、試験電圧は**連続で10分間印加**する必要があります。10分に満たない状態で停電などが起きた場合、最初からやり直す必要があります。

変圧器の絶縁耐力試験

変圧器の一次側巻線に試験電圧を印加する場合は、**二次側巻線を一括して接地**します。

可変リアクトル使用による試験用電源の容量の軽減

ケーブルが長く、静電容量が大きい場合は、**可変リアクトルを使用**して、試験用電源の容量を軽減します。

例題 9

高圧電路の絶縁耐力試験の実施方法に関する記述として、不適切なものは。

イ. 最大使用電圧が6.9kVのCVケーブルを直流20.7kVの試験電圧で実施した。

ロ. 試験電圧を５分間印加後、試験電源が停電したので、試験電源が復電後、試験電圧を再度５分間印加し合計10分間印加した。

ハ. 一次側６kV、二次側３kVの変圧器の一次側巻線に試験電圧を印加する場合、二次側巻線を一括して接地した。

ニ. 定格電圧１000Vの絶縁抵抗計で、試験前と試験後に絶縁抵抗測定を実施した。

（平成25年度 問い37）

解説・解答

試験電圧は連続で10分間印加する必要があります。よって、５分間印加後にさらに５分印加したロは不適切です。

答え ロ

公称電圧と最大使用電圧、交流試験電圧の関係をきちんと把握しておきましょう！

レッツ・トライ！

練習問題❸ **⑤に示す高圧受電設備の絶縁耐力試験に関する記述として、不適切なものは。**

イ．交流絶縁耐力試験は、最大使用電圧の1.5倍の電圧を連続して10分間加え、これに耐える必要がある。

ロ．ケーブルの絶縁耐力試験を直流で行う場合の試験電圧は、交流の1.5倍である。

ハ．ケーブルが長く静電容量が大きいため、リアクトルを使用して試験用電源の容量を軽減した。

ニ．絶縁耐力試験の前後には、1 000V以上の絶縁抵抗計による絶縁抵抗測定と安全確認が必要である。

（2019年度 問い34）

解答

練習問題❸ ロ

ケーブルの絶縁耐力試験を直流で行う場合の試験電圧は、交流の2倍です。

絶縁耐力試験は、新設時、改修時等に行います（定期点検では行わないので注意）！

重要度★★★

04 高圧機器・高圧ケーブルの検査

過電流継電器の試験、シーケンス試験、変圧器の絶縁油の劣化診断、絶縁抵抗計の保護端子の目的について学びます

過電流継電器（OCR）の試験

誘導形の過電流継電器（OCR）は、次のような試験を行います。

- **連動試験**：遮断器を含めた動作時間を測定する
- **限時要素動作電流特性試験**：OCRが動作する電流値を測定する
- **瞬時要素動作電流特性試験**：整定した瞬時要素どおりにOCRが動作することを確認する
- **動作時間特性試験**：過電流が流れた場合にOCRが動作するまでの時間を測定する

また、試験には、サイクルカウンタ、電圧調整器（スライダック）、電流計が使われます。

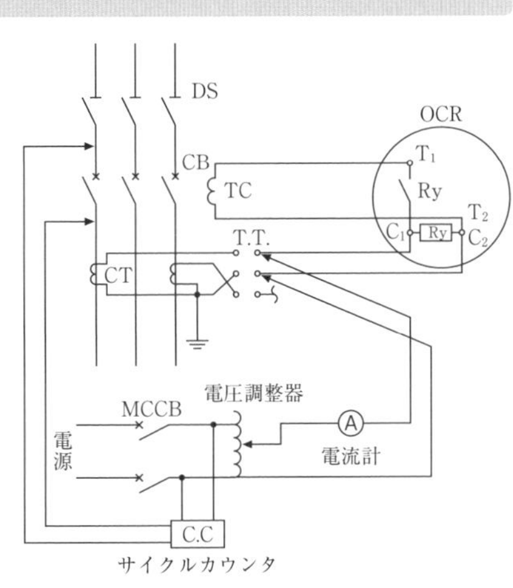

過電流継電器（OCR）試験回路図例（連動試験）

例題 10

高圧受電設備に使用されている誘導形過電流継電器（OCR）の試験項目として、誤っているものは。

イ．遮断器を含めた動作時間を測定する連動試験
ロ．整定した瞬時要素どおりにOCRが動作することを確認する瞬時要素動作電流特性試験
ハ．過電流が流れた場合にOCRが動作するまでの時間を測定する動作時間特性試験
ニ．OCRの円盤が回転し始める始動電圧を測定する最小動作電圧試験

（平成21年度 問い37）

解説・解答

OCRの円盤が回転し始めるのは、始動電流を測定する動作電流特性試験です。

答え ニ

シーケンス試験（制御回路試験）

高圧受電設備におけるシーケンス試験（制御回路試験）は、次のような試験を行います。

- 保護継電器が動作したときに遮断器が確実に動作することを試験する
- 警報及び表示装置が正常に動作することを試験する
- インタロックや遠隔操作の回路がある場合は、回路の構成及び動作状況を試験する

例題 11 **高圧受電設備におけるシーケンス試験（制御回路試験）として、行わないものは。**

イ．保護継電器が動作したときに遮断器が確実に動作することを試験する。
ロ．警報及び表示装置が正常に動作することを試験する。
ハ．試験中の制御回路各部の温度上昇を試験する。
ニ．インタロックや遠隔操作の回路がある場合は、回路の構成及び動作状況を試験する。

（平成24年度 問い37）

解説・解答

高圧受電設備におけるシーケンス試験では、試験中の制御回路各部の温度上昇の試験は行いません。

答え ハ

変圧器の絶縁油の劣化診断

油入り変圧器の絶縁油の劣化診断は、次の試験を行います。

- 絶縁破壊電圧試験
- 全酸価試験
- 水分試験
- 油中ガス分析

例題 12 **変圧器の絶縁油の劣化診断に直接関係のないものは。**

イ．絶縁破壊電圧試験　　ロ．水分試験
ハ．真空度測定　　ニ．全酸価試験

（平成30年度 問い37）

解説・解答

真空度測定は、変圧器の絶縁油の劣化診断に直接関係ありません。

答え ハ

高圧ケーブル絶縁抵抗測定時のガード端子使用

高圧ケーブルの絶縁抵抗の測定を行うときには、絶縁物の表面の**漏れ電流による誤差を防ぐ**ため、保護端子（ガード端子）を使います。

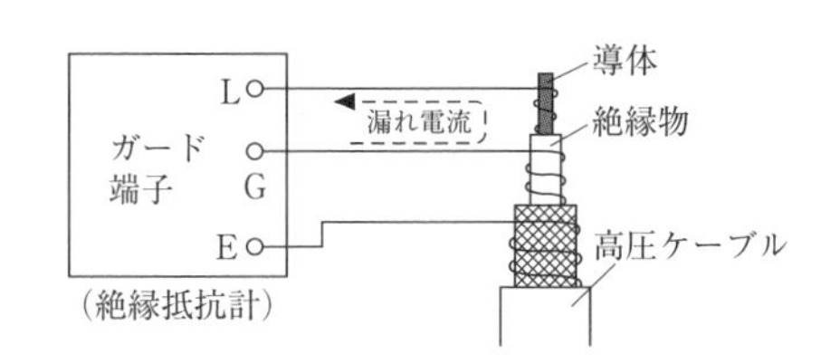

例題 13

高圧ケーブルの絶縁抵抗の測定を行うとき、絶縁抵抗計の保護端子（ガード端子）を使用する目的として、正しいものは。

イ．絶縁物の表面の漏れ電流も含めて測定するため。
ロ．絶縁物の表面の漏れ電流による誤差を防ぐため。
ハ．高圧ケーブルの残留電荷を放電するため。
ニ．指針の振切れによる焼損を防止するため。

（平成27年度 問い36）

解説・解答

絶縁抵抗計の保護端子（ガード端子）を使用する目的は、絶縁物の表面の漏れ電流による誤差を防ぐためです。

答え ロ

それぞれの試験の名称と目的を理解しておきましょう！

Column

自家用電気工作物の測定と試験

第１種電気工事士筆記試験では、自家用電気工作物の検査について出題されます。

自家用電気工作物の検査で、特に出題されるものは「絶縁抵抗測定」「絶縁耐力試験」「過電流継電器の試験」などがあります。

■絶縁抵抗測定

絶縁抵抗測定では、絶縁抵抗値や許容される漏えい電流値から出題されます。これらは、第２種電気工事士筆記試験でも出題されていますので、かなり覚えやすいでしょう。

■絶縁耐力試験

絶縁耐力試験は、試験電圧と電圧を印加する時間などが出題されます。特にケーブルなどは、直流電圧で行うときの値が良く出題されます。

この場合、試験電圧のもとめ方が若干複雑になりますので、そのもとめ方をしっかり押さえておきましょう。

■過電流継電器の試験

過電流継電器の試験はかなり項目が多く、なかなか覚えにくいものです。ただし、過去問でもあまり多く出題されていないので、可能な範囲で覚えていきましょう。

第8章

発電・送電・変電施設

この章では、いろいろな種類の発電施設、送電施設、変電施設について学びます。
発電施設では、それぞれの種類の発電設備について、その特徴や発電方法などが問われます。送電施設、変電施設についても、それら施設の特徴や設備なども問われます。
それぞれの施設について、その種類やどのように施設されるかをしっかり押さえておく必要があります！

重要度★★★

01 水力発電

水力発電所の水車の種類、発電用水の経路、
発電機出力、揚水発電所のポンプ入力について学びます

水力発電所の水車の種類

水力発電の水車には次のような種類があり、適用落差に応じたものが使用されています。

- フランシス水車：50 ～ 500mの中高落差
- ペルトン水車：200m ～の高落差
- プロペラ水車：5 ～ 80mの低落差

例題1 **水力発電所の水車の種類を、適用落差の最大値の高いものから低いものの順に左から右に並べたものは。**

イ. プロペラ水車　フランシス水車　ペルトン水車
ロ. フランシス水車　ペルトン水車　プロペラ水車
ハ. フランシス水車　プロペラ水車　ペルトン水車
ニ. ペルトン水車　フランシス水車　プロペラ水車

（平成21年度 問い16）

解説・解答

最も高落差の水車はペルトン水車で、以下フランシス水車、プロペラ水車の順になります。

答え ニ

発電用水の経路

水力発電所の発電は、落差による位置エネルギーを利用して発電用水で水車を回転させて発電します。

水力発電所の発電用水の経路の順序は、右の図にあるように**①取水口**→**②水圧管路**→**③水車**→**④放水口**になります。

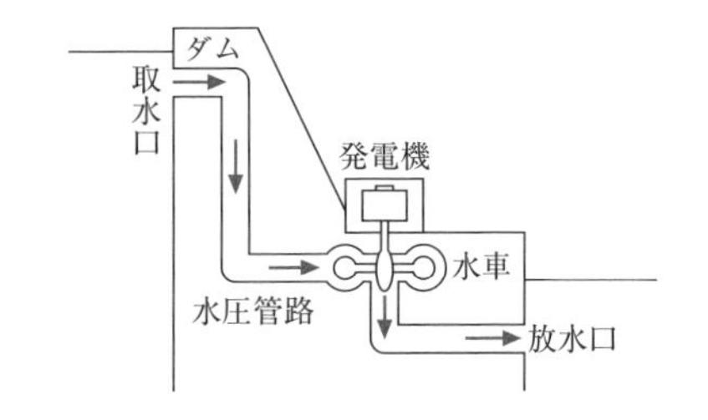

例題 2 水力発電所の発電用水の経路の順序として、正しいものは。

イ．水車→取水口→水圧管路→放水口
ロ．取水口→水車→水圧管路→放水口
ハ．取水口→水圧管路→水車→放水口
ニ．水圧管路→取水口→水車→放水口

（2019年度 問い16）

解説・解答

水力発電所の発電用水の経路の順序は、①取水口→②水圧管路→③水車→④放水口ですので、ハが正しいです。

答え ハ

水力発電所の発電機出力

水力発電所の発電機出力Pは、次の式でもとめられます。

$$P=9.8QH\eta_g\eta_t=9.8QH\eta \ [\mathrm{kW}]$$

なお、揚水式発電所の発電機出力は上記の式でもとめられますが、**揚水ポンプの電動機の入力**P_mは、ポンプの効率η_p、電動機の効率η_mを**分母**にします。

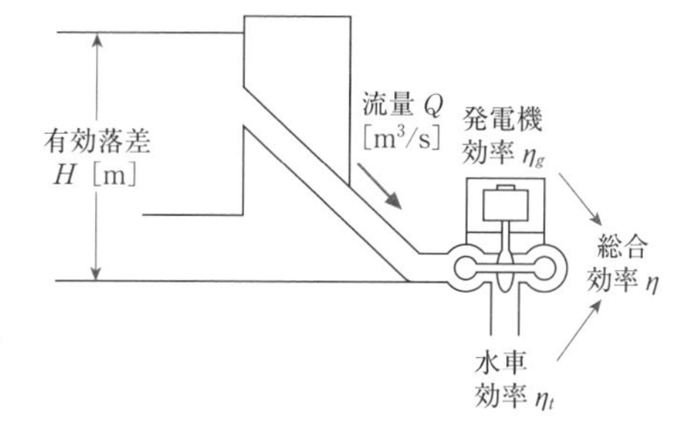

$$P_m=\frac{9.8QH}{\eta_p\eta_m}$$

例題 3 有効落差100m、使用水量20m³/sの水力発電所の発電機出力［MW］は。
ただし、水車と発電機の総合効率は85%とする。

イ．1.9　　ロ．12.7　　ハ．16.7　　ニ．18.7

（平成30年度 問い16）

解説・解答

発電機出力の式に、与えられた数値を代入すると、

$$P = 9.8QH\eta_g\eta_t = 9.8 \times 20 \times 100 \times 0.85 = 16\,660\ [\mathrm{kW}] \fallingdotseq 16.7\ [\mathrm{MW}]$$

水力発電所の発電機出力は16.7MWになります。

答え ハ

例題4 **全揚程200m、揚水流量が150m^3/sである揚水式発電所の揚水ポンプの電動機の入力［MW］は。**
ただし、電動機の効率は0.9、ポンプの効率は0.85とする。

イ. 23　　ロ. 39　　ハ. 225　　ニ. 384

（令和2年度 問い16）

解説・解答

揚水ポンプの電動機の入力の式に、与えられた数値を代入すると、

$$P_m = \frac{9.8QH}{\eta_p\eta_m} = \frac{9.8 \times 150 \times 200}{0.85 \times 0.9} \fallingdotseq 384\,314\ [\mathrm{kW}] \fallingdotseq 384\ [\mathrm{MW}]$$

揚水ポンプの電動機の入力は、384MWになります。

答え ニ

練習問題❶ **水力発電の水車の出力Pに関する記述として、正しいものは。**
ただし、Hは有効落差、Qは流量とする。

イ. PはQHに比例する。　　ロ. PはQH^2に比例する。
ハ. PはQHに反比例する。　　ニ. PはQ^2Hに比例する。

（平成28年度 問い16）

解答

練習問題❶ イ

水車の出力Pは、有効落差H、流量Qの積に比例します。

重要度★★★

02 汽力発電・タービン発電・ディーゼル発電

火力発電所の再熱サイクル、自然循環ボイラ、タービン発電、ディーゼル発電、コージェネレーションシステムについて学びます

再熱サイクル

火力発電では、熱サイクルの種類があります。

右の図にあるのが**再熱サイクル**という種類で、高圧タービンの蒸気を再熱器で再加熱し、低圧タービンに送るものです。

第1種電気工事士筆記試験の問題で多く出る種類です。

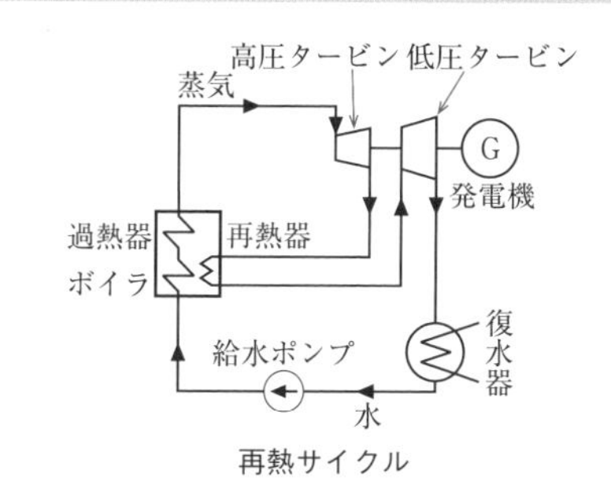

再熱サイクル

例題5 **図は火力発電所の熱サイクルを示した装置線図である。この熱サイクルの種類は。**

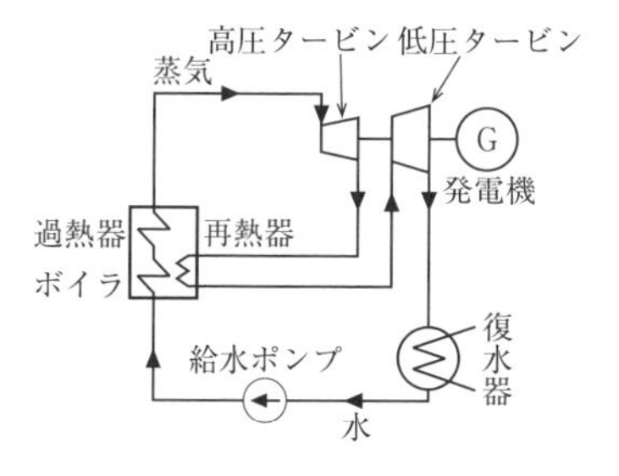

イ. 再生サイクル
ロ. 再熱サイクル
ハ. 再熱再生サイクル
ニ. コンバインドサイクル

(平成25年度 問い17)

解説・解答

高圧タービンの蒸気が再熱器で再加熱し低圧タービンに送られているので、再熱サイクルになります。

なお、再熱再生サイクルも同じように蒸気を再加熱しますが、さらに蒸気の一部を給水の加熱に使う再生サイクルと組み合わせておりますが、この図にはありません。

答え ロ

例題 6

図は汽力発電所の再熱サイクルを表したものである。図中のⒶ、Ⓑ、Ⓒ、Ⓓの組合せとして、正しいものは。

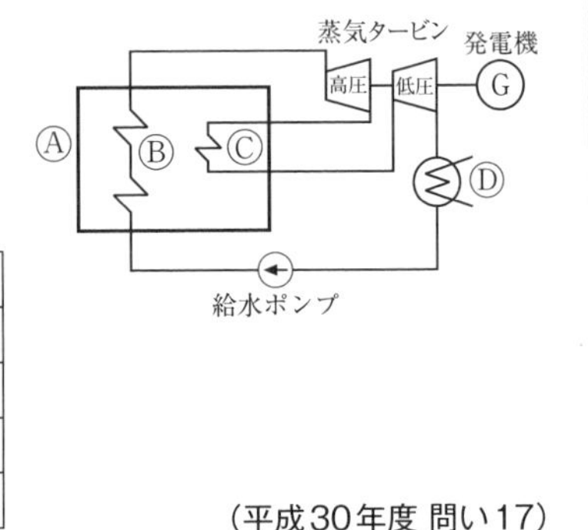

	Ⓐ	Ⓑ	Ⓒ	Ⓓ
イ	再熱器	復水器	過熱器	ボイラ
ロ	過熱器	復水器	再熱器	ボイラ
ハ	ボイラ	過熱器	再熱器	復水器
ニ	復水器	ボイラ	過熱器	再熱器

(平成30年度 問い17)

解説・解答

Ⓐはボイラ、Ⓑは過熱器、Ⓒは再熱器、Ⓓは復水器になります。

答え ハ

自然循環ボイラ

ボイラには、いくつかの種類がありますが、第１種電気工事士筆記試験では「**自然循環ボイラ**」が出題されています。

右の図が「自然循環ボイラ」です。その構成について問われることもありますので、覚えておきましょう。

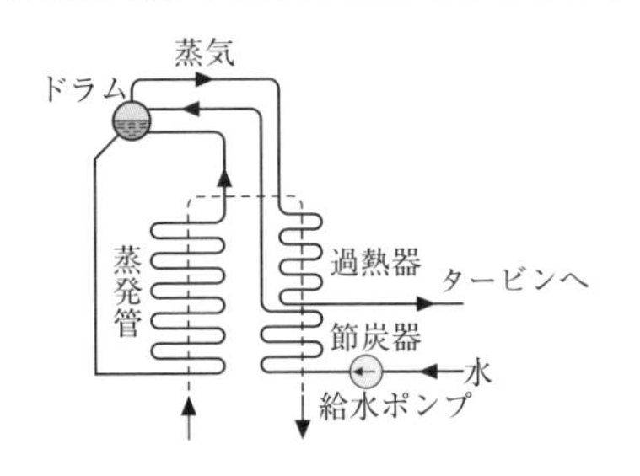

図は、ボイラの水の循環方式のうち、自然循環ボイラの構成図である。図中の①、②及び③の組合せとして、正しいものは。

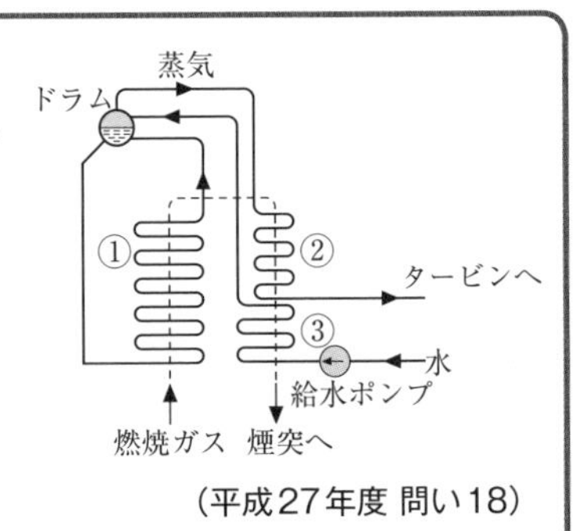

イ. ①蒸発管　②節炭器　③過熱器
ロ. ①過熱器　②蒸発管　③節炭器
ハ. ①過熱器　②節炭器　③蒸発管
ニ. ①蒸発管　②過熱器　③節炭器

(平成27年度 問い18)

解説・解答

①が蒸発管、②が過熱器、③が節炭器になります。

答え ニ

タービン発電機の特徴

タービン発電機は、蒸気タービンもしくはガスタービンで駆動する発電機です。次のような特徴があります。

- 駆動力として蒸気圧などを利用している
- 水車発電機に比べて、**回転速度が高い**
- 回転子は、**円筒回転界磁形**が用いられ、一般に**横軸形**が採用される

例題 8

タービン発電機の記述として、誤っているものは。

イ．タービン発電機は、駆動力として蒸気圧などを利用している。
ロ．タービン発電機は、水車発電機に比べて回転速度が大きい。
ハ．回転子は、非突極回転界磁形（円筒回転界磁形）が用いられる。
ニ．回転子は、一般に縦軸形が採用される。

（令和2年度 問い17）

解説・解答

タービン発電機の回転子は一般的に横軸形になっています。

答え ニ

ディーゼル発電装置の特徴

ディーゼル機関によって駆動する発電装置です。次のような特徴があります。

- ビルなどの**非常用予備発電装置**として一般に使用される
- 回転むらを滑らかにするために、**はずみ車**が用いられる
- ディーゼル機関は、**点火プラグが不要**である

ディーゼル機関の動作工程は、次のようになります。

吸気 → 圧縮 → 爆発(燃焼) → 排気

ディーゼル発電装置に関する記述として、誤っているものは。

イ．ディーゼル機関は点火プラグが不要である。
ロ．回転むらを滑らかにするために、はずみ車が用いられる。
ハ．ビルなどの非常用予備発電装置として一般に使用される。
ニ．ディーゼル機関の動作工程は、吸気→爆発（燃焼）→圧縮→排気である。

（平成25年度 問い18）

解説・解答

ディーゼル機関の動作工程は、吸気→圧縮→爆発（燃焼）→排気になります。

答え ニ

コージェネレーションシステム

コージェネレーションシステムは、**電気と熱を併せ供給する発電システム**です。

ディーゼルエンジンなどの内燃機関から、発電する際に発生する熱を利用することにより、総合的な効率を高めています。

例題 10

コージェネレーションシステムに関する記述として、最も適切なものは。

イ．受電した電気と常時連系した発電システム
ロ．電気と熱を併せ供給する発電システム
ハ．深夜電力を利用した発電システム
ニ．電気集じん装置を利用した発電システム

（平成26年度 問い18）

解説・解答

コージェネレーションシステムは、電気と熱を併せ供給する発電システムになります。

答え ロ

ワンポイント

Co（ともに）generation（エネルギー発生）で熱電併給という意味です。

練習問題❷ ディーゼル機関のはずみ車（フライホイール）の目的として、正しいものは。

イ．停止を容易にする。　ロ．冷却効果を良くする。
ハ．始動を容易にする。　ニ．回転のむらを滑らかにする。

（平成30年度 問い18）

解答

練習問題❷ ニ

はずみ車（フライホイール）は、回転のむらを滑らかにするためのものです。

Column

さまざまな発電

発電には、大きく分けて「発電機を使った発電」と「別のエネルギーを直接電力に変換する発電」になります。

●発電機を使った発電

水力発電　汽力発電　タービン発電　ディーゼル発電　風力発電

●別のエネルギーを直接電力に変換する発電

太陽光発電　燃料電池

自然由来のエネルギーで、エネルギー利用が自然界によって補充される種類のものを「再生可能エネルギー」と言い､それを利用した発電は次のとおりです。

●再生可能エネルギー

水力発電　風力発電　太陽光発電

重要度★★★

03 風力発電・太陽光発電・燃料電池

風力発電、太陽光発電、燃料電池と
りん酸形燃料電池の動作原理について学びます

風力発電

風力発電装置は、風の運動エネルギーを電気エネルギーに変換する装置です。風力発電装置は、自然の風を使って発電するため、風速等の自然条件の変化により発電出力の変動が大きくなります。

風速発電装置では、一般には**水平軸形風車**の**プロペラ形風車**が使われます。プロペラ形風車は、一般に風速によって翼の角度を変えるなど、風の強弱に合わせて出力を調整することができます。

例題 11 **風力発電に関する記述として、誤っているものは。**

イ．風力発電装置は、風速等の自然条件の変化により発電出力の変動が大きい。
ロ．一般に使用されているプロペラ形風車は、垂直軸形風車である。
ハ．風力発電装置は、風の運動エネルギーを電気エネルギーに変換する装置である。
ニ．プロペラ形風車は、一般に風速によって翼の角度を変えるなど風の強弱に合わせて出力を調整することができる。

（2019年度 問い17）

解説・解答

プロペラ形風車は、水平軸形風車です。

答え ロ

太陽光発電

太陽光発電は、太陽電池を利用した発電です。太陽電池は、半導体のpn接合部に光が当たると電圧が生じる性質を利用し、太陽光エネルギーを電気エネルギーとして取り出します。

出力は**直流**であり、交流機器の電源として用いる場合は、**インバータ**を必要とします。

また、電気事業者の電力系統に連系させる場合は、**系統連系保護装置**を必要とします。

太陽電池を使用して1kWの出力を得るには、一般的に傾斜角が10度設置で8m²程度の受光面積の太陽電池を必要とします。

例題12 **太陽光発電に関する記述として、誤っているものは。**

イ. 太陽電池を使用して1kWの出力を得るには、一般的に1m²程度の受光面積の太陽電池を必要とする。

ロ. 太陽電池の出力は直流であり、交流機器の電源として用いる場合は、インバータを必要とする。

ハ. 太陽光発電設備を一般送配電事業者の電力系統に連系させる場合は、系統連系保護装置を必要とする。

ニ. 太陽電池は、半導体のpn接合部に光が当たると電圧を生じる性質を利用し、太陽光エネルギーを電気エネルギーとして取り出すものである。

（平成29年度 問い16）

解説・解答

どんなに効率が良い太陽電池を使用して、設置の条件が良くても、1m²程度の受光面積の太陽電池で1kWの出力を得ることは難しいです。

答え イ

燃料電池

燃料電池は、燃料の化学反応から電気を取り出すものです。

直流電源で、騒音もなく、負荷に対する応答性にすぐれ、制御性が良いという特徴があります。

りん酸形燃料電池

右の図がりん酸形燃料電池の発電原理図です。この図にあるように、**水素（H_2）と酸素（O_2）によって発電**し、水（H_2O）と未反応ガス（未反応水素、H_2）を発生します。

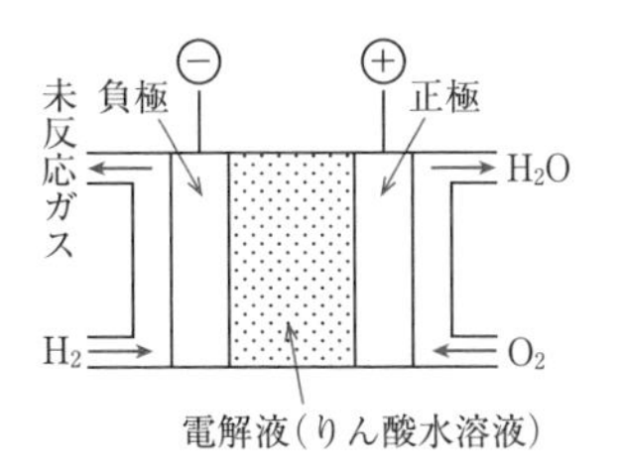

例題 13

燃料電池の発電原理に関する記述として、誤っているものは。

イ．燃料電池本体から発生する出力は交流である。
ロ．燃料の化学変化により発電するため、騒音はほとんどない。
ハ．負荷変動に対する応答性にすぐれ、制御性が良い。
ニ．りん酸形燃料電池は発電により水を発生する。

（平成29年度 問い18）

解説・解答

燃料電池本体から発生する出力は直流です。

答え イ

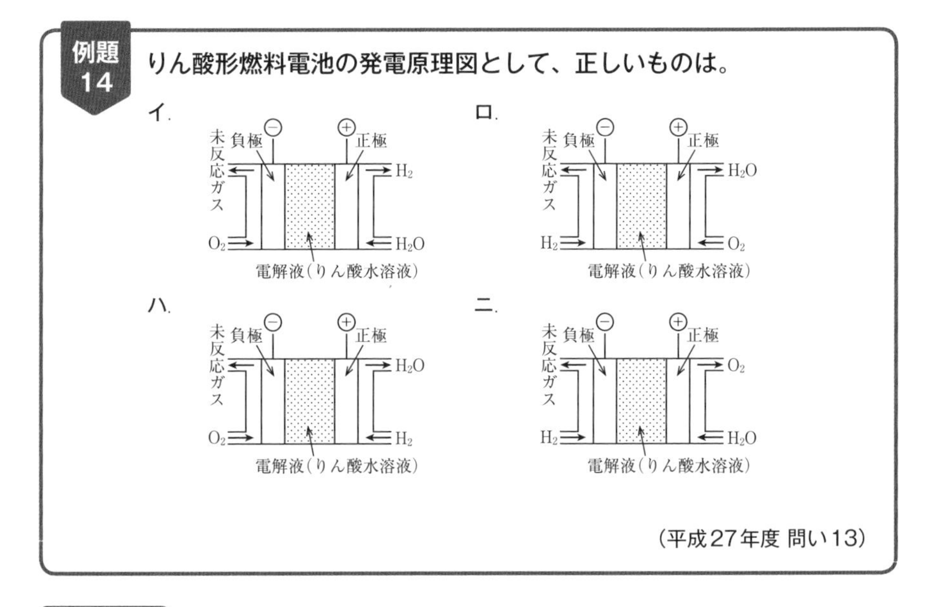

解説・解答

水素と酸素が反応し、水と未反応ガス（未反応水素）が発生しているのはロになります。

答え ロ

H_2（水素）とO_2（酸素）を反応させると、H_2O（水）になります。

重要度★★★

04 送電施設

送電線の特徴、送電用変圧器の中性点接地方式、送電線の雷害対策・損傷防止、ケーブルの電力損失について学びます

送電線の特徴

送電線は、発電所、変電所、特別高圧需要家などの間を連系するものです。次のような特徴があります。

- 一般に22kV以上の送電線では、**中性点接地方式**
- 経済性などの観点から、**架空送電線**が広く採用されている
- 架空送電線には、一般に**鋼心アルミより線**が使用されている
- 電線の中心部より**外側のほうが単位面積当たりの電流は大きい**
- 同じ容量の電力を送電する場合、**送電電圧が高いほど電流が低くなり**、**送電損失が小さくなる**
- 架空送電線路のねん架は、全区間の各相の**作用インダクタンスと作用静電容量を平衡させるため**に行う
- 直流送電は、長距離・大電力送電に適しているが、送電端、受電端にそれぞれ**交直変換装置が必要**となる

例題 15 **送電線に関する記述として、誤っているものは。**

イ．275kVの送電線は、一般に中性点非接地方式である。
ロ．送電線は、発電所、変電所、特別高圧需要家等の間を連系している。
ハ．経済性などの観点から、架空送電線が広く採用されている。
ニ．架空送電線には、一般に鋼心アルミより線が使用されている。

（平成21年度 問い19）

解説・解答

わが国では、275kVの送電線は一般に中性点接地方式です。

答え イ

送電用変圧器の中性点接地方式

送電用変圧器の中性点接地方式には、次のようなものがあります。

- **直接接地方式**：中性点を導線で接地する方式で、**地絡電流が大きい**
- **抵抗接地方式**：中性点を一般的に100～1 000 Ω程度の抵抗で接地する方式で、1線地絡電流を100～300A程度にしている。地絡故障時、直接接地方式と比べ**1線地絡電流が小さく、通信線に対する電磁誘導障害は少ない**
- **消弧リアクトル接地方式**：中性点を送電線路の対地静電容量と並列共振するようなリアクトルで接地する方式で、1線地絡時に**地絡故障電流を流さない**

中性点を接地しない非接地方式は、**異常電圧が発生しやすい**ものです。6.6kVの配電系統で使われています。

例題 16 **送電用変圧器の中性点接地方式に関する記述として、誤っているものは。**

イ．非接地方式は、中性点を接地しない方式で、異常電圧が発生しやすい。
ロ．直接接地方式は、中性点を導線で接地する方式で、地絡電流が大きい。
ハ．抵抗接地方式は、地絡故障時、通信線に対する電磁誘導障害が直接接地方式と比較して大きい。
ニ．消弧リアクトル接地方式は、中性点を送電線路の対地静電容量と並列共振するようなリアクトルで接地する方式である。

（平成30年度 問い19）

解説・解答

抵抗接地方式は、地絡故障時、直接接地方式と比べ通信線に対する電磁誘導障害は小さいです。

答え ハ

送電線の雷害対策

送電線の**アークホーン**は雷害防止のため、がいし装置の両端に取り付け、落雷時にがいしや電線に異常電圧がかかるのを防ぎます。

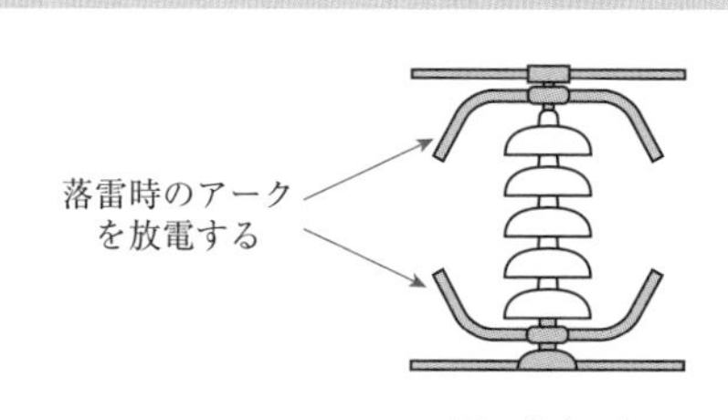

アークホーン

例題 17 **架空送電線の雷害対策として、適切なものは。**

イ．がいしにアークホーンを取り付ける。
ロ．がいしの洗浄装置を施設する。
ハ．電線にダンパを取り付ける。
ニ．がいし表面にシリコンコンパウンドを塗布する。

（平成28年度 問い18）

解説・解答

架空送電線の雷害対策では、がいしの両端にアークホーンを取り付けます。

答え イ

送電線の損傷防止

送電線の損傷を防止するため、次のようなものが使用されます。

- **ダンパ**：電線におもりとして取り付け、微風により生じる電線の振動を吸収し、電線の損傷などを防止する
- **アーマロッド**：電線と同種の金属を電線に巻きつけ補強し、電線の振動による素線切れなどを防止する

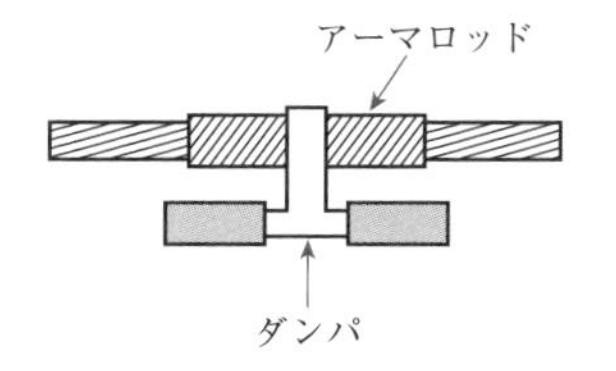

例題 18 **架空送電線路に使用されるアーマロッドの記述として、正しいものは。**

イ．がいしの両端に設け、がいしや電線を雷の異常電圧から保護する。
ロ．電線と同種の金属を電線に巻きつけ補強し、電線の振動による素線切れなどを防止する。
ハ．電線におもりとして取付け、微風により生じる電線の振動を吸収し、電線の損傷などを防止する。
ニ．多導体に使用する間隔材で強風による電線相互の接近・接触や負荷電流、事故電流による電磁吸引力から素線の損傷を防止する。

（平成26年度 問い17）

解説・解答

アーマロッドは、電線と同種の金属を電線に巻きつけ補強し、電線の振動による素線

切れなどを防止するものです。

答え ロ

例題19 **架空送電線路に使用されるダンパの記述として、正しいものは。**

イ. がいしの両端に設け、がいしや電線を雷の異常電圧から保護する。
ロ. 電線と同種の金属を電線に巻き付けて補強し、電線の振動による素線切れ等を防止する。
ハ. 電線におもりとして取り付け、微風により生じる電線の振動を吸収し、電線の損傷などを防止する。
ニ. 多導体に使用する間隔材で、強風による電線相互の接近・接触や負荷電流、事故電流による電磁吸引力から素線の損傷を防止する。

（平成29年度 問い17）

解説・解答

ダンパは、電線におもりとして取り付け、微風により生じる電線の振動を吸収し、電線の損傷などを防止するものです。

答え ハ

ケーブルの電力損失

高圧ケーブルの電力損失には、抵抗損、誘電損、シース損があります。

- **抵抗損**：電線の抵抗によって生じる損失
- **誘電損**：ケーブルの絶縁体内に生じる損失
- **シース損**：金属シースに発生する起電力による損失

例題20 **高圧ケーブルの電力損失として、該当しないものは。**

イ. 抵抗損　ロ. 誘電損　ハ. シース損　ニ. 鉄損

（2019年度 問い18）

解説・解答

高圧ケーブルの電力損失として、鉄損は該当しません。

答え ニ

練習問題❸ **送電線に関する記述として、誤っているものは。**

イ. 交流電流を流したとき、電線の中心部より外側の方が単位面積当たりの電流は大きい。

ロ. 同じ容量の電力を送電する場合、送電電圧が低いほど送電損失が小さくなる。

ハ. 架空送電線路のねん架は、全区間の各相の作用インダクタンスと作用静電容量を平衡させるために行う。

ニ. 直流送電は、長距離・大電力送電に適しているが、送電端、受電端にそれぞれ交直変換装置が必要となる。

（平成28年度 問い19）

練習問題❹ **架空送電線路に使用されるアークホーンの記述として、正しいものは。**

イ. 電線と同種の金属を電線に巻き付けて補強し、電線の振動による素線切れなどを防止する。

ロ. 電線におもりとして取り付け、微風により生ずる電線の振動を吸収し、電線の損傷などを防止する。

ハ. がいしの両端に設け、がいしや電線を雷の異常電圧から保護する。

ニ. 多導体に使用する間隔材で、強風による電線相互の接近・接触や負荷電流、事故電流による電磁吸引力から素線の損傷を防止する。

（2019年度 問い19）

解答

練習問題❸ **ロ**

送電電圧が高いほど送電損失が小さくなります。

練習問題❹ **ハ**

アークホーンは雷害対策のものです。

送電線を見かけたら、どのような設備があるかを観察してみましょう。

重要度★★★

05 変電施設

変電設備、配電用変電所、がいしの塩害対策、
調相設備について学びます

変電設備

変電設備には、次のようなものがあります。

- **断路器**：無負荷状態で電路を手動で開閉する
- **空気遮断器**：発生したアークに圧縮空気を吹き付けて消弧する
- **負荷時タップ切り換え装置**：変圧器にある装置で、電力系統の電圧調整などを行うことを目的に組み込まれたもの
- **GIS式変電所**：開閉設備類をSF_6ガスで充たした密閉容器に収めており、変電所用地を縮小できる
- **比率差動継電器**：大形変圧器の内部故障を電気的に検出する

例題 21　**変電設備に関する記述として、誤っているものは。**

イ．開閉設備類をSF_6ガスで充たした密閉容器に収めたGIS式変電所は、変電所用地を縮小できる。

ロ．空気遮断器は、発生したアークに圧縮空気を吹き付けて消弧するものである。

ハ．断路器は、送配電線や変電所の母線、機器などの故障時に電路を自動遮断するものである。

ニ．変圧器の負荷時タップ切換装置は電力系統の電圧調整などを行うことを目的に組み込まれたものである。

（平成29年度 問い19）

解説・解答

断路器は、無負荷時に手動で電路を開閉するものです。

答え ハ

配電用変電所

送電線路によって送られてきた電気を降圧し、配電線路に送り出す変電所を「**配電用**

変電所」と言います。

高圧配電線路は一般に**非接地方式**です。配電電圧の調整をするために、負荷時タップ切換変圧器、配電線路の引出口に、線路保護用の遮断器と継電器が設置されています。

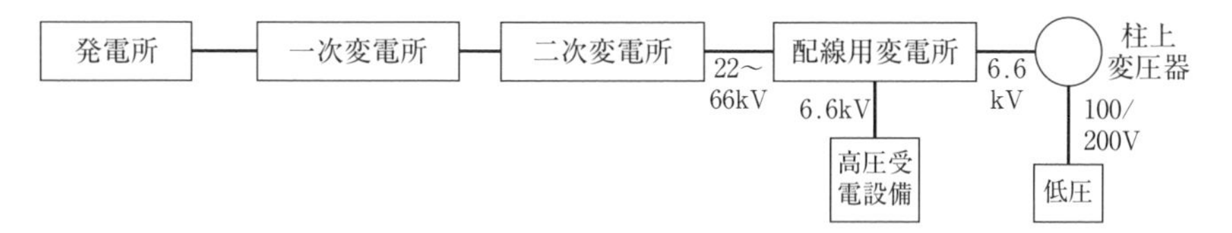

例題 22

配電用変電所に関する記述として、誤っているものは。

イ. 配電電圧の調整をするために、負荷時タップ切換変圧器などが設置されている。

ロ. 送電線路によって送られてきた電気を降圧し、配電線路に送り出す変電所である。

ハ. 配電線路の引出口に、線路保護用の遮断器と継電器が設置されている。

ニ. 高圧配電線路は一般に中性点接地方式であり、変電所内で大地に直接接地されている。

（令和2年度 問い19）

解説・解答

配電用変電所からの高圧配電線路は、一般に非接地方式です。

答え ニ

塩害対策

送電・配電および変電設備に使用するがいしの塩害対策は、次のとおりです。

- 沿面距離の大きいがいしを使用する
- シリコンコンパウンドなどのはっ水性絶縁物質をがいし表面に塗布する
- 定期的にがいしの洗浄を行う

例題 23

送電・配電及び変電設備に使用するがいしの塩害対策に関する記述として、誤っているものは。

イ. 沿面距離の大きいがいしを使用する。

ロ. がいしにアークホーンを取り付ける。

ハ. 定期的にがいしの洗浄を行う。

ニ. シリコンコンパウンドなどのはっ水性絶縁物質をがいし表面に塗布する。

（令和2年度 問い18）

解説・解答

アークホーンの取り付けは雷害対策のためで、塩害対策のためではありません。

答え ロ

調相設備

調相設備とは、**無効電力を調整する電気機械器具**を言います。

例題 24 次の文章は、電気設備の技術基準で定義されている調相設備についての記述である。
「調相設備とは、＿＿＿を調整する電気機械器具をいう。」
上記の空欄にあてはまる語句として、正しいものは。

イ．受電電力　　ロ．最大電力　　ハ．無効電力　　ニ．皮相電力

（平成26年度 問い20）

解説・解答

調相設備は、無効電力を調整する電気機械器具です。

答え ハ

練習問題❺ 変電所の大形変圧器の内部故障を電気的に検出する一般的な保護継電器は。

イ．距離継電器　　ロ．比率差動継電器
ハ．不足電圧継電器　　ニ．過電圧継電器

（平成24年度 問い17）

解答

練習問題❺ ロ

大形変圧器の内部故障を電気的に検出する保護継電器は、比率差動継電器です。

第9章

電気工作物の保安法令

この章では、第1種電気工事士が工事を行える電気工作物に関する法令について学びます。
電気工事士法、電気事業法、電気工事業法、電気用品安全法とそれぞれの法規の施行令、施行規則から出題されます。
特に、過去の出題問題から、よく問われる問題を中心に学んでいきましょう！

重要度★★★

01 電気事業法・電気設備の技術基準

電気設備技術基準の高圧の範囲と
電気事業法の一般用電気工作物の調査について学びます

交流電圧の高圧の範囲

電気設備の技術基準第２条では、高圧の範囲を次のように規定しています。

- 直流にあっては750Vを、交流にあっては600Vを超え、7 000V以下

例題 1 **電気設備に関する技術基準において、交流電圧の高圧の範囲は。**

イ．600Vを超え　7 000V以下
ロ．750Vを超え　7 000V以下
ハ．600Vを超え　10 000V以下
ニ．750Vを超え　10 000V以下

（平成29年度 問い38）

解説・解答

交流電圧の高圧の範囲は600Vを超え、7 000V以下です。

答え イ

一般用電気工作物の調査

一般用電気工作物と直接に電気的に接続する電線路を維持し、および運用する者を**電線路維持運用者**と言います。具体的には、一般送配電事業者がこれに相当します。

電線路維持運用者は、技術基準に適合しているかどうかの**一般用電気工作物の調査**を行わなければなりません（電気事業法第57条）。

電線路維持運用者は、**調査を登録調査機関に委託**することができます。また、**登録点検業務受託法人が点検業務を受託**している一般用電気工作物についても調査する必要があります。

調査は、次のように行われます（電気事業法施行規則第96条）。

- 一般用電気工作物が**設置された時及び変更の工事が完成したとき**

・**4年に1回以上**（登録点検業務受託法人が点検業務を受託している一般用電気工作物にあっては、**5年に1回以上**）

例題 2

電気事業法において、電線路維持運用者が行う一般用電気工作物の調査に関する記述として、不適切なものは。

イ．一般用電気工作物の調査が4年に1回以上行われている。
ロ．登録点検業務受託法人が点検業務を受託している一般用電気工作物についても調査する必要がある。
ハ．電線路維持運用者は、調査を登録調査機関に委託することができる。
ニ．一般用電気工作物が設置された時に調査が行われなかった。

（平成30年度 問い40）

解説・解答

電気事業法施行規則第96条には「調査は、一般用電気工作物が設置された時及び変更の工事が完成した時に行うほか、次に掲げる頻度で行うこと。」と書かれており、設置された時に調査を行う必要があります。

答え ニ

Column

電気保安四法とは?

電気工作物の保安法令に出てくる法律は、次のとおりで「電気保安四法」と呼ぶ場合もあります。

・電気事業法
・電気工事士法
・電気工事業の業務の適正に関する法律
・電気用品安全法

重要度★★★

02 電気工事士法

第一種電気工事士の概要と認定電気工事従事者・特種電気工事資格者、第一種電気工事士が作業できる範囲について学びます

第一種電気工事士の概要

第一種電気工事士は、一般用電気工作物と自家用電気工作物で最大電力500kW未満の電気工事の作業に従事できる国家資格です。その概要は、次のとおりです。

- 第一種電気工事士試験に合格するだけでなく、**所定の実務経験**が必要
- 免状は、**都道府県知事**が交付する。また電気工事の業務に関して、都道府県知事から報告を求められることがあり、電気工事士法に違反したときは、その電気工事士免状の返納を命ずることができる
- 第一種電気工事士の資格のみでは、自家用電気工作物の**ネオン工事・非常用予備発電装置の作業に従事することができない**
- 免状の交付を受けた日から**5年以内**ごとに、自家用電気工作物の保安に関する講習を受けなければならない
- 電気工事の作業に従事するときは、第一種電気工事士免状を**携帯しなければならない**

例題3 **電気工事士法において、第一種電気工事士に関する記述として、誤っているものは。**

イ．自家用電気工作物で最大電力500kW未満の需要設備の非常用予備発電装置に係る電気工事の作業に従事することができる。

ロ．自家用電気工作物で最大電力500kW未満の需要設備の電気工事の作業に従事するときは、第一種電気工事士免状を携帯しなければならない。

ハ．第一種電気工事士免状の交付を受けた日から5年以内ごとに、自家用電気工作物の保安に関する講習を受けなければならない。

ニ．第一種電気工事士試験に合格しても所定の実務経験がないと第一種電気工事士免状は交付されない。

（平成25年度 問い39）

解説・解答

第一種電気工事士の資格のみでは、自家用電気工作物の非常用予備発電装置に係る電

気工事の作業に従事することができません。

答え イ

電気工事士法において、第一種電気工事士に関する記述として、誤っているものは。
ただし、ここで自家用電気工作物とは、最大電力500kW未満の需要設備のことである。

イ．第一種電気工事士免状は、都道府県知事が交付する。
ロ．第一種電気工事士の資格のみでは、自家用電気工作物の非常用予備発電装置の作業に従事することができない。
ハ．第一種電気工事士免状の交付を受けた日から７年以内に自家用電気工作物の保安に関する講習を受けなければならない。
ニ．第一種電気工事士は、一般用電気工作物に係る電気工事の作業に従事することができる。

（平成21年度 問い40）

解説・解答

第一種電気工事士免状の交付を受けた日から５年以内に自家用電気工作物の保安に関する講習を受けなければなりません。

答え ハ

認定電気工事従事者と特種電気工事資格者

電気工事士の作業に従事できる資格には、第二種電気工事士、第一種電気工事士以外に次のような資格があります。

＜認定電気工事従事者＞

最大電力500kW未満の自家用電気工作物のうち、**低圧で使用する電気工作物**の工事（電線路に係るものを除く）に従事することができます。

＜特種電気工事資格者＞

最大電力500kW未満の自家用電気工作物のうち、**ネオン工事、非常用予備発電装置工事**に従事することができます。

第一種電気工事士でも、自家用電気工作物のネオン工事、非常用予備発電装置工事の作業に従事できません。

例題 5

電気工事士法において，自家用電気工作物（最大電力500kW未満の需要設備）に係る電気工事のうち「ネオン工事」又は「非常用予備発電装置工事」に従事することのできる者は。

イ．特種電気工事資格者　　ロ．認定電気工事従事者
ハ．第一種電気工事士　　ニ．第三種電気主任技術者

（平成27年度 問い39）

解説・解答

自家用電気工作物に係る電気工事のうち「ネオン工事」または「非常用予備発電装置工事」に従事することのできる者は、特種電気工事資格者になります。

答え イ

第一種電気工事士が作業できる範囲

第一種電気工事士は、一般用電気工作物と500kW未満の自家用電気工作物（ネオン工事、非常用予備発電装置工事を除く）の電気工事の作業に従事できます。

500kWを超える自家用電気工作物、電気事業の用に供する電気工作物（発電所、配電用変電所内の電気工事など）は、第一種電気工事士の資格がなくても電気工事の作業に従事できます。

また、500kW未満の自家用電気工作物で第一種電気工事士（電線路を除く低圧部分では認定電気工事従事者）のみが作業できるものは、次のとおりです（電気工事士法施行規則第２条、赤字は頻出項目）。

- 電線相互を接続する作業
- がいしに電線を取り付け、またはこれを取り外す作業
- 電線を直接造営材その他の物件に取り付け、またはこれを取り外す作業
- **電線管**、線ぴ、ダクトその他これらに類する物に**電線を収める**作業
- **配線器具を造営材**その他の物件に**取り付け**、もしくはこれを取り外し、またはこれに電線を接続する作業（**露出型スイッチまたは露出型コンセントを取り換える作業を除く**）
- 電線管を曲げ、もしくはねじ切りし、または電線管相互若しくは電線管とボックスその他の附属品とを接続する作業
- **金属製のボックスを造営材**その他の物件に**取り付け**、またはこれを取り外す作業

- 電線、電線管、線ぴ、ダクトその他これらに類する物が造営材を貫通する部分に金属製の防護装置を取り付け、またはこれを取り外す作業
- 金属製の電線管、線ぴ、ダクトその他これらに類する物またはこれらの附属品を、建造物のメタルラス張り、ワイヤラス張りまたは金属板張りの部分に取り付け、またはこれらを取り外す作業
- **配電盤を造営材に取り付け**、またはこれを取り外す作業
- 接地線を自家用電気工作物に取り付け、もしくはこれを取り外し、接地線相互もしくは接地線と接地極とを接続し、または**接地極を地面に埋設する**作業
- 電圧600Vを超えて使用する電気機器に電線を接続する作業

電気工事士以外が作業しても保安上支障がないと認められているのが「**軽微な工事**」で、次のとおりです。

- 差込み接続器、ねじ込み接続器、ソケット、ローゼットその他の接続器などにコードまたはキャブタイヤケーブルを接続する工事
- **電気機器**・蓄電池の端子に**電線をねじ止めする**工事
- 電力量計もしくは電流制限器またはヒューズを取り付け・取り外す工事
- ベル、インターホーン、火災感知器、豆電球その他これらに類する施設に使用する小型変圧器（二次電圧が36V以下）の二次側の配線工事
- 電線を支持する柱、腕木その他これらに類する工作物を設置・変更する工事
- 地中電線用の暗きょまたは管を設置・変更する工事

例題 6

「電気工事士法」において、第一種電気工事士免状の交付を受けている者のみが従事できる電気工事の作業は。

イ. 最大電力400kWの需要設備の6.6kV変圧器に電線を接続する作業
ロ. 出力300kWの発電所の配電盤を造営材に取り付ける作業
ハ. 最大電力600kWの需要設備の6.6kV受電用ケーブルを電線管に収める作業
ニ. 配電電圧6.6kVの配電用変電所内の電線相互を接続する作業

（令和2年度 問い40）

解説・解答

最大電力400kWの需要設備の6.6kV変圧器に電線を接続する作業は、第一種電気工事士のみが作業に従事できます。

出力300kWの発電所の配電盤を造営材に取り付ける作業は、電気事業の用に供する電気工作物の工事になるので、第一種電気工事士は必要ではありません。最大電力600kWの需要設備の6.6kV受電用ケーブルを電線管に収める作業は、500kWを超える自家用電気工作物になるため、第一種電気工事士は必要ではありません。配電電圧6.6kVの配電用変電所内の電線相互を接続する作業は、電気事業の用に供する電気工作物の工事になるので、第一種電気工事士は必要ではありません。

答え イ

電気工事士法における自家用電気工作物（最大電力500kW未満）において、第一種電気工事士又は認定電気工事従事者の資格がなくても従事できる電気工事の作業は。

イ. 金属製のボックスを造営材に取り付ける作業
ロ. 配電盤を造営材に取り付ける作業
ハ. 電線管に電線を収める作業
ニ. 露出型コンセントを取り換える作業

（平成25年度 問い38）

解説・解答

露出型コンセントを取り換える作業は、軽微な作業となり、第一種電気工事士または認定電気工事従事者の資格がなくても従事できます。

答え ニ

配線器具の中でも、露出型スイッチ、露出型コンセントを取り換える作業は、電気工事士以外でもできます！

練習問題❶ **電気工事士法において、第一種電気工事士に関する記述として、誤っているものは。**

イ．第一種電気工事士は、一般用電気工作物に係る電気工事の作業に従事するときは、都道府県知事が交付した第一種電気工事士免状を携帯していなければならない。
ロ．第一種電気工事士は、電気工事の業務に関して、都道府県知事から報告を求められることがある。
ハ．都道府県知事は、第一種電気工事士が電気工事士法に違反したときは、その電気工事士免状の返納を命ずることができる。
ニ．第一種電気工事士試験の合格者には、所定の実務経験がなくても第一種電気工事士免状が交付される。

（平成28年度 問い38）

練習問題❷ **電気工事士法における自家用電気工作物（最大電力500kW未満の需要設備）であって、電圧600V以下で使用するものの工事又は作業のうち、第一種電気工事士又は認定電気工事従事者の資格がなくても従事できる電気工事の作業は。**

イ．電気機器（配線器具を除く）の端子に電線をねじ止め接続する。
ロ．電線管相互を接続する。
ハ．配線器具を造営材に固定する。（露出型点滅器又は露出型コンセントを取り換える作業を除く）
ニ．電線管に電線を収める。

（平成24年度 問い38）

解答

練習問題❶ ニ

第一種電気工事士免状の交付には、第一種電気工事士試験に合格するだけでなく、所定の実務経験が必要です。

練習問題❷ イ

電気機器（配線器具を除く）の端子に電線をねじ止め接続することは軽微な工事になり、電気工事士以外でも作業できます。

重要度★★★

03 電気工事業の業務の適正化に関する法律

電気工事業者の必要な業務、主任電気工事士の選任と義務、備えることを義務づけられている器具について学びます

電気工事業者の業務

電気工事業者の業務は、次のように行う必要があります。

- 営業所および電気工事の施工場所ごとに、法令に定められた事項を記載した**標識を掲示する**
- 営業所ごとに、電気工事に関し、法令に定められた事項を記載した**帳簿**を備え、記載の日から**5年間**保存する
- 営業所ごとに、法令に定められた**主任電気工事士**を選任する
- 営業所ごとに、絶縁抵抗計の他、法令に**定められた器具**を備える

例題 8

電気工事業の業務の適正化に関する法律において、電気工事業者の業務に関する記述として、誤っているものは。

イ．営業所ごとに、絶縁抵抗計の他、法令に定められた器具を備えなければならない。
ロ．営業所ごとに、電気工事に関し、法令に定められた事項を記載した帳簿を備えなければならない。
ハ．営業所及び電気工事の施工場所ごとに、法令に定められた事項を記載した標識を掲示しなければならない。
ニ．営業所ごとに、法令に定められた電気主任技術者を選任しなければならない。

（平成24年度 問い39）

解説・解答

営業所ごとに、選任しなければならないのは電気主任技術者ではなく、主任電気工事士です。

答え ニ

主任電気工事士の選任と義務

主任電気工事士になれる者は、以下のとおりです。

- **第1種電気工事士**、または**第2種電気工事士**の免状の交付を受けてから**3年以上の実務経験**を有する者

主任電気工事士は、一般用電気工事による危険及び障害が発生しないように、一般用電気工事の作業の管理の職務を誠実に行う必要があります。

また、一般用電気工事の作業に従事する者は、主任電気工事士がその職務を行うため必要があると認めてする指示に従わなければなりません。

例題 9

「電気工事業の業務の適正化に関する法律」において、主任電気工事士に関する記述として、誤っているものは。

イ. 第一種電気工事士免状の交付を受けた者は、免状交付後に実務経験が無くても主任電気工事士になれる。

ロ. 第二種電気工事士は、2年の実務経験があれば、主任電気工事士になれる。

ハ. 第一種電気工事士が一般用電気工事の作業に従事する時は、主任電気工事士がその職務を行うため必要があると認めてする指示に従わなければならない。

ニ. 主任電気工事士は、一般用電気工事による危険及び障害が発生しないように一般用電気工事の作業の管理の職務に誠実に行わなければならない。

（令和2年度 問い39）

解説・解答

第二種電気工事士が主任電気工事士になるには、3年以上の実務経験が必要です。

答え ロ

備えることを義務づけられている器具

電気工事業者は、次の器具を備え付けることが義務付けられています。

＜自家用電気工作物の電気工事を行う営業所＞

- 絶縁抵抗計　• 接地抵抗計　• 抵抗及び交流電圧を測定することができる回路計
- 低圧検電器　• 高圧検電器

（以下は、必要なときに使用し得る措置が講じられていれば備えていると見なされる）

- 継電器試験装置　• 絶縁耐力試験装置

＜一般用電気工事のみの業務を行う営業所＞

- 絶縁抵抗計　• 接地抵抗計　• 抵抗及び交流電圧を測定することができる回路計

例題 10 **電気工事業の業務の適正化に関する法律において、自家用電気工作物の電気工事を行う電気工事業者の営業所ごとに備えることを義務づけられている器具であって、必要なときに使用し得る措置が講じられていれば備えていると見なされる器具はどれか。**

イ．絶縁抵抗計　　ロ．絶縁耐力試験装置
ハ．接地抵抗計　　ニ．高圧検電器

（平成21年度 問い38）

解説・解答

絶縁耐力試験装置は、必要なときに使用し得る措置が講じられていれば備えていると見なされます。

答え ロ

練習問題❸ **電気工事業の業務の適正化に関する法律において、誤っていないものは。**

イ．主任電気工事士の指示に従って、電気工事士が、電気用品安全法の表示が付されていない電気用品を電気工事に使用した。
ロ．登録電気工事業者が、電気工事の施工場所に二日間で完了する工事予定であったため、代表者の氏名等を記載した標識を掲げなかった。
ハ．電気工事業者が、電気工事ごとに配線図等を帳簿に記載し、３年経ったのでそれを廃棄した。
ニ．登録電気工事業者の代表者は、電気工事士の資格を有する必要がない。

（2019年度 問い39）

解答

練習問題❸ ニ

登録電気工事業者の代表者に対して、電気工事業の業務の適正化に関する法律では、資格などの要件は定められていません。

重要度★★★

04 電気用品安全法

電気用品安全法に定められた電気用品と特定電気用品、
特定電気用品以外の電気用品について学びます

電気用品

電気用品は、一般用電気工作物の部分となり、またはこれに接続して用いられる機械、器具または材料で政令で定めるもの、携帯発電機や蓄電池で政令で定めるものを言います。

したがって、電気用品には、**進相コンデンサ**や**電力量計**などは含まれていません。

特定電気用品

電気用品安全法で定められた特定電気用品は、次のとおりです。◇PSE＜PS＞Eと表示されます。（**赤字**は多く出題されたもの）

- **ケーブル**（22mm²以下）
- **差込み接続器**
- **配線用遮断器**（100A以下）
- **タイムスイッチ**
- **携帯発電機**
- **電気便座**
- 電気ポンプ

特定電気用品以外の電気用品の主なものは、次のとおりです。(PS E)（PS）Eと表示されます。（**赤字**は多く出題されたもの）

- ケーブル（22mm²を超え100mm²以下）
- 金属製電線管類及び附属品（内径120mm以下）
- 単相電動機（定格電圧が100V以上300V以下）
- **合成樹脂製のケーブル配線用スイッチボックス**
- 電磁開閉器
- **フロアダクト**

例題 11

電気用品安全法の適用を受けるもののうち、特定電気用品でないものは。

イ．合成樹脂製のケーブル配線用スイッチボックス
ロ．タイムスイッチ（定格電圧125V、定格電流15A）
ハ．差込み接続器（定格電圧125V、定格電流15A）
ニ．600Vビニル絶縁ビニルシースケーブル（導体の公称断面積が8mm²、3心）

（2019年度 問い40）

解説・解答

合成樹脂製のケーブル配線用スイッチボックスは、特定電気用品以外の電気用品になります。

答え イ

特定電気用品、特定電気用品以外の電気用品は非常に多いので、出題の多いものを中心に覚えましょう。

レッツ・トライ!

練習問題❹ 電気用品安全法において、交流の電路に使用する定格電圧100V以上300V以下の機械器具であって、特定電気用品は。

イ．定格電流60Aの配線用遮断器
ロ．定格出力0.4kWの単相電動機
ハ．定格静電容量100μFの進相コンデンサ
ニ．（PS）Eと表示された器具

（平成28年度 問い40）

練習問題❺ 電気用品安全法の適用を受ける特定電気用品は。

イ．定格電圧100Vの電力量計
ロ．定格電圧100Vの携帯発電機
ハ．フロアダクト
ニ．定格電圧200Vの進相コンデンサ

（平成23年度 問い38）

解答

練習問題❹ イ

配線用遮断器（100A以下）は特定電気用品になります。

練習問題❺ ロ

携帯発電機は特定電気用品になります。

第10章

配　線　図

配線図は、高圧受電設備の単線結線図と電動機の制御回路から出題されます。
年度によって、高圧受電設備の単線結線図から５問、電動機の制御回路から５問出題される場合と高圧受電設備の単線結線図から10問出題される場合があります。
特に高圧受電設備の単線結線図を中心に学習し、電動機の制御回路から出題された場合にも対応できるよう、ポイントを押さえて学習しましょう！

重要度★★★

01 高圧受電設備①

配線図問題の「高圧受電設備の単線結線図の図記号と機器、使用する工具や材料」などについて学びます

高圧受電設備の単線結線図と機器（1）

高圧受電設備の単線結線図は、次のページのようになります。この節では青線で囲まれた箇所の機器の名称、文字記号、図記号、用途などは次の表のとおりです。

	名 称	文字記号	図 記 号	解 説
①	DGR付高圧交流負荷開閉器	DGR付PAS		需要家側電気設備の**地絡事故**を検出し、高圧交流負荷開閉器を開放します
②	零相変流器	ZCT		**零相電流**を検出します
③	零相基準入力装置	ZPD		**零相電圧**を検出します
④	地絡方向継電器	DGR		**地絡電流**の大きさと方向で動作します
⑤	ケーブル終端接続部	CH		CVTケーブルの**終端接続部**です
⑥	電力需給用計器用変成器	VCT		電力需給用電力量を計量するための変成器です
⑦	電力量計	Wh	Wh	電力需給用電力量を計量します
⑧	断路器	DS		負荷を遮断してから、手動で開放します

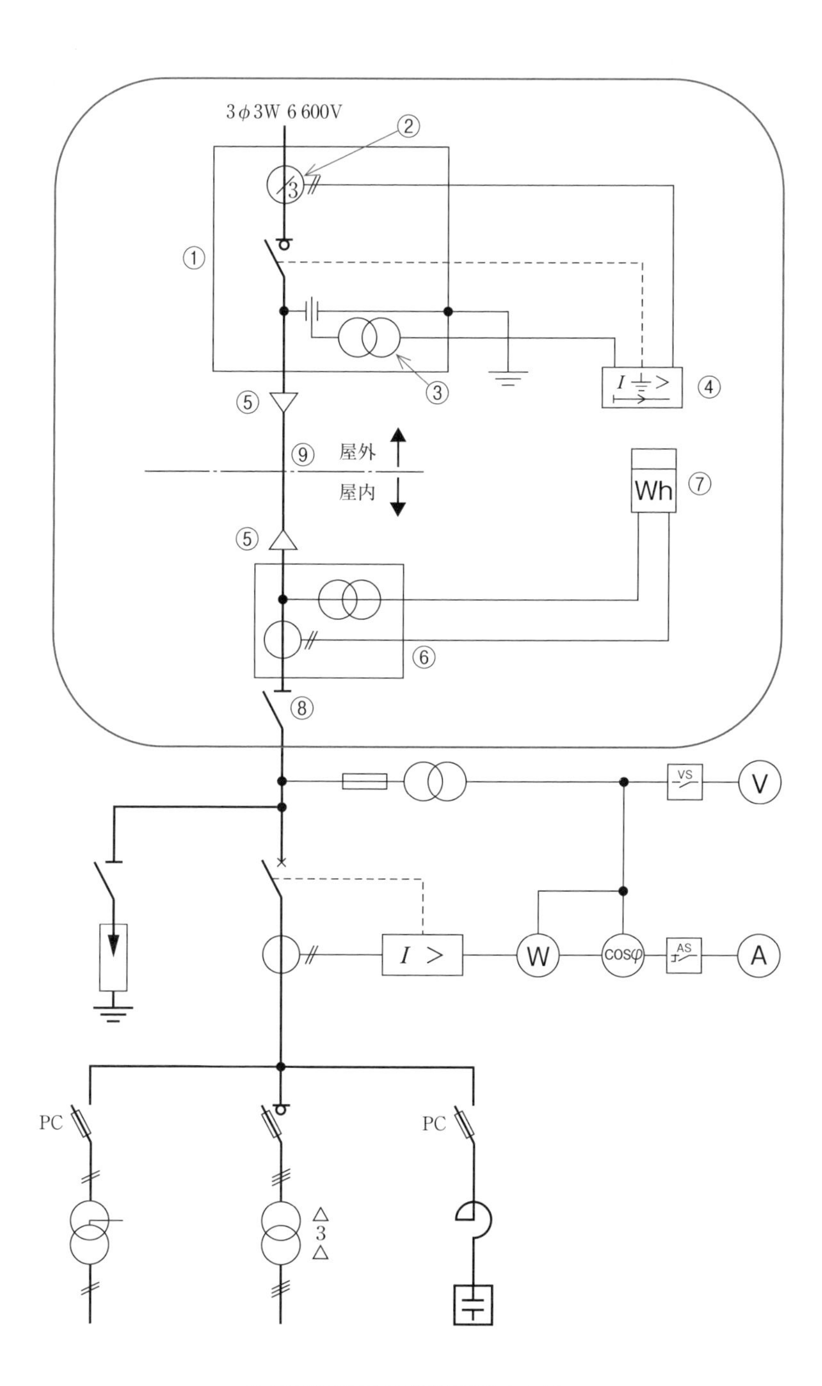

高圧受電設備の単線結線図（1）

例題 1

①で示す機器の役割は。

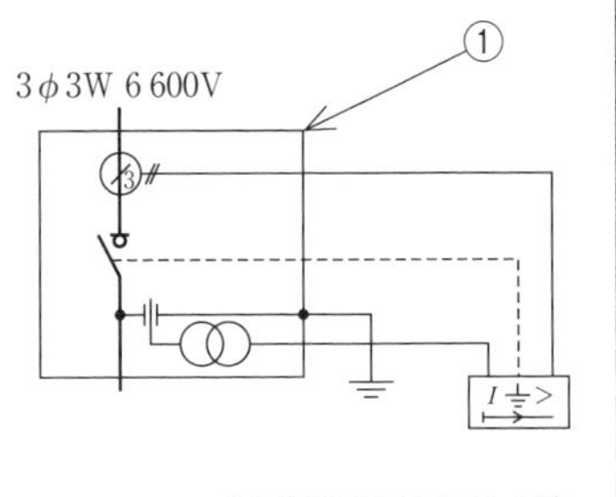

イ．一般送配電事業者側の地絡事故を検出し、高圧断路器を開放する。
ロ．需要家側電気設備の地絡事故を検出し、高圧交流負荷開閉器を開放する。
ハ．一般送配電事業者側の地絡事故を検出し、高圧交流遮断器を自動遮断する。
ニ．需要家側電気設備の地絡事故を検出し、高圧断路器を開放する。

（令和２年度 問い46）

解説・解答

①で示す機器はDGR付高圧交流負荷開閉器で、需要家側電気設備の地絡事故を検出し、高圧交流負荷開閉器を開放します。

答え ロ

例題 2

①で示す機器に関する記述として、正しいものは。

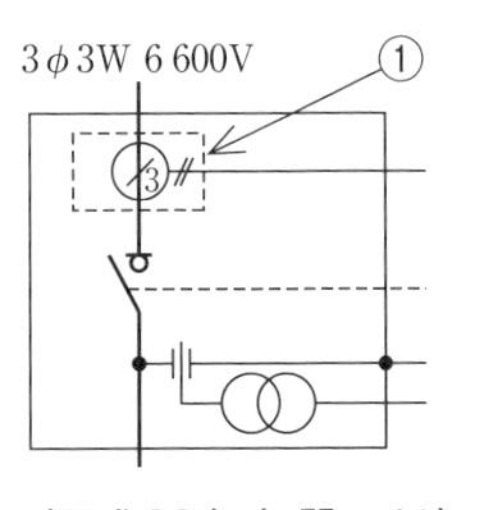

イ．零相電圧を検出する。
ロ．異常電圧を検出する。
ハ．短絡電流を検出する。
ニ．零相電流を検出する。

（平成29年度 問い41）

解説・解答

①で示す機器は零相変流器（ZCT）で、零相電流を検出します。

答え ニ

例題 3

①で示す図記号の機器に関する記述として、正しいものは。

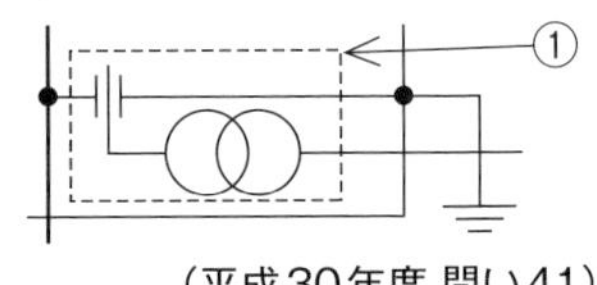

イ．零相電流を検出する。
ロ．短絡電流を検出する。
ハ．欠相電圧を検出する。
ニ．零相電圧を検出する。

（平成30年度 問い41）

解説・解答

①で示す機器は零相基準入力装置（ZPD）で、零相電圧を検出します。

答え ニ

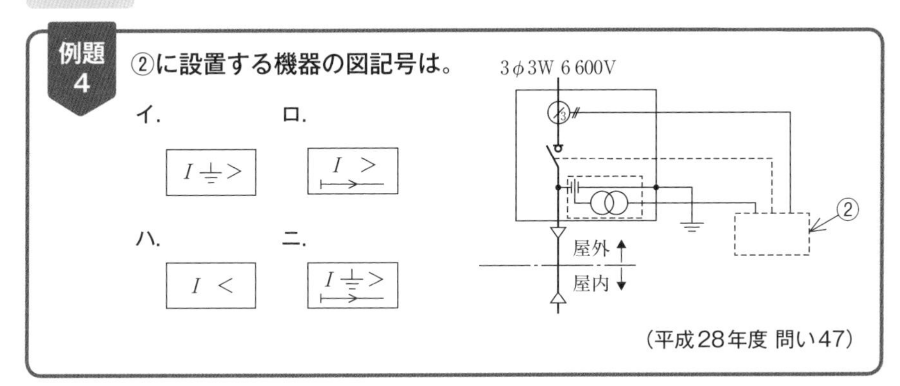

解説・解答

②に設置する機器は地絡方向継電器（DGR）で、図記号はニになります。

答え ニ

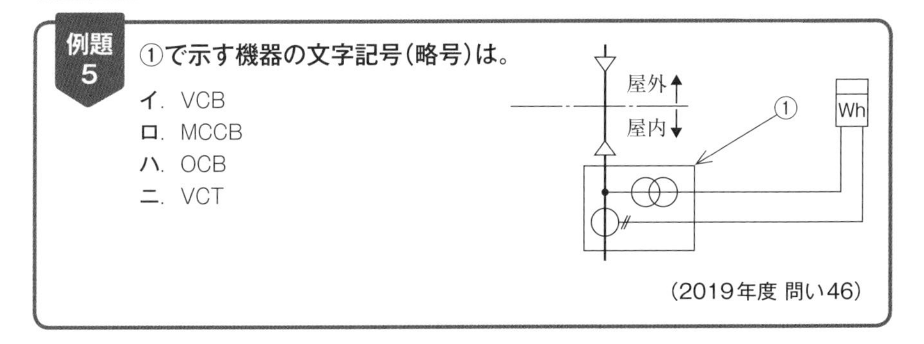

解説・解答

①で示す機器は電力需給用計器用変成器で、文字記号（略号）はVCTになります。

答え ニ

高圧受電設備の文字記号（略号）も覚えておきましょう。

例題 6

④で示す機器に関する記述で、正しいものは。

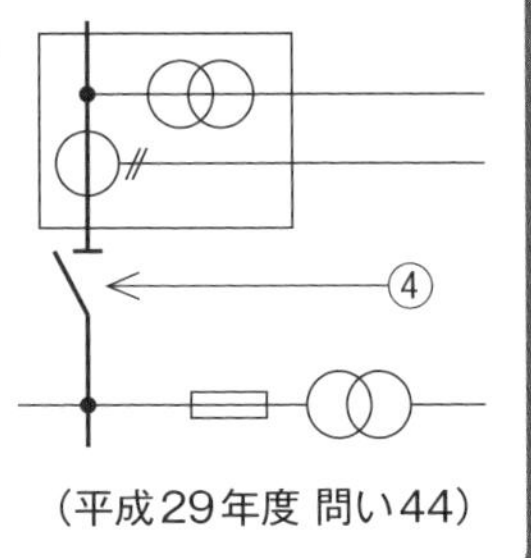

イ．負荷電流を遮断してはならない。

ロ．過負荷電流及び短絡電流を自動的に遮断する。

ハ．過負荷電流は遮断できるが、短絡電流は遮断できない。

ニ．電路に地絡が生じた場合、電路を自動的に遮断する。

（平成29年度 問い44）

解説・解答

④で示す機器は断路器（DS）で、負荷電流を遮断するとアークが発生し危険です。必ず無負荷の（負荷電流の流れない）状態にしてから、手動で開放します。

答え イ

ケーブル終端接続部（ケーブルヘッド）の端末処理と使用される材料

ケーブル終端接続部の端末処理に使用される工具は、次のとおりです。

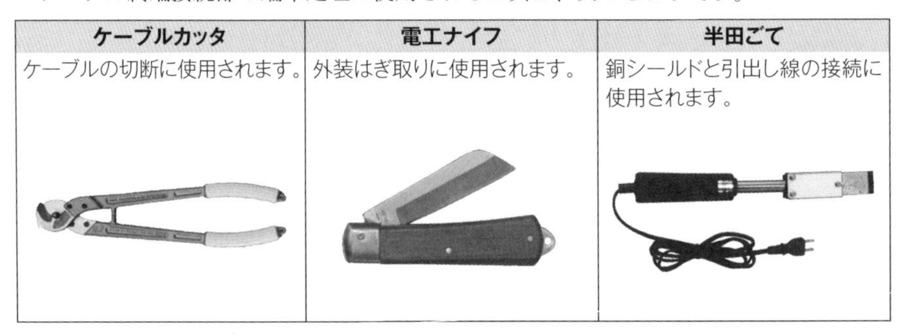

ケーブルカッタ	電工ナイフ	半田ごて
ケーブルの切断に使用されます。	外装はぎ取りに使用されます。	銅シールドと引出し線の接続に使用されます。

また、ケーブル終端接続部に使用される材料には、次のようなものがあります。

ストレスコーン	ゴムとう管	ブラケット・ゴムスペーサ
遮へい端部の電位傾度を緩和するものです。	ゴムとう管形屋外終端接続部に使用します。	CVTケーブルを支持するものです。

使用するケーブルは、高圧用のCVTケーブルになります。断面図は右のとおりです。

低圧用のCVTケーブルと異なり、内部半導電層、外部半導電層、銅シールドがあります。

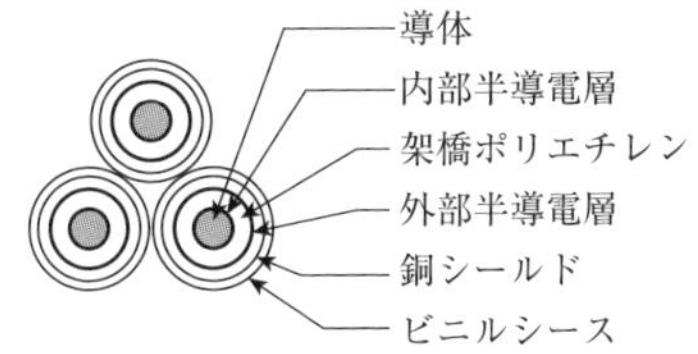

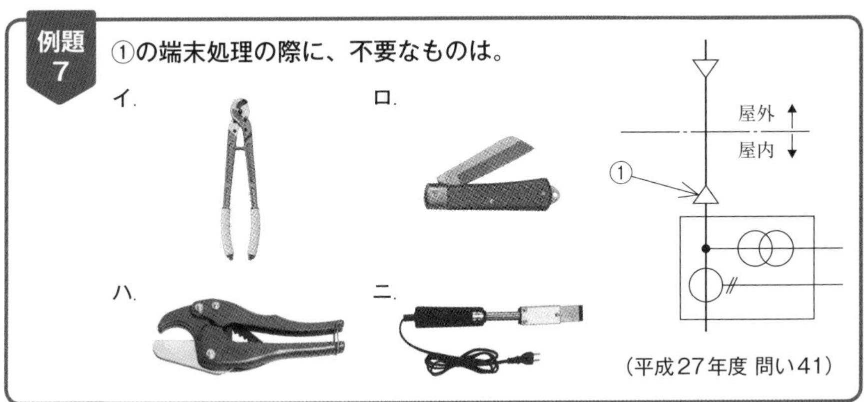

解説・解答

ケーブル終端接続部の端末処理には、ハの合成樹脂管カッタは不要です。

答え ハ

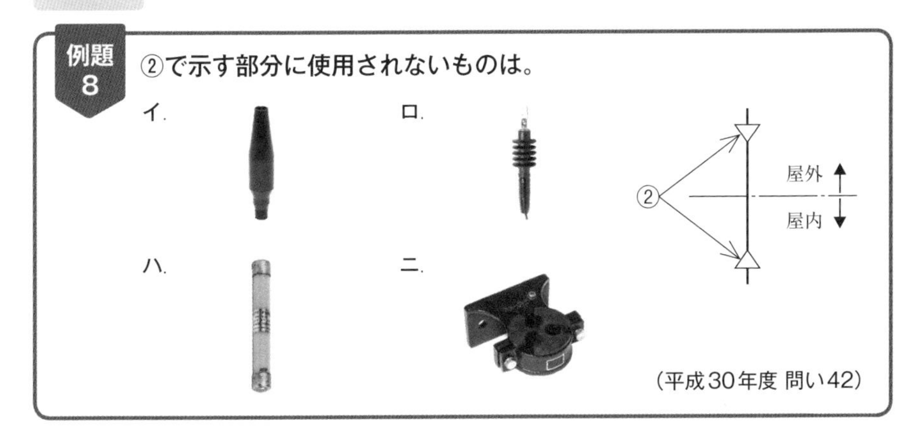

解説・解答

ハは高圧限流ヒューズで、ケーブル終端接続部には使用されません。

答え ハ

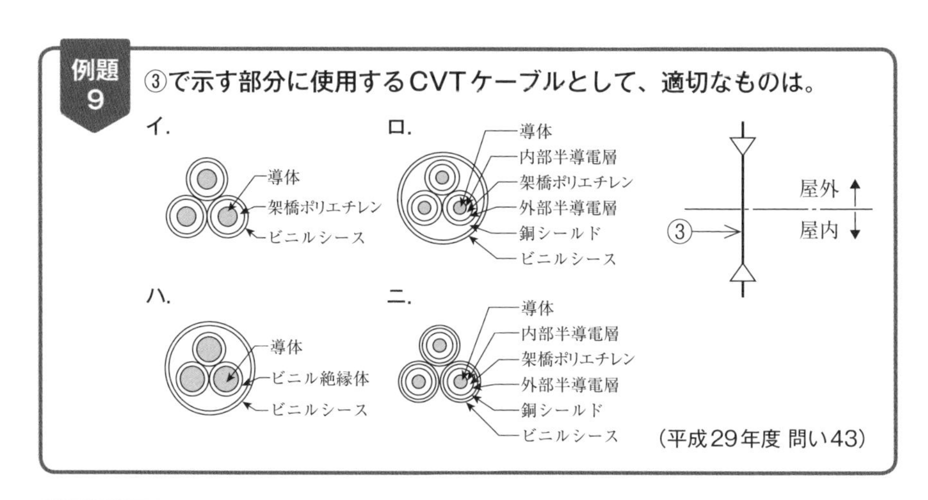

解説・解答

イは低圧用のCVTケーブル、ロは高圧用のCVケーブル、ハはVVRケーブル、ニは高圧用のCVTケーブルになります。よって、答えはニになります。

答え ニ

電力需給用計器用変成器

電力需給用計器用変成器(VCT)の写真と複線図は、右のようになります。

電力需給用計器用変成器から電力量計への配線の本数は、6本(変流器の部分が4本の場合は7本)になります。

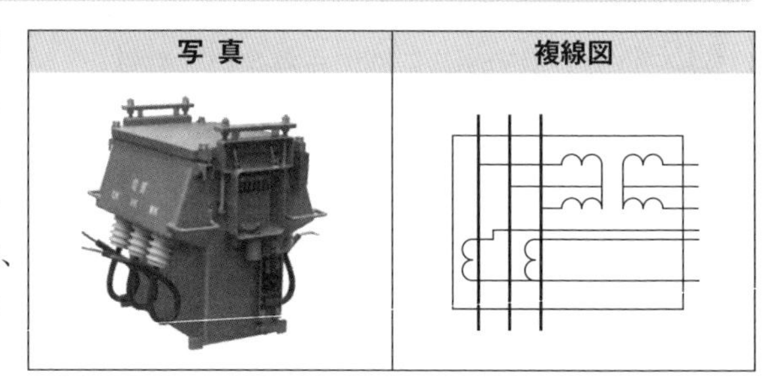

例題 10

②の部分の電線本数(心線数)は。

イ. 2又は3
ロ. 4又は5
ハ. 6又は7
ニ. 8又は9

屋外
屋内
②

(平成25年度 問い47)

解説・解答

電力需給用計器用変成器から電力量計への電線の本数は、6本から7本になります。

答え ハ

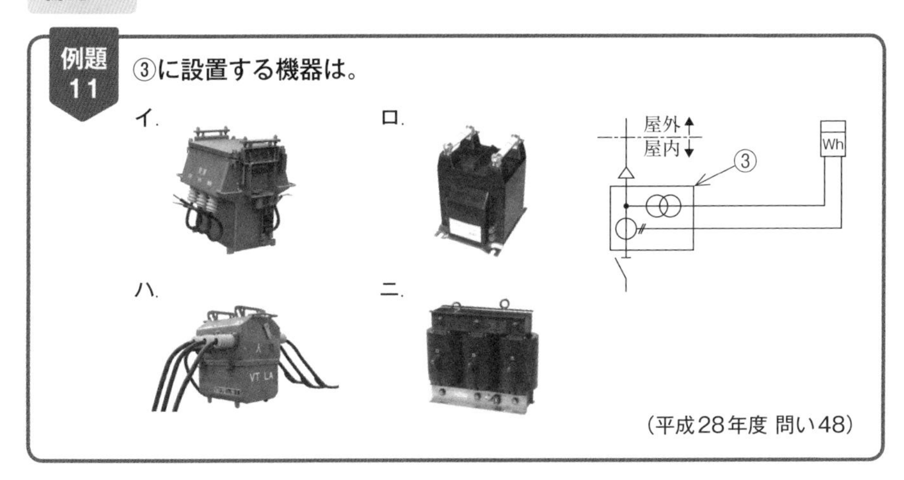

解説・解答

③に設置する機器は電力需給用計器用変成器で、写真はイになります。

答え イ

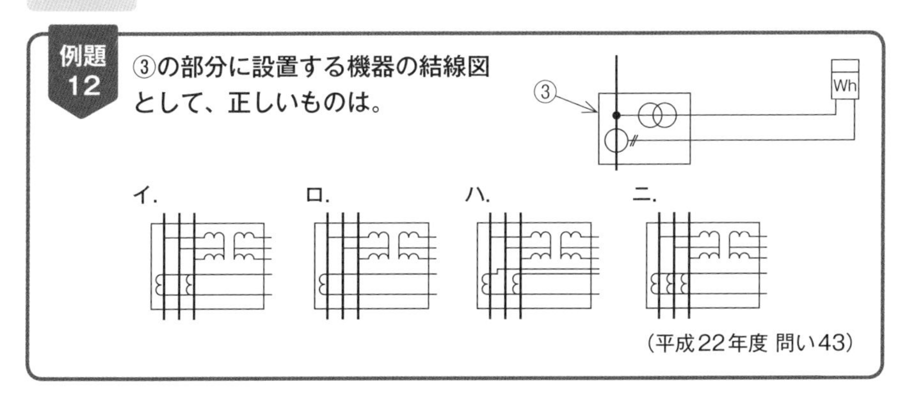

解説・解答

③に設置する機器は電力需給用計器用変成器で、結線図はハになります。

答え ハ

電力量計

自家用電気工作物で使用される電力量計(Wh)は、右の写真のようになります。

低圧用の電力量計と形状が異なりますので、注意しましょう。

電力量計

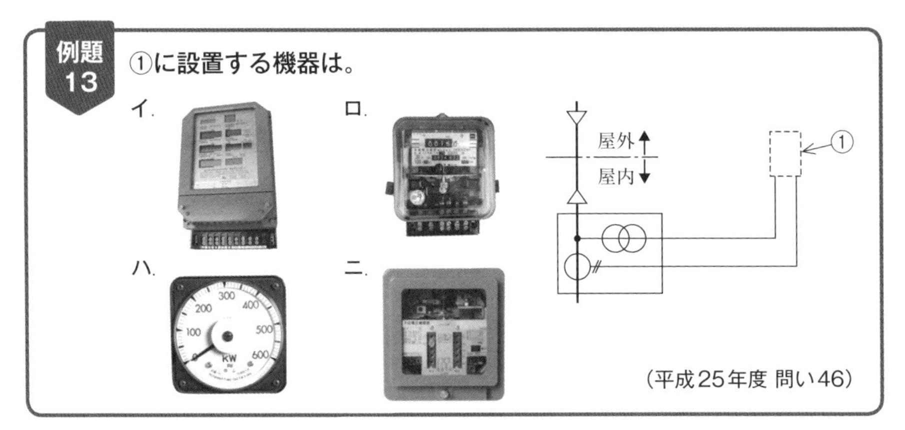

例題 13

①に設置する機器は。

イ. ロ. ハ. 二.

(平成25年度 問い46)

解説・解答

①に設置するのは、イの電力量計です。ロも電力量計ですが低圧用です。

答え イ

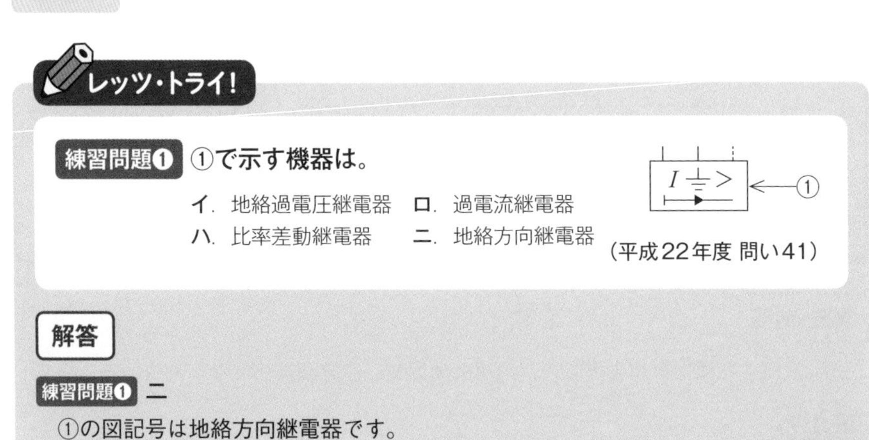

レッツ・トライ!

練習問題❶ ①で示す機器は。

イ. 地絡過電圧継電器　ロ. 過電流継電器
ハ. 比率差動継電器　二. 地絡方向継電器

(平成22年度 問い41)

解答

練習問題❶ 二

①の図記号は地絡方向継電器です。

重要度★★★

02 高圧受電設備②

配線図問題の「高圧受電設備の単線結線図の図記号と機器、計器用機器や接地工事」などについて学びます

高圧受電設備の単線結線図と機器（2）

次のページの単線結線図で青線で囲まれた箇所の機器の名称、文字記号、図記号、用途などは、次の表のとおりです。

	名　称	文字記号	図 記 号	解　説
①	計器用変圧器	VT		高電圧を低電圧に変圧します。
②	高圧限流ヒューズ	PF		計器用変圧器の内部短絡事故が主回路に波及することを防止します。
③	変流器	CT		高圧電路の電流を変流します。
④	高圧交流遮断器	CB		過電流・短絡電流の遮断を行います。
⑤	過電流継電器	OCR	I >	過電流が流れると、遮断器を動作させます。
⑥	電力計	W	W	電力を表示します。
⑦	力率計	cos ϕ	cosφ	力率を表示します。
⑧	電圧計切換スイッチ(注)	VS	VS 電圧計 V	電圧計の表示する線間電圧を切り換えます。
⑨	電流計切換スイッチ(注)	AS	AS 電流計 A	電流計の表示する線電流を切り換えます。
⑩	避雷器	LA		落雷などによる異常電圧から機器を保護します。

（注：本書では、電圧計切換スイッチ、電流計切換スイッチを、新図記号で統一しています。）

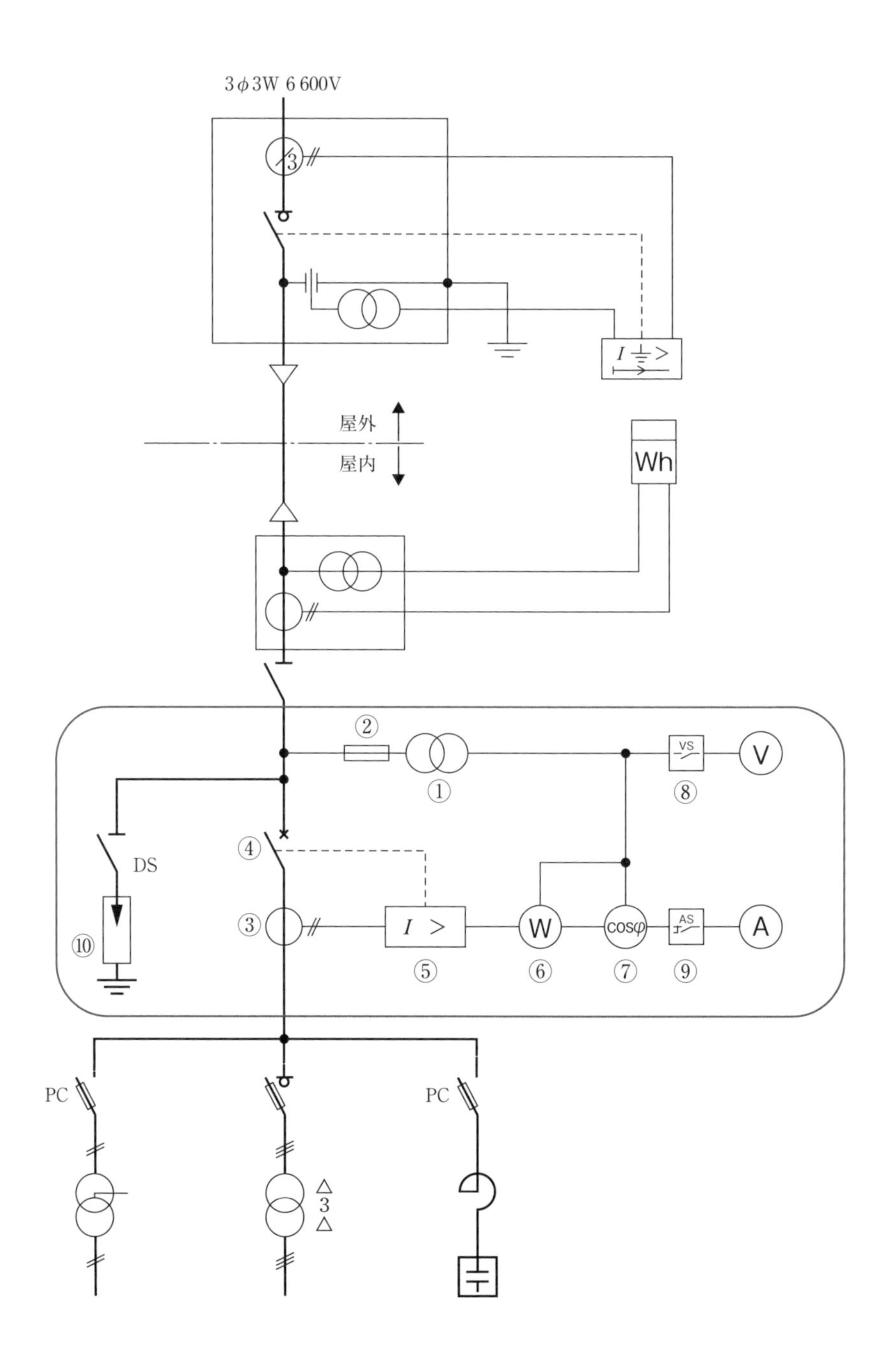

高圧受電設備の単線結線図（2）

例題 14

②で示す装置を使用する主な目的は。

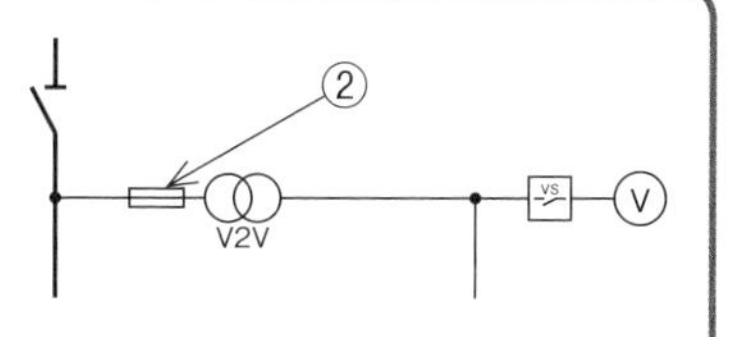

イ．計器用変圧器の内部短絡事故が主回路に波及することを防止する。
ロ．計器用変圧器を雷サージから保護する。
ハ．計器用変圧器の過負荷を防止する。
ニ．計器用変圧器の欠相を防止する。

（2019年度 問い47）

解説・解答

②は高圧限流ヒューズで、計器用変圧器の内部短絡事故が主回路に波及することを防止するため使用します。

答え イ

例題 15

⑤で示す機器の役割は。

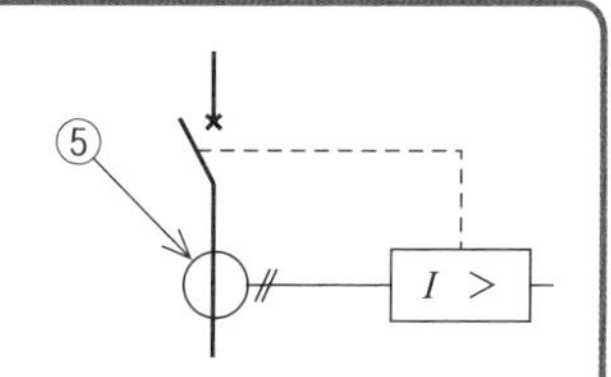

イ．高圧電路の電流を変流する。
ロ．電路に侵入した過電圧を抑制する。
ハ．高電圧を低電圧に変圧する。
ニ．地絡電流を検出する。

（平成30年度 問い45）

解説・解答

⑤で示す機器は変流器です。その役割は高圧電路の電流を変流することです。

答え イ

例題 16

③で示す部分に設置する機器の図記号と略号（文字記号）の組合せは。

イ．I ⏚ ＜ OCGR
ロ．I ⏚ ＞ OCGR
ハ．I ＜ OCR
ニ．I ＞ OCR

（平成26年度 問い48（一部新図記号に変更））

解説・解答

③で示す機器は過電流継電器で、その図記号は $\boxed{I>}$ で、略号はOCRです。

答え ニ

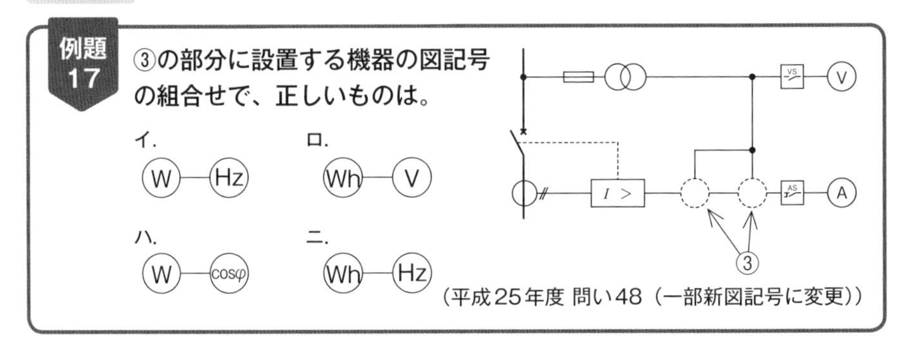

（平成25年度 問い48（一部新図記号に変更））

解説・解答

③は変流器と計器用変圧器と接続されているので、電力計と力率計が設置されます。

答え ハ

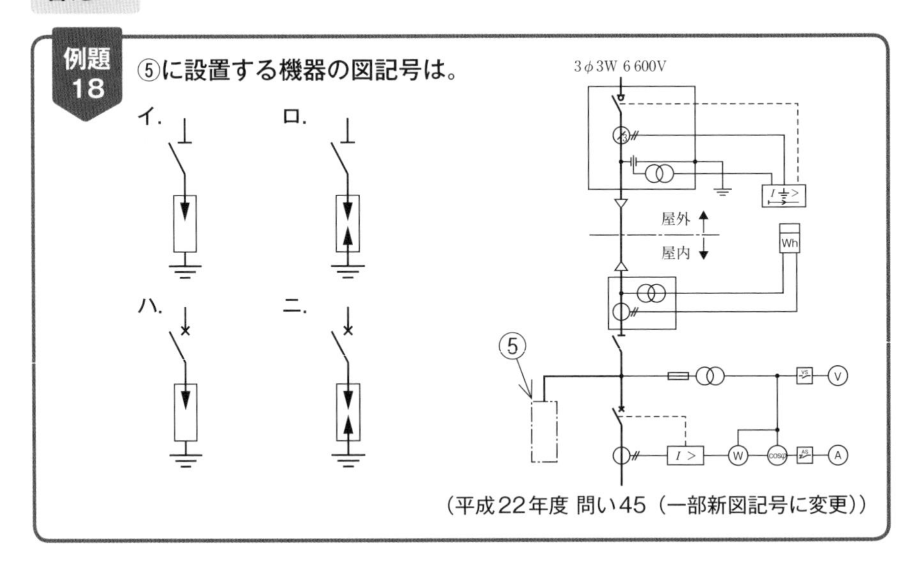

（平成22年度 問い45（一部新図記号に変更））

解説・解答

⑤で示す場所には、断路器と避雷器を設置します。

答え イ

計器用変圧器の定格電圧と高圧限流ヒューズの本数

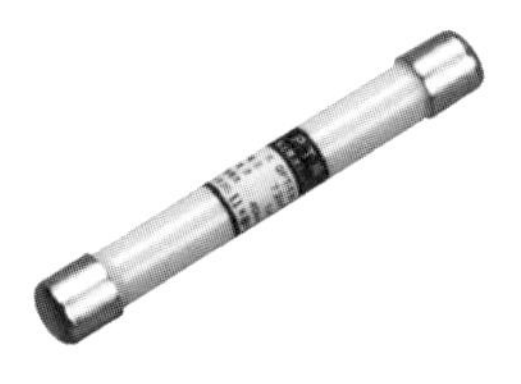
高圧限流ヒューズ

計器用変圧器（VT）の定格一次電圧は6.6kV、定格二次電圧は110Vになります。

また、計器用変圧器で使用する高圧限流ヒューズ（PF）は右の写真のような形です。使用する本数は**4本**になります。

例題19 ②で示す機器の定格一次電圧［kV］と定格二次電圧［V］は。

イ．6.6kV 105V　ロ．6.6kV 110V　ハ．6.9kV 105V　ニ．6.9kV 110V

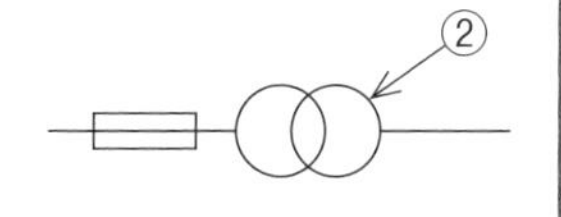

（令和2年度 問い47）

解説・解答

②で示す機器は計器用変圧器で、定格一次電圧は6.6kV、定格二次電圧は110Vになります。

答え ロ

例題20 ②の部分に施設する機器と使用する本数は。

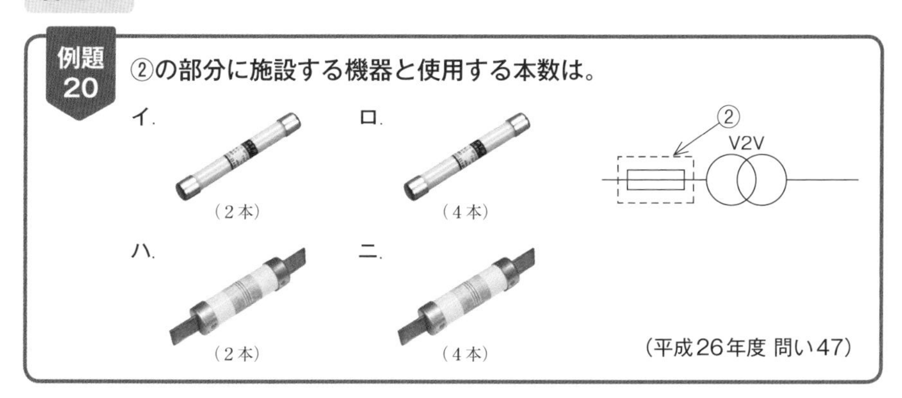

（平成26年度 問い47）

解説・解答

②の部分に施設する機器は高圧限流ヒューズで、写真はイとロになります。使用する本数は4本です。

答え ロ

変流器の外観・端子記号・複線図と使用個数

変流器（CT）の写真と端子記号・複線図は、次のようになります。使用する個数は2個です。

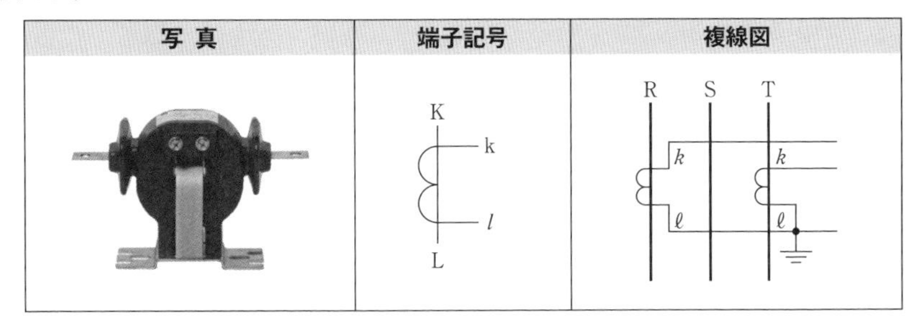

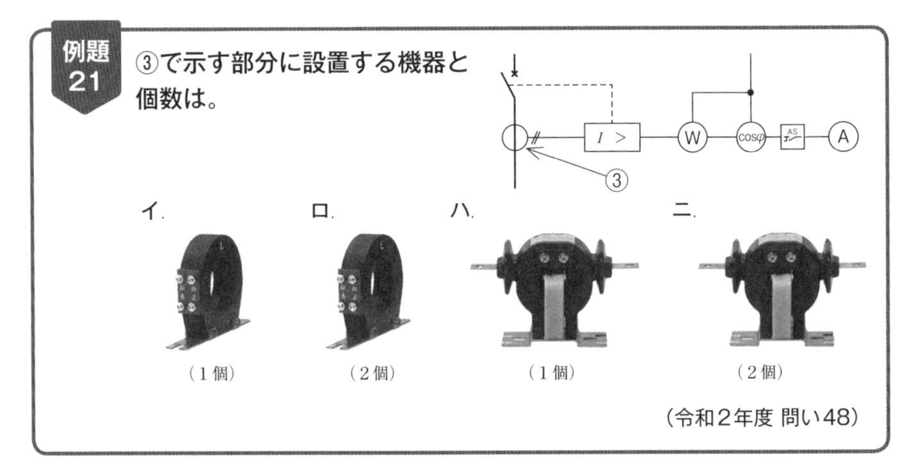

解説・解答

③で示す部分に設置する機器は変流器で、写真はハとニになります。個数は2個になります。

答え ニ

変流器はS相に使わないので2個になります。

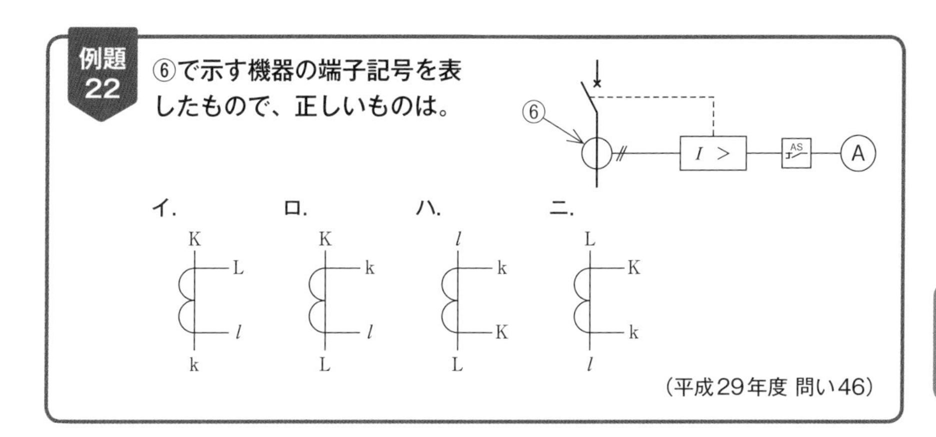

解説・解答

⑥で示す機器は変流器で、一次側はKからLへ、二次側はkからlになります。

答え ロ

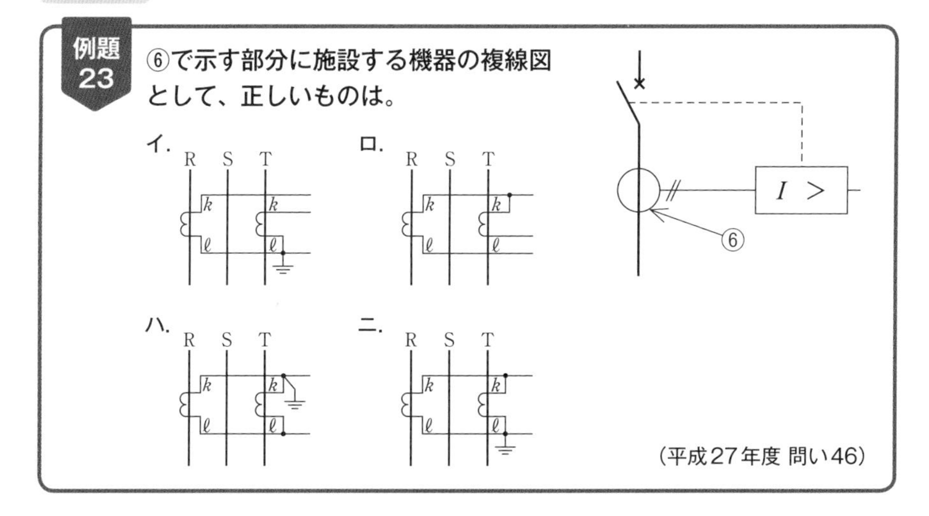

解説・解答

⑥で示す部分に施設する機器は変流器で、複線図はイになります。

答え イ

高圧交流遮断器

高圧交流遮断器（CB）の写真は、右のようになります。

真空遮断器（VCB）がよく使われています。

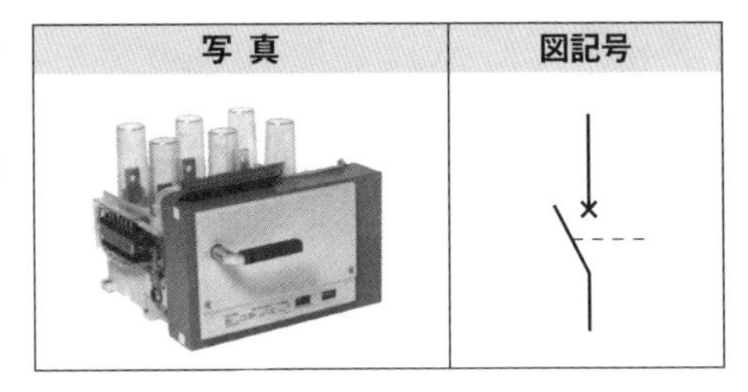

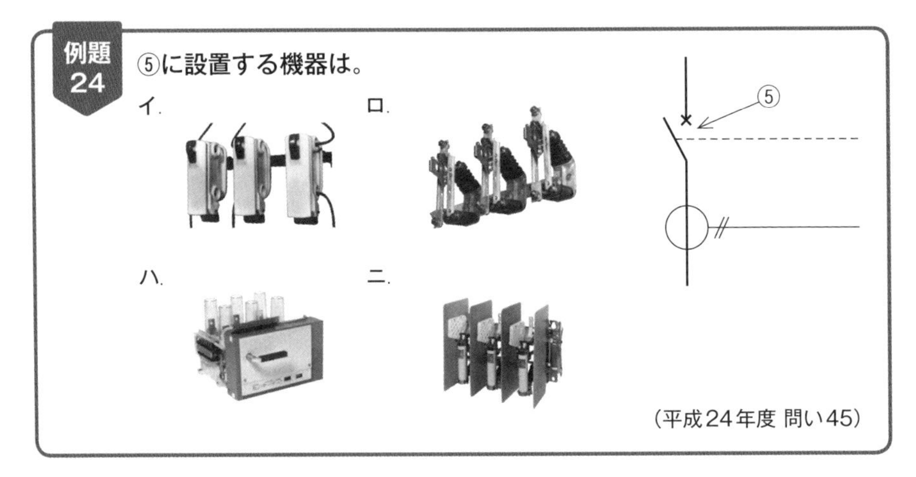

解説・解答

⑤に設置する機器は、高圧交流遮断器になり、写真はハになります。

答え ハ

計器類

出題頻度の高い、高圧受電設備の計器類の写真は、次のようなものがあります。

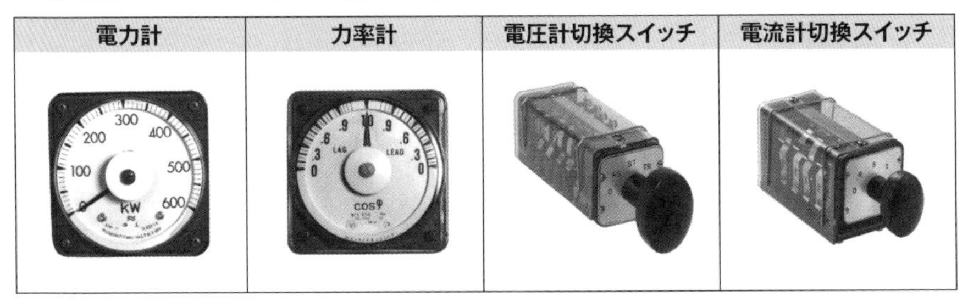

見分け方は表示盤にkWと書かれているものが電力計、cosϕと書かれているものが力率計、RS、ST、TRと書かれているものが電圧計切換スイッチ、R、S、Tと書かれているものが電流計切換スイッチになります。

例題 25

⑥に設置する機器の組合せは。

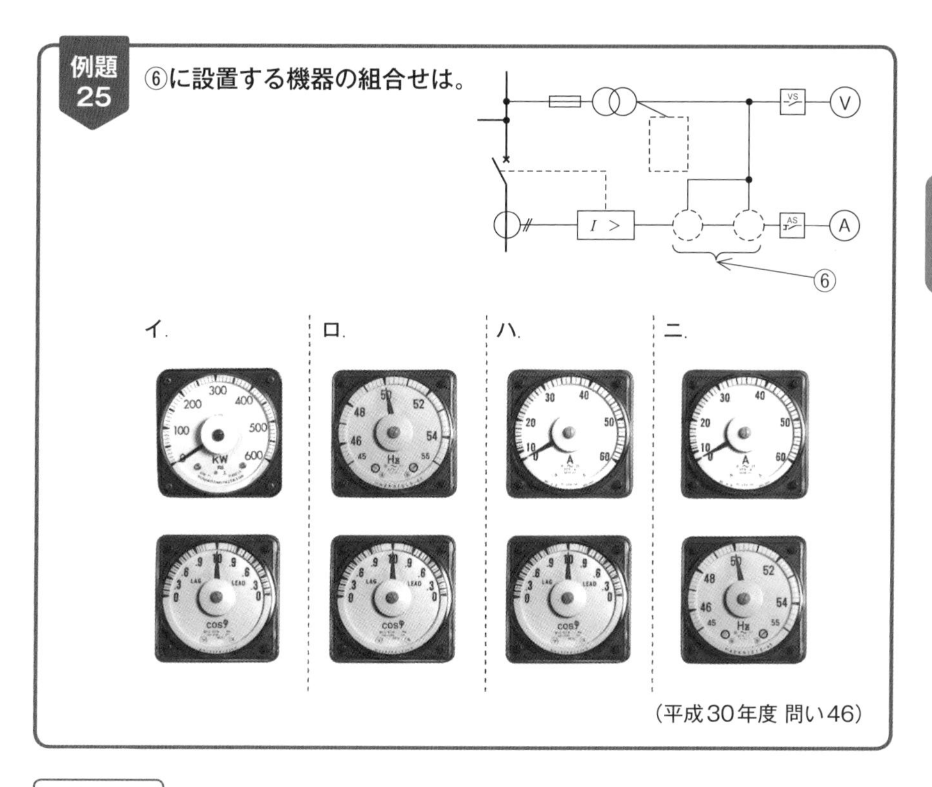

(平成30年度 問い46)

解説・解答

⑥に設置する機器は、電力計と力率計で、写真はイになります。

答え イ

kWと表示されていれば電力計、
cosφと表示されていれば力率計です！

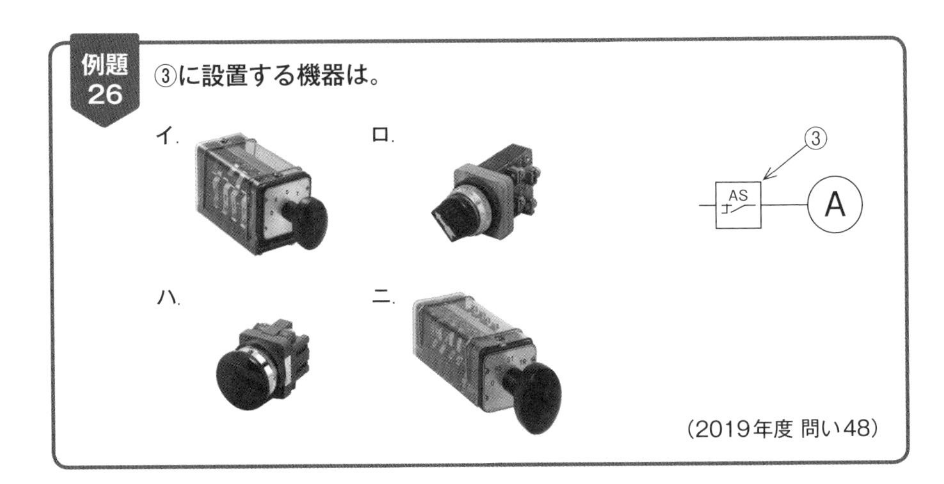

解説・解答

③に設置する機器は電流計切換スイッチで、写真はイになります。

答え イ

計器用変成器などの接地工事の種類

計器用変成器（計器用変圧器、変流器）の二次側電路の接地工事、電力需給用計器用変成器の金属製外箱の接地工事は、右の表のようになります。

接地工事をする箇所	接地工事の種類	図記号
計器用変圧器の二次側電路	D種接地工事	⏚ E_D
変流器の二次側電路	D種接地工事	⏚ E_D
電力需給用計器用変成器の金属製外箱	A種接地工事	⏚ E_A

避雷器の接地工事

高圧の電路に施設する避雷器（LA）には、A種接地工事を施さなければなりません。避雷器の接地線の最小太さは、14mm^{2}になります。

ワンポイント

避雷器は、異常な高電圧から設備を守るため接地線はA種接地で太くなります。

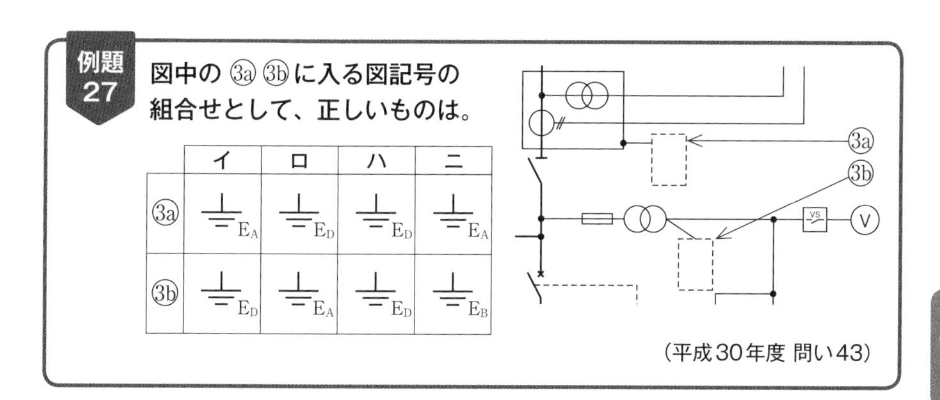

例題 27

図中の ③a ③b に入る図記号の組合せとして、正しいものは。

	イ	ロ	ハ	ニ
③a	E_A	E_D	E_D	E_A
③b	E_D	E_A	E_D	E_B

（平成30年度 問い43）

解説・解答

③aは、電力需給用計器用変成器の金属製外箱の接地工事で、A種接地工事になり E_A に、③bは、計器用変圧器の二次側電路の接地工事で、D種接地工事になり E_D です。

答え イ

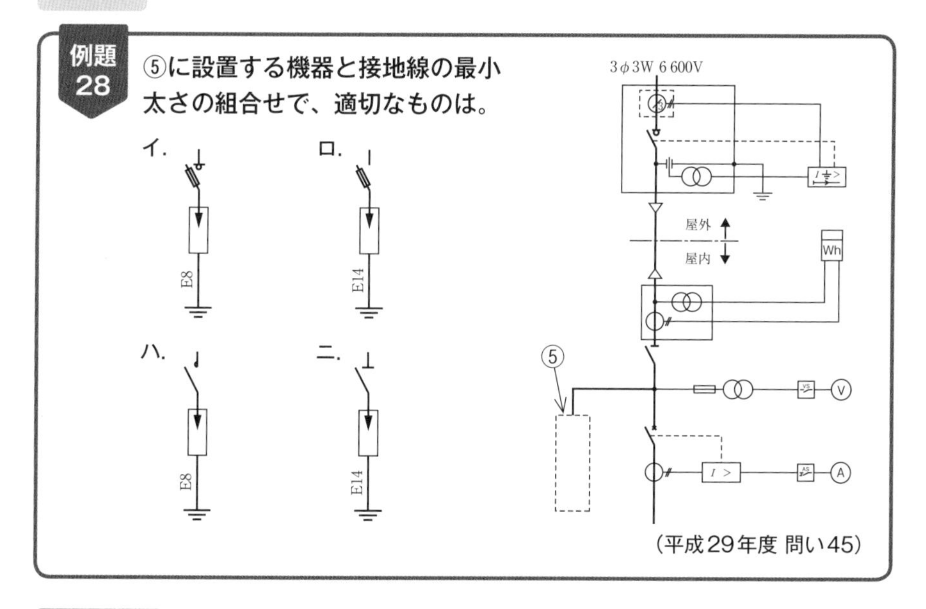

例題 28

⑤に設置する機器と接地線の最小太さの組合せで、適切なものは。

（平成29年度 問い45）

解説・解答

⑤に設置する機器は断路器と避雷器で、接地線の最小太さは14mm²になります。

答え ニ

継電器試験装置

過電流継電器（OCR）などの保護継電器の動作特性試験は、右の写真の継電器試験装置を使って行います。

継電器試験装置

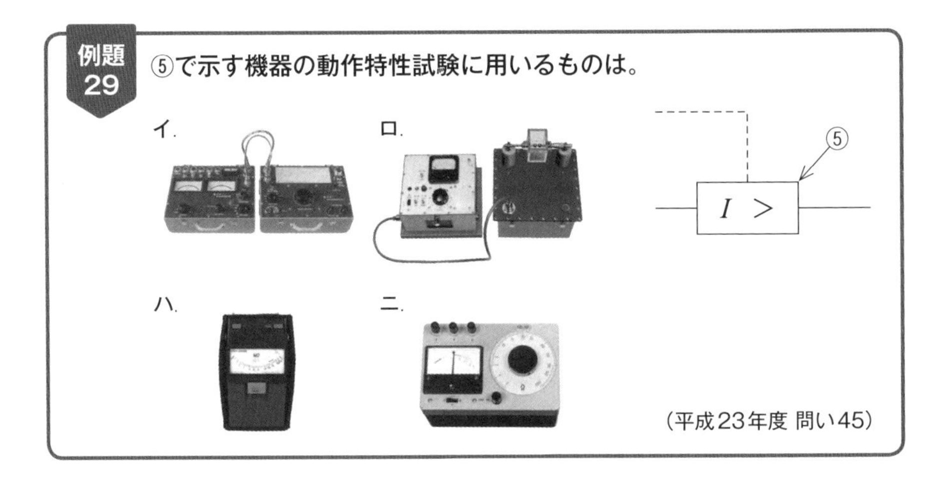

解説・解答

⑤で示す機器は過電流継電器で、動作特性試験ではイの写真の継電器試験装置を使います。

答え イ

検査・試験のための機器も出題されます。
覚えておきましょう！

練習問題❷ ④に設置する単相機器の必要最少数量は。

イ．1
ロ．2
ハ．3
ニ．4

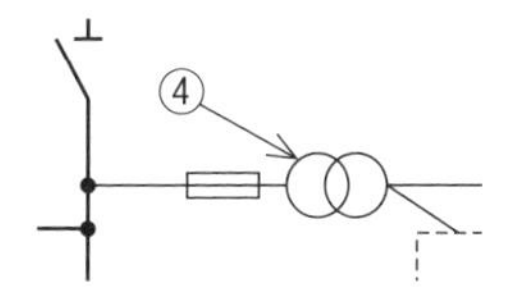

（平成30年度 問い44）

練習問題❸ ⑤で示す機器の二次側電路に施す接地工事の種類は。

イ．A種接地工事
ロ．B種接地工事
ハ．C種接地工事
ニ．D種接地工事

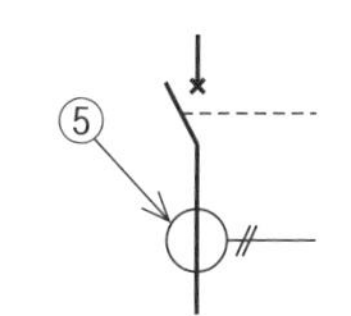

（平成26年度 問い50）

解答

練習問題❷ ロ

④に設置する単相機器は計器用変圧器で、2台必要になります。

練習問題❸ ニ

⑤で示す機器は変流器で、二次側電路にはD種接地工事を施します。

ワンポイント

どの場所にどの接地工事を行うか、整理して覚えておきましょう。

重要度★★★

03 高圧受電設備③

配線図問題の「高圧受電設備の単線結線図の図記号と機器、直列リアクトル、進相コンデンサ、変圧器」などについて学びます

高圧受電設備の単線結線図と機器（3）

次のページの単線結線図で青線で囲まれた箇所の機器の名称、文字記号、図記号、用途などは次の表のとおりです。

	名　称	文字記号	図 記 号	解　説
①	高圧限流ヒューズ付 高圧交流負荷開閉器	PF 付 LBS		変圧器・コンデンサなどの開閉装置に使います。
②	高圧カットアウト	PC		300kV・A 以下の変圧器、50 kvar 以下の開閉装置に使います。
③	直列リアクトル	SR		コンデンサ回路の突入電流の抑制や第5調波等の高調波障害の拡大を防止し、電圧波形のひずみを改善します。 容量は、コンデンサ容量の6%が標準です。
④	高圧進相コンデンサ	SC		金属製外箱には、A種接地工事を行います。接地線の最小値は、2.6mm です。
⑤	中間引出単相変圧器	T		一次側：6 600V 二次側：単相3線式 105V/210V 二次側中性線にB種接地工事
	三相変圧器 （2巻線）			一次側：6 600V 二次側：三相3線式 210V
	単相変圧器2台の V－V結線		V 2 V	単相変圧器2台で、三相配電ができます。
	単相変圧器3台の △－△結線		△ 3 △	単相変圧器3台を使います。

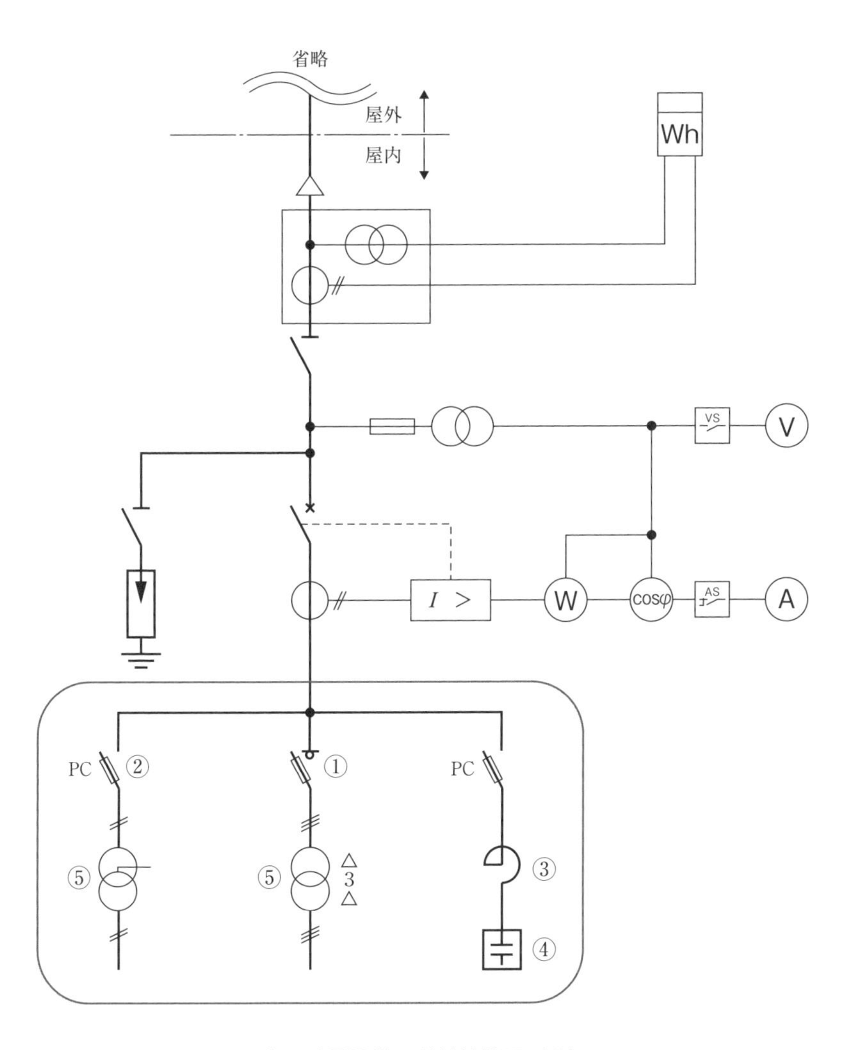

高圧受電設備の単線結線図（3）

いよいよ変圧器の周辺になります。
二次側（低圧側）も含まれるので注意！

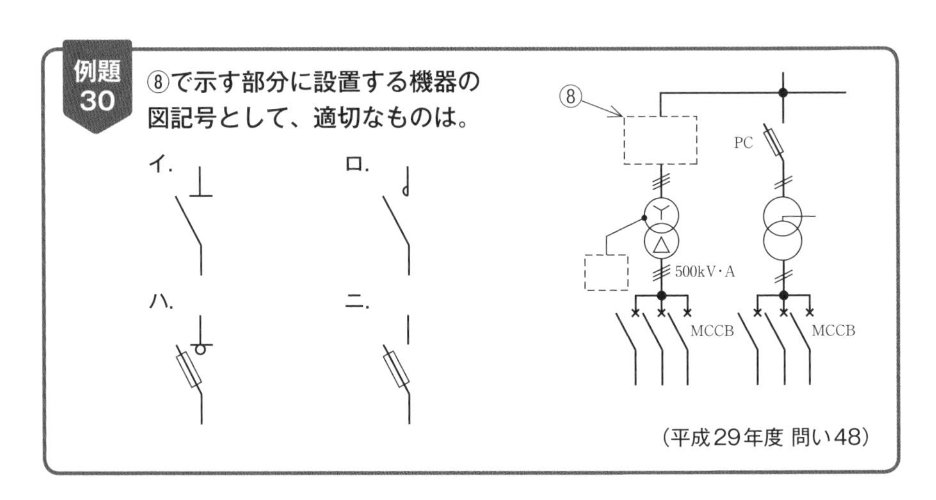

解説・解答

変圧器の容量が300kV・Aを超えているので、限流ヒューズ付高圧交流負荷開閉器（PF付LBS）を使います。図記号はハになります。

答え ハ

⑧で示す部分に使用できる変圧器の最大容量［kV・A］は。

イ．100　　ロ．200
ハ．300　　ニ．500

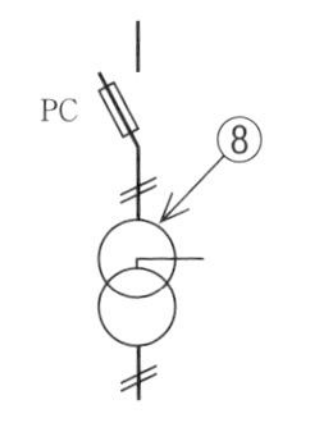

（平成27年度 問い48）

解説・解答

⑧は変圧器の開閉器に高圧カットアウト（PC）が使用されています。高圧カットアウトを開閉器として使用できる変圧器の最大容量は300kV・Aです。

答え ハ

高圧カットアウトが使われるのは300kV・A以下の変圧器です。

例題32

⑧で示す機器の役割として、誤っているものは。

イ．コンデンサ回路の突入電流を抑制する。
ロ．コンデンサの残留電荷を放電する。
ハ．電圧波形のひずみを改善する。
ニ．第５調波等の高調波障害の拡大を防止する。

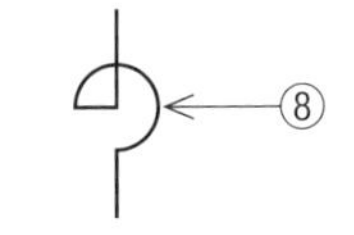

（平成30年度 問い48）

解説・解答

⑧で示す機器は直列リアクトル（SR）で、コンデンサ回路の突入電流を抑制、第５調波等の高調波障害の拡大の防止、電圧波形のひずみの改善を行います。コンデンサの残留電荷の放電は行いません。

答え ロ

例題33

⑨で示す機器の容量［kvar］として、最も適切なものは。

イ．3　　ロ．6
ハ．18　　ニ．30

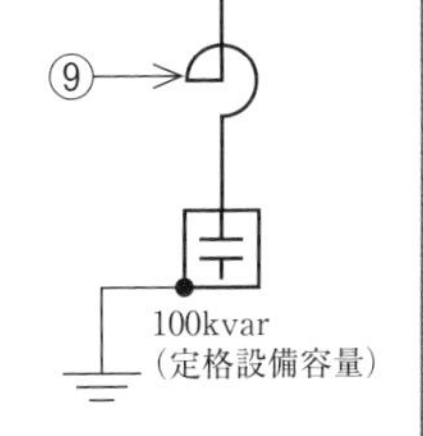

（平成23年度 問い49）

解説・解答

⑨は直列リアクトルで、容量はコンデンサの容量の６％になります。

$100 \times 0.06 = 6$［kvar］

直列リアクトルの容量で適切なのは、6kvarです。

答え ロ

例題34

⑨の部分に使用する軟銅線の直径の最小値［mm］は。

イ．1.6　　ロ．2.0
ハ．2.6　　ニ．3.2

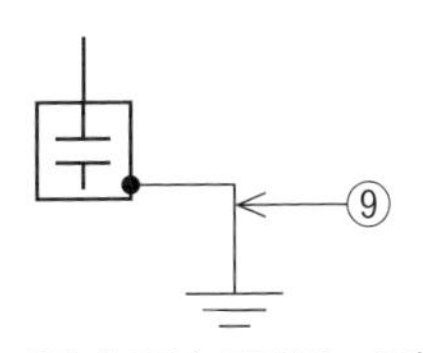

（平成30年度 問い49）

解説・解答

⑨は高圧進相コンデンサの金属製外箱の接地工事で、A種接地工事となり、接地線の最小太さは2.6mm（より線5.5mm²）になります。

答え ハ

直列リアクトル・高圧進相コンデンサ・変圧器の外観

直列リアクトル、高圧進相コンデンサ、変圧器の写真は、次のとおりです。

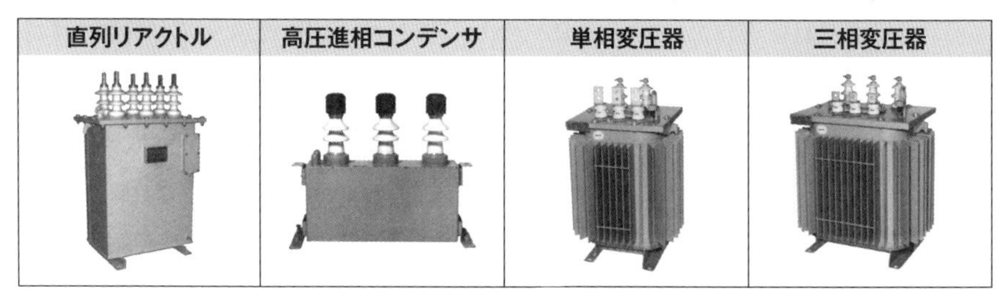

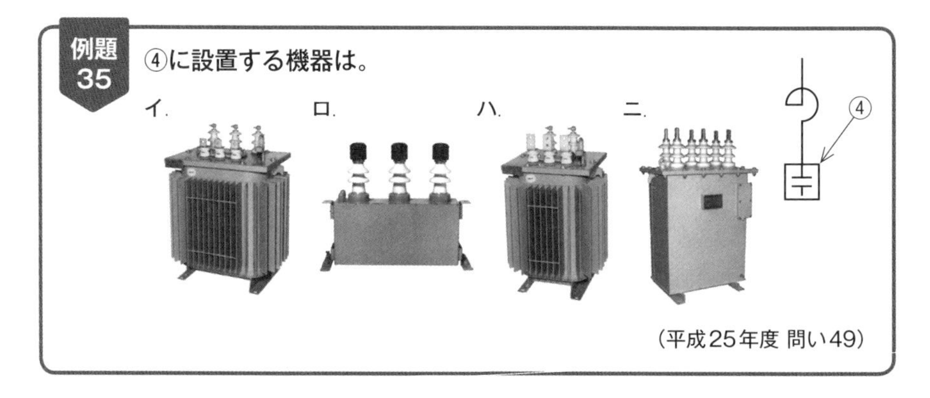

解説・解答

④は高圧進相コンデンサ（C）の図記号で、写真はロになります。

答え ロ

高圧進相コンデンサと直列リアクトルは区別できるようにしておきましょう。

例題 36 ④に設置する機器と台数は。

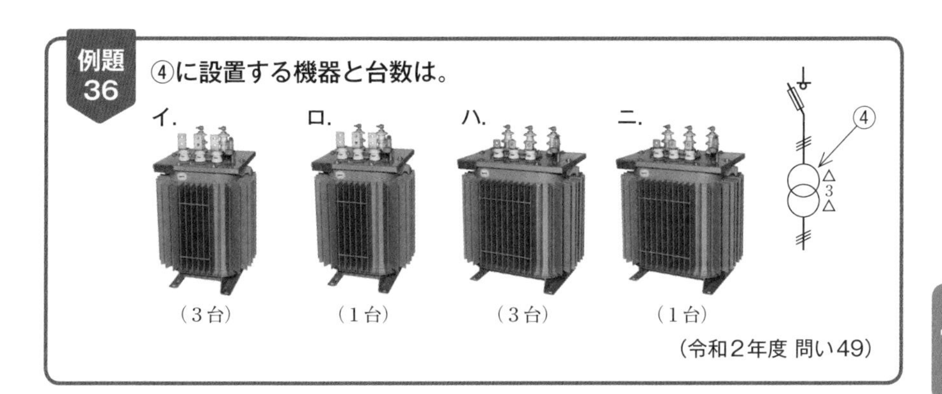

(令和2年度 問い49)

解説・解答

④は単相変圧器（T）３台の△-△結線で、単相変圧器を３台使います。

答え イ

V-V結線のB種接地工事

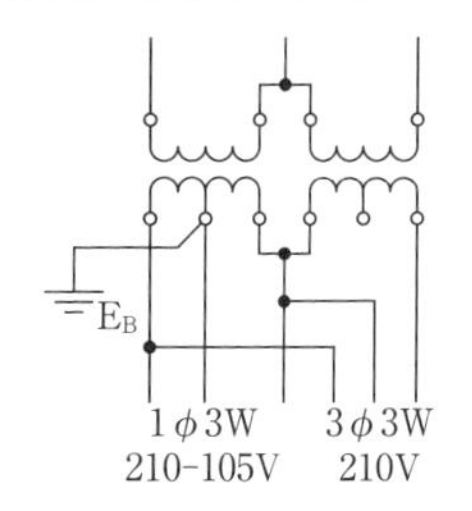

V-V結線では、右の図のように、変圧器の低圧側の中性点にＢ種接地工事を施します。

Ｂ種接地から、単相３線式100/200Vの中性線を配線します。

例題 37 ⑤で示す変圧器の結線図において、Ｂ種接地工事を施した図で、正しいものは。

イ.

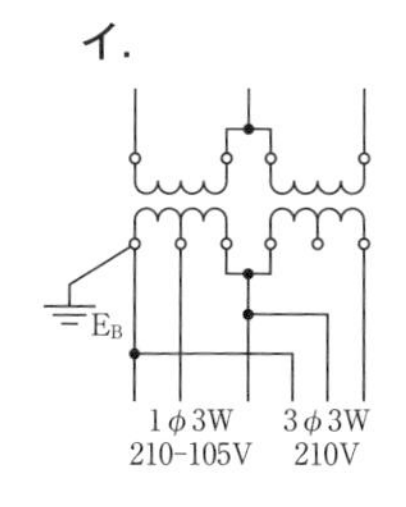

ロ.　ハ.

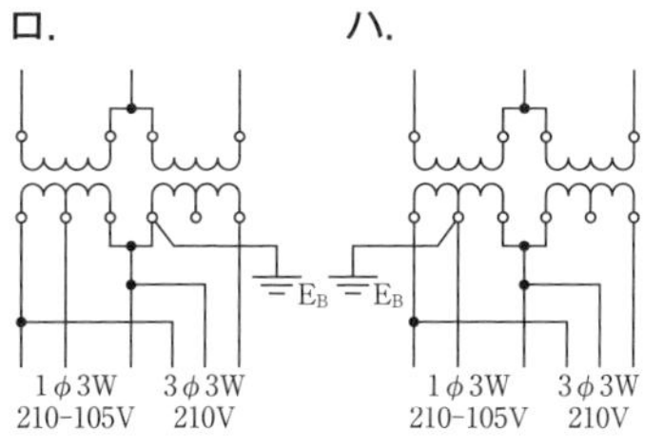

ニ.

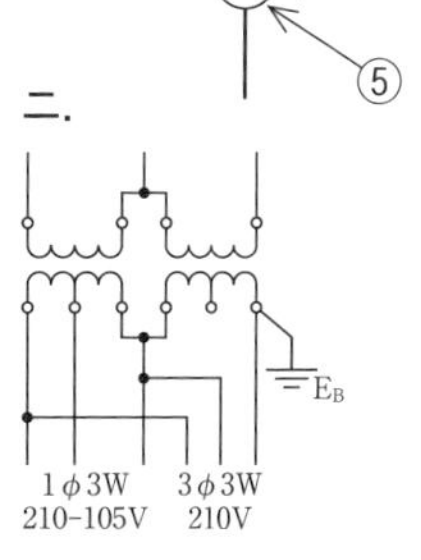

(2019年度 問い50)

解説・解答

⑤は２台の単相変圧器を使ったV-V結線で、変圧器の低圧側の中性点からB種接地工事を行っているのはハになります。

答え ハ

可とう導体

可とう導体は、地震時などブッシングに荷重がかかった場合、可とう性によって、**加わる荷重を軽減**するものです。

可とう導体は、地震時の振動やブッシングや母線に異常な力が加わらないよう十分なたるみを持たせ、かつ、振動や負荷側短絡時の電磁力で、母線が短絡しないように施設します。

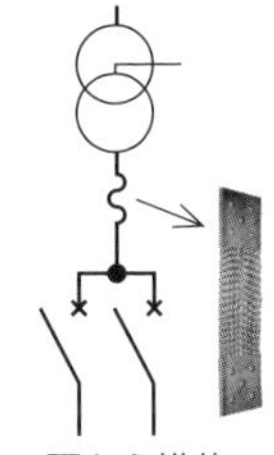
可とう導体

例題 38

⑨で示す図記号の材料の用途は。

イ．地震時等にブッシングに加わる荷重を軽減する。
ロ．過負荷電流が流れたとき溶断して変圧器を保護する。
ハ．短絡電流を抑制する。
ニ．変圧器の異常な温度上昇を検知し色の変化により表す。

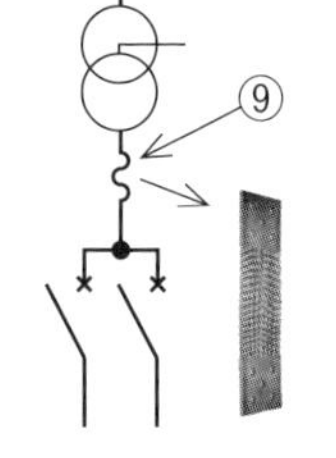

（平成24年度 問い49）

解説・解答

⑨で示す図記号は可とう導体です。地震時等にブッシングに加わる荷重を軽減します。

答え イ

高圧絶縁電線

変圧器の一次側の高圧電路の配線には、高圧絶縁電線（KIP）が使われます。

KIPの構造は、右の図のとおりです。

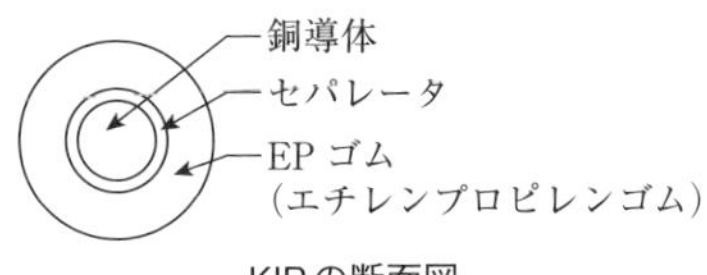

KIPの断面図

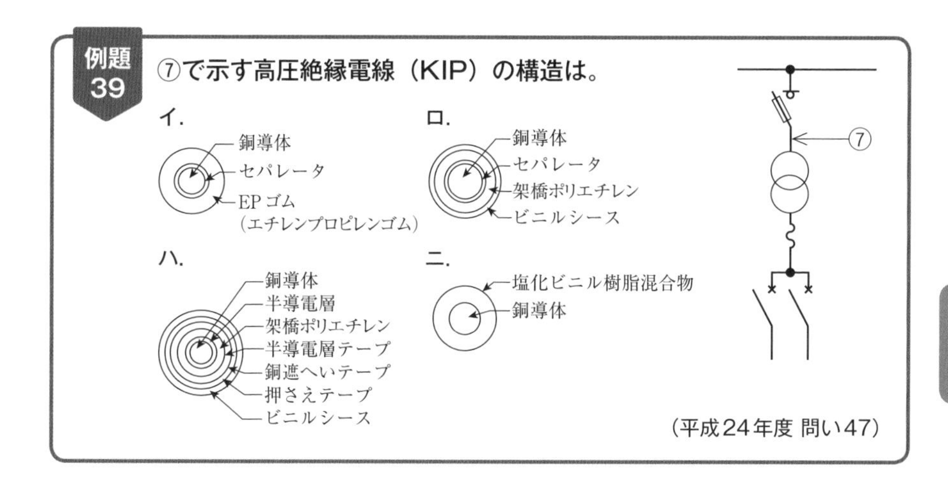

解説・解答

⑦で示す高圧絶縁電線（KIP）の構造はイになります。

答え イ

使用する工具

高圧検相器は、高圧電路の相確認をするのに使います。また放電用接地棒は、コンデンサの停電時に放電接地を行うためのものです。

高圧検相器	放電用接地棒
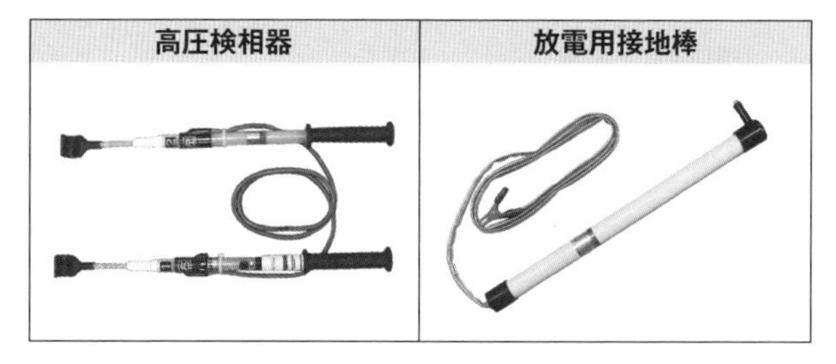	

例題 40

⑦で示す部分の相確認に用いるものは。

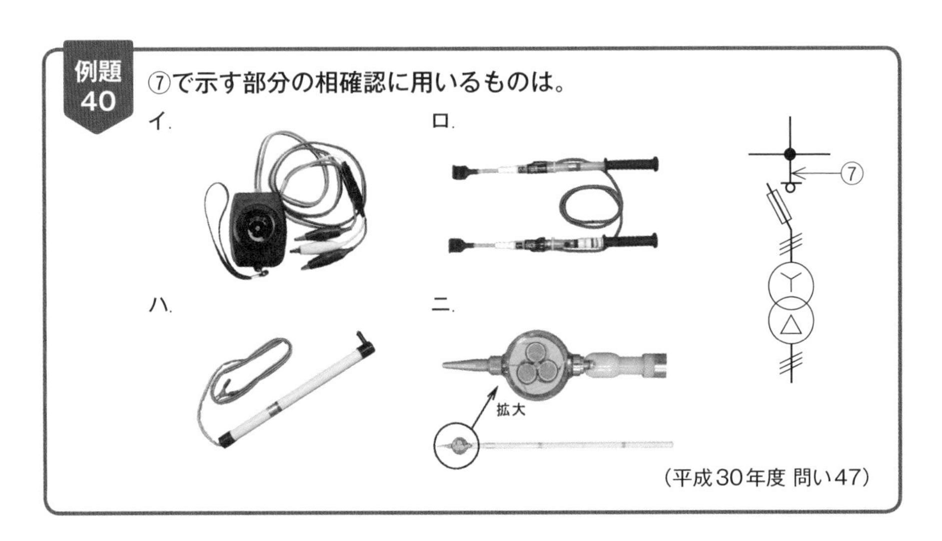

（平成30年度 問い47）

解説・解答

⑦で示す高圧電路で相確認に使用するのは、ロの高圧検相器です。

答え ロ

例題 41

④で示す部分で停電時に放電接地を行うものは。

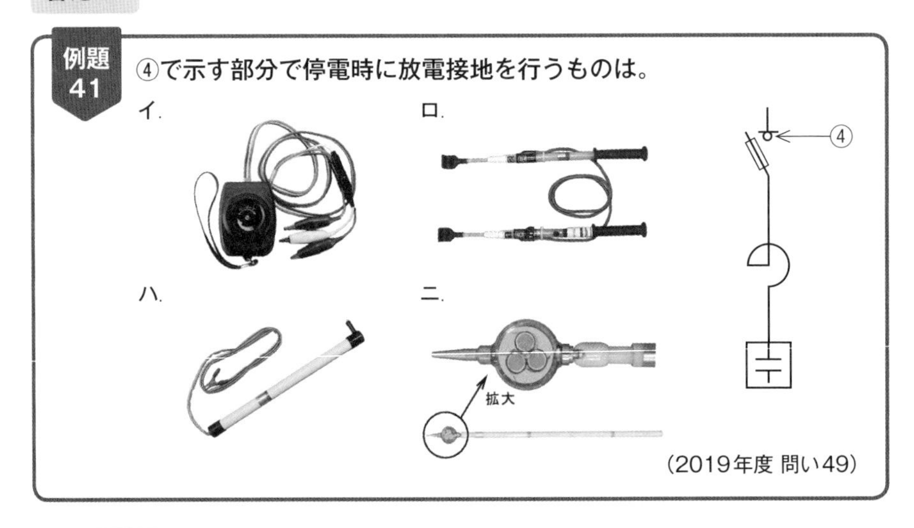

（2019年度 問い49）

解説・解答

停電時に高圧進相コンデンサの放電接地を行うのは、ハの放電用接地棒です。

答え ハ

低圧電路の配線用遮断器・CVTケーブル

低圧電路では、低圧電路の過負荷および短絡を検出し、電路を遮断する配線用遮断器（MCCB）が設置されます。

右の図が配線用遮断器の記号です。

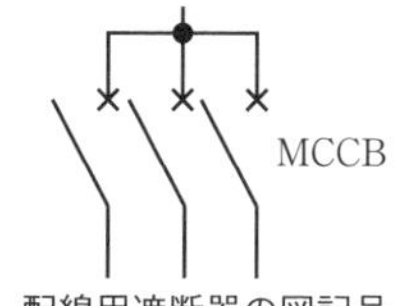

配線用遮断器の図記号

また、低圧電路に使用されるCVTケーブルの断面図は右図のようになります。

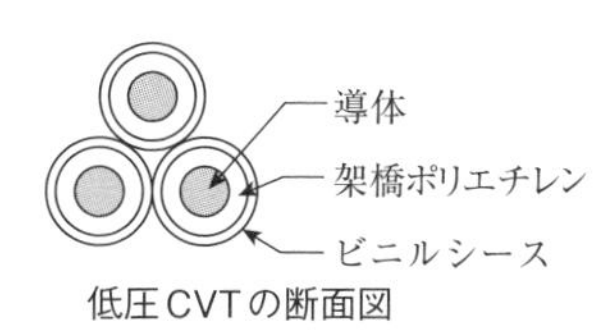

低圧CVTの断面図

スターデルタ始動器からの配線

右の図記号がスターデルタ始動器で、スターデルタ始動器が設置された制御盤内から電動機に至る配線は、始動用の3本と運転用の3本で計**6本**となります。

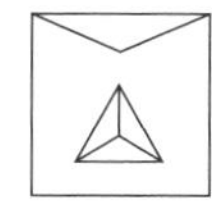

スターデルタ
始動器の図記号

例題 42

⑩で示す機器の使用目的は。

イ. 低圧電路の地絡電流を検出し、電路を遮断する。
ロ. 低圧電路の過電圧を検出し、電路を遮断する。
ハ. 低圧電路の過負荷及び短絡を検出し、電路を遮断する。
ニ. 低圧電路の過負荷及び短絡を開閉器のヒューズにより遮断する。

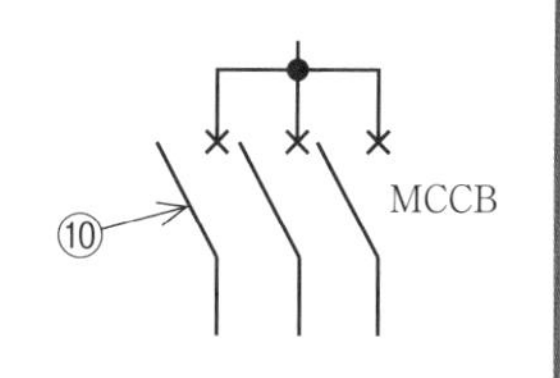

（平成29年度 問い50）

解説・解答

⑩で示す器具は配線用遮断器で、低圧電路の過負荷および短絡を検出し、電路を遮断します。

答え ハ

例題 43

⑨で示す部分に使用するCVTケーブルとして、適切なものは。

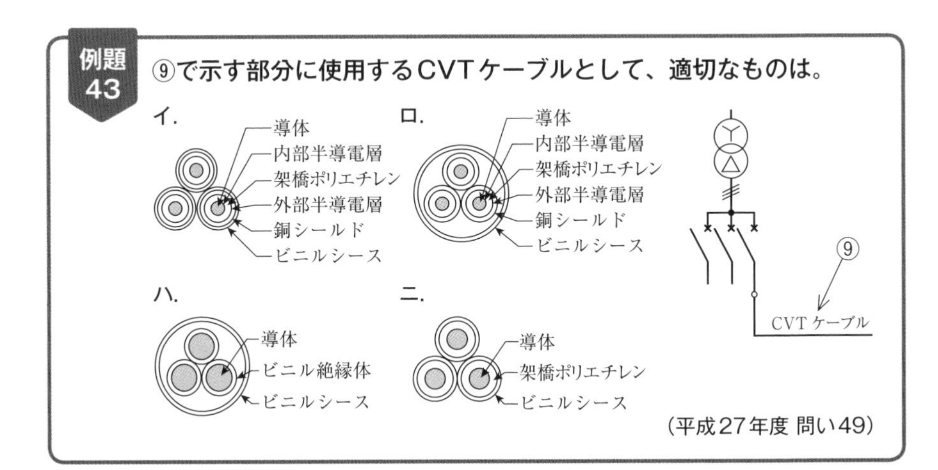

（平成27年度 問い49）

解説・解答

⑨で示す部分は、変圧器の二次側で低圧電路になります。よって、使うのに適切なCVTケーブルは、ニの低圧CVTケーブルです。

答え ニ

レッツ・トライ！

練習問題❹ ⑤の部分の接地工事に使用する保護管で、適切なものは。
ただし、接地線に人が触れるおそれがあるものとする。

イ．薄鋼電線管　　ロ．厚鋼電線管
ハ．CD管　　ニ．硬質ビニル電線管

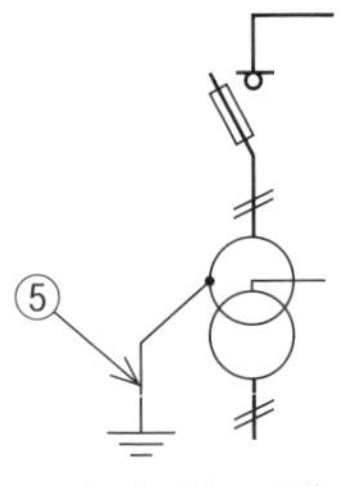

（平成25年度 問い50）

解答

練習問題❹ ニ

⑤はA種接地工事になります。A種接地工事の接地線は、人の触れる恐れのある場合は、電気用品安全法の適用を受ける合成樹脂管（CD管を除く）で覆わなければなりません。

04 電動機の制御回路

配線図問題の「電動機の制御回路図の図記号、機器、結線図、自己保持、インタロック回路、電動機の動作」などについて学びます

制御回路図と機器

三相誘導電動機の制御回路図を次のページに示します。それぞれの機器の名称、文字記号、図記号、用途などは、次の表のとおりです。

	名称	文字記号	図記号	解説
①	配線用遮断器	MCCB		漏電遮断器(過負荷保護付) ELCB (こちらが出題される場合あり)
②	電磁接触器	MC	主接点 コイル (補助接点) メーク接点 ブレーク接点	コイルに電圧がかかると、主接点、メーク接点は閉じ、ブレーク接点は開きます。
③	熱動継電器	THR	メーク接点 ブレーク接点	電動機に、設定値を超えた電流が継続して流れたとき、開路します。
④	かご形三相誘導電動機	M	M 3～	電源の3本中、2本を入れ替えると、逆回転します。
⑤	押しボタンスイッチ	PB	E メーク接点 E ブレーク接点	メーク接点はMCと並列に、ブレーク接点は直列に接続します。
⑥	限時継電器	TLR	電源部 TLR 限時動作瞬時復帰接点 メーク接点 ブレーク接点	電源部に電圧を加えると設定された時間に開閉し、電圧がなくなると瞬時に開閉します。

⑦	表示灯	SL		停止・運転・故障など表示します。
⑧	ブザー	BZ		故障時に警報音を出します。

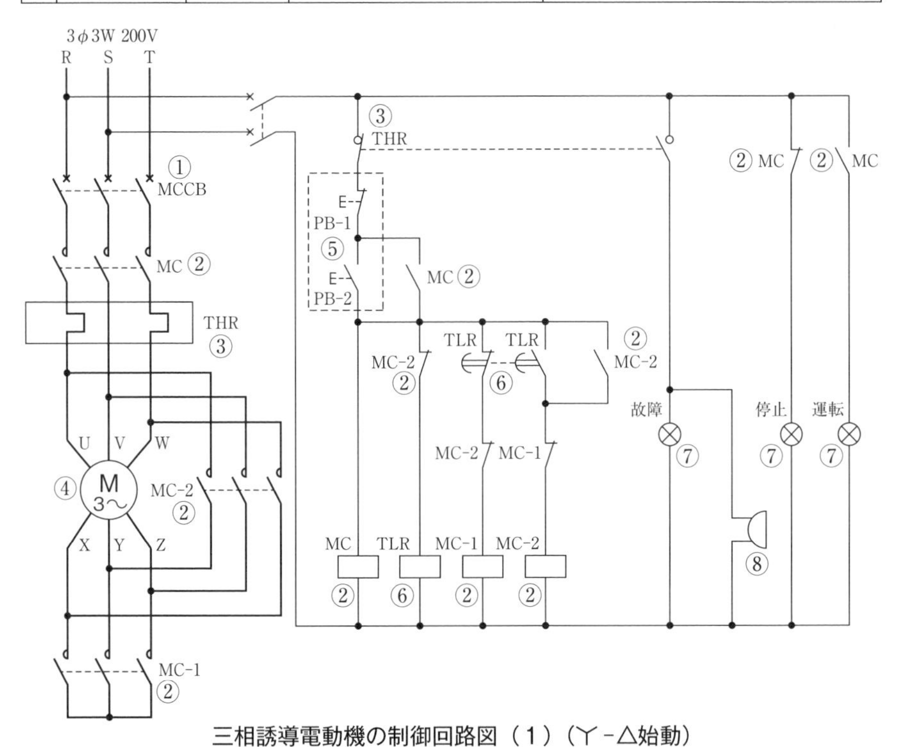

三相誘導電動機の制御回路図（1）（Y－△始動）

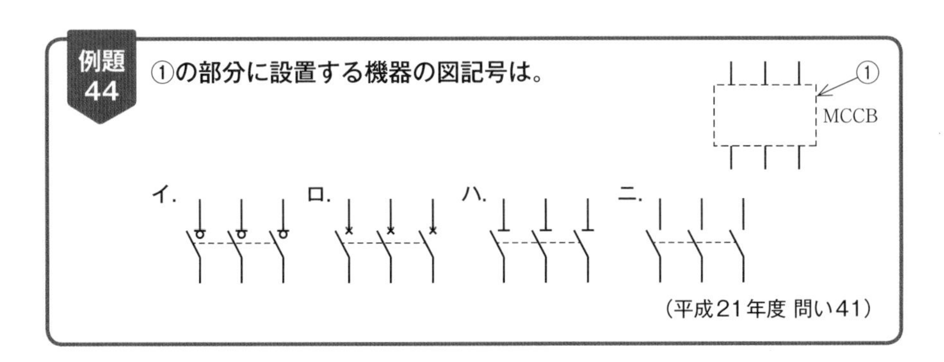

例題 44

①の部分に設置する機器の図記号は。

（平成21年度 問い41）

解説・解答

MCCBという文字記号から、①は配線用遮断器であることがわかります。配線用遮断器の図記号はロです。

答え ロ

例題 45

①の部分に設置する機器は。

イ. 配線用遮断器
ロ. 電磁接触器
ハ. 電磁開閉器
ニ. 漏電遮断器（過負荷保護付）

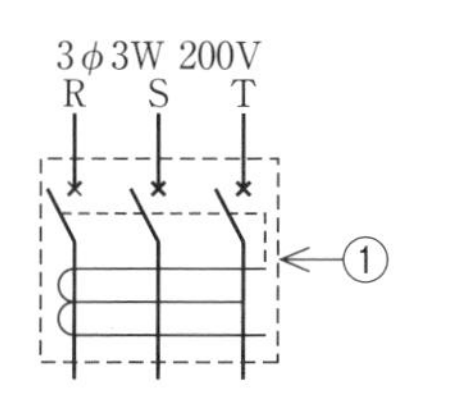

（平成28年度 問い41）

解説・解答

①の図記号は、漏電遮断器（過負荷保護付）です。

答え ニ

例題 46

①の部分に設置する機器は。

イ. 電磁接触器　　ロ. 限時継電器
ハ. 熱動継電器　　ニ. 始動継電器

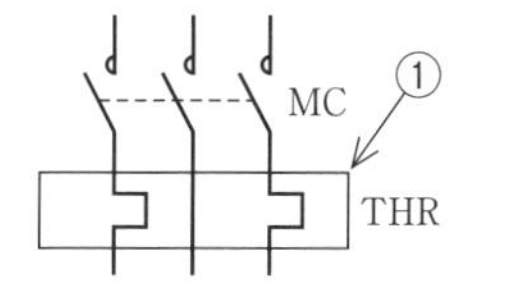

（平成25年度 問い41）

解説・解答

①の図記号は、熱動継電器です。

答え ハ

熱動継電器は、電磁接触器と一緒に電磁開閉器を構成するものです。

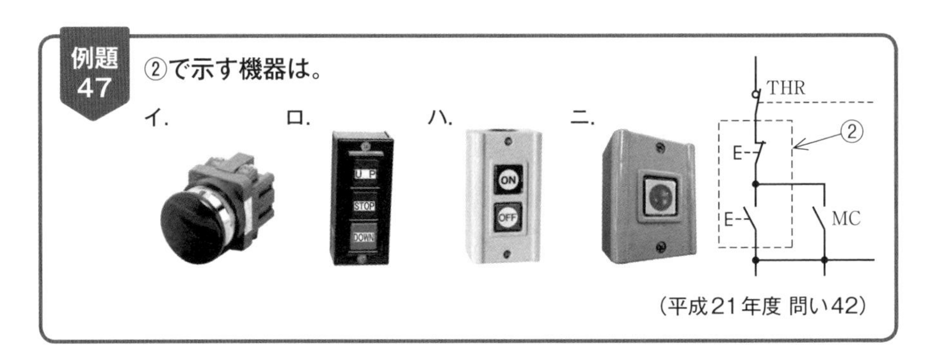

解説・解答

②の図記号は、押しボタンスイッチで写真はハになります。

答え ハ

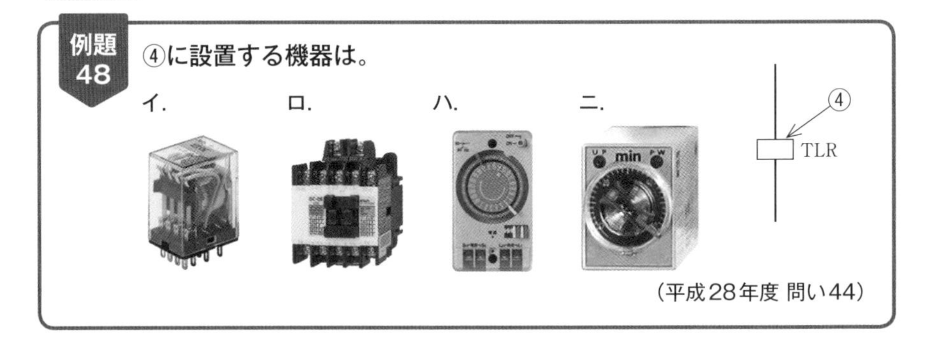

解説・解答

④の図記号は、限時継電器で写真はニになります。

答え ニ

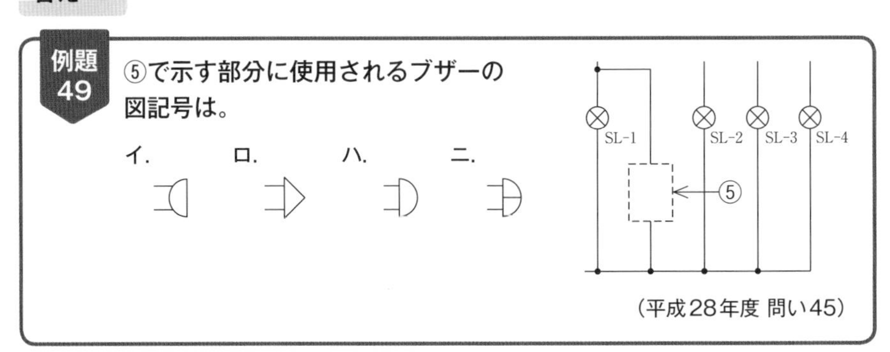

解説・解答

⑤で示す部分に設置されるブザーの図記号はイになります。

答え イ

Y－△始動の結線図

三相誘導電動機のY－△始動の制御回路は、次のとおりです。

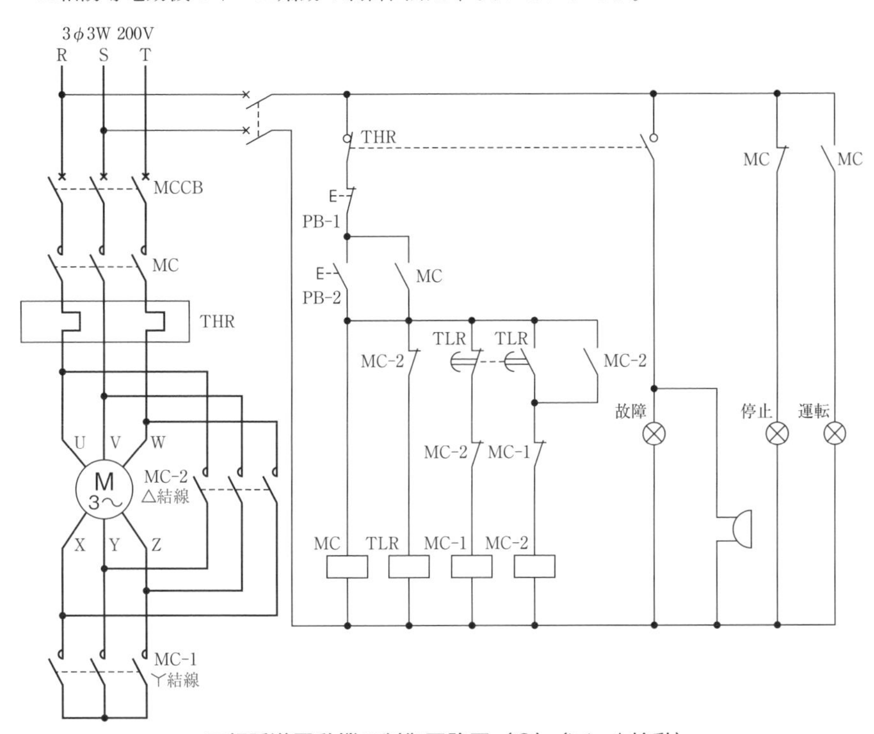

三相誘導電動機の制御回路図（2）（Y－△始動）

始動時には、MC-1でY結線に、一定時間が経つとTLRによって、MC-1が作動し（MC-1が停止し）△結線に切り替わります。

このため、MC-2と誘導電動機の結線は**電源R相を電動機Y相に、S相をZ相に、T相をX相に**一つずつずれるように接続していくことにより、△結線になります。

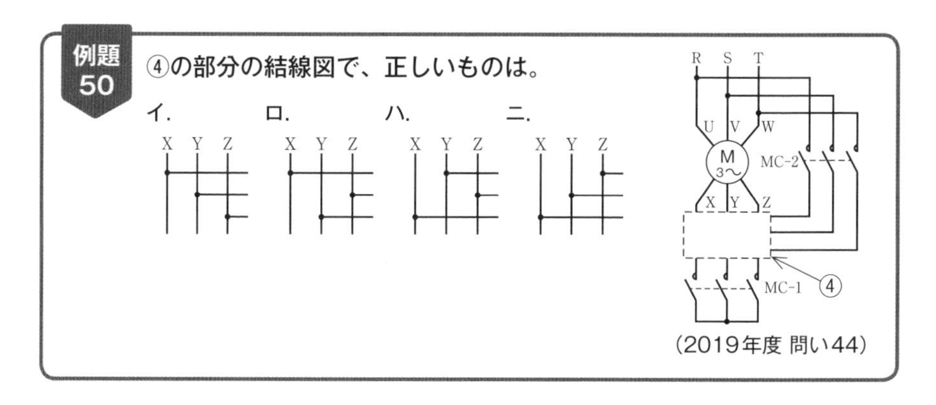

解説・解答

④で示す部分は△結線にするもので、R相をY相に、S相をZ相に、T相をX相につながるように接続します。

答え ハ

正逆運転の結線

三相誘導電動機の丫－△始動の制御回路は、次のとおりです。

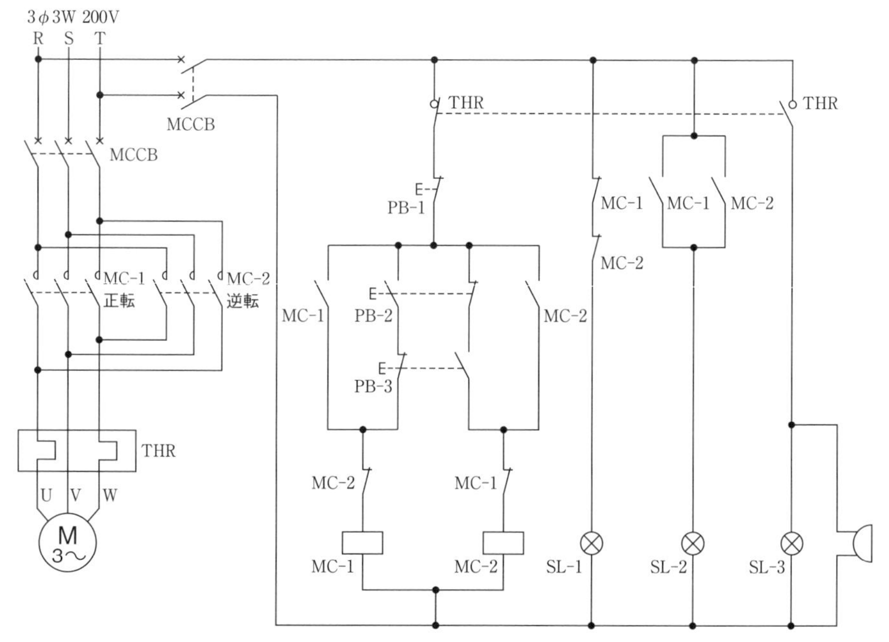

三相誘導電動機の制御回路図（3）（正逆運転）

MC-2では、**U相とW相の2本の線を入れ替える**ことによって、逆転運転をさせています。

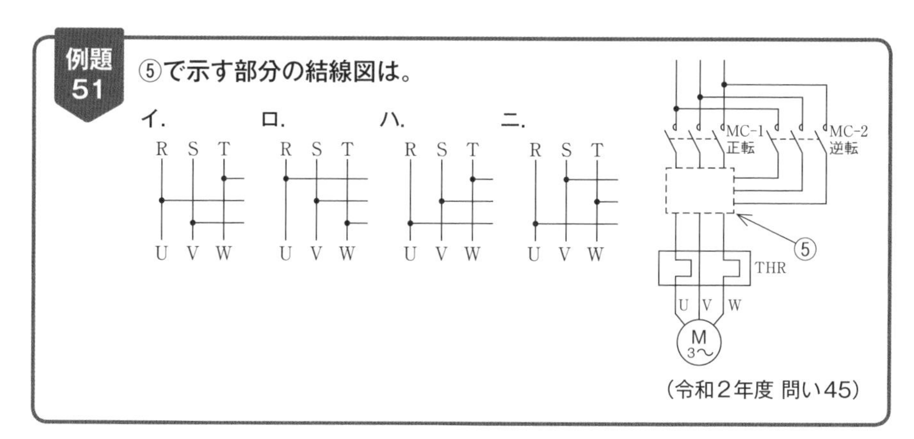

解説・解答

U相とW相を入れ替えているのは、ハの結線図になります。

答え ハ

自己保持

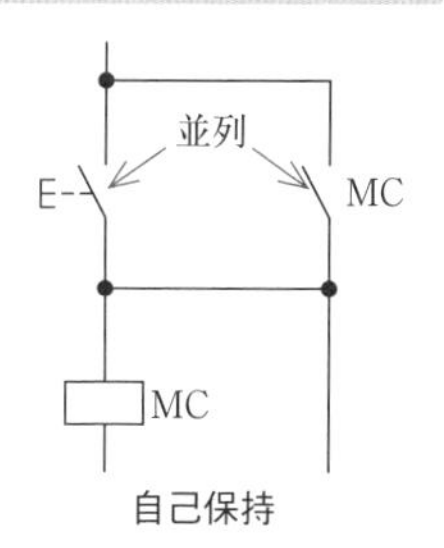

押しボタンスイッチなど、操作したときのみ閉じる接点を使って、持続的に電磁接触器の状態を保持することを「**自己保持**」と言います。

自己保持は、押しボタンスイッチなどのメーク接点に対して、MCのメーク接点を**並列に接続**することによってなされます。

自己保持によって、停電の復旧時にいきなり電動機が回転するなどの事故も防げます！

例題 52

③で示す接点の役割は。

イ. 押しボタンスイッチのチャタリング防止
ロ. タイマの設定時間経過前に電動機が停止しないためのインタロック
ハ. 電磁接触器の自己保持
ニ. 押しボタンスイッチの故障防止

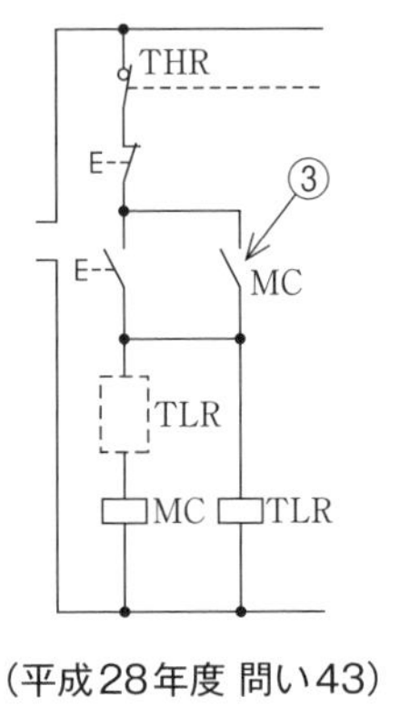

（平成28年度 問い43）

解説・解答

③は押しボタンスイッチのメーク接点に、MCのメーク接点が並列に接続されていますので、電磁接触器の自己保持の役割があります。

答え ハ

インタロック回路

逆転運転の電源と正転運転の電源が同時に回路にかかると、短絡が発生します。Y結線の電源と△結線の電源でも同じことが発生します。

このようなことがないよう、相互に**コイルと直列にブレーク接点を接続する回路**のことをインタロック回路と言います。

インタロック回路により、確実に他方の電源の回路が切れ、短絡事故を防ぐことができます。

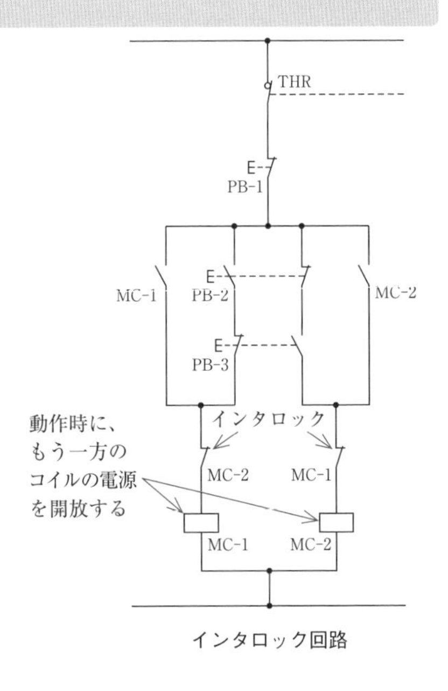

インタロック回路

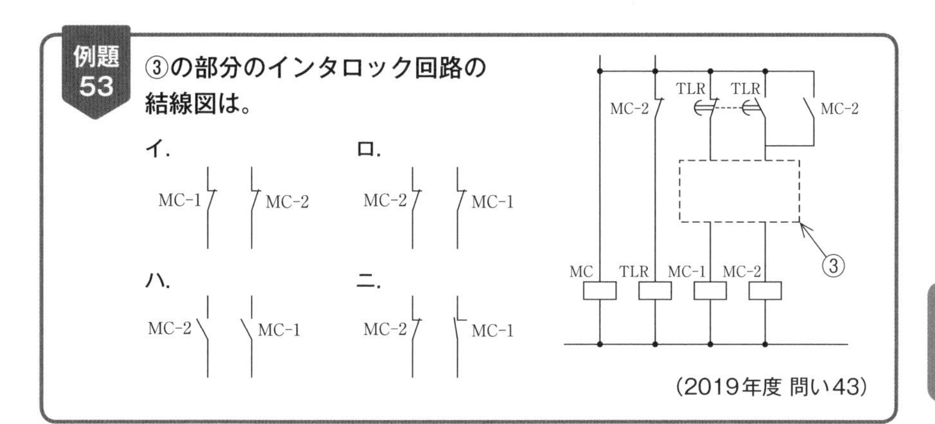

解説・解答

インタロック回路は、他方のコイルにブレーク接点を直列に接続するので、ロになります。

答え ロ

AND回路・OR回路

制御回路を論理回路で見ると、メーク接点を直列に接続するとAND回路に、並列に接続するとOR回路になります。

②で示す回路の名称として、正しいものは。

イ. AND回路
ロ. OR回路
ハ. NAND回路
ニ. NOR回路

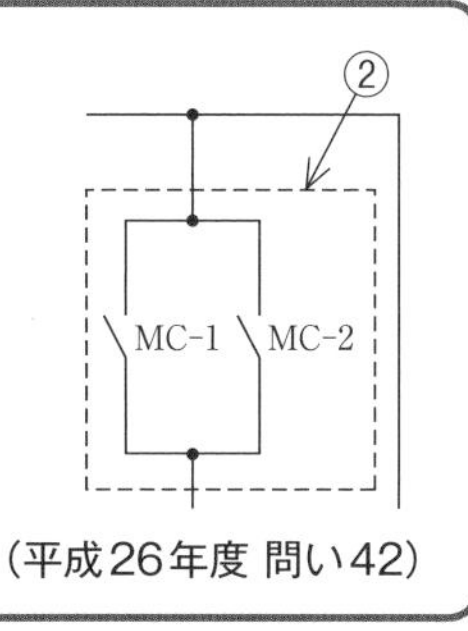

(平成26年度 問い42)

解説・解答

メーク接点が並列に接続されているので、OR回路です。

答え ロ

電動機の動作

電動機の動作については、次の図を使った例題55の問題から見てみましょう。

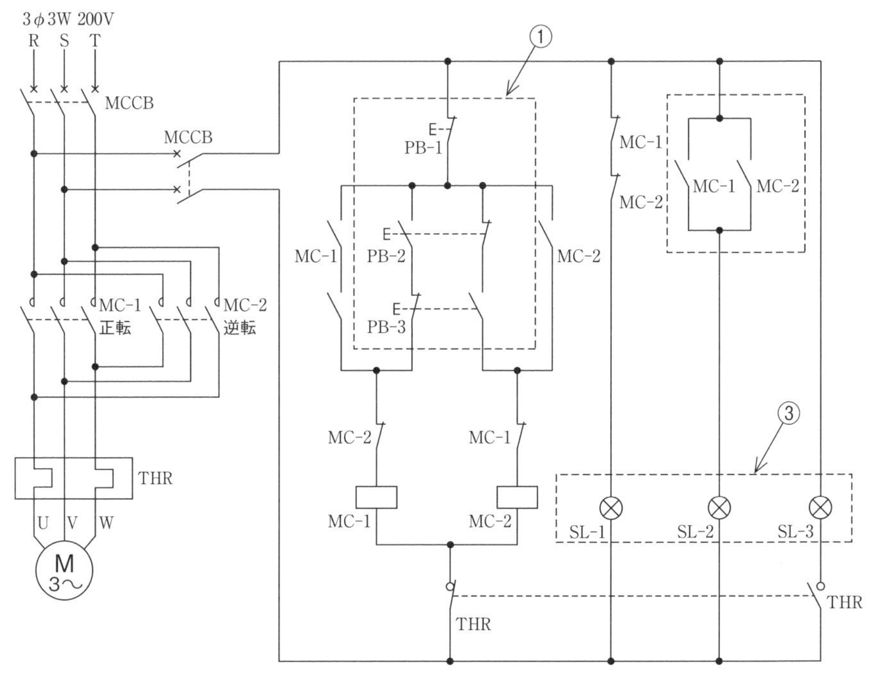

三相誘導電動機の制御回路図（4）（正逆運転）

例題 55

①で示す押しボタンスイッチの操作で、停止状態から正転運転した後、逆転運転までの手順として、正しいものは。

イ. PB-3→PB-2→PB-1　　**ロ**. PB-3→PB-1→PB-2

ハ. PB-2→PB-1→PB-3　　**ニ**. PB-2→PB-3→PB-1

（平成26年度 問い41）

解説・解答

まず停止状態から正転運転するには、MC-1を動作させる必要があります。MC-1のコイルに印加する押しボタンスイッチは、①PB-2になります。

次に、逆転運転する前に一度停止しなければなりません。ですので、②PB-1を押すとコイルの電圧の印加が切れ、停止します。電動機が止まった後、③PB-3を押すとMC-2のコイルに印加して、逆転運転します。

答え ハ

表示灯の用途

先ほどの「三相誘導電動機の制御回路図（4）（正逆運転）」を使った例題56で表示灯の用途を見てみましょう。

例題 56

③で示す各表示灯の用途は。

イ.	SL-1停止表示	SL-2運転表示	SL-3故障表示
ロ.	SL-1運転表示	SL-2故障表示	SL-3停止表示
ハ.	SL-1正転運転表示	SL-2逆転運転表示	SL-3故障表示
ニ.	SL-1故障表示	SL-2正転運転表示	SL-3逆転運転表示

（平成26年度 問い43）

解説・解答

SL-1はMC-1、MC-2のブレーク接点が接続され、運転していないときに点灯するので「停止表示」になります。SL-2は並列のMC-1、MC-2に接続され、どちらかが運転しているときに点灯するので「運転表示」になります。SL-3は熱動継電器が作動したときに点灯するので「故障表示」になります。

答え イ

電動機の制御回路は何度も読んで慣れておきましょう！

自己保持・インタロックなどは、名称と意味を押さえておきましょう。

練習問題❺ ①で示す部分の押しボタンスイッチの図記号の組合せで、正しいものは。

	イ	ロ	ハ	ニ
Ⓐ	E	F	F	E
Ⓑ	E	F	F	E

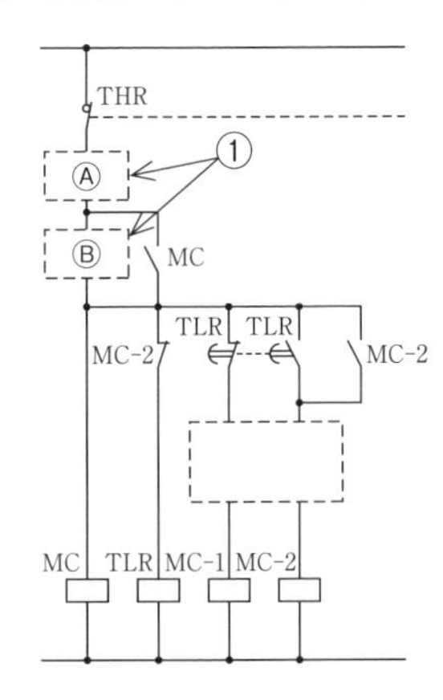

（2019年度 問い41）

練習問題❻ ②で示すブレーク接点は。

イ．手動操作残留機能付き接点
ロ．手動操作自動復帰接点
ハ．瞬時動作限時復帰接点
ニ．限時動作瞬時復帰接点

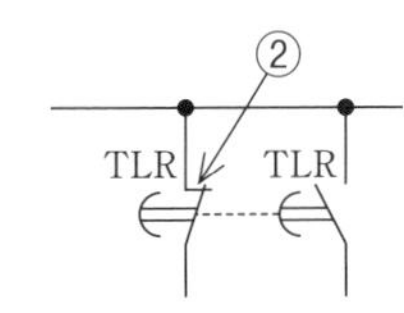

（2019年度 問い42）

解答

練習問題❺ イ

Ⓐは押しボタンスイッチのブレーク接点、Ⓑは押しボタンスイッチのメーク接点になります。

練習問題❻ ニ

②は限時継電器で、図記号は限時動作瞬時復帰接点のブレーク接点です。

PART2

過去問題集
（5回分）

令和３年度 午後 筆記試験 〔試験時間　２時間20分〕

問題１．一般問題（問題数40、配点は１問当たり２点）

次の各問いには４通りの答え（イ、ロ、ハ、ニ）が書いてある。それぞれの問いに対して答えを１つ選びなさい。

なお、選択肢が数値の場合は、最も近い値を選びなさい。

問い01 図のように、空気中に距離r［m］離れて、２つの点電荷$+Q$［C］と$-Q$［C］があるとき、これらの点電荷間に働く力F［N］は。

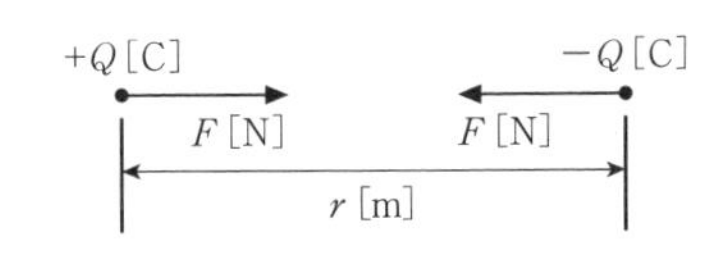

イ．$\dfrac{Q}{r^2}$に比例する　ロ．$\dfrac{Q}{r}$に比例する

ハ．$\dfrac{Q^2}{r^2}$に比例する　ニ．$\dfrac{Q^3}{r}$に比例する

問い02 図のような直流回路において、４つの抵抗Rは同じ抵抗値である。回路の電流I_3が12Aであるとき、抵抗Rの抵抗値［Ω］は。

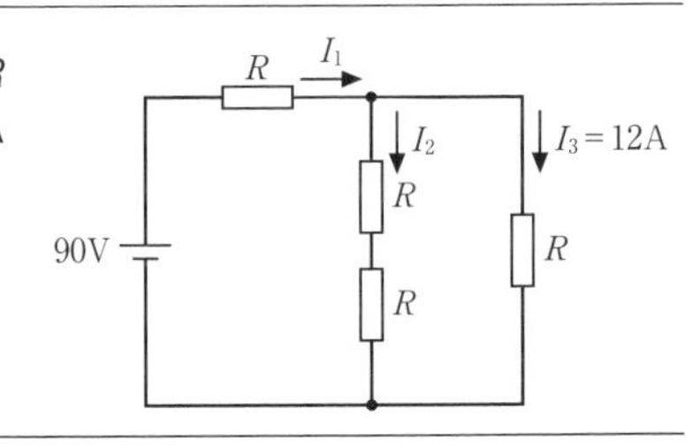

イ．2　ロ．3　ハ．4　ニ．5

問い03 図のような交流回路において、電源電圧は120V、抵抗は8Ω、リアクタンスは15Ω、回路電流は17Aである。この回路の力率［%］は。

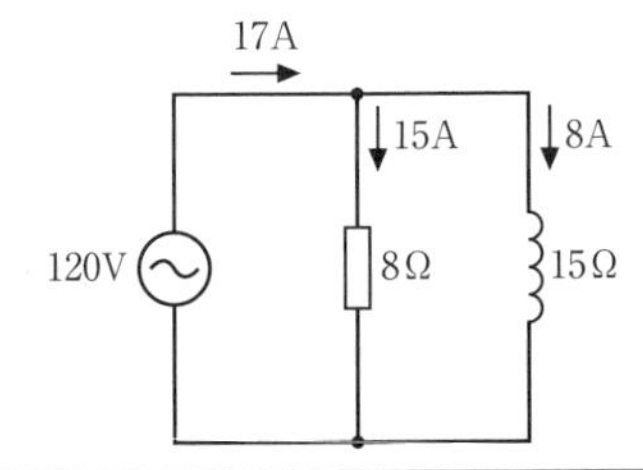

イ．38　ロ．68　ハ．88　ニ．98

問い04 図に示す交流回路において、回路電流Iの値が最も小さくなるI_R、I_L、I_Cの値の組合せとして、正しいものは。

イ．$I_R=8$A　$I_L=9$A　$I_C=3$A

ロ．$I_R=8$A　$I_L=2$A　$I_C=8$A

ハ．$I_R=8$A　$I_L=10$A　$I_C=2$A

ニ．$I_R=8$A　$I_L=10$A　$I_C=10$A

問い05 図のような三相交流回路において、線電流 I の値［A］は。

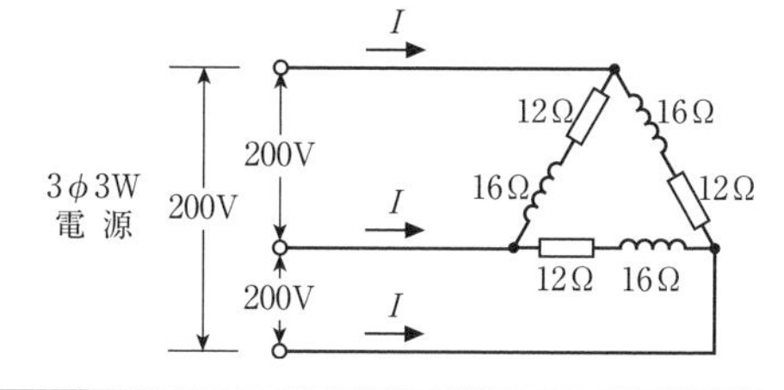

イ．5.8　　ロ．10.0
ハ．17.3　　ニ．20.0

問い06 図のような、三相3線式配電線路で、受電端電圧が6 700V、負荷電流が20A、深夜で軽負荷のため力率が0.9（進み力率）のとき、配電線路の送電端の線間電圧［V］は。
ただし、配電線路の抵抗は1線当たり0.8Ω、リアクタンスは1.0Ωであるとする。
なお、$\cos\theta=0.9$ のとき $\sin\theta=0.436$ であるとし、適切な近似式を用いるものとする。

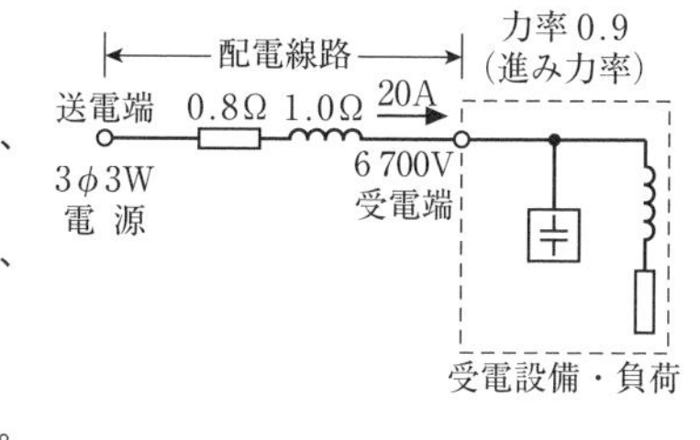

イ．6 700　　ロ．6 710　　ハ．6 800　　ニ．6 900

問い07 図のように三相電源から、三相負荷（定格電圧200V、定格消費電力20kW、遅れ力率0.8）に電気を供給している配電線路がある。配電線路の電力損失を最小とするために必要なコンデンサの容量［kvar］の値は。
ただし、電源電圧及び負荷インピーダンスは一定とし、配電線路の抵抗は1線当たり0.1Ωで、配電線路のリアクタンスは無視できるものとする。

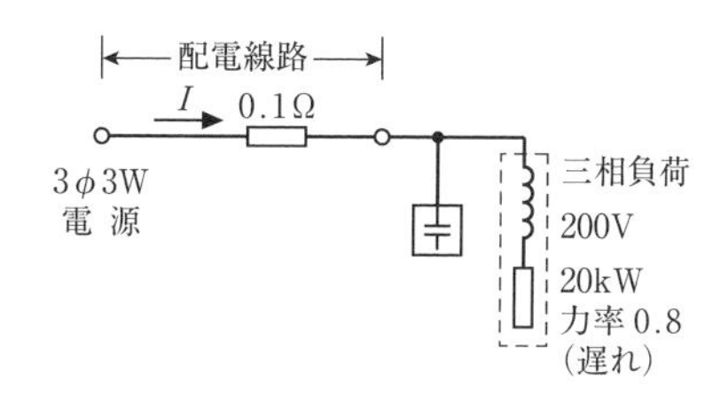

イ．10　　ロ．15　　ハ．20　　ニ．25

問い08 線間電圧 V［kV］の三相配電系統において、受電点からみた電源側の百分率インピーダンスが Z［%］（基準容量：10MV·A）であった。受電点における三相短絡電流［kA］を示す式は。

イ．$\dfrac{10\sqrt{3}Z}{V}$　　ロ．$\dfrac{1\,000}{VZ}$　　ハ．$\dfrac{1\,000}{\sqrt{3}VZ}$　　ニ．$\dfrac{10Z}{V}$

問い09 図のように、直列リアクトルを設けた高圧進相コンデンサがある。この回路の無効電力（設備容量）[var] を示す式は。
ただし、$X_L < X_C$ とする。

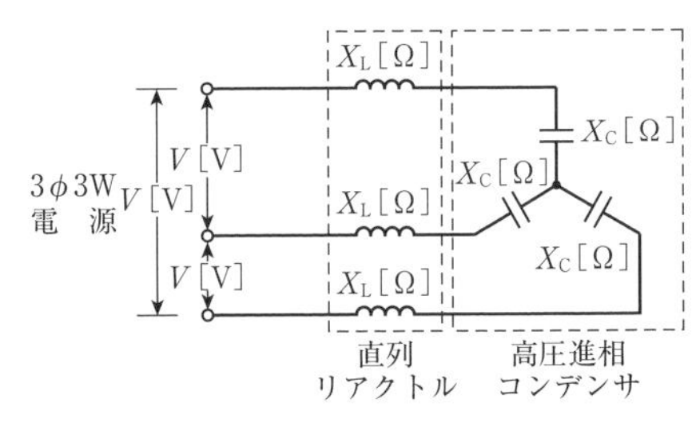

イ. $\frac{V^2}{X_C - X_L}$　　ロ. $\frac{V^2}{X_C + X_L}$　　ハ. $\frac{X_C V}{X_C - X_L}$　　ニ. $\frac{V}{X_C - X_L}$

問い10 三相かご形誘導電動機の始動方法として、用いられないものは。

イ. 全電圧始動（直入れ）　　ロ. スターデルタ始動
ハ. リアクトル始動　　ニ. 二次抵抗始動

問い11 図のように、単相変圧器の二次側に20Ωの抵抗を接続して、一次側に2 000Vの電圧を加えたら一次側に1Aの電流が流れた。この時の単相変圧器の二次電圧 V_2 [V] は。
ただし、巻線の抵抗や損失を無視するものとする。

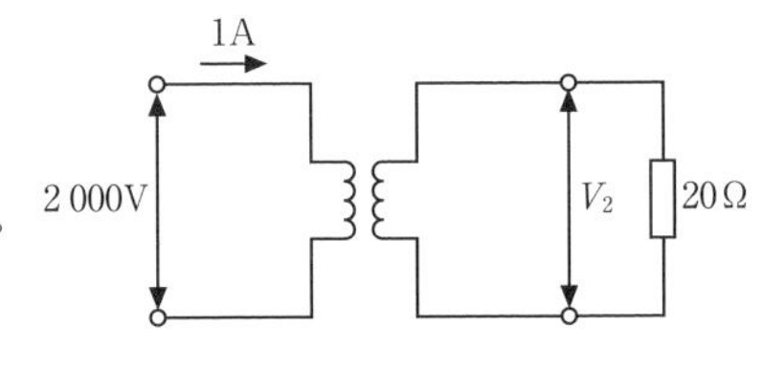

イ. 50　　ロ. 100　　ハ. 150　　ニ. 200

問い12 電磁調理器（IH調理器）の加熱方式は。

イ. アーク加熱　　ロ. 誘導加熱　　ハ. 抵抗加熱　　ニ. 赤外線加熱

問い13 LEDランプの記述として、誤っているものは。

イ. LEDランプはpn接合した半導体に電圧を加えることにより発光する現象を利用した光源である。
ロ. LEDランプに使用されるLEDチップ（半導体）の発光に必要な順方向電圧は、直流100V以上である。
ハ. LEDランプの発光原理はエレクトロルミネセンスである。
ニ. LEDランプには、青色LEDと黄色を発光する蛍光体を使用し、白色に発光させる方法がある。

問い14 写真の三相誘導電動機の構造において矢印で示す部分の名称は。

イ. 固定子巻線　　ロ. 回転子鉄心
ハ. 回転軸　　ニ. ブラケット

問い15 写真に示す矢印の機器の名称は。

イ．自動温度調節器　　ロ．漏電遮断器
ハ．熱動継電器　　ニ．タイムスイッチ

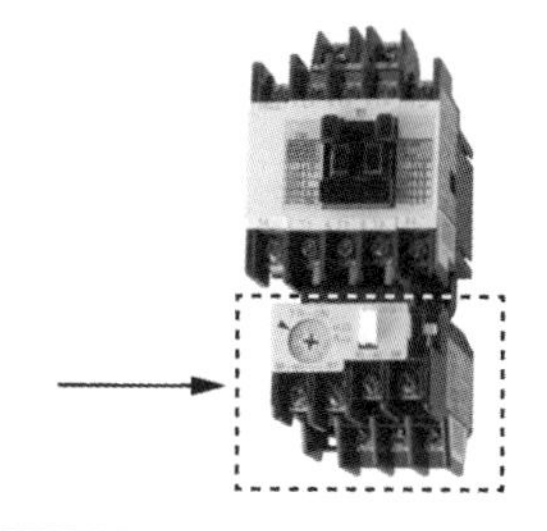

問い16 水力発電所の水車の種類を、適用落差の最大値の高いものから低いものの順に左から右に並べたものは。

イ．ペルトン水車　フランシス水車　プロペラ水車
ロ．ペルトン水車　プロペラ水車　フランシス水車
ハ．プロペラ水車　フランシス水車　ペルトン水車
ニ．フランシス水車　プロペラ水車　ペルトン水車

問い17 同期発電機を並行運転する条件として、必要でないものは。

イ．周波数が等しいこと。
ロ．電圧の大きさが等しいこと。
ハ．電圧の位相が一致していること。
ニ．発電容量が等しいこと。

問い18 単導体方式と比較して、多導体方式を採用した架空送電線路の特徴として、誤っているのは。

イ．電流容量が大きく、送電容量が増加する。
ロ．電線表面の電位の傾きが下がり、コロナ放電が発生しやすい。
ハ．電線のインダクタンスが減少する。
ニ．電線の静電容量が増加する。

問い19 ディーゼル発電装置に関する記述として、誤っているものは。

イ．ディーゼル機関は点火プラグが不要である。
ロ．ディーゼル機関の動作工程は、吸気→爆発（燃焼）→圧縮→排気である。
ハ．回転むらを滑らかにするために、はずみ車が用いられる。
ニ．ビルなどの非常用予備発電装置として、一般に使用される。

問い20 高圧電路に施設する避雷器に関する記述として、誤っているものは。

イ．雷電流により、避雷器内部の高圧限流ヒューズが溶断し、電気設備を保護した。
ロ．高圧架空電線路から電気の供給を受ける受電電力500kWの需要場所の引込口に施設した。
ハ．近年では酸化亜鉛（ZnO）素子を使用したものが主流となっている。
ニ．避雷器にはA種接地工事を施した。

問い21 B種接地工事の接地抵抗値を求めるのに必要とするものは。

イ．変圧器の高圧側電路の１線地絡電流［A］
ロ．変圧器の容量［kV·A］
ハ．変圧器の高圧側ヒューズの定格電流［A］
ニ．変圧器の低圧側電路の長さ［m］

問い22 写真に示す機器の文字記号（略号）は。

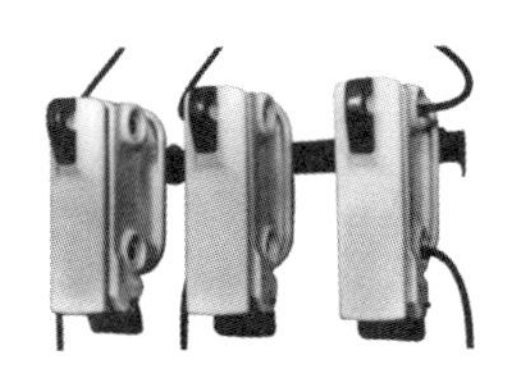

イ．CB　　ロ．PC　　ハ．DS　　ニ．LBS

問い23 写真に示す機器の用途は。

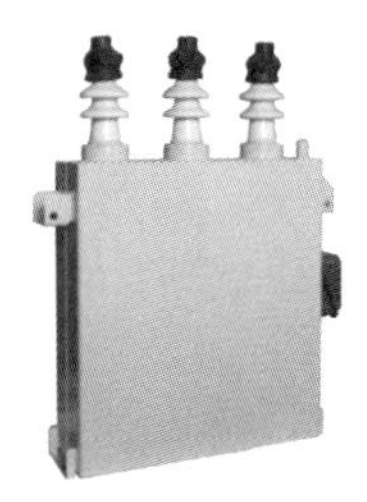

イ．力率を改善する。
ロ．電圧を変圧する。
ハ．突入電流を抑制する。
ニ．高調波を抑制する。

問い24 写真に示すコンセントの記述として、誤っているものは。

イ．病院などの医療施設に使用されるコンセントで、手術室や集中治療室（ICU）などの特に重要な施設に設置される。
ロ．電線及び接地線の接続は、本体裏側の接続用の穴に電線を差し込み、一般のコンセントに比べ外れにくい構造になっている。
ハ．コンセント本体は、耐熱性及び耐衝撃性が一般のコンセントに比べて優れている。
ニ．電源の種別（一般用・非常用等）が容易に識別できるように、本体の色が白の他、赤や緑のコンセントもある。

問い25 地中に埋設又は打ち込みをする接地極として、不適切なものは。

イ．縦900mm×横900mm×厚さ2.6mmのアルミ板
ロ．縦900mm×横900mm×厚さ1.6mmの銅板
ハ．直径14mm長さ1.5mの銅溶覆鋼棒
ニ．内径36mm長さ1.5mの厚鋼電線管

問い26 次に示す工具と材料の組合せで、誤っているものは。

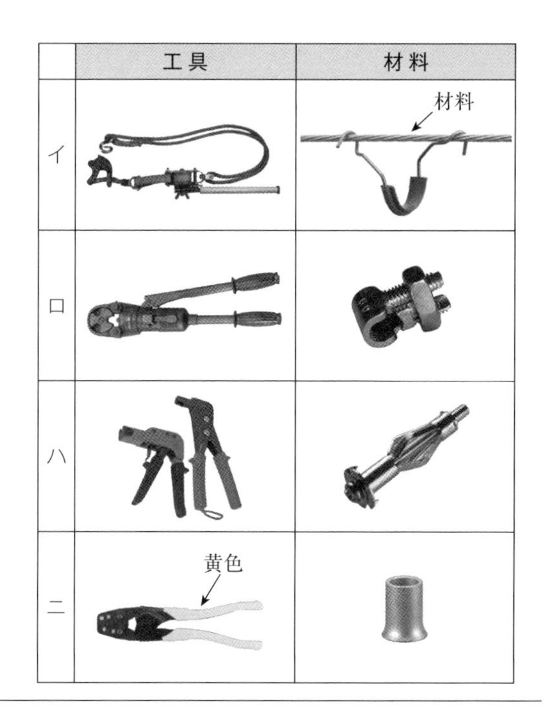

問い27 金属管工事の施工方法に関する記述として、適切なものは。

イ．金属管に、屋外用ビニル絶縁電線を収めて施設した。
ロ．金属管に、高圧絶縁電線を収めて、高圧屋内配線を施設した。
ハ．金属管内に接続点を設けた。
ニ．使用電圧が400Vの電路に使用する金属管に接触防護措置を施したので、D種接地工事を施した。

問い28 絶縁電線相互の接続に関する記述として、不適切なものは。

イ．接続部分には、接続管を使用した。
ロ．接続部分を、絶縁電線の絶縁物と同等以上の絶縁効力のあるもので、十分に被覆した。
ハ．接続部分において、電線の引張り強さが10%減少した。
ニ．接続部分において、電線の電気抵抗が20%増加した。

問い29 使用電圧が300V以下の低圧屋内配線のケーブル工事の施工方法に関する記述として、誤っているものは。

イ．ケーブルを造営材の下面に沿って水平に取り付け、その支持点間の距離を3mにして施設した。
ロ．ケーブルの防護装置に使用する金属製部分にD種接地工事を施した。
ハ．ケーブルに機械的衝撃を受けるおそれがあるので、適当な防護装置を設けた。
ニ．ケーブルを接触防護措置を施した場所に垂直に取り付け、その支持点間の距離を5mにして施設した。

問い30から問い34までは、下の図に関する問いである。

図は、自家用電気工作物構内の高圧受電設備を表した図である。この図に関する各問いには、4通りの答え（イ、ロ、ハ、ニ）が書いてある。それぞれの問いに対して、答えを1つ選びなさい。

〔注〕図において、問いに直接関係のない部分等は、省略又は簡略化してある。

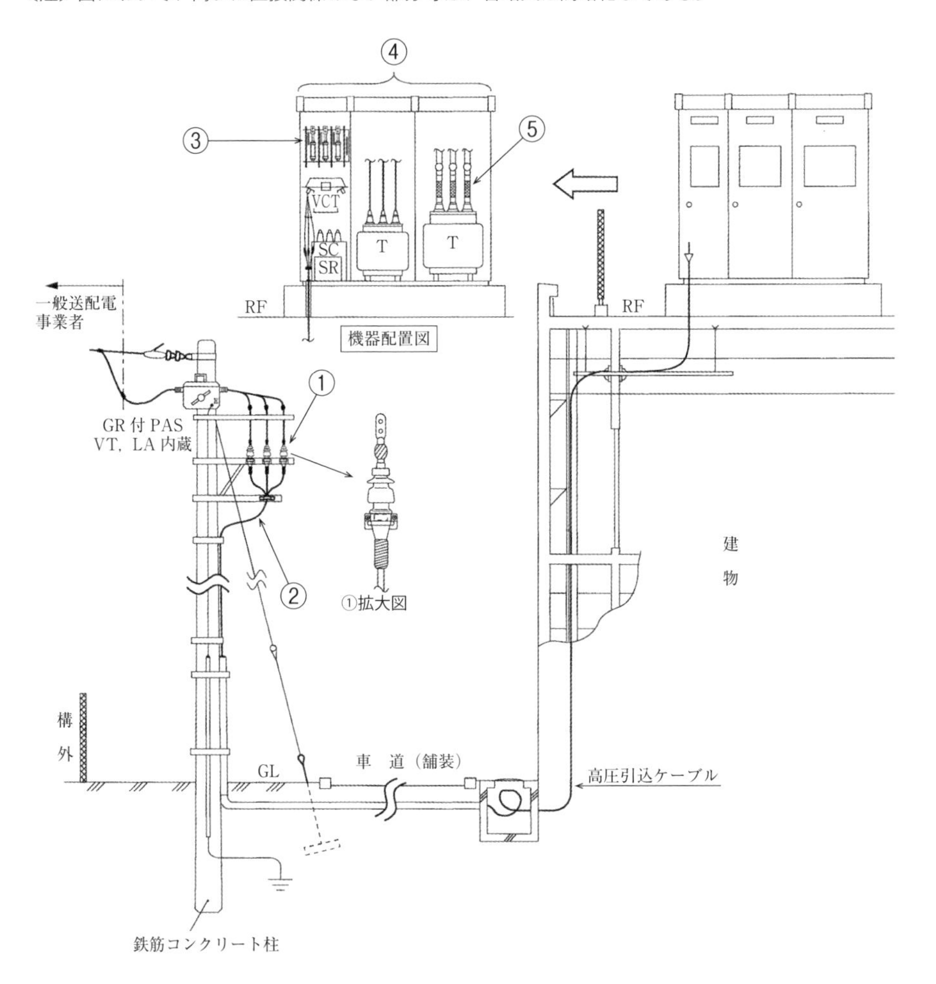

問い30 ①に示すCVTケーブルの終端接続部の名称は。

イ．ゴムとう管形屋外終端接続部　　ロ．耐塩害屋外終端接続部
ハ．ゴムストレスコーン形屋外終端接続部　　ニ．テープ巻形屋外終端接続部

問い31 ②に示す高圧引込ケーブルの太さを検討する場合に、必要のない事項は。

イ．受電点の短絡電流　　ロ．電路の完全地絡時の１線地絡電流
ハ．電線の短時間耐電流　　ニ．電線の許容電流

問い32 ③に示す高圧受電盤内の主遮断装置に、限流ヒューズ付高圧交流負荷開閉器を使用できる受電設備容量の最大値は。

イ．200kW　　ロ．300kW　　ハ．300kV･A　　ニ．500kV･A

問い33 ④に示す受電設備の維持管理に必要な定期点検のうち、年次点検で通常行わないものは。

イ．絶縁耐力試験　　ロ．保護継電器試験
ハ．接地抵抗の測定　　ニ．絶縁抵抗の測定

問い34 ⑤に示す可とう導体を使用した施設に関する記述として、不適切なものは。

イ．可とう導体は、低圧電路の短絡等によって、母線に異常な過電流が流れたとき、限流作用によって、母線や変圧器の損傷を防止できる。
ロ．可とう導体には、地震による外力等によって、母線が短絡等を起こさないよう、十分な余裕と絶縁セパレータを施設する等の対策が重要である。
ハ．可とう導体を使用する主目的は、低圧母線に銅帯を使用したとき、過大な外力により、ブッシングやがいし等の損傷を防止しようとするものである。
ニ．可とう導体は､防振装置との組合せ設置により､変圧器の振動による騒音を軽減することができる。ただし、地震による機器等の損傷を防止するためには、耐震ストッパの施設を併せて考慮する必要がある。

問い35 「電気設備の技術基準の解釈」において、停電が困難なため低圧屋内配線の絶縁性能を、漏えい電流を測定して判定する場合、使用電圧が200Vの電路の漏えい電流の上限値として、適切なものは。

イ．0.1mA　　ロ．0.2mA　　ハ．1.0mA　　ニ．2.0mA

問い36 過電流継電器の最小動作電流の測定と限時特性試験を行う場合、必要でないものは。

イ．電力計　　ロ．電流計　　ハ．サイクルカウンタ　　ニ．可変抵抗器

問い37 変圧器の絶縁油の劣化診断に直接関係のないものは。

イ．絶縁破壊電圧試験　　ロ．水分試験　　ハ．真空度測定　　ニ．全酸価試験

問い38 「電気工事士法」において、第一種電気工事士に関する記述として、誤っているものは。

イ．第一種電気工事士試験に合格したが所定の実務経験がなかったので、第一種電気工事士免状は、交付されなかった。

ロ．自家用電気工作物で最大電力500kW未満の需要設備の電気工事の作業に従事するときに、第一種電気工事士免状を携帯した。

ハ．第一種電気工事士免状の交付を受けた日から４年目に、自家用電気工作物の保安に関する講習を受けた。

ニ．第一種電気工事士の免状を持っているので、自家用電気工作物で最大電力500kW未満の需要設備の非常用予備発電装置工事の作業に従事した。

問い39 「電気工事業の業務の適正化に関する法律」において、電気工事業者が、一般用電気工事のみの業務を行う営業所に備え付けなくてもよい器具は。

イ．絶縁抵抗計

ロ．接地抵抗計

ハ．抵抗及び交流電圧を測定することができる回路計

ニ．低圧検電器

問い40 「電気用品安全法」において、交流の電路に使用する定格電圧100V以上300V以下の機械器具であって、特定電気用品は。

イ．定格電圧100V、定格電流60Aの配線用遮断器

ロ．定格電圧100V、定格出力0.4kWの単相電動機

ハ．定格静電容量100μFの進相コンデンサ

ニ．定格電流30Aの電力量計

問題 2. 配線図（問題数 10、配点は 1 問当たり 2 点）

図は、高圧受電設備の単線結線図である。この図の矢印で示す 10 箇所に関する各問いには、4 通りの答え（イ、ロ、ハ、ニ）が書いてある。それぞれの問いに対して、答えを 1 つ選びなさい。

〔注〕図において、問いに直接関係のない部分等は、省略又は簡略化してある。

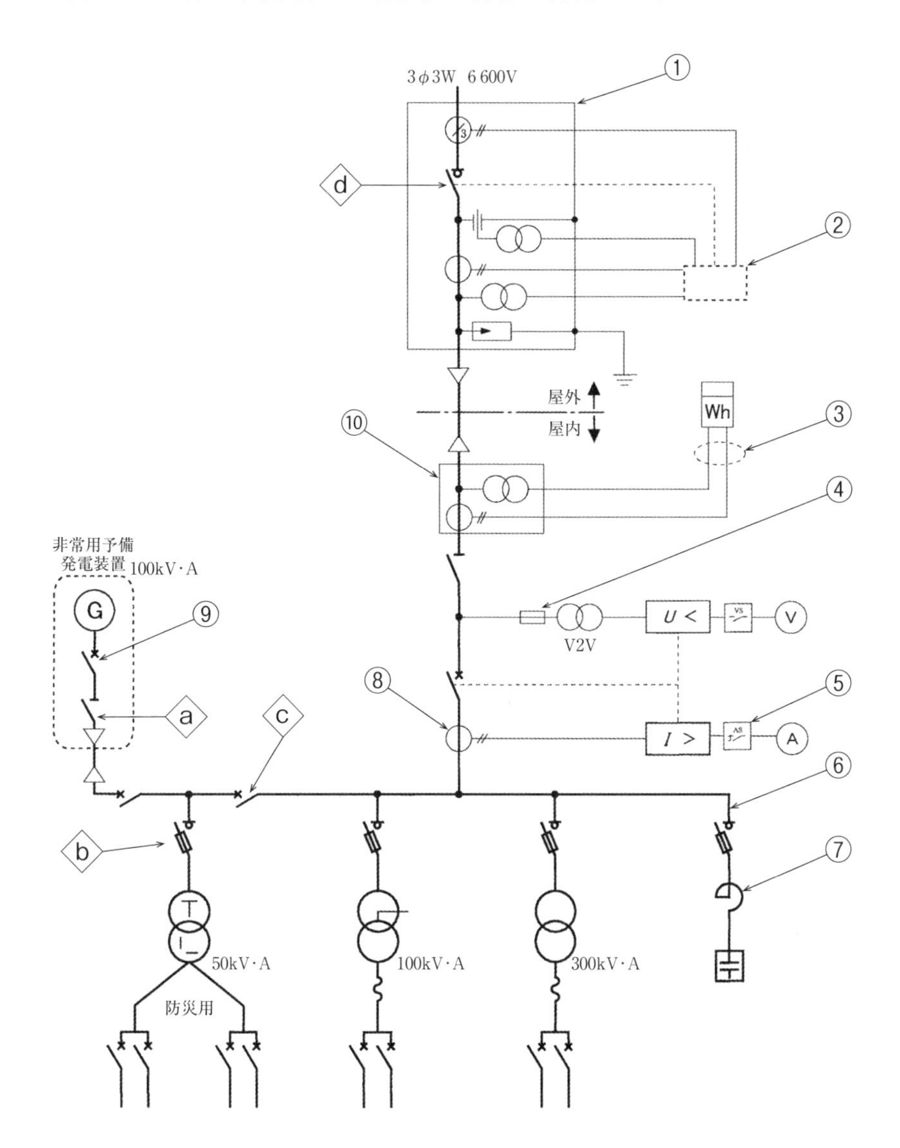

問い41 ①に設置する機器は。

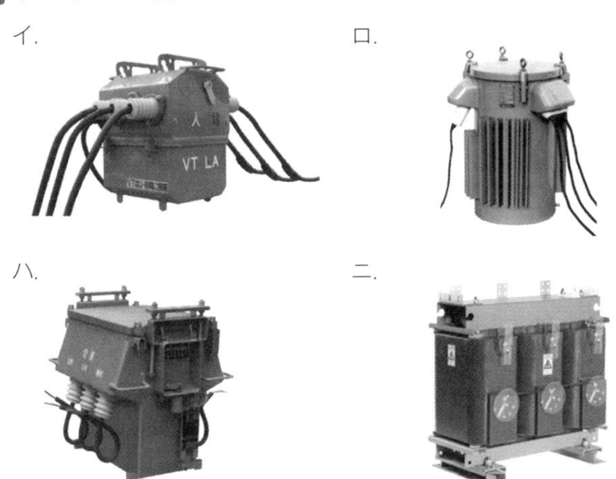

問い42 ②で示す部分に設置する機器の図記号と文字記号（略号）の組合せとして、正しいものは。

イ.	ロ.	ハ.	ニ.
I⏚> （→付き）	I⏚< （→付き）	I⏚>	I⏚> （→付き）
OCGR	DGR	OCGR	DGR

問い43 ③の部分の電線本数（心線数）は。

イ．2又は3　　ロ．4又は5　　ハ．6又は7　　ニ．8又は9

問い44 ④の部分に施設する機器と使用する本数は。

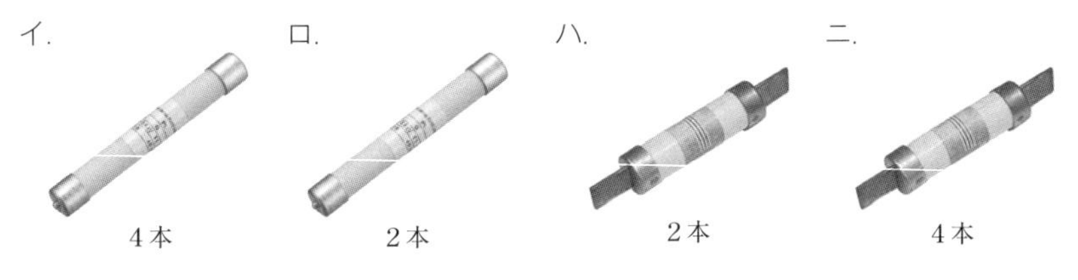

問い45 ⑤に設置する機器の役割は。

イ．電流計で電流を測定するために適切な電流値に変流する。
ロ．１個の電流計で負荷電流と地絡電流を測定するために切り換える。
ハ．１個の電流計で各相の電流を測定するために相を切り換える。
ニ．大電流から電流計を保護する。

問い46 ⑥で示す高圧絶縁電線（KIP）の構造は。

イ.

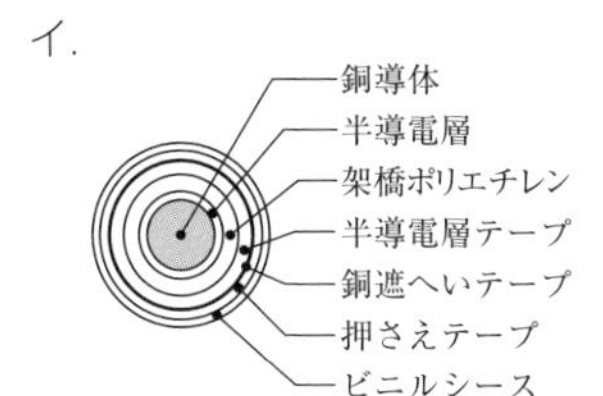

ロ.

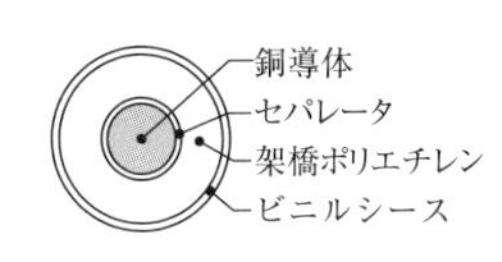

ハ.

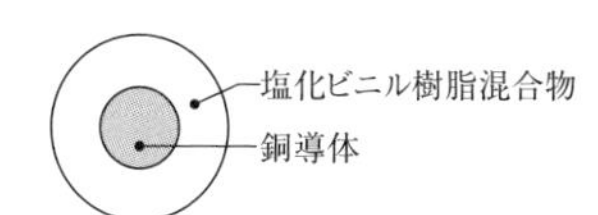

ニ.

問い47 ⑦で示す直列リアクトルのリアクタンスとして、適切なものは。

イ．コンデンサリアクタンスの3%　　ロ．コンデンサリアクタンスの6%
ハ．コンデンサリアクタンスの18%　　ニ．コンデンサリアクタンスの30%

問い48 ⑧で示す部分に施設する機器の複線図として、正しいものは。

イ.

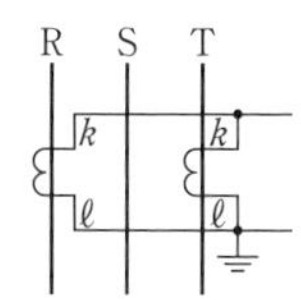

ロ.

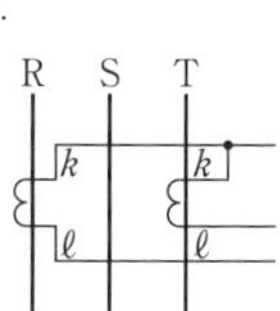

ハ.

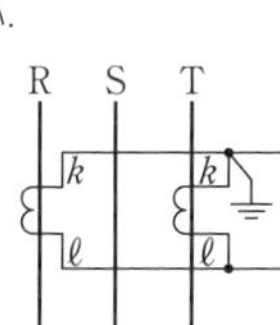

ニ.

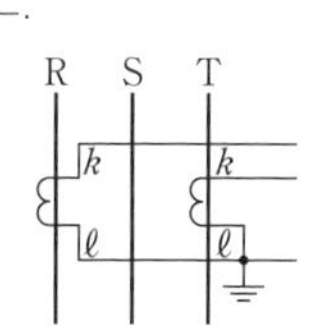

問い49 ⑨で示す機器とインタロックを施す機器は。
ただし、非常用予備電源と常用電源を電気的に接続しないものとする。

イ.

ロ.

ハ.

ニ.

問い50 ⑩で示す機器の名称は。

イ．計器用変圧器　　ロ．零相変圧器
ハ．コンデンサ形計器用変圧器　　ニ．電力需給用計器用変成器

令和3年度 午後　筆記試験

解答・解説

問題1．一般問題

問い01 ハ

2つの点電荷に働く力F［N］は、プラスとマイナスと異なるので吸引力になり、$\frac{Q^2}{r^2}$に比例する。力F［N］は、下式で表される。

$$F=k\frac{Q\times Q}{r^2}=k\frac{Q^2}{r^2}\ [\mathrm{N}]$$

問い02 ロ

I_2が流れる回路の抵抗は、I_3が流れる回路の抵抗の2倍となっている。そのためI_2の値は、I_3の1/2となる。

$$I_2=I_3\times\frac{1}{2}=12\times\frac{1}{2}=6\ [\mathrm{A}]$$

よって回路全体に流れる電流I_1［A］は、

$$I_1=6+12=18\ [\mathrm{A}]$$

回路全体の合成抵抗R_A［Ω］は、

$$R_A=\frac{90}{18}=5\ [\Omega]$$

これをRの合成抵抗の式に代入すると、

$$5=R+\frac{2R\times R}{2R+R}=\frac{5R}{3}\ [\Omega]$$

$$\therefore R=5\times\frac{3}{5}=3\ [\Omega]$$

問い03 ハ

図の回路の皮相電力S［V・A］は、

$$S=120\times17\ [\mathrm{V\cdot A}]$$

有効電力P［W］は、

$$P=120\times15\ [\mathrm{W}]$$

皮相電力Sと有効電力Pを使って力率を求めると、

$$\cos\theta=\frac{P}{S}\times100$$

$$=\frac{120\times15}{120\times17}\times100\fallingdotseq88\ [\%]$$

問い04 ニ

コイルに流れる電流I_Lと、コンデンサに流れる電流I_Cが同じ値の場合、回路電流Iに無効電流が含まれず、抵抗に流れる電流I_Rの8Aのみとなるため、電流Iの値は最も小さくなる。

問い05 ハ

1相当たりのインピーダンスZ［Ω］は、

$$Z=\sqrt{12^2+16^2}=20\ [\Omega]$$

インピーダンスZと電圧から相電流I_s［A］は、

$$I_s=\frac{200}{20}=10\ [\mathrm{A}]$$

相電流I_sから線電流I［A］をもとめると、

$$I=I_s\times\sqrt{3}=10\times\sqrt{3}\fallingdotseq17.3\ [\mathrm{A}]$$

問い06 ロ

三相3線式配電線路の電圧降下の式にそれぞれの値を代入する。ただし、進み力率のため、無効率の部分はマイナスにする。

$$v=\sqrt{3}I(r\cos\theta-x\sin\theta)$$

$$=\sqrt{3}\times20\ \{(0.8\times0.9)-(1.0\times0.436)\}$$

$$\fallingdotseq9.8\ [\mathrm{V}]$$

受電端電圧に、電圧降下を足すと送電端の線間電圧V［V］がもとめられる。

$$V=6\,700+9.8\fallingdotseq6\,710\ [\mathrm{V}]$$

問い07 ロ

配電線路の電力損失を最小にするには、力率を1.0にすれば無効電力が0 varになり最小となる。

まず、皮相電力S［kV・A］をもとめる。

$$S=P/0.8=20/0.8=25\ [\mathrm{kV\cdot A}]$$

この負荷に対して、力率1.0にするのに必要なコンデンサの容量Q［kvar］は、

$$Q=\sqrt{S^2-P^2}=\sqrt{25^2-20^2}=15\ [\mathrm{kvar}]$$

問い08 ハ

線間電圧V［kV］の三相配電系統における三相短絡電流I_S［kA］は、三相短絡容量P_Sの式からもとめられる。

$$P_S=\sqrt{3}VI_S\ \rightarrow\ I_S=\frac{P_S}{\sqrt{3}V}\ [\mathrm{kA}]$$

三相短絡容量P_Sは、基準容量をP_n [MV・A] とすると、

$$P_S = \frac{P_n}{Z} \times 100 \ [\mathrm{MV \cdot A}]$$

で表される。$P_n = 10$MV・Aのときに次のようになる。

$$P_S = \frac{P_n}{Z} \times 100 = \frac{10}{Z} \times 100$$

$$= \frac{1\,000}{Z} \ [\mathrm{MV \cdot A}]$$

この式をI_Sの式に代入すると、

$$I_S = \frac{\frac{1\,000}{Z}}{\sqrt{3}\,V} = \frac{1\,000}{\sqrt{3}\,VZ} \ [\mathrm{kA}]$$

問い09 イ

回路に流れる電流Iは、

$$I = \frac{\frac{V}{\sqrt{3}}}{Z} = \frac{\frac{V}{\sqrt{3}}}{X_C - X_L} = \frac{V}{\sqrt{3}\,(X_C - X_L)}$$

この回路の無効電力を示す式は、

$$Q = \sqrt{3}\,VI = \frac{V^2}{X_C - X_L} \ [\mathrm{var}]$$

問い10 ニ

二次抵抗始動は、巻線形誘導電動機で用いられる始動方法で、三相かご形誘導電動機では用いられない。

問い11 ニ

電力P [W] は、一次側に2 000Vの電圧を加えたら1Aの電流が流れたので、

$$P = 2\,000 \times 1 = 2\,000 \ [\mathrm{W}]$$

電力P [W] と二次側に接続された抵抗R [Ω] から、二次側の電圧V_2 [V] をもとめると、

$$P = \frac{V_2^2}{R} \text{から、} 2\,000 = \frac{V_2^2}{20}$$

$$\therefore V_2 = \sqrt{20 \times 2\,000} = 200 \ [\mathrm{V}]$$

問い12 ロ

電磁調理器（IH調理器）の加熱方式は、誘導加熱である。

問い13 ロ

LEDランプに使用されるLEDチップ（半導体）の発光に必要な順方向電圧は、直流数V程度であり100V以上になることはない。

問い14 ロ

矢印で示す部分は、回転子鉄心である。

問い15 ハ

矢印の機器は、熱動継電器である。

問い16 イ

水力発電所の水車の種類を適用落差の最大値の高いものから順に並べると、ペルトン水車→フランシス水車→プロペラ水車の順になる。

問い17 ニ

発電容量の等しさは、同期発電機の並行運転の条件ではない。

問い18 ロ

多導体方式は、電線表面の電位の傾きが下がり、コロナ放電が発生しにくくなる。

問い19 ロ

ディーゼル機関の動作工程は、吸気→圧縮→爆発（燃焼）→排気である。

問い20 イ

避雷器は、その役割を果たせなくなるため限流ヒューズを施設してはならない。

問い21 イ

B種接地工事の接地抵抗値をもとめるには、変圧器の高圧側電路の1線地絡電流が必要である。

問い22 ロ

写真は高圧カットアウトで、文字記号（略号）はPCである。

問い23　イ

写真は高圧進相コンデンサで、力率を改善する。

問い24　ロ

写真は医用コンセントで、接地線の接続は背面から出ている接地リード線を用いる。

問い25　イ

アルミ板は地中に埋設すると、腐食するおそれがあるので使用できない。

問い26　ロ

ロの写真の工具は油圧式圧着工具で、材料はボルトコネクタである。

油圧式圧着工具は裸圧着端子やスリーブを使った接続に使用し、ボルトコネクタはレンチなどを使って接続する。

イは張線器と亜鉛めっき鋼より線で、ちょう架用線として使用する場合、たるみを取るのに張線器を使用する。ハは石こうボードアンカー用工具と石こうボードアンカー、ニはリングスリーブ用圧着工具とリングスリーブである。

問い27　ニ

金属管に使用できる電線は、屋外用ビニル絶縁電線以外の絶縁電線である。また、高圧屋内配線に高圧絶縁電線を金属管に収めて施設してはならない。金属管内に、接続点を設けてはならない。

400Vの電路では、金属管に接触防護措置を施せばD種接地工事とすることができる。

問い28　ニ

絶縁電線相互の接続では、電線の電気抵抗を増加させてはならない。

問い29　イ

ケーブルを造営材の下面に沿って水平に取り付ける場合、その支持点間の距離は2m以下となる。

問い30　ロ

①のCVTケーブルの接続部は、耐塩害屋外終端接続部である。

問い31　ロ

高圧引込ケーブルの太さを検討する際に必要な項目は、電線の許容電流、電線の短時間耐電流、受電点の短絡電流である。

電路の完全地絡時の1線地絡電流は、必要な項目ではない。

問い32　ハ

主遮断装置に、限流ヒューズ付高圧交流負荷開閉器を使用する受電設備はPF・S形で、設備容量の最大値は300kV・Aになる。

問い33　イ

受電設備の年次点検では、絶縁耐力試験は通常行わない。

問い34　イ

イの内容は、限流ヒューズのことで、可とう導体にそのような機能はない。

問い35　ハ

漏えい電流の上限値は、1.0mAである。

問い36　イ

過電流継電器の最小動作電流の測定と限時特性試験では、電流計、サイクルカウンタ、可変抵抗器が使用される。

問い37　ハ

変圧器の絶縁油の劣化診断には、絶縁破壊電圧試験、水分試験、全酸価試験、油中ガス分析が行われる。

問い38　ニ

自家用電気工作物（最大電力500kW未満の需要設備）に係る非常用予備発電装置工事に従事することのできるのは、特種電気工事資格者である。

問い39 ニ

低圧検電器は、電気工事業者が一般用電気工事のみの業務の営業所に備え付ける必要はない。

問い40 イ

100A以下の配線用遮断器は、特定電気用品になる。

問題 2. 配線図

問い41 イ

①の機器は地絡継電装置付き高圧交流負荷開閉器（GR付PAS）で、写真はイになる。

問い42 ニ

②は地絡方向継電器で、図記号と文字記号（略号）の組合せはニになる。

問い43 ハ

③は電力需給用計器用変成器から電力量計への電線で、本数は6本から7本になる。

問い44 イ

④は高圧限流ヒューズで、使用する本数は4本。写真はイになる。

問い45 ハ

⑤は電流計切換スイッチの図記号で、測定する相を切り換える。

問い46 ニ

高圧絶縁電線（KIP）の構造を示すのは、ニになる。

問い47 ロ

直列リアクトルのリアクタンスは、コンデンサリアクタンスの6％にする。

問い48 ニ

⑧は変流器で、ニの複線図が正しい。

問い49 ハ

⑨の非常用予備発電装置は、常用電源に接続されていない状態で防災用の電路に電気を送る。そのため、非常用予備発電装置と〈c〉の遮断器をインタロックする必要がある。

問い50 ニ

⑩は電力需給用計器用変成器である。

進み力率を含む電圧降下や三相短絡電流の式など、かなりレベルの高い問題が出題されています！

令和3年度 午前 筆記試験 〔試験時間　2時間20分〕

問題1．一般問題（問題数40、配点は1問当たり2点）

次の各問いには4通りの答え（イ、ロ、ハ、ニ）が書いてある。それぞれの問いに対して答えを1つ選びなさい。

なお、選択肢が数値の場合は、最も近い値を選びなさい。

問い01 図のような直流回路において、電源電圧20V、R＝2Ω、L＝4mH及びC＝2mFで、RとLに電流10Aが流れている。Lに蓄えられているエネルギーW_L［J］の値と、Cに蓄えられているエネルギーW_C［J］の値の組合せとして、正しいものは。

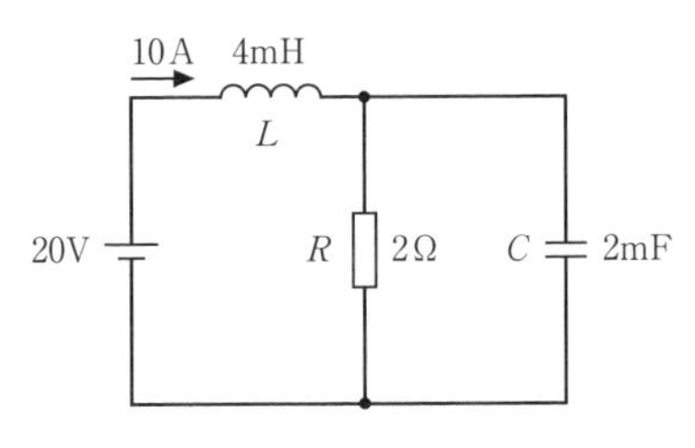

イ．W_L＝0.2　W_C＝0.4
ロ．W_L＝0.4　W_C＝0.2
ハ．W_L＝0.6　W_C＝0.8
ニ．W_L＝0.8　W_C＝0.6

問い02 図のような直流回路において、電流計に流れる電流［A］は。

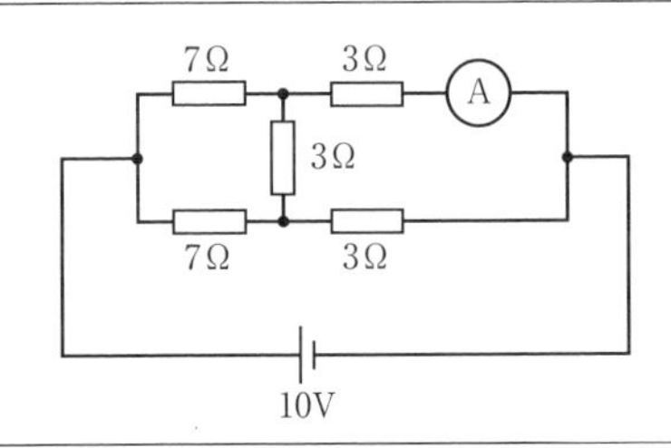

イ．0.1　ロ．0.5
ハ．1.0　ニ．2.0

問い03 定格電圧100V、定格消費電力1kWの電熱器の電熱線が全長の10%のところで断線したので、その部分を除き、残りの90%の部分を電圧100Vで1時間使用した場合、発生する熱量［kJ］は。

ただし、電熱線の温度による抵抗の変化は無視するものとする。

イ．2 900　ロ．3 600　ハ．4 000　ニ．4 400

問い04 図のような交流回路の力率［%］は。

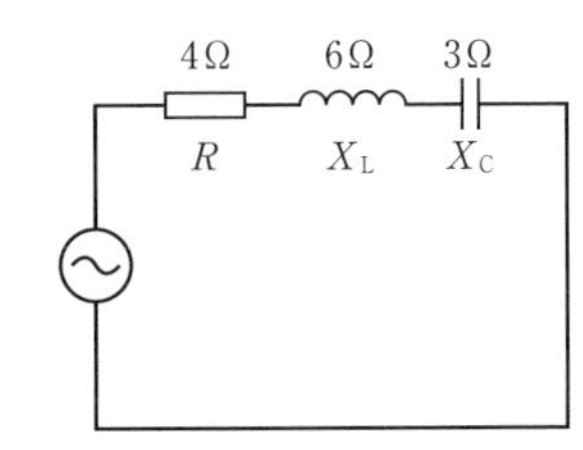

イ．50　ロ．60
ハ．70　ニ．80

問い05 図のような三相交流回路において、電流 I の値［A］は。

イ．$\dfrac{200\sqrt{3}}{17}$　　ロ．$\dfrac{40}{\sqrt{3}}$

ハ．40　　ニ．$40\sqrt{3}$

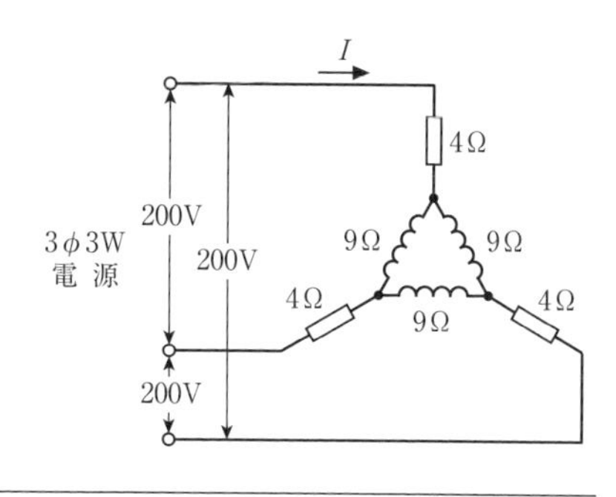

問い06 図aのような単相3線式電路と、図bのような単相2線式電路がある。図aの電線1線当たりの供給電力は、図bの電線1線当たりの供給電力の何倍か。
ただし、Rは定格電圧 V［V］の抵抗負荷であるとする。

イ．$\dfrac{1}{3}$　　ロ．$\dfrac{1}{2}$

ハ．$\dfrac{4}{3}$　　ニ．$\dfrac{5}{3}$

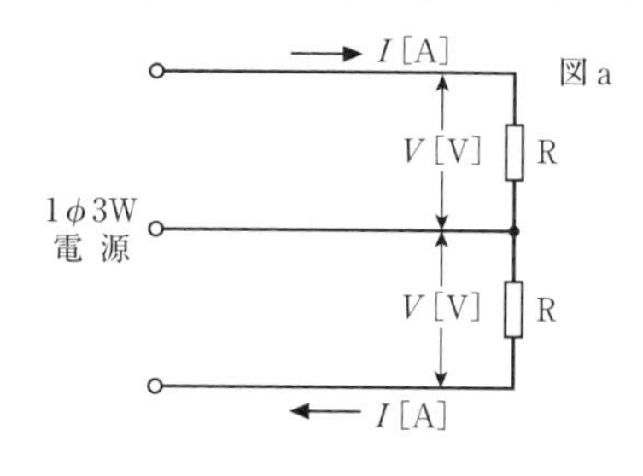

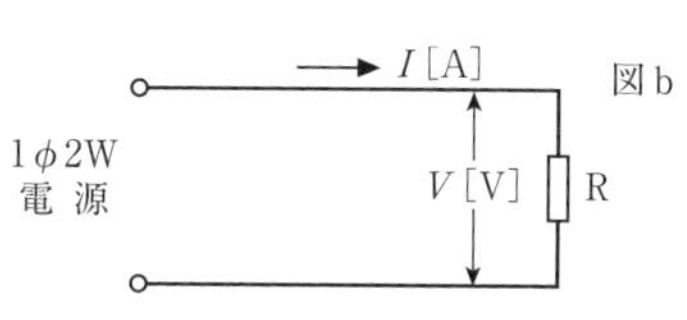

問い07 三相短絡容量［V･A］を百分率インピーダンス%Z［%］を用いて表した式は。
ただし、V＝基準線間電圧［V］、I＝基準電流［A］とする。

イ．$\dfrac{VI}{\%Z}\times 100$　　ロ．$\dfrac{\sqrt{3}\,VI}{\%Z}\times 100$　　ハ．$\dfrac{2VI}{\%Z}\times 100$　　ニ．$\dfrac{3VI}{\%Z}\times 100$

問い08 図のように取り付け角度が30°となるように支線を施設する場合、支線の許容張力を T_S＝24.8kNとし、支線の安全率を2とすると、電線の水平張力 T の最大値［kN］は。

イ．3.1　　ロ．6.2　　ハ．10.7　　ニ．24.8

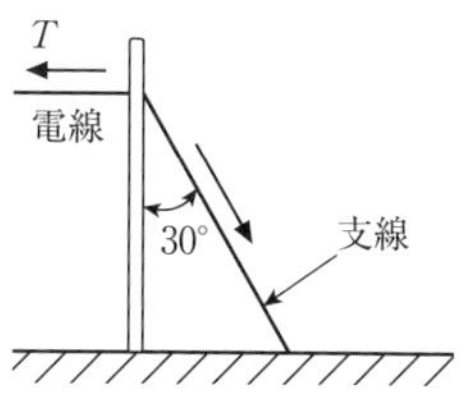

問い09 定格容量200kV･A、消費電力120kW、遅れ力率 $\cos\theta_1$＝0.6の負荷に電力を供給する高圧受電設備に高圧進相コンデンサを施設して、力率を $\cos\theta_2$＝0.8に改善したい。必要なコンデンサの容量［kvar］は。
ただし、$\tan\theta_1$＝1.33、$\tan\theta_2$＝0.75とする。

イ．35　　ロ．70　　ハ．90　　ニ．160

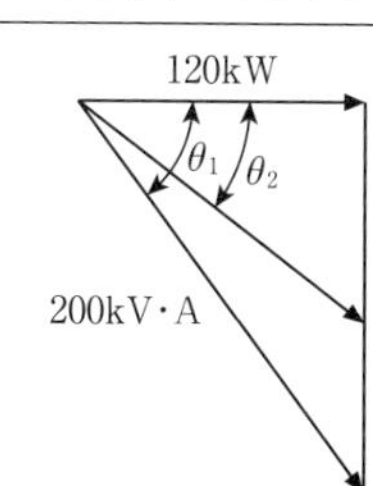

過去問
令和3年度　午前

問い10 三相かご形誘導電動機が、電圧200V、負荷電流10A、力率80%、効率90%で運転されているとき、この電動機の出力［kW］は。

イ．1.4　　ロ．2.0　　ハ．2.5　　ニ．4.3

問い11 床面上2mの高さに、光度1 000cdの点光源がある。点光源直下の床面照度［lx］は。

イ．250　　ロ．500　　ハ．750　　ニ．1 000

問い12 変圧器の損失に関する記述として、誤っているものは。

イ．銅損と鉄損が等しいときに変圧器の効率が最大となる。
ロ．無負荷損の大部分は鉄損である。
ハ．鉄損にはヒステリシス損と渦電流損がある。
ニ．負荷電流が2倍になれば銅損は2倍になる。

問い13 図のような整流回路において、電圧v_oの波形は。ただし、電源電圧vは実効値100V、周波数50Hzの正弦波とする。

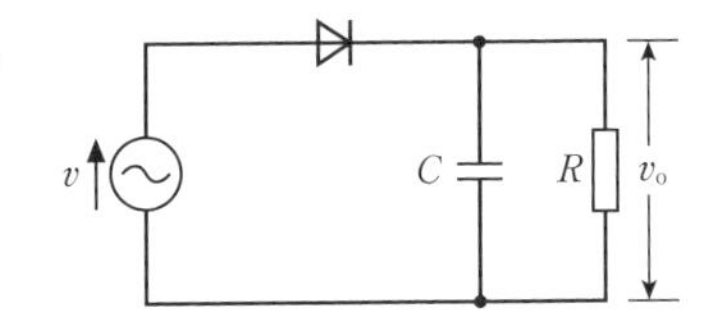

イ．

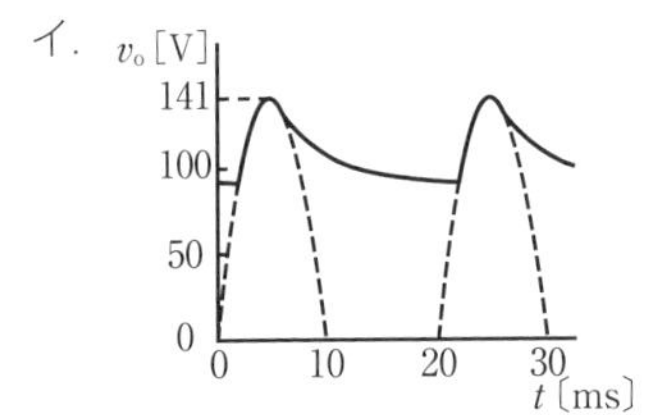

ロ．

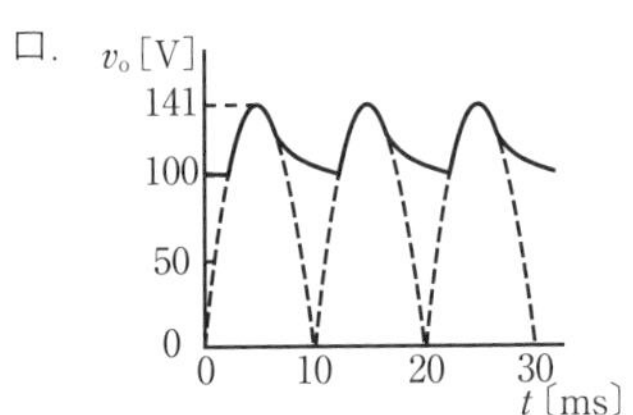

ハ．

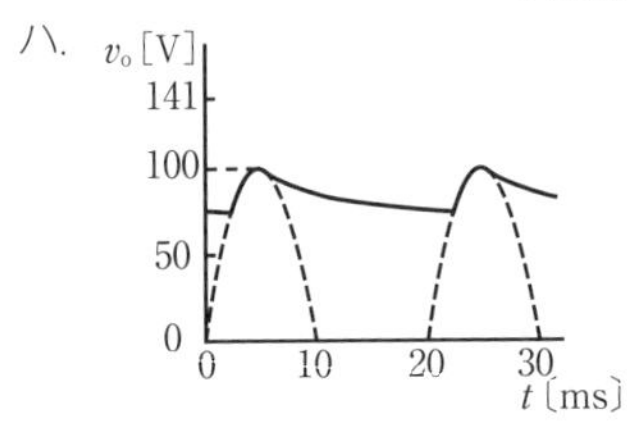

ニ．

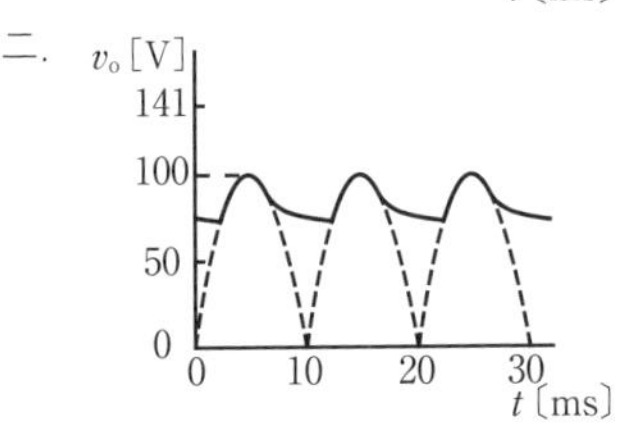

問い14 写真に示す電磁調理器（IH調理器）の加熱原理は。

イ．誘導加熱　　ロ．誘電加熱
ハ．抵抗加熱　　ニ．赤外線加熱

問い15 写真に示す雷保護用として施設される機器の名称は。

イ．地絡継電器
ロ．漏電遮断器
ハ．漏電監視装置
ニ．サージ防護デバイス（SPD）

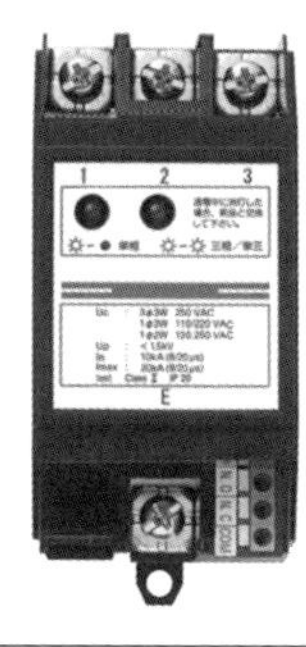

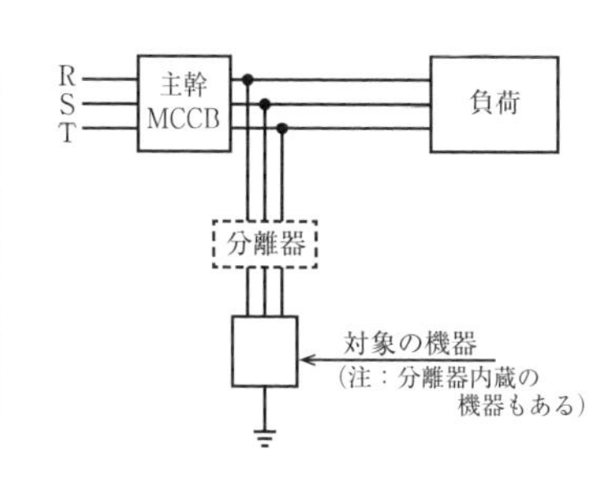

問い16 火力発電所で採用されている大気汚染を防止する環境対策として、誤っているものは。

イ．電気集じん器を用いて二酸化炭素の排出を抑制する。
ロ．排煙脱硝装置を用いて窒素酸化物を除去する。
ハ．排煙脱硫装置を用いて硫黄酸化物を除去する。
ニ．液化天然ガス（LNG）など硫黄酸化物をほとんど排出しない燃料を使用する。

問い17 架空送電線の雷害対策として、誤っているものは。

イ．架空地線を設置する。
ロ．避雷器を設置する。
ハ．電線相互に相間スペーサを取り付ける。
ニ．がいしにアークホーンを取り付ける。

問い18 水平径間120mの架空送電線がある。電線1m当たりの重量が20N/m、水平引張強さが12 000Nのとき、電線のたるみD［m］は。

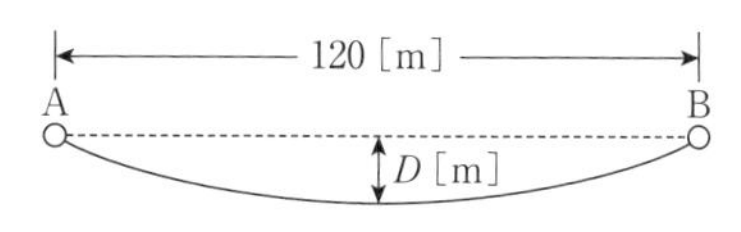

イ．2　　ロ．3　　ハ．4　　ニ．5

問い19 高調波に関する記述として、誤っているものは。

イ．電力系統の電圧、電流に含まれる高調波は、第５次、第７次などの比較的周波数の低い成分が大半である。
ロ．インバータは高調波の発生源にならない。
ハ．高圧進相コンデンサには高調波対策として、直列リアクトルを設置することが望ましい。
ニ．高調波は、電動機に過熱などの影響を与えることがある。

問い20 公称電圧6.6kVの高圧受電設備に使用する高圧交流遮断器（定格電圧7.2kV、定格遮断電流12.5kA、定格電流600A）の遮断容量［MV・A］は。

イ．80　　ロ．100　　ハ．130　　ニ．160

問い21 高圧受電設備に雷その他による異常な過大電圧が加わった場合の避雷器の機能として、適切なものは。

イ. 過大電圧に伴う電流を大地へ分流することによって過大電圧を制限し、過大電圧が過ぎ去った後に、電路を速やかに健全な状態に回復させる。
ロ. 過大電圧が侵入した相を強制的に切り離し回路を正常に保つ。
ハ. 内部の限流ヒューズが溶断して、保護すべき電気機器を電源から切り離す。
ニ. 電源から保護すべき電気機器を一時的に切り離し、過大電圧が過ぎ去った後に再び接続する。

問い22 写真に示す機器の文字記号（略号）は。

イ. DS
ロ. PAS
ハ. LBS
ニ. VCB

問い23 写真に示す品物の名称は。

イ. 高圧ピンがいし
ロ. 長幹がいし
ハ. 高圧耐張がいし
ニ. 高圧中実がいし

問い24 配線器具に関する記述として、誤っているものは。

イ. 遅延スイッチは、操作部を「切り操作」した後、遅れて動作するスイッチで、トイレの換気扇などに使用される。
ロ. 熱線式自動スイッチは、人体の体温等を検知し自動的に開閉するスイッチで、玄関灯などに使用される。
ハ. 引掛形コンセントは、刃受が円弧状で、専用のプラグを回転させることによって抜けない構造としたものである。
ニ. 抜止形コンセントは、プラグを回転させることによって容易に抜けない構造としたもので、専用のプラグを使用する。

問い25 600Vビニル絶縁電線の許容電流（連続使用時）に関する記述として、適切なものは。

イ. 電流による発熱により、電線の絶縁物が著しい劣化をきたさないようにするための限界の電流値。
ロ. 電流による発熱により、絶縁物の温度が80℃となる時の電流値。
ハ. 電流による発熱により、電線が溶断する時の電流値。
ニ. 電圧降下を許容範囲に収めるための最大の電流値。

問い26 写真に示すもののうち、CVT150mm^{2}のケーブルを、ケーブルラック上に延線する作業で、一般的に使用されないものは。

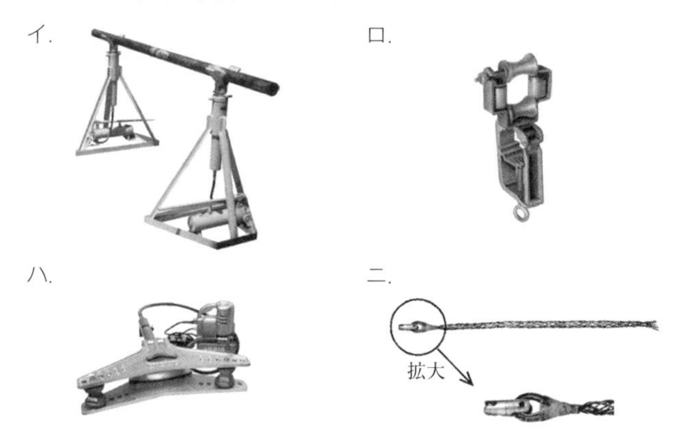

問い27 使用電圧300V以下のケーブル工事による低圧屋内配線において、不適切なものは。

イ. 架橋ポリエチレン絶縁ビニルシースケーブルをガス管と接触しないように施設した。

ロ. ビニル絶縁ビニルシースケーブル（丸形）を造営材の側面に沿って、支持点間を3mにして施設した。

ハ. 乾燥した場所で長さ2mの金属製の防護管に収めたので、防護管のD種接地工事を省略した。

ニ. 点検できる隠ぺい場所にビニルキャブタイヤケーブルを使用して施設した。

問い28 可燃性ガスが存在する場所に低圧屋内電気設備を施設する施工方法として、不適切なものは。

イ. スイッチ、コンセントは、電気機械器具防爆構造規格に適合するものを使用した。

ロ. 可搬形機器の移動電線には、接続点のない3種クロロプレンキャブタイヤケーブルを使用した。

ハ. 金属管工事により施工し、厚鋼電線管を使用した。

ニ. 金属管工事により施工し、電動機の端子箱との可とう性を必要とする接続部に金属製可とう電線管を使用した。

問い29 展開した場所のバスダクト工事に関する記述として、誤っているものは。

イ. 低圧屋内配線の使用電圧が400Vで、かつ、接触防護措置を施したので、ダクトにはD種接地工事を施した。

ロ. 低圧屋内配線の使用電圧が200Vで、かつ、湿気が多い場所での施設なので、屋外用バスダクトを使用し、バスダクト内部に水が浸入してたまらないようにした。

ハ. 低圧屋内配線の使用電圧が200Vで、かつ、接触防護措置を施したので、ダクトの接地工事を省略した。

ニ. ダクトを造営材に取り付ける際、ダクトの支持点間の距離を2mとして施設した。

問い30から問い34までは、下の図に関する問いである。

図は、自家用電気工作物構内の高圧受電設備を表した図である。この図に関する各問いには、4通りの答え（イ、ロ、ハ、ニ）が書いてある。それぞれの問いに対して、答えを1つ選びなさい。

〔注〕図において、問いに直接関係のない部分等は、省略又は簡略化してある。

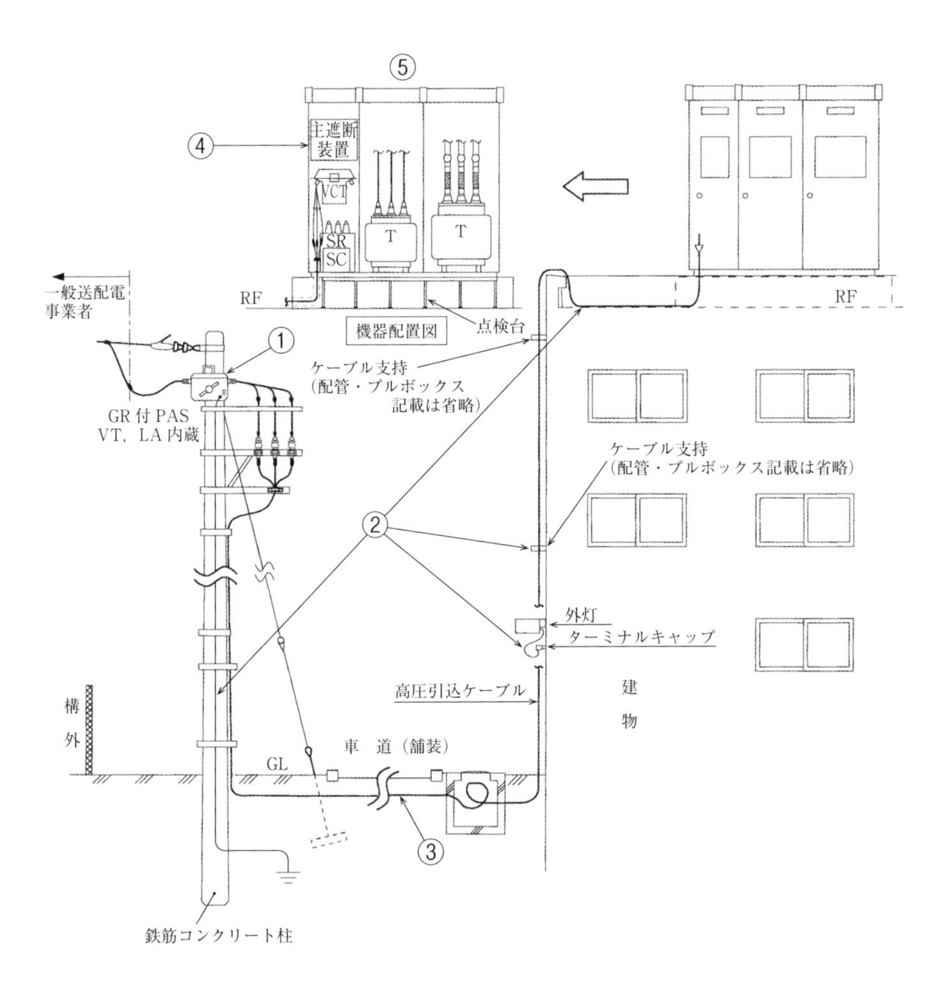

問い30 ①に示す地絡継電装置付き高圧交流負荷開閉器（GR付PAS）に関する記述として、不適切なものは。

イ．GR付PASは、保安上の責任分界点に設ける区分開閉器として用いられる。
ロ．GR付PASの地絡継電装置は、波及事故を防止するため、一般送配電事業者側との保護協調が大切である。
ハ．GR付PASは、短絡等の過電流を遮断する能力を有しないため、過電流ロック機能が必要である。
ニ．GR付PASの地絡継電装置は、需要家内のケーブルが長い場合、対地静電容量が大きく、他の需要家の地絡事故で不必要動作する可能性がある。このような施設には、地絡過電圧継電器を設置することが望ましい。

問い31 ②に示す引込柱及び高圧引込ケーブルの施工に関する記述として、不適切なものは。

イ．A種接地工事に使用する接地線を人が触れるおそれがある引込柱の側面に立ち上げるため、地表からの高さ2m、地表下0.75mの範囲を厚さ2mm以上の合成樹脂管（CD管を除く）で覆った。
ロ．造営物に取り付けた外灯の配線と高圧引込ケーブルを0.1m離して施設した。
ハ．高圧引込ケーブルを造営材の側面に沿って垂直に支持点間6mで施設した。
ニ．屋上の高圧引込ケーブルを造営材に堅ろうに取り付けた堅ろうなトラフに収め、トラフには取扱者以外の者が容易に開けることができない構造の鉄製のふたを設けた。

問い32 ③に示す地中にケーブルを施設する場合、使用する材料と埋設深さの組合せとして、不適切なものは。
ただし、材料はJIS規格に適合するものとする。

イ．ポリエチレン被覆鋼管
　　舗装下面から0.3m
ロ．硬質ポリ塩化ビニル電線管
　　舗装下面から0.3m
ハ．波付硬質合成樹脂管
　　舗装下面から0.6m
ニ．コンクリートトラフ
　　舗装下面から0.6m

問い33 ④に示すPF･S形の主遮断装置として、必要でないものは。

イ．過電流継電器
ロ．ストライカによる引外し装置
ハ．相間、側面の絶縁バリア
ニ．高圧限流ヒューズ

問い34 ⑤に示す高圧キュービクル内に設置した機器の接地工事に使用する軟銅線の太さに関する記述として、適切なものは。

イ．高圧電路と低圧電路を結合する変圧器の金属製外箱に施す接地線に、直径2.0mmの軟銅線を使用した。
ロ．LBSの金属製部分に施す接地線に、直径2.0mmの軟銅線を使用した。
ハ．高圧進相コンデンサの金属製外箱に施す接地線に、3.5mm^{2}の軟銅線を使用した。
ニ．定格負担100V･Aの高圧計器用変成器の２次側電路に施す接地線に、3.5mm^{2}の軟銅線を使用した。

問い35 自家用電気工作物として施設する電路又は機器について、D種接地工事を施さなければならない箇所は。

イ．高圧電路に施設する外箱のない変圧器の鉄心
ロ．使用電圧400Vの電動機の鉄台
ハ．高圧計器用変成器の二次側電路
ニ．6.6kV/210Vの変圧器の低圧側の中性点

問い36 高圧ケーブルの絶縁抵抗の測定を行うとき、絶縁抵抗計の保護端子（ガード端子）を使用する目的として、正しいものは。

イ．絶縁物の表面を流れる漏れ電流も含めて測定するため。
ロ．高圧ケーブルの残留電荷を放電するため。
ハ．絶縁物の表面を流れる漏れ電流による誤差を防ぐため。
ニ．指針の振切れによる焼損を防ぐため。

問い37 公称電圧6.6kVの交流電路に使用するケーブルの絶縁耐力試験を直流電圧で行う場合の試験電圧［V］の計算式は。

イ．$6\,600 \times 1.5 \times 2$　　ロ．$6\,600 \times \frac{1.15}{1.1} \times 1.5 \times 2$

ハ．$6\,600 \times 2 \times 2$　　ニ．$6\,600 \times \frac{1.15}{1.1} \times 2 \times 2$

問い38 「電気工事士法」において、電圧600V以下で使用する自家用電気工作物に係る電気工事の作業のうち、第一種電気工事士又は認定電気工事従事者でなくても従事できるものは。

イ．ダクトに電線を収める作業
ロ．電線管を曲げ、電線管相互を接続する作業
ハ．金属製の線ぴを、建造物の金属板張りの部分に取り付ける作業
ニ．電気機器に電線を接続する作業

問い39 「電気工事業の業務の適正化に関する法律」において、電気工事業者の業務に関する記述として、誤っているものは。

イ．営業所ごとに、絶縁抵抗計の他、法令に定められた器具を備えなければならない。
ロ．営業所ごとに、電気工事に関し、法令に定められた事項を記載した帳簿を備えなければならない。
ハ．営業所及び電気工事の施工場所ごとに、法令に定められた事項を記載した標識を掲示しなければならない。
ニ．通知電気工事業者は、法令に定められた主任電気工事士を置かなければならない。

問い40 「電気設備に関する技術基準」において、交流電圧の高圧の範囲は。

イ．750Vを超え7 000V以下　　ロ．600Vを超え7 000V以下
ハ．750Vを超え6 600V以下　　ニ．600Vを超え6 600V以下

問題 2. 配線図 (問題数 10、配点は 1 問当たり 2 点)

図は、高圧受電設備の単線結線図である。この図の矢印で示す 10 箇所に関する各問いには、4 通りの答え（イ、ロ、ハ、ニ）が書いてある。それぞれの問いに対して、答えを 1 つ選びなさい。

〔注〕図において、問いに直接関係のない部分等は、省略又は簡略化してある。

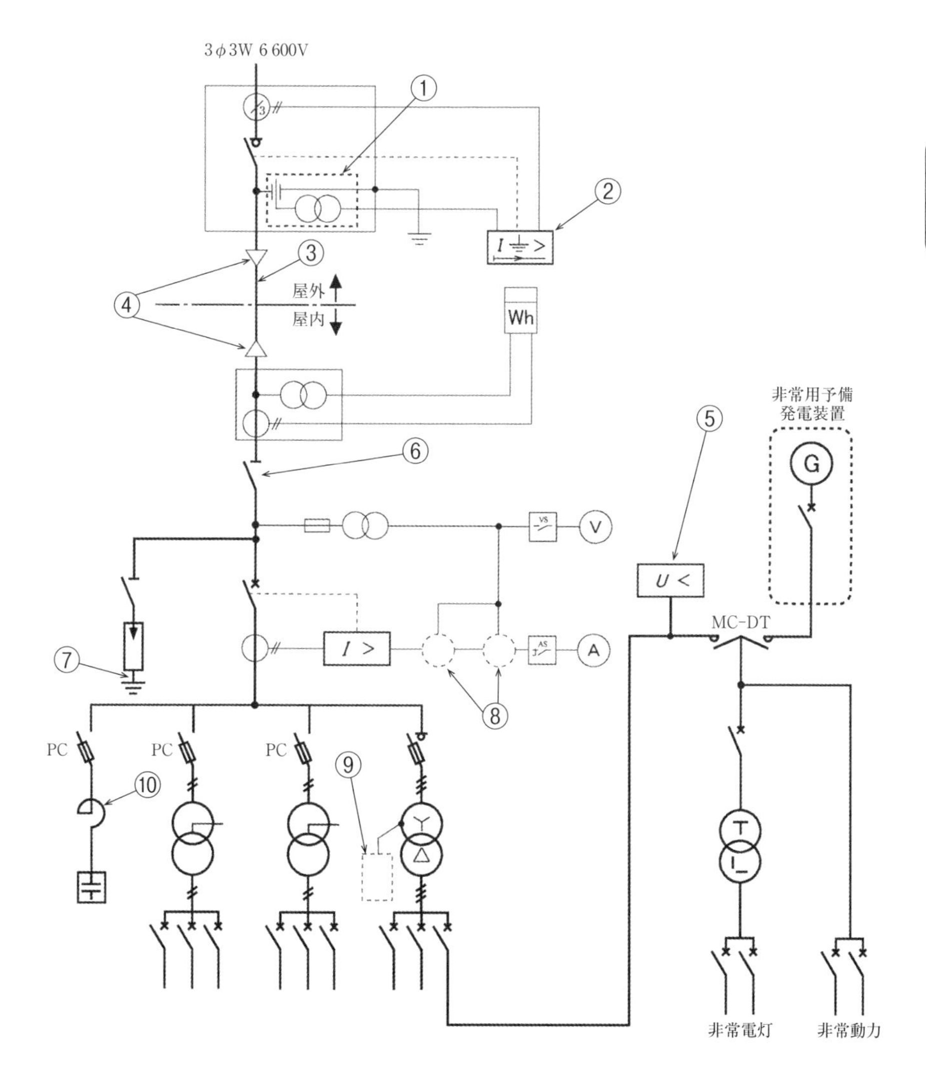

問い41 ①で示す図記号の機器に関する記述として、正しいものは。

イ．零相電流を検出する。　　ロ．零相電圧を検出する。
ハ．異常電圧を検出する。　　ニ．短絡電流を検出する。

問い42 ②で示す機器の文字記号（略号）は。

イ．OVGR　　ロ．DGR
ハ．OCR　　ニ．OCGR

問い43 ③で示す部分に使用するCVTケーブルとして、適切なものは。

イ．

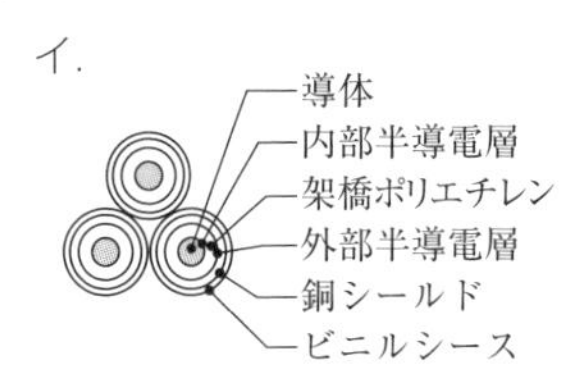

ロ．

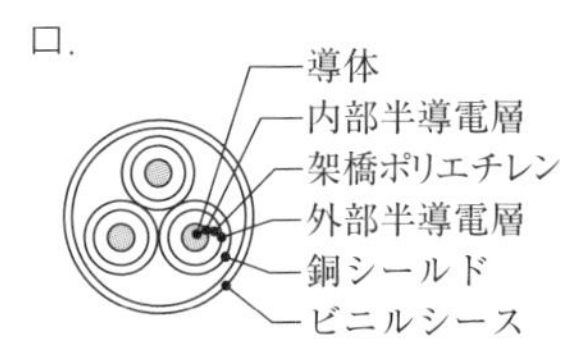

ハ．

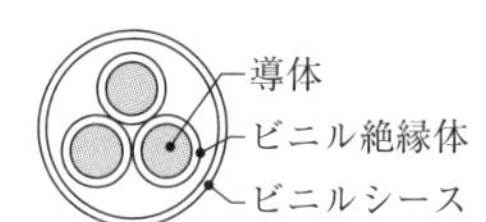

ニ．

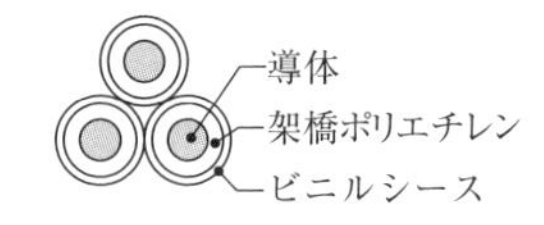

問い44 ④で示す部分に使用されないものは。

イ．

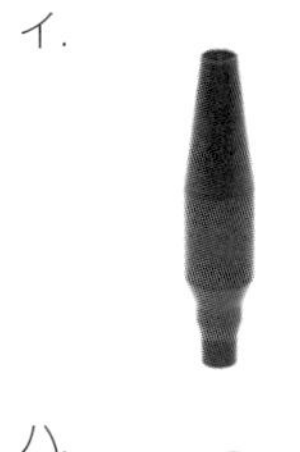

ロ．

ハ．

ニ．

問い45 ⑤で示す機器の名称と制御器具番号の正しいものは。

イ．不足電圧継電器　27
ロ．不足電流継電器　37
ハ．過電流継電器　51
ニ．過電圧継電器　59

問い46 ⑥に設置する機器は。

イ.

ロ.

ハ.

ニ.

問い47 ⑦で示す機器の接地線（軟銅線）の太さの最小太さは。

イ．5.5mm^2　　ロ．8mm^2　　ハ．14mm^2　　ニ．22mm^2

問い48 ⑧に設置する機器の組合せは。

イ.

ロ.

ハ.

ニ.

問い49 ⑨に入る正しい図記号は。

イ．E_A　　ロ．E_B　　ハ．E_C　　ニ．E_D

問い50 ⑩で示す機器の役割として誤っているものは。

イ．コンデンサ回路の突入電流を抑制する。
ロ．電圧波形のひずみを改善する。
ハ．第５調波等の高調波障害の拡大を防止する。
ニ．コンデンサの残留電荷を放電する。

過去問
令和3年度　午前

令和３年度 午前　筆記試験

解答・解説

問題１．一般問題

問い01 イ

Lに蓄えられているエネルギー W_L［J］は、

$$W_L = \frac{1}{2}LI^2 = \frac{1}{2} \times 4 \times 10^{-3} \times 10^2$$

$$= 0.2 \text{［J］}$$

Cに蓄えられているエネルギー W_C［J］は、

$$W_C = \frac{1}{2}CV^2 = \frac{1}{2} \times 2 \times 10^{-3} \times 20^2$$

$$= 0.4 \text{［J］}$$

問い02 ハ

この直流回路の左上の抵抗と右下の抵抗の積（7×3）、右上の抵抗と左下の抵抗の積（3×7）が同じ値になっている。

よって、この回路はブリッジ回路の平衡状態となっており、中央3Ωの抵抗には電流が流れない。

Ⓐに流れる電流I［A］を計算すると、

$$I = \frac{10}{7+3} = 1.0 \text{［A］}$$

問い03 ハ

断線前の電熱器の抵抗R_1［Ω］は、消費電力P_1［W］なので、

$$P_1 = \frac{V^2}{R_1}\text{より、}1\,000 = \frac{100^2}{R_1} \text{［W］}$$

$$\therefore R_1 = \frac{100^2}{1\,000} = 10 \text{［Ω］}$$

断線後の電熱器の抵抗R_2［Ω］は、

$$R_2 = R_1 \times 0.9 = 10 \times 0.9 = 9 \text{［Ω］}$$

抵抗と電圧から、この電熱線を1時間使用した場合の発生する熱量H［kJ］をもとめると、

$$H = 3\,600 \times P_2 \times t \times 10^{-3}$$

ここで、$P_2 = \frac{V^2}{R_2}$より、

$$H = 3\,600 \times \frac{100^2}{9} \times 1 \times 10^{-3}$$

$$= 4\,000 \text{［kJ］}$$

問い04 ニ

この回路のリアクタンスX［Ω］は、

$$X = X_L - X_C = 6 - 3 = 3 \text{［Ω］}$$

合成インピーダンスZ［Ω］は、

$$Z = \sqrt{4^2 + 3^2} = 5 \text{［Ω］}$$

力率$\cos\theta$［%］は、

$$\cos\theta = \frac{R}{Z} \times 100 = \frac{4}{5} \times 100 = 80 \text{［%］}$$

問い05 ロ

中央部分の△結線のリアクタンス$X_\triangle$［Ω］の値をスター結線に等価変換すると、

$$X_Y = \frac{X_\triangle}{3} = \frac{9}{3} = 3 \text{［Ω］}$$

一相当たりのインピーダンスZ［Ω］は、

$$Z = \sqrt{4^2 + 3^2} = 5 \text{［Ω］}$$

線電流I［A］は、（相電圧は$200/\sqrt{3}$）

$$I = \frac{\left(\frac{200}{\sqrt{3}}\right)}{5} = \frac{200}{5\sqrt{3}} = \frac{40}{\sqrt{3}} \text{［A］}$$

問い06 ハ

単相３線式電路の電線１線当たりの供給電力P_3［W］は、

$$P_3 = \frac{I^2 \times 2R}{3} \text{［W］}$$

単相２線式電路の電線１線当たりの供給電力P_2［W］は、

$$P_2 = \frac{I^2R}{2} \text{［W］}$$

P_2を分母に、P_3を分子にすると答えがもとめられる。

$$\frac{\frac{I^2 \times 2R}{3}}{\frac{I^2R}{2}} = \frac{\frac{2}{3}}{\frac{1}{2}} = \frac{4}{3}$$

問い07　ロ

三相短絡容量P_s［V・A］は、基準線間電圧V［V］、電流I［A］とすると、次の式でもとめられる。

$$P_s = \frac{\sqrt{3}\,VI}{\%Z} \times 100\ [\mathrm{V \cdot A}]$$

問い08　ロ

許容される支線の張力T_s［kN］と安全率fから、電線の水平張力T［kN］の最大値をもとめると（sin30°は1/2）、

$$水平張力の最大値：\frac{T_s}{f}\sin 30^\circ = \frac{24.8}{2} \times \frac{1}{2} = 6.2\ [\mathrm{kN}]$$

問い09　ロ

消費電力P［kW］なので、与えられた数値を、コンデンサ容量Q_C［kvar］をもとめる式に入れると、

$$Q_C = P(\tan\theta_1 - \tan\theta_2) = 120(1.33 - 0.75) \fallingdotseq 70\ [\mathrm{kvar}]$$

問い10　ハ

三相誘導電動機の出力P［kW］は、

$P = \sqrt{3}\,VI\cos\theta \cdot \eta$ より、

$$\sqrt{3} \times 200 \times 10 \times 0.8 \times 0.9 \times 10^{-3} \fallingdotseq 2.5\ [\mathrm{kW}]$$

問い11　イ

床面上r［m］の高さにI［cd］の点光源がある場合、点光源直下の床面照度E［lx］は、

$$E = \frac{I}{r^2} = \frac{1\,000}{2^2} = 250\ [\mathrm{lx}]$$

問い12　ニ

銅損は負荷電流の2乗に比例するため、負荷電流が2倍になると銅損は4倍になる。

問い13　イ

半波整流で、波形の間にコンデンサの放電電圧があるもので、波形のピークが実効値100Vを1.41倍にした141V、20msに一度ピークのあるイになる。

問い14　イ

電磁調理器（IH調理器）の加熱原理は、誘導加熱である。

問い15　ニ

写真は、サージ防護デバイス（SPD）である。

問い16　イ

電気集じん器は、空気中に浮遊する固体の粒子などを集じんするもので、二酸化炭素の排出を抑制するものではない。

問い17　ハ

相間スペーサは、氷雪の付着によって生じるギャロッピングによる短絡事故を防ぐもので、雷害対策で使われるものではない。

問い18　ロ

電線1m当たりの重量w［N/m］、水平径間S［m］、引張り強さT［N］なので、与えられた数値をたるみD[m]の式に代入すると、

$$D = \frac{wS^2}{8T} = \frac{20 \times 120^2}{8 \times 12\,000} = 3\ [\mathrm{m}]$$

問い19　ロ

高調波の発生源の中にインバータも含まれている。

問い20　ニ

遮断容量P_s［MV・A］をもとめる式から、

$$P_s = \sqrt{3}\,V_s I = \sqrt{3} \times 7.2 \times 12.5 \fallingdotseq 155.9\ [\mathrm{MV \cdot A}]$$

最も近い160MV・Aが遮断容量になる。

問い21　イ

避雷器の機能は、雷その他の過大電圧が加わった場合、電流を大地へ分流することによって過大電圧を制限し、過大電圧が過ぎ去った後に、電路を速やかに健全な状態に回復させる。

問い22 ニ

写真は高圧真空遮断器で、文字記号（略号）はVCBである。

問い23 ハ

写真は高圧耐張がいしで、高圧配電線の引張荷重の加わる引留箇所に使用される。

問い24 ニ

抜止形コンセントは、専用のプラグではなく一般のプラグを使用する。

問い25 イ

絶縁電線の許容電流（連続使用時）は、電流による発熱により電線の絶縁物が著しい劣化をきたさないようにするための限界の電流値である。

問い26 ハ

ハは油圧式パイプベンダで、金属管の曲げ作業に使用するもので、ケーブルをケーブルラック上に延線する作業では使用しない。

問い27 ロ

ケーブル工事では、造営材の側面に沿って施設する場合、支持点間の距離は2m以下にする。

問い28 ニ

可燃性ガスが存在する場所においては、電動機に接続する部分等可とう性を必要とする配線には、耐圧防爆型フレキシブルフィッチング、または安全増防爆型フレキシブルフィッチングを使用する。

問い29 ハ

バスダクト工事は、低圧屋内配線の使用電圧が300V以下の場合、ダクトにはD種接地工事を施さなければならない。

問い30 ニ

他の需要家の地絡事故による不必要動作を防ぐには、地絡過電圧継電器ではなく、地絡方向継電器が使われる。

問い31 ロ

高圧引込ケーブルと他の屋内電線などとの離隔距離は、0.15m以上である。

問い32 ニ

③は車道で、重量物の圧力を受けるおそれのある場所になり、コンクリートトラフに収める直接埋設式により施設する場合の埋設深さは1.2m以上になる。

問い33 イ

PF・S形の主遮断装置には、過電流継電器は必要ない。

問い34 ニ

イとロはA種接地工事になり直径2.6mm以上。ハはA種接地工事になり$5.5mm^2$以上。

ニはD種接地工事になり$2.0mm^2$以上なので適切である。

問い35 ハ

高圧計器用変成器の二次側電路には、D種接地工事を施す必要がある。

問い36 ハ

絶縁抵抗計の保護端子（ガード端子）を使用する目的は、絶縁物の表面の漏れ電流による誤差を防ぐためである。

問い37 ロ

6.6kVの交流電路に使用するケーブルの絶縁耐力試験を直流で行う場合の試験電圧は、

$$6\,600 \times \frac{1.15}{1.1} \times 1.5 \times 2 \text{ [V]}$$

問い38 ニ

電気機器に電線を接続する作業は、軽微な工事になり、電気工事士以外でも作業できる。

問い39　ニ

通知電気工事業者は、主任電気工事士の設置をもとめられていない。

問い40　ロ

交流電圧の高圧の範囲は、600Vを超え7 000V以下である。

問題2．配線図

問い41　ロ

①は零相基準入力装置で零相電圧を検出するものである。

問い42　ロ

②は地絡方向継電器で文字記号（略号）は、DGRになる。

問い43　イ

③で使用するCVTケーブルの構造は、イのようになる。

問い44　ハ

ハは避雷器で、④のケーブル終端接続部では使用されない。

問い45　イ

⑤は不足電圧継電器で、制御器具番号は27である。

問い46　ロ

⑥で示す機器は断路器（DS）で、写真はロになる。

問い47　ハ

⑦は避雷器の接地線で、最小太さは14mm²になる。

問い48　ハ

⑧には、電力計（kW表示）と力率計（cos ϕ表示）が設置される。

問い49　イ

⑨で示す部分は、変圧器の金属製の台及び外箱の接地工事で、A種接地工事になる。

問い50　ニ

⑩は直列リアクトル（SR）で、コンデンサ回路の突入電流の抑制や電圧波形のひずみの改善、第5調波等の高調波障害の拡大の防止を行う。コンデンサの残留電荷の放電は行わない。

サージ防護デバイス（SPD）や通知電気工事業者など、新傾向の問題が出題されています！

令和２年度　筆記試験〔試験時間　２時間20分〕

問題１．一般問題（問題数 40、配点は１問当たり２点）

次の各問いには４通りの答え（イ、ロ、ハ、ニ）が書いてある。それぞれの問いに対して答えを１つ選びなさい。

なお、選択肢が数値の場合は、最も近い値を選びなさい。

問い01 図のように、静電容量6μFのコンデンサ３個を接続して、直流電圧120Vを加えたとき、図中の電圧V_1の値［V］は。

イ．10　　ロ．30　　ハ．50　　ニ．80

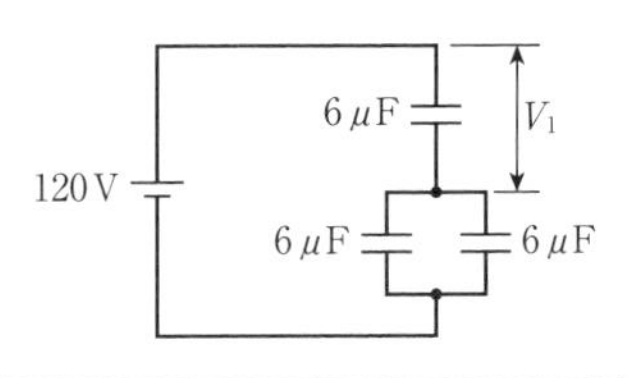

問い02 図のような直流回路において、a-b間の電圧［V］は。

イ．2　　ロ．3　　ハ．4　　ニ．5

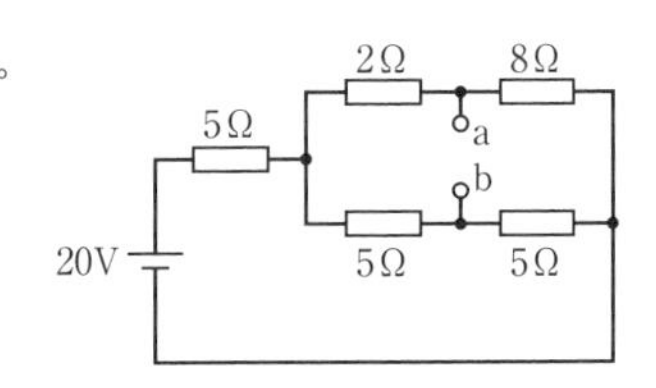

問い03 図のように、角周波数が$\omega = 500$rad/s、電圧100Vの交流電源に、抵抗$R = 3\,\Omega$とインダクタンス$L = 8$mHが接続されている。回路に流れる電流Iの値［A］は。

イ．9　　ロ．14　　ハ．20　　ニ．33

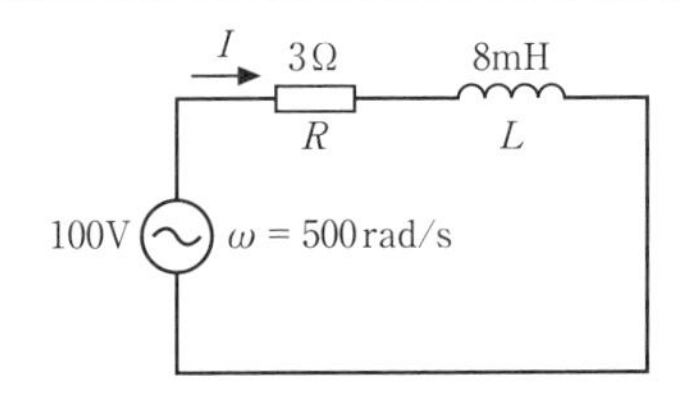

問い04 図のような交流回路において、抵抗12Ω、リアクタンス16Ω、電源電圧は96Vである。この回路の皮相電力［V･A］は。

イ．576　　ロ．768　　ハ．960　　ニ．1 344

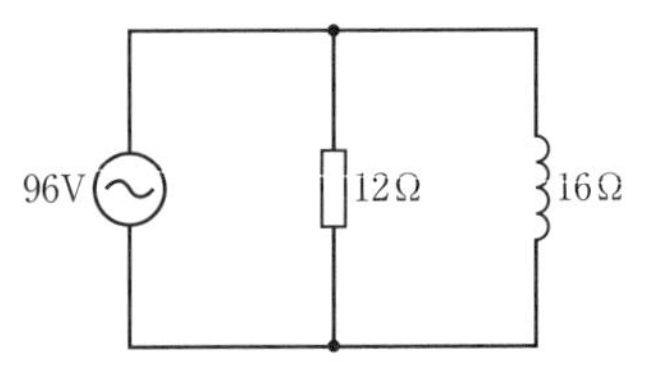

問い05 図のような三相交流回路において、電源電圧は200V、抵抗は20Ω、リアクタンスは40Ωである。この回路の全消費電力［kW］は。

イ．1.0　　ロ．1.5　　ハ．2.0　　ニ．12

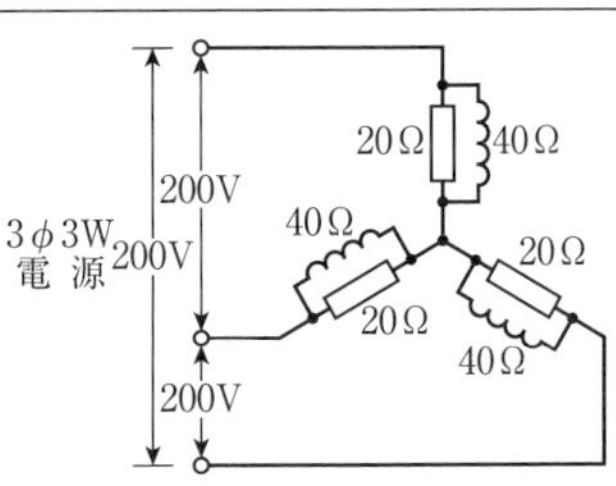

問い06 図のような単相3線式配電線路において、負荷A、負荷Bともに負荷電圧100V、負荷電流10A、力率0.8（遅れ）である。このとき、電源電圧Vの値［V］は。
ただし、配電線路の電線1線当たりの抵抗は0.5Ωである。
なお、計算においては、適切な近似式を用いること。

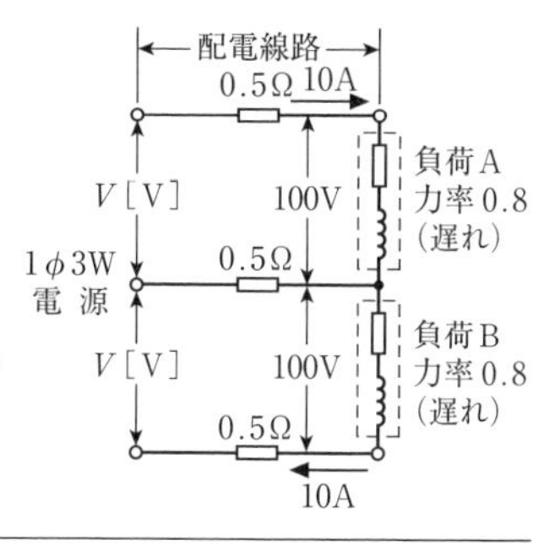

イ．102　　ロ．104　　ハ．112　　ニ．120

問い07 図のように、三相3線式構内配電線路の末端に、力率0.8（遅れ）の三相負荷がある。この負荷と並列に電力用コンデンサを設置して、線路の力率を1.0に改善した。コンデンサ設置前の線路損失が2.5kWであるとすれば、設置後の線路損失の値［kW］は。
ただし、三相負荷の負荷電圧は一定とする。

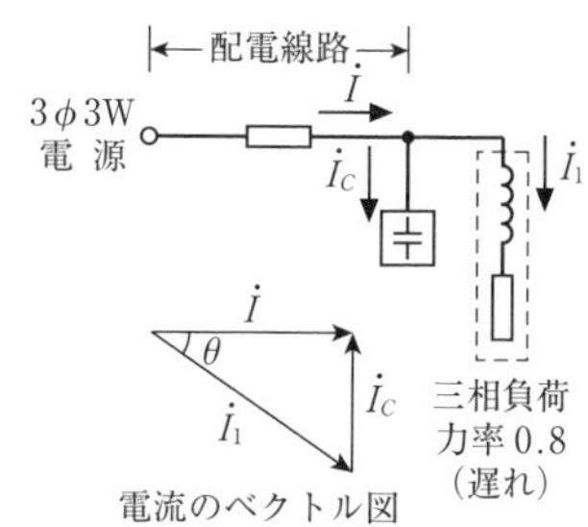

イ．0　　ロ．1.6　　ハ．2.4　　ニ．2.8

問い08 図のように、変圧比が6 300/210Vの単相変圧器の二次側に抵抗負荷が接続され、その負荷電流は300Aであった。このとき、変圧器の一次側に設置された変流器の二次側に流れる電流I［A］は。
ただし変流器の変流比は20/5Aとし、負荷抵抗以外のインピーダンスは無視する。

1φ2W
6 300V
電源
20/5A
6 300/210V
抵抗負荷
300A
I［A］
A

イ．2.5　　ロ．2.8　　ハ．3.0　　ニ．3.2

問い09 負荷設備の合計が500kWの工場がある。ある月の需要率が40%、負荷率が50%であった。この工場のその月の平均需要電力［kW］は。

イ．100　　ロ．200　　ハ．300　　ニ．400

問い10 定格電圧200V、定格出力11kWの三相誘導電動機の全負荷時における電流［A］は。
ただし、全負荷時における力率は80%、効率は90%とする。

イ．23　　ロ．36　　ハ．44　　ニ．81

問い11 「日本産業規格（JIS）」では照度設計基準の一つとして、維持照度の推奨値を示している。同規格で示す学校の教室（机上面）における維持照度の推奨値［lx］は。

イ．30　　ロ．300　　ハ．900　　ニ．1 300

問い12 変圧器の出力に対する損失の特性曲線において、a が鉄損、b が銅損を表す特性曲線として、正しいものは。

イ.

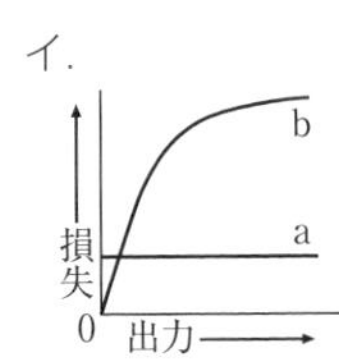

ロ.

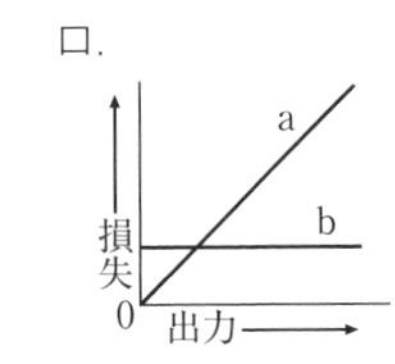

ハ.

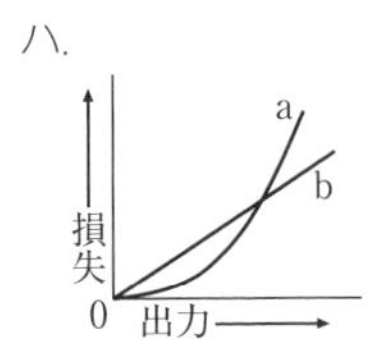

ニ.

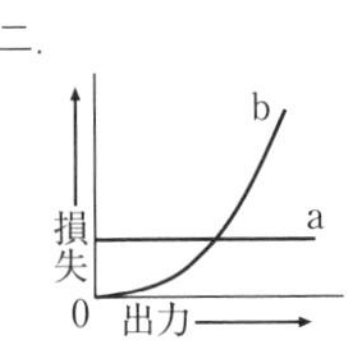

問い13 インバータ（逆変換装置）の記述として、正しいものは。

イ. 交流電力を直流電力に変換する装置
ロ. 直流電力を交流電力に変換する装置
ハ. 交流電力を異なる交流の電圧、電流に変換する装置
ニ. 直流電力を異なる直流の電圧、電流に変換する装置

問い14 低圧電路で地絡が生じたときに、自動的に電路を遮断するものは。

イ.

ロ.

ハ.

ニ.

問い15 写真に示す自家用電気設備の説明として、最も適当なものは。

イ. 低圧電動機などの運転制御、保護などを行う設備
ロ. 受変電制御機器や、停電時に非常用照明などに電力を供給する設備
ハ. 低圧の電源を分岐し、単相負荷に電力を供給する設備
ニ. 一般送配電事業者から高圧電力を受電する設備

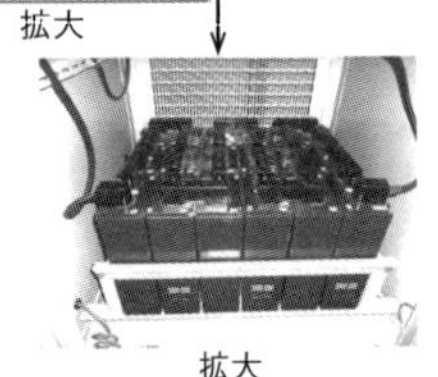

拡大

問い16 全揚程200m、揚水流量が150m^3/sである揚水式発電所の揚水ポンプの電動機の入力[MW]は。
ただし、電動機の効率は0.9、ポンプの効率は0.85とする。

イ. 23　　ロ. 39　　ハ. 225　　ニ. 384

問い17 タービン発電機の記述として、誤っているものは。

イ．タービン発電機は、駆動力として蒸気圧などを利用している。
ロ．タービン発電機は、水車発電機に比べて回転速度が大きい。
ハ．回転子は、非突極回転界磁形（円筒回転界磁形）が用いられる。
ニ．回転子は、一般に縦軸形が採用される。

問い18 送電・配電及び変電設備に使用するがいしの塩害対策に関する記述として、誤っているものは。

イ．沿面距離の大きいがいしを使用する。
ロ．がいしにアークホーンを取り付ける。
ハ．定期的にがいしの洗浄を行う。
ニ．シリコンコンパウンドなどのはっ水性絶縁物質をがいし表面に塗布する。

問い19 配電用変電所に関する記述として、誤っているものは。

イ．配電電圧の調整をするために、負荷時タップ切換変圧器などが設置されている。
ロ．送電線路によって送られてきた電気を降圧し、配電線路に送り出す変電所である。
ハ．配電線路の引出口に、線路保護用の遮断器と継電器が設置されている。
ニ．高圧配電線路は一般に中性点接地方式であり、変電所内で大地に直接接地されている。

問い20 次の機器のうち、高頻度開閉を目的に使用されるものは。

イ．高圧断路器　　ロ．高圧交流負荷開閉器
ハ．高圧交流真空電磁接触器　　ニ．高圧交流遮断器

問い21 キュービクル式高圧受電設備の特徴として、誤っているものは。

イ．接地された金属製箱内に機器一式が収容されるので、安全性が高い。
ロ．開放形受電設備に比べ、より小さな面積に設置できる。
ハ．開放形受電設備に比べ、現地工事が簡単となり工事期間も短縮できる。
ニ．屋外に設置する場合でも、雨等の吹き込みを考慮する必要がない。

問い22 写真に示すGR付PASを設置する場合の記述として、誤っているものは。

イ．自家用側の引込みケーブルに短絡事故が発生したとき、自動遮断する。
ロ．電気事業用の配電線への波及事故の防止に効果がある。
ハ．自家用側の高圧電路に地絡事故が発生したとき、自動遮断する。
ニ．電気事業者との保安上の責任分界点又はこれに近い箇所に設置する。

問い23 写真に示す機器の用途は。

イ. 零相電流を検出する。
ロ. 高電圧を低電圧に変成し、計器での測定を可能にする。
ハ. 進相コンデンサに接続して投入時の突入電流を抑制する。
ニ. 大電流を小電流に変成し、計器での測定を可能にする。

問い24 低圧分岐回路の施設において、分岐回路を保護する過電流遮断器の種類、軟銅線の太さ及びコンセントの組合せで、誤っているものは。

	分岐回路を保護する過電流遮断器の種類	軟銅線の太さ	コンセント
イ	定格電流15A	直径1.6mm	定格15A
ロ	定格電流20Aの配線用遮断器	直径2.0mm	定格15A
ハ	定格電流30A	直径2.0mm	定格20A
ニ	定格電流30A	直径2.6mm	定格20A（定格電流が20A未満の差込みプラグが接続できるものを除く。）

問い25 引込柱の支線工事に使用する材料の組合せとして、正しいものは。

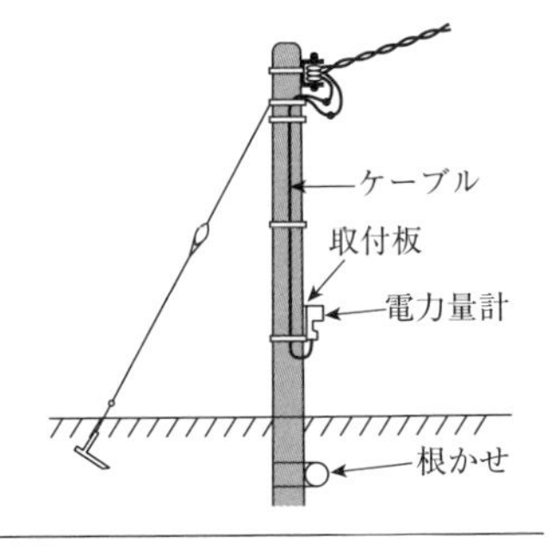

イ. 亜鉛めっき鋼より線、玉がいし、アンカ
ロ. 耐張クランプ、巻付グリップ、スリーブ
ハ. 耐張クランプ、玉がいし、亜鉛めっき鋼より線
ニ. 巻付グリップ、スリーブ、アンカ

問い26 写真のうち、鋼板製の分電盤や動力制御盤を、コンクリートの床や壁に設置する作業において、一般的に使用されない工具はどれか。

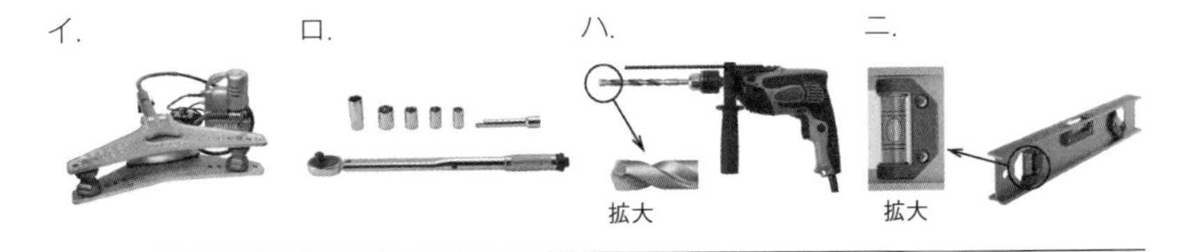

問い27 乾燥した場所であって展開した場所に施設する使用電圧100Vの金属線ぴ工事の記述として、誤っているものは。

イ. 電線にはケーブルを使用しなければならない。
ロ. 使用するボックスは、「電気用品安全法」の適用を受けるものであること。
ハ. 電線を収める線ぴの長さが12mの場合、D種接地工事を施さなければならない。
ニ. 線ぴ相互を接続する場合、堅ろうに、かつ、電気的に完全に接続しなければならない。

問い28 高圧屋内配線を、乾燥した場所であって展開した場所に施設する場合の記述として、不適切なものは。

イ．高圧ケーブルを金属管に収めて施設した。
ロ．高圧ケーブルを金属ダクトに収めて施設した。
ハ．接触防護措置を施した高圧絶縁電線をがいし引き工事により施設した。
ニ．高圧絶縁電線を金属管に収めて施設した。

問い29 地中電線路の施設に関する記述として、誤っているものは。

イ．長さが15mを超える高圧地中電線路を管路式で施設し、物件の名称、管理者名及び電圧を表示した埋設表示シートを、管と地表面のほぼ中間に施設した。
ロ．地中電線路に絶縁電線を使用した。
ハ．地中電線に使用する金属製の電線接続箱にD種接地工事を施した。
ニ．地中電線路は暗きょ式で施設する場合に、地中電線を不燃性又は自消性のある難燃性の管に収めて施設した。

問い30から問い34までは、下の図に関する問いである。

図は、自家用電気工作物構内の受電設備を表した図である。この図に関する各問いには、4通りの答え（イ、ロ、ハ、ニ）が書いてある。それぞれの問いに対して、答えを1つ選びなさい。

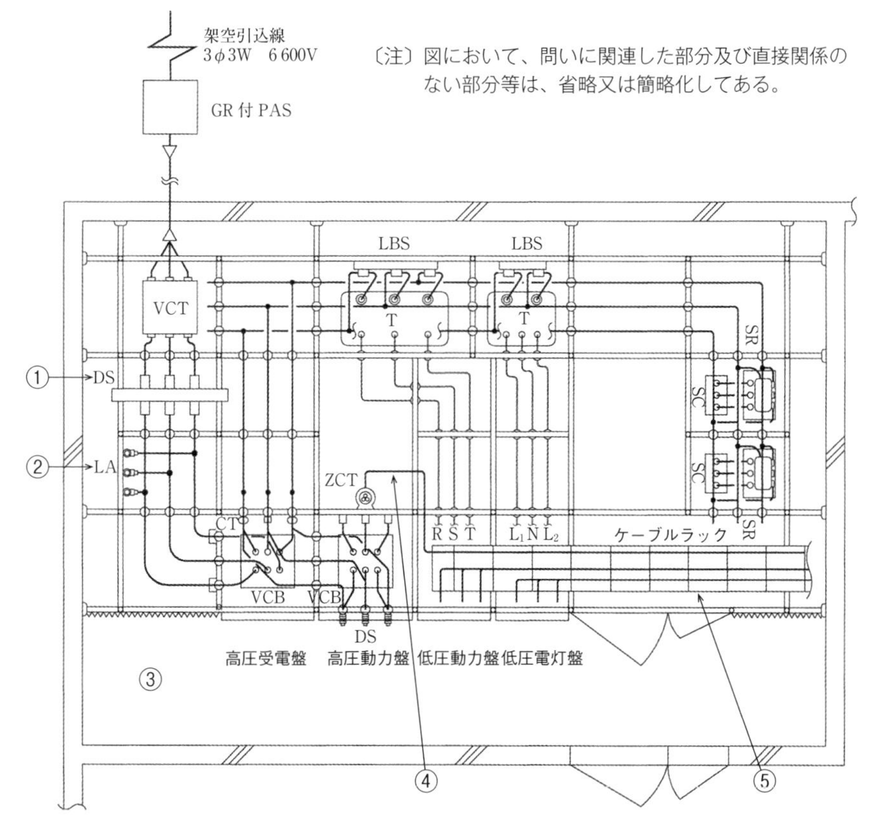

問い30 ①に示すDSに関する記述として、誤っているものは。

イ. DSは負荷電流が流れている時、誤って開路しないようにする。
ロ. DSの接触子（刃受）は電源側、ブレード（断路刃）は負荷側にして施設する。
ハ. DSは断路器である。
ニ. DSは区分開閉器として施設される。

問い31 ②に示す避雷器の設置に関する記述として、不適切なものは。

イ. 保安上必要なため、避雷器には電路から切り離せるように断路器を施設した。
ロ. 避雷器には電路を保護するため、その電源側に限流ヒューズを施設した。
ハ. 避雷器の接地はA種接地工事とし、サージインピーダンスをできるだけ低くするため、接地線を太く短くした。
ニ. 受電電力が500kW未満の需要場所では避雷器の設置義務はないが、雷害の多い地域であり、電路が架空電線路に接続されているので、引込口の近くに避雷器を設置した。

問い32 ③に示す受電設備内に使用される機器類などに施す接地に関する記述で、不適切なものは。

イ. 高圧電路に取り付けた変流器の二次側電路の接地は、D種接地工事である。
ロ. 計器用変圧器の二次側電路の接地は、B種接地工事である。
ハ. 高圧変圧器の外箱の接地の主目的は、感電保護であり、接地抵抗値は10Ω以下と定められている。
ニ. 高圧電路と低圧電路を結合する変圧器の低圧側の中性点又は低圧側の1端子に施す接地は、混触による低圧側の対地電圧の上昇を制限するための接地であり、故障の際に流れる電流を安全に通じることができるものである。

問い33 ④に示す高圧ケーブル内で地絡が発生した場合、確実に地絡事故を検出できるケーブルシールドの接地方法として、正しいものは。

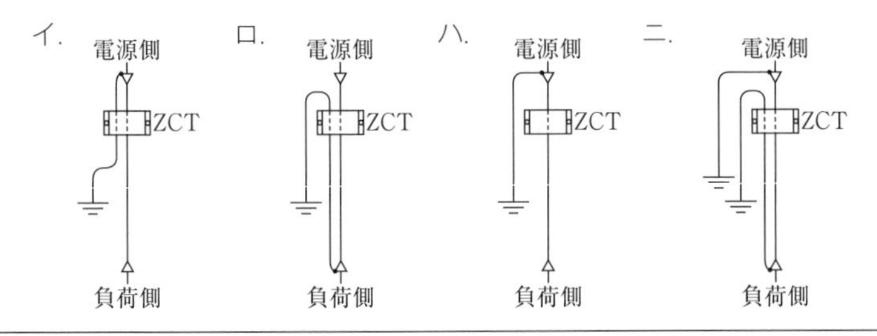

問い34 ⑤に示すケーブルラックに施設した高圧ケーブル配線、低圧ケーブル配線、弱電流電線の配線がある。これらの配線が接近又は交差する場合の施工方法に関する記述で、不適切なものは。

イ. 高圧ケーブルと低圧ケーブルを15cm離隔して施設した。
ロ. 複数の高圧ケーブルを離隔せずに施設した。
ハ. 高圧ケーブルと弱電流電線を10cm離隔して施設した。
ニ. 低圧ケーブルと弱電流電線を接触しないように施設した。

問い35 自家用電気工作物として施設する電路又は機器について、C種接地工事を施さなければならないものは。

イ．使用電圧400Vの電動機の鉄台　　ロ．6.6kV/210Vの変圧器の低圧側の中性点
ハ．高圧電路に施設する避雷器　　ニ．高圧計器用変成器の二次側電路

問い36 受電電圧6 600Vの受電設備が完成した時の自主検査で、一般に行わないものは。

イ．高圧電路の絶縁耐力試験　　ロ．高圧機器の接地抵抗測定
ハ．変圧器の温度上昇試験　　ニ．地絡継電器の動作試験

問い37 CB形高圧受電設備と配電用変電所の過電流継電器との保護協調がとれているものは。
ただし、図中①の曲線は配電用変電所の過電流継電器動作特性を示し、②の曲線は高圧受電設備の過電流継電器とCBの連動遮断特性を示す。

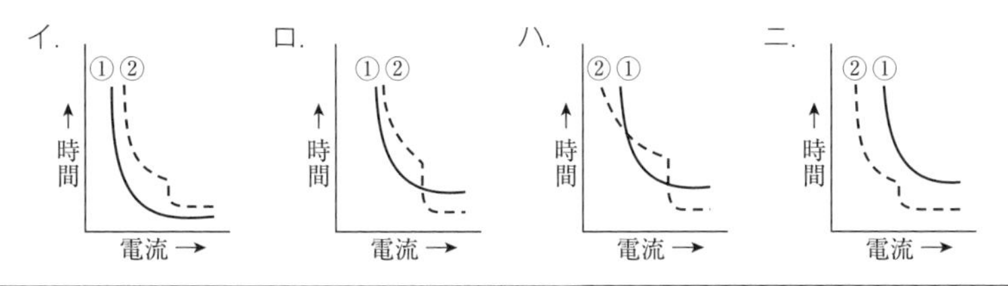

問い38 「電気工事士法」及び「電気用品安全法」において、正しいものは。

イ．交流50Hz用の定格電圧100V、定格消費電力56Wの電気便座は、特定電気用品ではない。
ロ．特定電気用品には、(PS) Eと表示されているものがある。
ハ．第一種電気工事士は、「電気用品安全法」に基づいた表示のある電気用品でなければ、一般用電気工作物の工事に使用してはならない。
ニ．電気用品のうち、危険及び障害の発生するおそれが少ないものは、特定電気用品である。

問い39 「電気工事業の業務の適正化に関する法律」において、主任電気工事士に関する記述として、誤っているものは。

イ．第一種電気工事士免状の交付を受けた者は、免状交付後に実務経験が無くても主任電気工事士になれる。
ロ．第二種電気工事士は、2年の実務経験があれば、主任電気工事士になれる。
ハ．第一種電気工事士が一般用電気工事の作業に従事する時は、主任電気工事士がその職務を行うため必要があると認めてする指示に従わなければならない。
ニ．主任電気工事士は、一般用電気工事による危険及び障害が発生しないように一般用電気工事の作業の管理の職務を誠実に行わなければならない。

問い40 「電気工事士法」において、第一種電気工事士免状の交付を受けている者のみが従事できる電気工事の作業は。

イ．最大電力400kWの需要設備の6.6kV変圧器に電線を接続する作業
ロ．出力300kWの発電所の配電盤を造営材に取り付ける作業
ハ．最大電力600kWの需要設備の6.6kV受電用ケーブルを電線管に収める作業
ニ．配電電圧6.6kVの配電用変電所内の電線相互を接続する作業

問題 2．配線図 1 （問題数 5、配点は 1 問当たり 2 点）

図は、三相誘導電動機を、押しボタンの操作により正逆運転させる制御回路である。この図の矢印で示す5箇所に関する各問いには、4通りの答え（イ、ロ、ハ、ニ）が書いてある。それぞれの問いに対して、答えを1つ選びなさい。
〔注〕図において、問いに直接関係のない部分等は、省力又は簡略化してある。

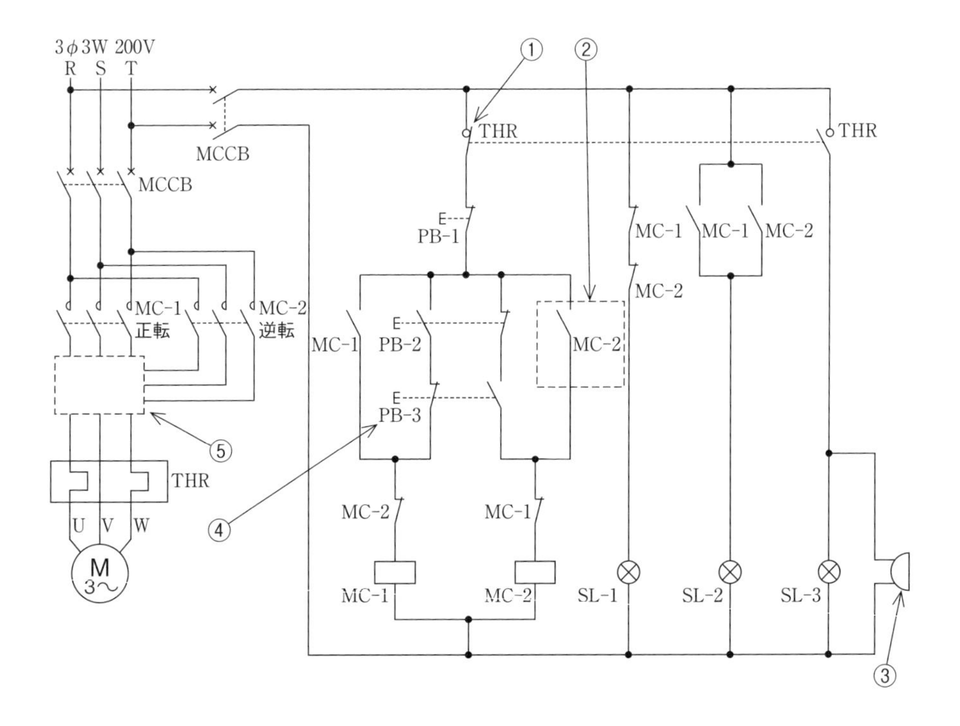

問い41 ①で示す接点が開路するのは。

イ．電動機が正転運転から逆転運転に切り替わったとき
ロ．電動機が停止したとき
ハ．電動機に、設定値を超えた電流が継続して流れたとき
ニ．電動機が始動したとき

問い42 ②で示す接点の役目は。

イ．押しボタンスイッチPB-2を押したとき、回路を短絡させないためのインタロック
ロ．押しボタンスイッチPB-1を押した後に電動機が停止しないためのインタロック
ハ．押しボタンスイッチPB-2を押し、逆転運転起動後に運転を継続するための自己保持
ニ．押しボタンスイッチPB-3を押し、逆転運転起動後に運転を継続するための自己保持

問い43 ③で示す図記号の機器は。

イ．

ロ．

ハ．

ニ．

問い44 ④で示す押しボタンスイッチPB-3を正転運転中に押したとき、電動機の動作は。

イ．停止する。
ロ．逆転運転に切り替わる。
ハ．正転運転を継続する。
ニ．熱動継電器が動作し停止する。

問い45 ⑤で示す部分の結線図は。

イ．
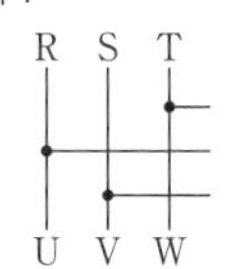

ロ．

ハ．
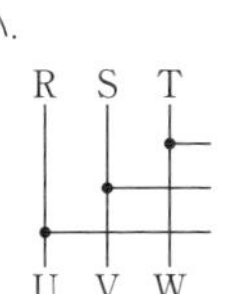

ニ．
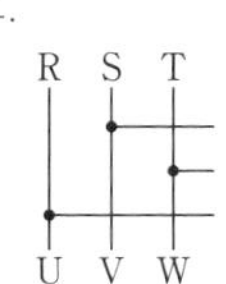

問題 3. 配線図 2 （問題数 5、配点は 1 問当たり 2 点）

図は、高圧受電設備の単線結線図である。この図の矢印で示す 5 箇所に関する次の各問いには、4 通りの答え（イ、ロ、ハ、ニ）が書いてある。それぞれの問いに対して、答えを 1 つ選びなさい。

〔注〕図において、問いに直接関係のない部分等は、省力又は簡略化してある。

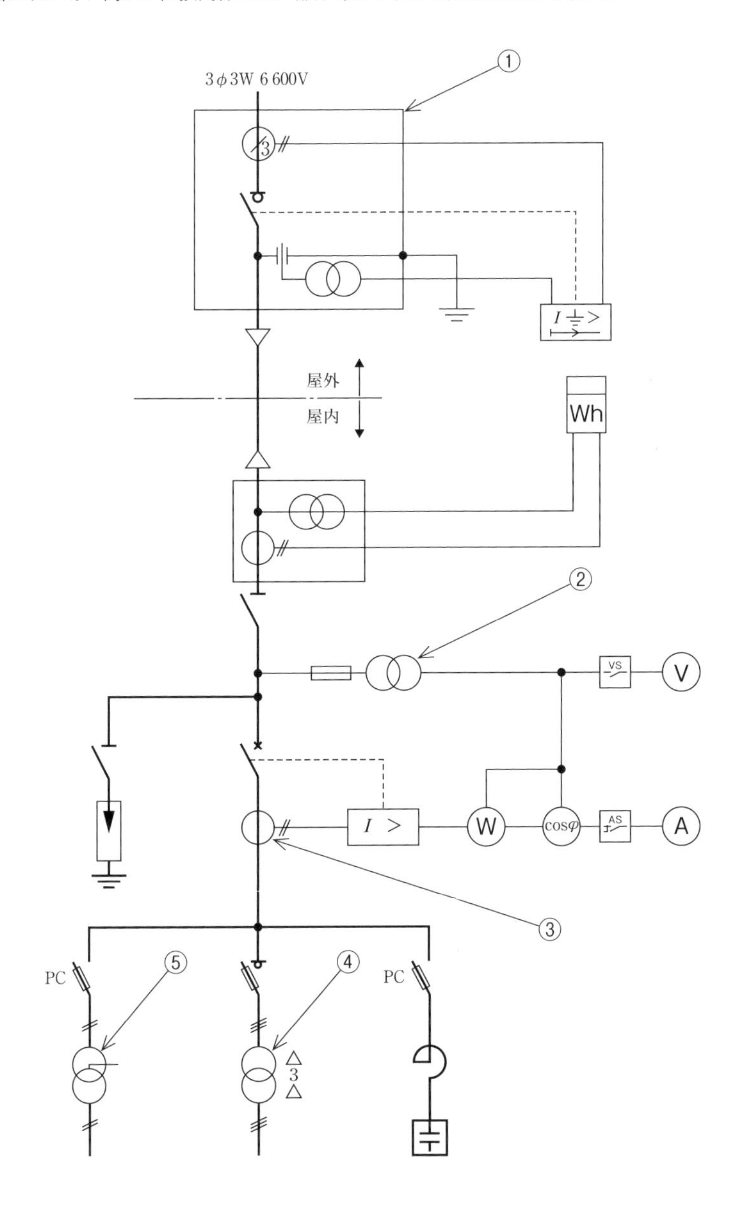

問い46 ①で示す機器の役割は。

イ．一般送配電事業者側の地絡事故を検出し、高圧断路器を開放する。
ロ．需要家側電気設備の地絡事故を検出し、高圧交流負荷開閉器を開放する。
ハ．一般送配電事業者側の地絡事故を検出し、高圧交流遮断器を自動遮断する。
ニ．需要家側電気設備の地絡事故を検出し、高圧断路器を開放する。

問い47 ②で示す機器の定格一次電圧［kV］と定格二次電圧［V］は。

イ．6.6kV 105V　ロ．6.6kV 110V　ハ．6.9kV 105V　ニ．6.9kV 110V

問い48 ③で示す部分に設置する機器と個数は。

イ．
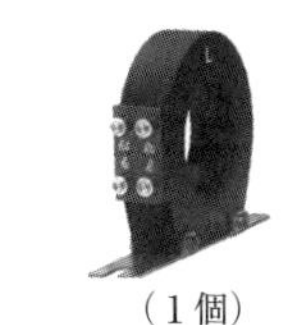
（1個）

ロ．

（2個）

ハ．

（1個）

ニ．
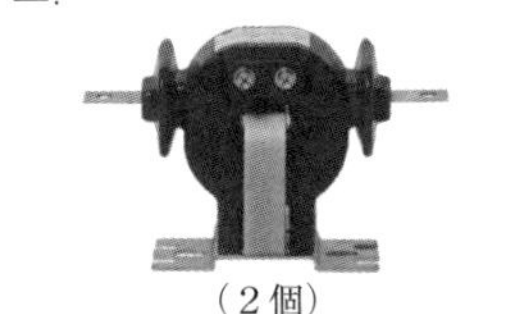
（2個）

問い49 ④に設置する機器と台数は。

イ．

（3台）

ロ．

（1台）

ハ．

（3台）

ニ．

（1台）

問い50 ⑤で示す部分に使用できる変圧器の最大容量［kV·A］は。

イ．50　ロ．100　ハ．200　ニ．300

令和2年度　筆記試験

解答・解説

問題1．一般問題

問い01　ニ

回路全体の合成静電容量C［μF］をもとめる。

$$C=\frac{6\times(6+6)}{6+(6+6)}=4\ [\mu F]$$

電荷Q［C］をもとめると、

$$Q=CV=4\times10^{-6}\times120=480\times10^{-6}\ [C]$$

V_1の電圧は、

$$V_1=\frac{Q}{C}=\frac{480\times10^{-6}}{6\times10^{-6}}=80\ [V]$$

問い02　ロ

回路全体の合成抵抗R［Ω］は、

$$R=5+\frac{(2+8)\times(5+5)}{(2+8)+(5+5)}=10\ [\Omega]$$

回路全体に流れる電流I［A］は、

$$I=\frac{20}{10}=2\ [A]$$

並列に接続されている2Ω・8Ωと5Ω・5Ωは、双方合成抵抗が10Ωになるので、上の2Ωの抵抗と下の5Ωの抵抗には、電流Iの1/2の電流I_rが流れる。

$$I_r=\frac{I}{2}=\frac{2}{2}=1\ [A]$$

上の2Ωにかかる電圧V_2と下の5Ωにかかる電圧V_5は、それぞれ、

$$V_2=1\times2=2\ [V]$$
$$V_5=1\times5=5\ [V]$$

その差がa－b間の電圧になるので、

$$5-2=3\ [V]$$

になる。

問い03　ハ

角周波数$\omega=2\pi f$より、

$$f=\frac{\omega}{2\pi}=\frac{500}{2\pi}\ [Hz]$$

Lの誘導性リアクタンスは、

$$2\pi fL=2\pi\frac{500}{2\pi}\times8\times10^{-3}=4\ [\Omega]$$

合成インピーダンスZ［Ω］は、

$$Z=\sqrt{3^2+4^2}=5\ [\Omega]$$

回路に流れる電流は、$I=100/5=20$［A］になる。

問い04　ハ

抵抗に流れる電流I_rとリアクタンスに流れる電流I_X［A］は、

$$I_r=\frac{96}{12}=8\ [A]\quad I_X=\frac{96}{16}=6\ [A]$$

回路全体に流れる電流I［A］は、

$$I=\sqrt{8^2+6^2}=10\ [A]$$

皮相電力は、96×10＝960［V・A］になる。

問い05　ハ

この回路の全消費電力P［W］は、

$$P=3\times\frac{\left(\frac{200}{\sqrt{3}}\right)^2}{20}=2\,000\ [W]$$
$$=2.0\ [kW]$$

問い06　ロ

負荷A、負荷Bともに同一の負荷電流、力率であるため平衡負荷となり、中性線に電流は流れない。

負荷Aの上の電線路の電圧降下v［V］と、そこからもとめられる電源電圧V［V］は、

$$v=Ir\cos\theta=10\times0.5\times0.8=4\ [V]$$
$$V=V_r+v=100+4=104\ [V]$$

問い07　ロ

コンデンサ設置前の線路損失の式は、

$$3I_1^2r=2.5\ [kW]$$

コンデンサ設置後の電流Iは、電流のベクトル図より$\dot{I}=0.8I_1$なので、コンデンサ設置後の線路損失の式は、

$3I^2r=3(I_1\times0.8)^2r=3I_1{}^2r\times0.64$

$3I_1{}^2r$は、2.5kWなので、

$2.5\times0.64=1.6$［kW］

問い08　イ

この回路の電力P［W］は、

$P=210\times300=63\,000$［W］

一次側に流れる電流I_1［A］は、

$$I_1=\frac{63\,000}{6\,300}=10\text{［A］}$$

変流器の二次側に流れる電流I_{CT2}［A］は、

$$I_{CT2}=I_1\times\frac{1}{\text{変流比}}=10\times\frac{1}{\frac{20}{5}}$$

$$=10\times\frac{5}{20}=2.5\text{［A］}$$

問い09　イ

負荷設備と需要率から最大需要電力は、

$$500\times\frac{40}{100}=200\text{［kW］}$$

最大需要電力と負荷率から平均需要電力は、

$$200\times\frac{50}{100}=100\text{［kW］}$$

問い10　ハ

三相誘導電動機の式から、全負荷時の電流I［A］をもとめると、

$$I=\frac{11\times1\,000}{\sqrt{3}\times200\times0.8\times0.9}\fallingdotseq44\text{［A］}$$

問い11　ロ

学校の教室（机上面）のJISの示す維持照度の推奨値は300lxになる。

問い12　ニ

この特性曲線が、aが鉄損、bが銅損になっている。

問い13　ロ

インバータは直流電力を交流電力に変換する装置である。

問い14　イ

低圧電路に地絡が生じたときに自動的に電路を遮断するのは漏電遮断器である。

漏電遮断器は、テストボタンと漏電表示ボタンのあるイの写真になる。

問い15　ロ

拡大写真で整流器と蓄電池があることから蓄電池設備（直流電源装置）であることがわかる。

蓄電池設備は受変電制御機器や、停電時に非常用照明器具などに電力を供給する設備である。

問い16　ニ

揚水ポンプの電動機の入力の式でもとめると、

$$P_m=\frac{9.8QH}{\eta_m\eta_p}=\frac{9.8\times150\times200}{0.9\times0.85}$$

$$\fallingdotseq384\,314\text{［kW］}\fallingdotseq384\text{［MW］}$$

問い17　ニ

タービン発電機の回転子は一般的に横軸形になっている。

問い18　ロ

アークホーンの取付けは雷害対策のためで、塩害対策のためではない。

問い19　ニ

配電用変電所からの高圧配電線路は、一般に非接地方式である。

問い20　ハ

高頻度開閉を目的に使用されるのは、高圧交流真空電磁接触器である。

問い21　ニ

キュービクル式高圧受電設備を屋外に施設する場合、雨等の吹き込みを考慮する必要がある。

問い22　イ

GR付PASは、短絡事故発生時には自動遮断しない。

問い23 ニ

写真は変流器（CT）で、大電流を小電流に変成し、計器で測定できるようにするものである。

問い24 ハ

定格電流30Aの過電流遮断器で保護されている分岐回路では2.6mm以上の軟銅線の電線を使用しなければならない。

問い25 イ

引込柱の支線工事には、亜鉛めっき鋼より線、玉がいし、アンカが使われる。

問い26 イ

使用されない工具は、イの油圧式パイプベンダになる。

問い27 イ

使用電線は絶縁電線（屋外用ビニル絶縁電線を除く）である。

問い28 ニ

高圧絶縁電線を金属管に収めて施設することはできない。

問い29 ロ

地中電線路には、電線にケーブルを使用しなければならない。

問い30 ニ

区分開閉器として使用されるのは、一般には気中負荷開閉器（PAS）や地中線用負荷開閉器（UGS）で、断路器（DS）は使用されない。

問い31 ロ

避雷器（LA）には、その役割を果たせなくなるため、限流ヒューズを施設してはならない。

問い32 ロ

計器用変圧器の二次側電路の接地は、D種接地工事である。

問い33 イ

電源側からケーブルシールドの接地がZCTに入っているイの図が、確実に地絡事故を検出できる接地方法となる。

問い34 ハ

高圧ケーブルと低圧ケーブル、弱電流電線は、15cm以上離隔して施設しなければならない。

問い35 イ

C種接地工事は、300Vを超える低圧用の機械器具の鉄台および外箱等の接地で施されるものである。

問い36 ハ

使用前自主検査では、変圧器の温度上昇試験は行わない。

問い37 ニ

配電用変電所の過電流継電器より、すべての時間で早く動作するのは、ニの曲線になる。

問い38 ハ

電気便座は特定電気用品。(PS) Eと表示されるのは、特定電気用品以外の電気用品。特定電気用品は、電気用品のうち、危険及び障害の発生が多いものをいう。

第一種電気工事士は、一般用電気工作物の工事を行う際は、「電気用品安全法」に基づいた表示のある電気用品を使用しなければならない。

問い39 ロ

第二種電気工事士が主任電気工事士になるには、３年以上の実務経験が必要になる。

問い40 イ

最大電力400kWの需要設備の6.6kV変圧器に電線を接続する作業は、第一種電気工事士のみが作業に従事できる。

その他は、電気事業の用に供する電気工作物の工事、500kWを超える自家用電気工作物の工事になるので、第一種電気工事士は必要ではない。

問題 2. 配線図 1

問い41 ハ

①は熱動継電器のブレーク接点で、電動機に設定値を超えた電流が継続して流れたときに開路する。

問い42 ニ

②はPB-3のメーク接点に並列に接続されており、逆転運転起動後に運転を継続する自己保持の役目がある。

問い43 イ

③で示す図記号の器具は、ブザーで写真はイになる。

問い44 ハ

PB-3を押してもMC-1のブレーク接点が開路しているので、MC-2には電圧は印加せず、そのまま正転運転を継続する。

問い45 ハ

UとW相を入れ替えているのは、ハの結線図になる。

問題 3. 配線図 2

問い46 ロ

①はDGR付PASで、需要家側電気設備の地絡事故を検出し、高圧交流負荷開閉器を開放する。

問い47 ロ

②で示す機器は計器用変圧器で、定格一次電圧は6.6kV、定格二次電圧は110Vになる。

問い48 ニ

③で示す部分に設置する機器は変流器で、写真はハとニになる。

変流器の個数は2個なので、答えはニになる。

問い49 イ

④は単相変圧器3台の△—△結線で、単相変圧器を3台使う。

写真で単相変圧器は、イとロなので3台であるイが正しい。

問い50 ニ

⑤は変圧器の開閉器に高圧カットアウトが使用されている。

高圧カットアウトを開閉器として使用できる変圧器の容量は300kV・Aまでである。

電動機の制御回路と高圧受電設備の単線結線図、両方が出題されることもあります！

2019年度 筆記試験〔試験時間　2時間20分〕

問題1．一般問題（問題数40、配点は1問当たり2点）

次の各問いには4通りの答え（イ、ロ、ハ、ニ）が書いてある。それぞれの問いに対して答えを1つ選びなさい。

なお、選択肢が数値の場合は、最も近い値を選びなさい。

問い01 図のように、2本の長い電線が、電線間の距離d［m］で平行に置かれている。両電線に直流電流I［A］が互いに逆方向に流れている場合、これらの電線間に働く電磁力は。

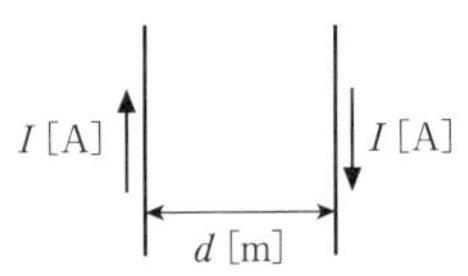

イ．$\frac{I}{d}$に比例する吸引力　　ロ．$\frac{I}{d^2}$に比例する反発力

ハ．$\frac{I^2}{d}$に比例する反発力　　ニ．$\frac{I^3}{d^2}$に比例する吸引力

問い02 図の直流回路において、抵抗3Ωに流れる電流I_3の値［A］は。

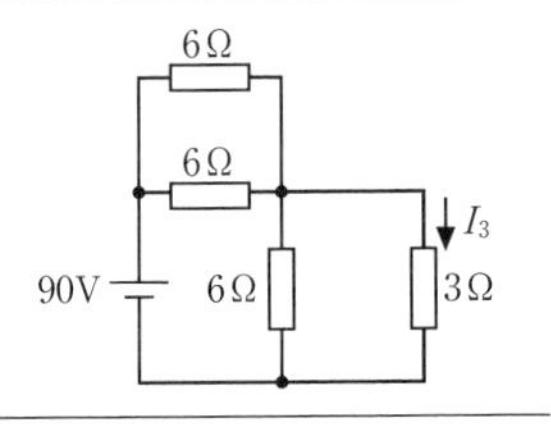

イ．3　　ロ．9　　ハ．12　　ニ．18

問い03 図のような交流回路において、電源が電圧100V、周波数が50Hzのとき、誘導性リアクタンスX_L＝0.6Ω、容量性リアクタンスX_C＝12Ωである。この回路の電源を電圧100V、周波数60Hzに変更した場合、回路のインピーダンス［Ω］の値は。

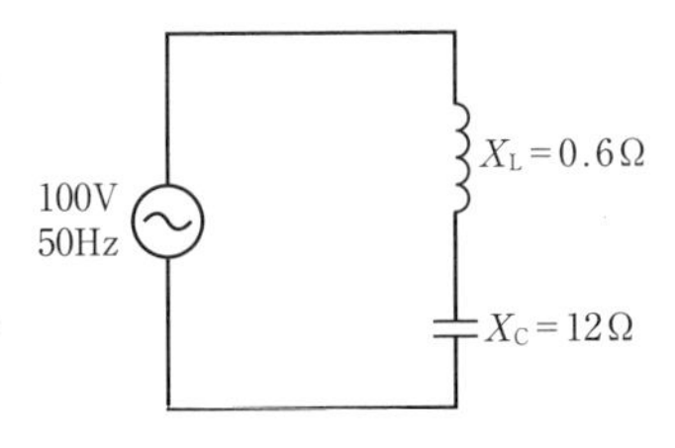

イ．9.28　　ロ．11.7

ハ．16.9　　ニ．19.9

問い04 図のような回路において、直流電圧80Vを加えたとき、20Aの電流が流れた。次に正弦波交流電圧100Vを加えても、20Aの電流が流れた。リアクタンスX［Ω］の値は。

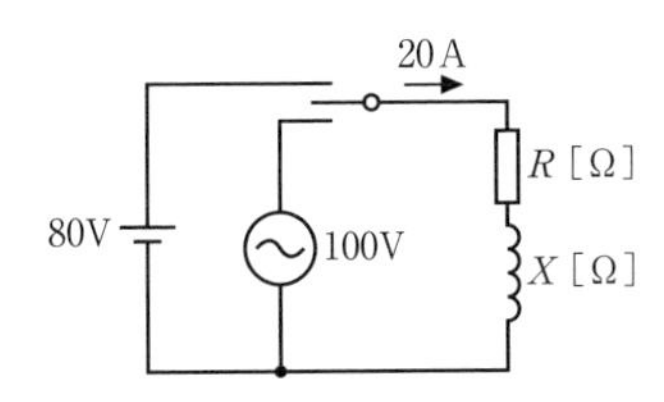

イ．2　　ロ．3　　ハ．4　　ニ．5

問い05 図のような三相交流回路において、電源電圧は200V、抵抗は8Ω、リアクタンスは6Ωである。この回路に関して誤っているものは。

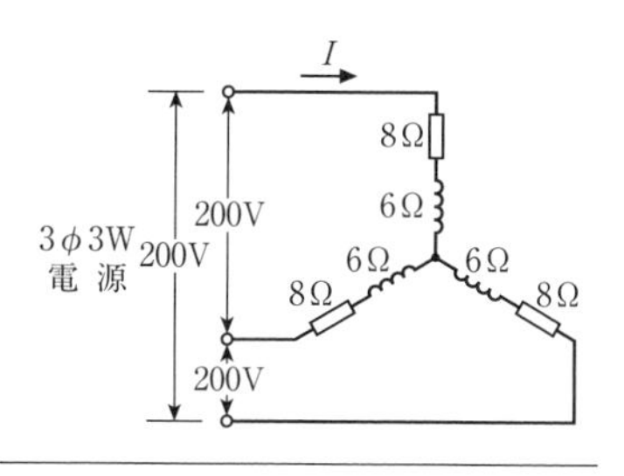

イ．1相当たりのインピーダンスは、10Ωである。
ロ．線電流 I は、10Aである。
ハ．回路の消費電力は、3 200Wである。
ニ．回路の無効電力は、2 400varである。

問い06 図のように、単相2線式配電線路で、抵抗負荷A（負荷電流20A）と抵抗負荷B（負荷電流10A）に電気を供給している。電源電圧が210Vであるとき、負荷Bの両端の電圧 V_B と、この配電線路の全電力損失 P_L の組合せとして、正しいものは。

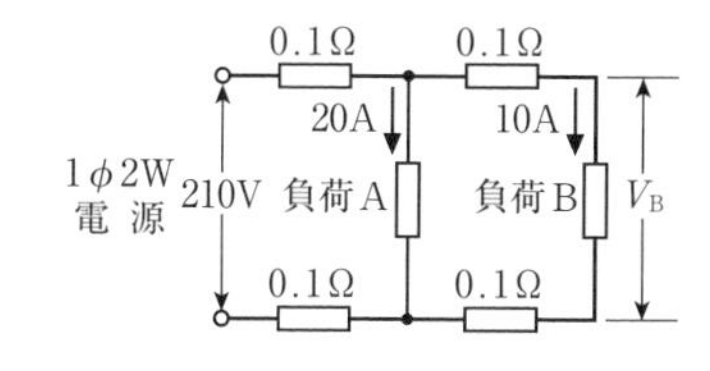

ただし、1線当たりの電線の抵抗値は、図に示すようにそれぞれ0.1Ωとし、線路リアクタンスは無視する。

イ．	ロ．	ハ．	ニ．
V_B＝202V	V_B＝202V	V_B＝206V	V_B＝206V
P_L＝100W	P_L＝200W	P_L＝100W	P_L＝200W

問い07 ある変圧器の負荷は、有効電力90kW、無効電力120kvar、力率は60%（遅れ）である。
いま、ここに有効電力70kW、力率100%の負荷を増設した場合、この変圧器にかかる負荷の容量［kV·A］は。

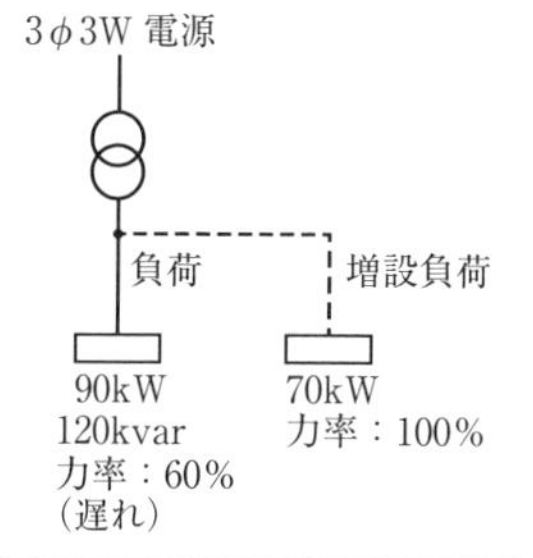

イ．100　　ロ．150
ハ．200　　ニ．280

問い08 定格二次電圧が210Vの配電用変圧器がある。変圧器の一次タップ電圧が6 600Vのとき、二次電圧は200Vであった。一次タップ電圧を6 300Vに変更すると、二次電圧の変化は。
ただし、一次側の供給電圧は変わらないものとする。

イ．約10V上昇する。　　ロ．約10V降下する。
ハ．約20V上昇する。　　ニ．約20V降下する。

問い09 図のような直列リアクトルを設けた高圧進相コンデンサがある。電源電圧が V［V］、誘導性リアクタンスが9Ω、容量性リアクタンスが150Ωであるとき、この回路の無効電力（設備容量）［var］を示す式は。

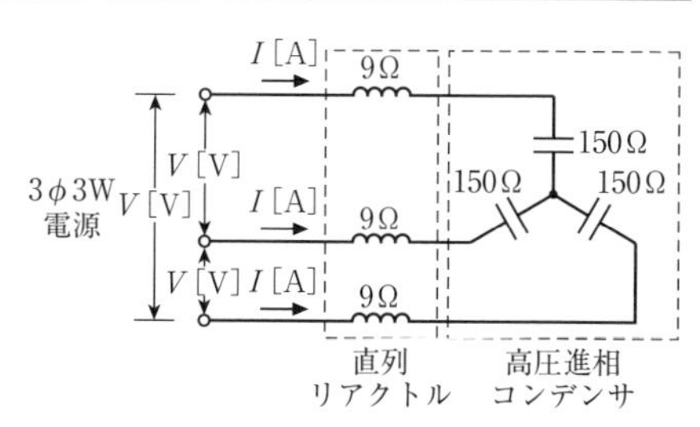

イ. $\frac{V^2}{159^2}$　ロ. $\frac{V^2}{141^2}$　ハ. $\frac{V^2}{159}$　ニ. $\frac{V^2}{141}$

問い10 かご形誘導電動機のY－△始動法に関する記述として、誤っているものは。

イ. 固定子巻線をY結線にして始動したのち、△結線に切り換える方法である。

ロ. 始動トルクは△結線で全電圧始動した場合と同じである。

ハ. △結線で全電圧始動した場合に比べ、始動時の線電流は $\frac{1}{3}$ に低下する。

ニ. 始動時には固定子巻線の各相に定格電圧の $\frac{1}{\sqrt{3}}$ 倍の電圧が加わる。

問い11 電気機器の絶縁材料の耐熱クラスは、JISに定められている。選択肢のなかで、最高連続使用温度［℃］が最も高い、耐熱クラスの指定文字は。

イ. A　ロ. E　ハ. F　ニ. Y

問い12 電子レンジの加熱方式は。

イ. 誘電加熱　ロ. 誘導加熱　ハ. 抵抗加熱　ニ. 赤外線加熱

問い13 鉛蓄電池の電解液は。

イ. 水酸化ナトリウム水溶液　ロ. 水酸化カリウム水溶液
ハ. 塩化亜鉛水溶液　ニ. 希硫酸

問い14 写真に示すものの名称は。

イ. 周波数計　ロ. 照度計
ハ. 放射温度計　ニ. 騒音計

問い15 写真に示す材料の名称は。

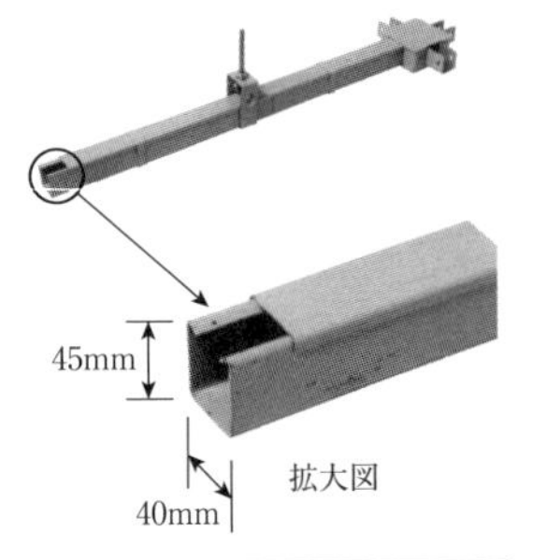

イ. 金属ダクト　ロ. 二種金属製線ぴ
ハ. フロアダクト　ニ. ライティングダクト

問い16 水力発電所の発電用水の経路の順序として、正しいものは。

イ. 水車→取水口→水圧管路→放水口　ロ. 取水口→水車→水圧管路→放水口
ハ. 取水口→水圧管路→水車→放水口　ニ. 水圧管路→取水口→水車→放水口

問い17 風力発電に関する記述として、誤っているものは。

イ．風力発電装置は、風速等の自然条件の変化により発電出力の変動が大きい。
ロ．一般に使用されているプロペラ形風車は、垂直軸形風車である。
ハ．風力発電装置は、風の運動エネルギーを電気エネルギーに変換する装置である。
ニ．プロペラ形風車は、一般に風速によって翼の角度を変えるなど風の強弱に合わせて出力を調整することができる。

問い18 高圧ケーブルの電力損失として、該当しないものは。

イ．抵抗損　　ロ．誘電損　　ハ．シース損　　ニ．鉄損

問い19 架空送電線路に使用されるアークホーンの記述として、正しいものは。

イ．電線と同種の金属を電線に巻き付けて補強し、電線の振動による素線切れなどを防止する。
ロ．電線におもりとして取り付け、微風により生ずる電線の振動を吸収し、電線の損傷などを防止する。
ハ．がいしの両端に設け、がいしや電線を雷の異常電圧から保護する。
ニ．多導体に使用する間隔材で、強風による電線相互の接近・接触や負荷電流、事故電流による電磁吸引力から素線の損傷を防止する。

問い20 高圧受電設備の受電用遮断器の遮断容量を決定する場合に、必要なものは。

イ．受電点の三相短絡電流　　ロ．受電用変圧器の容量
ハ．最大負荷電流　　ニ．小売電気事業者との契約電力

問い21 6kV CVTケーブルにおいて、水トリーと呼ばれる樹枝状の劣化が生じる箇所は。

イ．ビニルシース内部　　ロ．遮へい銅テープ表面
ハ．架橋ポリエチレン絶縁体内部　　ニ．銅導体内部

問い22 写真に示す機器の用途は。

イ．大電流を小電流に変流する。
ロ．高調波電流を抑制する。
ハ．負荷の力率を改善する。
ニ．高電圧を低電圧に変圧する。

問い23 写真に示す機器の名称は。

イ．電力需給用計器用変成器
ロ．高圧交流負荷開閉器
ハ．三相変圧器
ニ．直列リアクトル

問い24 人体の体温を検知して自動的に開閉するスイッチで、玄関の照明などに用いられるスイッチの名称は。

イ．熱線式自動スイッチ　　ロ．自動点滅器
ハ．リモコンセレクタスイッチ　　ニ．遅延スイッチ

問い25 低圧配電盤に、CVケーブル又はCVTケーブルを接続する作業において、一般に使用しない工具は。

イ．油圧式圧着工具　　ロ．電工ナイフ
ハ．トルクレンチ　　ニ．油圧式パイプベンダ

問い26 爆燃性粉じんのある危険場所での金属管工事において、施工する場合に使用できない材料は。

イ．

ロ．

ハ．

ニ．

問い27 接地工事に関する記述として、不適切なものは。

イ．人が触れるおそれのある場所で、B種接地工事の接地線を地表上2mまで金属管で保護した。
ロ．D種接地工事の接地極をA種接地工事の接地極（避雷器用を除く）と共用して、接地抵抗を10Ω以下とした。
ハ．地中に埋設する接地極に大きさ900mm×900mm×1.6mmの銅板を使用した。
ニ．接触防護措置を施していない400V低圧屋内配線において、電線を収めるための金属管にC種接地工事を施した。

問い28 金属管工事の記述として、不適切なものは。

イ．金属管に、直径2.6mmの絶縁電線(屋外用ビニル絶縁電線を除く)を収めて施設した。
ロ．金属管に、高圧絶縁電線を収めて、高圧屋内配線を施設した。
ハ．金属管を湿気の多い場所に施設するため、防湿装置を施した。
ニ．使用電圧が200Vの電路に使用する金属管にD種接地工事を施した。

問い29 使用電圧300V以下のケーブル工事による低圧屋内配線において、不適切なものは。

イ．架橋ポリエチレン絶縁ビニルシースケーブルをガス管と接触しないように施設した。
ロ．ビニル絶縁ビニルシースケーブル（丸形）を造営材の側面に沿って、支持点間を1.5mにして施設した。
ハ．乾燥した場所で長さ2mの金属製の防護管に収めたので、金属管のD種接地工事を省略した。
ニ．点検できない隠ぺい場所にビニルキャブタイヤケーブルを使用して施設した。

問い 30 から問い 34 までは、下の図に関する問いである。

図は、一般送配電事業者の供給配電箱（高圧キャビネット）から自家用構内を経由して、地下１階電気室に施設する屋内キュービクル式高圧受電設備（JIS C 4620 適合品）に至る電線路及び低圧屋内幹線設備の一部を表した図である。

この図に関する各問いには、４通りの答え（イ、ロ、ハ、ニ）が書いてある。それぞれの問いに対して、答えを１つ選びなさい。

〔注〕１．図において、問いに直接関係のない部分等は、省略又は簡略化してある。

２．UGS：地中線用地絡継電装置付き高圧交流負荷開閉器

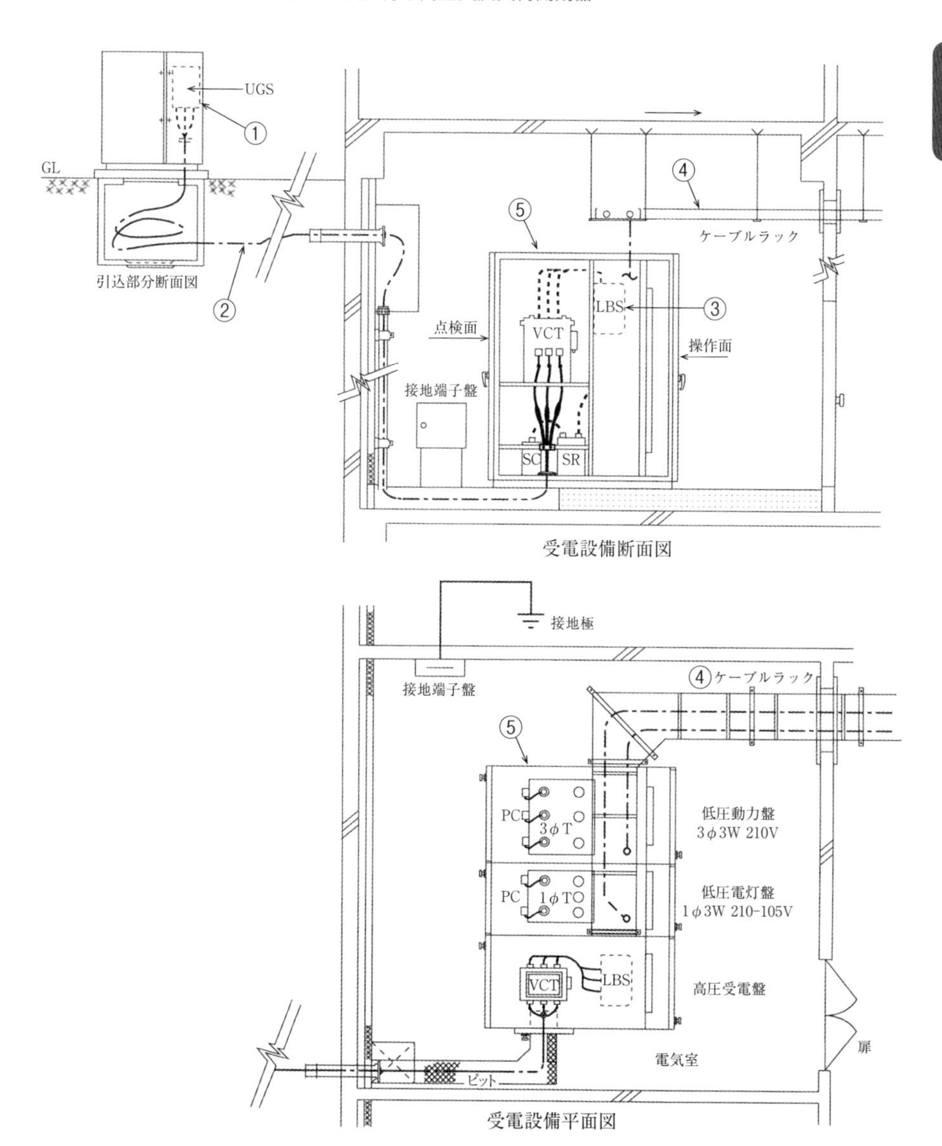

問い30 ①に示す地絡継電装置付き高圧交流負荷開閉器（UGS）に関する記述として、不適切なものは。

イ．電路に地絡が生じた場合、自動的に電路を遮断する機能を内蔵している。
ロ．定格短時間耐電流は、系統（受電点）の短絡電流以上のものを選定する。
ハ．短絡事故を遮断する能力を有する必要がある。
ニ．波及事故を防止するため、一般送配電事業者の地絡保護継電装置と動作協調をとる必要がある。

問い31 ②に示す構内の高圧地中引込線を施設する場合の施工方法として、不適切なものは。

イ．地中電線に堅ろうながい装を有するケーブルを使用し、埋設深さ（土冠）を1.2mとした。
ロ．地中電線を収める防護装置に鋼管を使用した管路式とし、管路の接地を省略した。
ハ．地中電線を収める防護装置に波付硬質合成樹脂管（FEP）を使用した。
ニ．地中電線路を直接埋設式により施設し、長さが20mであったので電圧の表示を省略した。

問い32 ③に示すPF・S形の主遮断装置として、必要でないものは。

イ．相間、側面の絶縁バリア　　ロ．ストライカによる引外し装置
ハ．過電流ロック機能　　ニ．高圧限流ヒューズ

問い33 ④に示すケーブルラックの施工に関する記述として、誤っているものは。

イ．ケーブルラックの長さが15mであったが、乾燥した場所であったため、D種接地工事を省略した。
ロ．ケーブルラックは、ケーブル重量に十分耐える構造とし、天井コンクリートスラブからアンカーボルトで吊り、堅固に施設した。
ハ．同一のケーブルラックに電灯幹線と動力幹線のケーブルを布設する場合、両者の間にセパレータを設けなくてもよい。
ニ．ケーブルラックが受電室の壁を貫通する部分は、火災延焼防止に必要な耐火処理を施した。

問い34 ⑤に示す高圧受電設備の絶縁耐力試験に関する記述として、不適切なものは。

イ．交流絶縁耐力試験は、最大使用電圧の1.5倍の電圧を連続して10分間加え、これに耐える必要がある。
ロ．ケーブルの絶縁耐力試験を直流で行う場合の試験電圧は、交流の1.5倍である。
ハ．ケーブルが長く静電容量が大きいため、リアクトルを使用して試験用電源の容量を軽減した。
ニ．絶縁耐力試験の前後には、1 000V以上の絶縁抵抗計による絶縁抵抗測定と安全確認が必要である。

問い35 低圧屋内配線の開閉器又は過電流遮断器で区切ることができる電路ごとの絶縁性能として、電気設備の技術基準（解釈を含む）に適合するものは。

イ．使用電圧100Vの電灯回路は、使用中で絶縁抵抗測定ができないので、漏えい電流を測定した結果、1.2mAであった。

ロ．使用電圧100V（対地電圧100V）のコンセント回路の絶縁抵抗を測定した結果、0.08MΩであった。

ハ．使用電圧200V（対地電圧200V）の空調機回路の絶縁抵抗を測定した結果、0.17MΩであった。

ニ．使用電圧400Vの冷凍機回路の絶縁抵抗を測定した結果、0.43MΩであった。

問い36 高圧受電設備の年次点検において、電路を開放して作業を行う場合は、感電事故防止の観点から、作業箇所に短絡接地器具を取り付けて安全を確保するが、この場合の作業方法として、誤っているものは。

イ．取り付けに先立ち、短絡接地器具の取り付け箇所の無充電を検電器で確認する。

ロ．取り付け時には、まず接地側金具を接地線に接続し、次に電路側金具を電路側に接続する。

ハ．取り付け中は、「短絡接地中」の標識をして注意喚起を図る。

ニ．取り外し時には、まず接地側金具を外し、次に電路側金具を外す。

問い37 電気設備の技術基準の解釈において、D種接地工事に関する記述として、誤っているものは。

イ．D種接地工事を施す金属体と大地との間の電気抵抗値が10Ω以下でなければ、D種接地工事を施したものとみなされない。

ロ．接地抵抗値は、低圧電路において、地絡を生じた場合に0.5秒以内に当該電路を自動的に遮断する装置を施設するときは、500Ω以下であること。

ハ．接地抵抗値は、100Ω以下であること。

ニ．接地線は故障の際に流れる電流を安全に通じることができるものであること。

問い38 電気工事士法において、自家用電気工作物（最大電力500kW未満の需要設備）に係る電気工事のうち「ネオン工事」又は「非常用予備発電装置工事」に従事することのできる者は。

イ．認定電気工事従事者

ロ．特種電気工事資格者

ハ．第一種電気工事士

ニ．５年以上の実務経験を有する第二種電気工事士

問い39 電気工事業の業務の適正化に関する法律において、誤っていないものは。

イ．主任電気工事士の指示に従って、電気工事士が、電気用品安全法の表示が付されていない電気用品を電気工事に使用した。

ロ．登録電気工事業者が、電気工事の施工場所に二日間で完了する工事予定であったため、代表者の氏名等を記載した標識を掲げなかった。

ハ．電気工事業者が、電気工事ごとに配線図等を帳簿に記載し、３年経ったのでそれを廃棄した。

ニ．登録電気工事業者の代表者は、電気工事士の資格を有する必要がない。

問い40 電気用品安全法の適用を受けるもののうち、特定電気用品でないものは。

イ．合成樹脂製のケーブル配線用スイッチボックス
ロ．タイムスイッチ（定格電圧125V、定格電流15A）
ハ．差込み接続器（定格電圧125V、定格電流15A）
ニ．600Vビニル絶縁ビニルシースケーブル（導体の公称断面積が8mm²、3心）

問題2．配線図1（問題数5、配点は1問当たり2点）

図は、三相誘導電動機（Y－△始動）の始動制御回路図である。この図の矢印で示す5箇所に関する各問いには、4通りの答え（イ、ロ、ハ、ニ）が書いてある。それぞれの問いに対して、答えを1つ選びなさい。

〔注〕図において、問いに直接関係のない部分等は、省略又は簡略化してある。

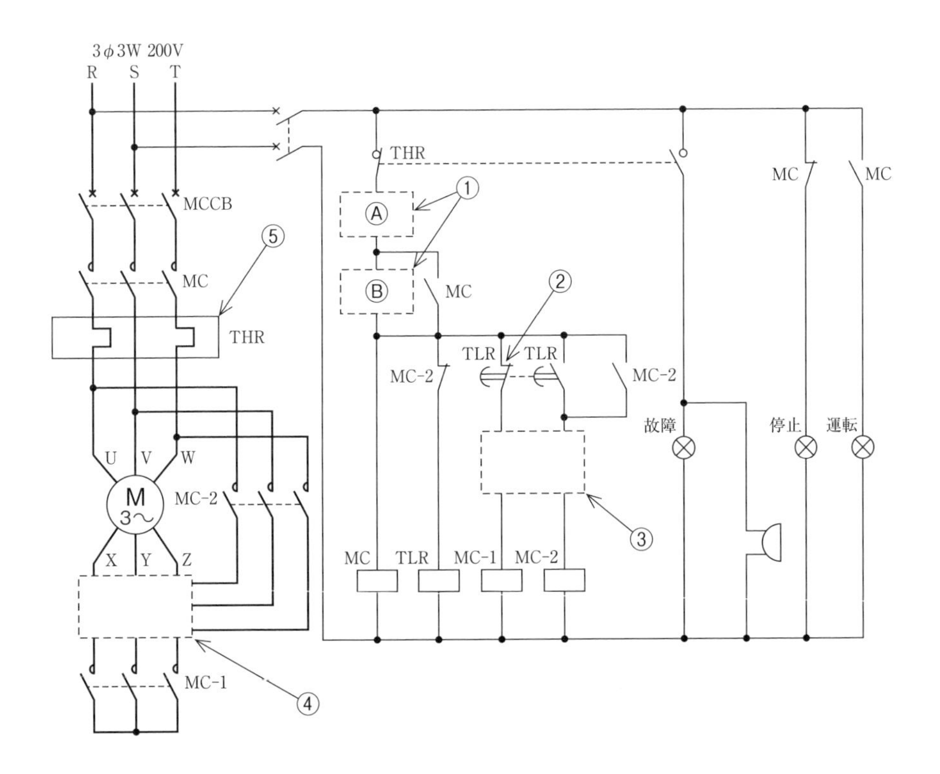

問い41 ①で示す部分の押しボタンスイッチの図記号の組合せで、正しいものは。

	イ	ロ	ハ	ニ
Ⓐ	E--	F--	F--	E--
Ⓑ	E--	F--	F--	E--

問い42 ②で示すブレーク接点は。

イ．手動操作残留機能付き接点　　ロ．手動操作自動復帰接点
ハ．瞬時動作限時復帰接点　　ニ．限時動作瞬時復帰接点

問い43 ③の部分のインタロック回路の結線図は。

イ．MC-1　MC-2
ロ．MC-2　MC-1
ハ．MC-2　MC-1
ニ．MC-2　MC-1

問い44 ④の部分の結線図で、正しいものは。

イ．
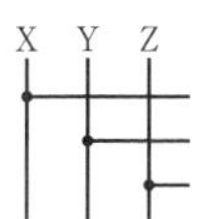

ロ．
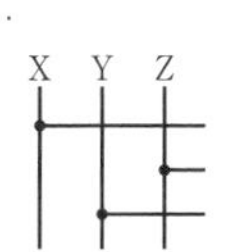

ハ．
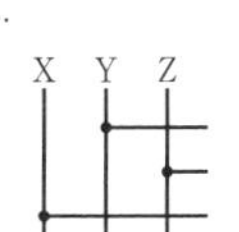

ニ．
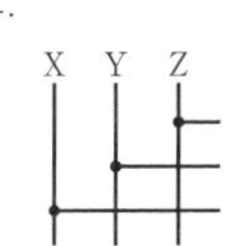

問い45 ⑤で示す図記号の機器は。

イ．

ロ．

ハ．

ニ．

問題３．配線図２（問題数５、配点は１問当たり２点）

図は、高圧受電設備の単線結線図である。この図の矢印で示す５箇所に関する各問いには、４通りの答え（イ、ロ、ハ、ニ）が書いてある。それぞれの問いに対して、答えを１つ選びなさい。
〔注〕図において、問いに直接関係のない部分等は、省力又は簡略化してある。

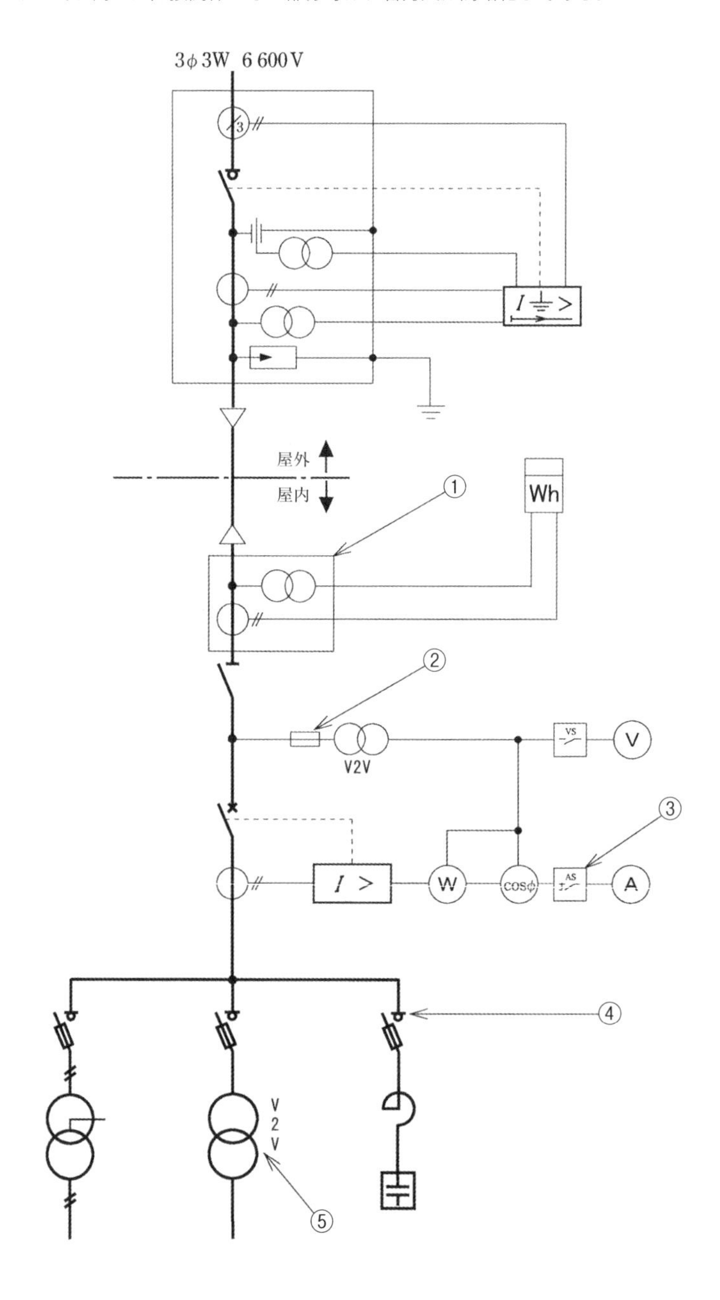

問い46 ①で示す機器の文字記号（略号）は。

イ．VCB　　ロ．MCCB　　ハ．OCB　　ニ．VCT

問い47 ②で示す装置を使用する主な目的は。

イ．計器用変圧器の内部短絡事故が主回路に波及することを防止する。
ロ．計器用変圧器を雷サージから保護する。
ハ．計器用変圧器の過負荷を防止する。
ニ．計器用変圧器の欠相を防止する。

問い48 ③に設置する機器は。

イ．

ロ．

ハ．

ニ．

問い49 ④で示す部分で停電時に放電接地を行うものは。

イ．

ロ．

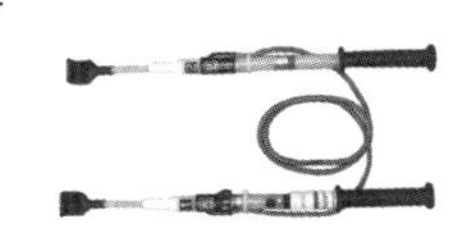

ハ．

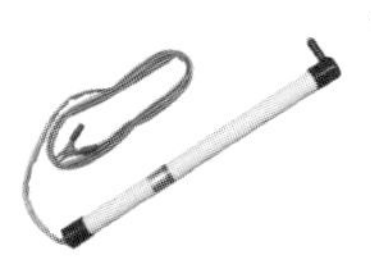

ニ．

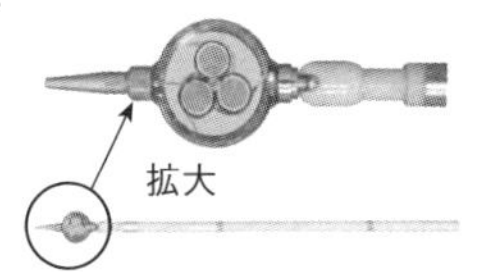

問い50 ⑤で示す変圧器の結線図において、B種接地工事を施した図で、正しいものは。

イ．

ロ．

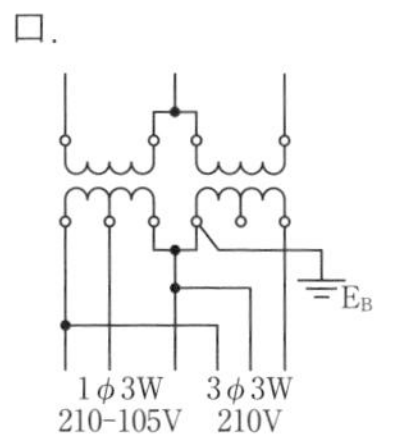

ハ．

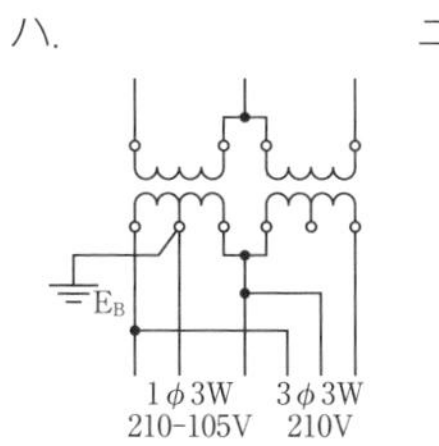

ニ．

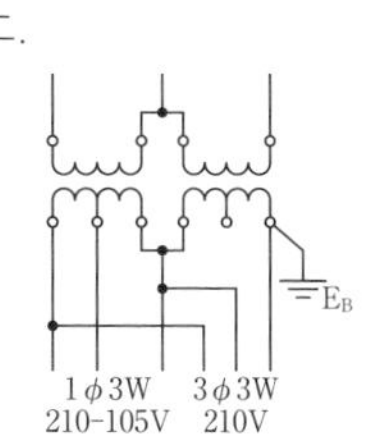

2019年度　筆記試験

解答・解説

問題1．一般問題

問い01　ハ

2本の長い電線には、反対方向の電流が流れているので反発力になる。

また電磁力は、$\frac{I^2}{d}$に比例する。

問い02　ハ

回路全体の合成抵抗R［Ω］は、

$$R=\frac{6\times6}{6+6}+\frac{6\times3}{6+3}$$
$$=3+2=5\ [\Omega]$$

回路全体に流れる電流I［A］は、

$$I=\frac{90}{5}=18\ [\mathrm{A}]$$

3Ωの抵抗にかかる電圧V_{r3}［V］は、3Ωの抵抗と6Ωの抵抗の合成抵抗と回路全体に流れる電流Iからもとめられる、

$$V_{r3}=18\times\frac{6\times3}{6+3}=36\ [\mathrm{V}]$$

3Ωの抵抗にかかる電圧V_{r3}と抵抗の値から、3Ωの抵抗に流れる電流I_3［A］は、

$$I_3=\frac{36}{3}=12\ [\mathrm{A}]$$

問い03　イ

コイルの自己インダクタンスL［H］、コンデンサの静電容量C［F］は、

$$X_{L50}=2\pi fL\ [\Omega]\ \rightarrow$$

$$L=\frac{X_{L50}}{2\pi f}=\frac{0.6}{2\pi\times50}\ [\mathrm{H}]$$

$$X_{C50}=\frac{1}{2\pi fC}\ [\Omega]\ \rightarrow$$

$$C=\frac{1}{2\pi fX_{C50}}=\frac{1}{2\pi\times50\times12}\ [\mathrm{F}]$$

60Hzに変更して誘導性リアクタンス、容量性リアクタンスの式に代入すると、

$$X_{L60}=2\pi\times60\times\frac{0.6}{2\pi\times50}=0.72\ [\Omega]$$

$$X_{C60}=\frac{2\pi\times50\times12}{2\pi\times60}=10\ [\Omega]$$

容量性リアクタンスから誘導性リアクタンスを引くと回路のインピーダンスZ_{60}［Ω］がもとめられる。

$$Z_{60}=10-0.72=9.28\ [\Omega]$$

問い04　ロ

抵抗Rの値は、直流電圧80Vを加えたものからもとめられる（コイルは直流では0Ω）。

$$R=\frac{80}{20}=4\ [\Omega]$$

RとXの合成インピーダンスZは、交流電圧100Vを加えたものからもとめられる。

$$Z=\frac{100}{20}=5\ [\Omega]$$

抵抗Rと合成インピーダンスZからリアクタンスXをもとめられる。

$$X=\sqrt{Z^2-R^2}=\sqrt{5^2-4^2}=3\ [\Omega]$$

問い05　ロ

1相当たりのインピーダンスZ［Ω］は、

$$Z=\sqrt{8^2+6^2}=10\ [\Omega]$$

線電流I［A］は、

$$I=\frac{\frac{200}{\sqrt{3}}}{10}\fallingdotseq11.5\ [\mathrm{A}]$$

回路の消費電力P［W］は、

$$P=3\times\left(\frac{\frac{200}{\sqrt{3}}}{10}\right)^2\times8=3\,200\ [\mathrm{W}]$$

回路の無効電力Q［var］は、

$$Q=3\times\left(\frac{\frac{200}{\sqrt{3}}}{10}\right)^2\times6=2\,400\ [\mathrm{var}]$$

問い06　ロ

この回路の電圧降下v［V］は、

$$v=2\times\{(20+10)\times0.1+10\times0.1\}$$
$$=8\ [\mathrm{V}]$$

負荷Bの両端の電圧 V_B［V］の値は、

$$V_B = 210 - 8 = 202 \text{［V］}$$

この配線電路の全電力損失 P_L［W］は、

$$P_L = 2 \times \{(20 + 10)^2 \times 0.1 + 10^2 \times 0.1\}$$
$$= 200 \text{［W］}$$

問い07　ハ

変圧器にかかる負荷の容量は、負荷の皮相電力でもとめられる。

増設した後の有効電力 P［W］は、

$$P = 90 + 70 = 160 \text{［W］}$$

有効電力 P と無効電力 Q から皮相電力 Z（変圧器にかかる負荷の容量）をもとめると、

$$Z = \sqrt{P^2 + Q^2}$$
$$= \sqrt{160^2 + 120^2} = 200 \text{［kV・A］}$$

問い08　イ

一次電圧 V_1 を二次電圧 V_2 とタップ電圧 E_{1A} と定格二次電圧 E_2 からもとめると、

$$\frac{V_1}{V_{2A}} = \frac{E_{1A}}{E_2} = \frac{V_1}{200} = \frac{6\,600}{210} \rightarrow$$

$$V_1 = 6\,600 \times \frac{200}{210} \text{［V］}$$

タップ電圧 E_1 を6 600から6 300に変更すると、二次電圧 V_{2B}［V］は、

$$\frac{V_1}{V_{2B}} = \frac{E_{1B}}{E_2}$$

$$= \frac{6\,600 \times \left(\frac{200}{210}\right)}{V_{2B}} = \frac{6\,300}{210} \rightarrow$$

$$V_{2B} = \frac{6\,600 \times \left(\frac{200}{210}\right)}{\left(\frac{6\,300}{210}\right)} = \frac{6\,600 \times 200}{6\,300}$$

$$\fallingdotseq 210 \text{［V］}$$

約10V上昇する。

問い09　ニ

この回路の無効電力 Q［var］を示す式は、

$$Q = \frac{V^2}{150 - 9} = \frac{V^2}{141} \text{［var］}$$

問い10　ロ

Y－△始動法の始動トルクは、△結線での全始動に比べ $\frac{1}{3}$ になる。

問い11　ハ

最高連続使用温度は、Aは105℃、Eは120℃、Fは155℃、Yは90℃になる。

問い12　イ

電子レンジの加熱方式は、誘電加熱である。

問い13　ニ

鉛蓄電池の電解液は、希硫酸である。

問い14　ロ

写真は、照度計である。

問い15　ロ

写真は、二種金属製線ぴである。

問い16　ハ

水力発電所の発電用水の経路の順序は、取水口→水圧管路→水車→放水口である。

問い17　ロ

一般に使用されるプロペラ形風車は、水平軸形風車である。

問い18　ニ

高圧ケーブルの電力損失に、鉄損は該当しない。

問い19　ハ

アークホーンは、がいしの両端に設け、落雷の異常電圧に対して、がいしや電線を保護する。

問い20　イ

高圧受電設備の受電用遮断器の遮断容量を決定するときに必要なものは、受電点の三相短絡電流である。

問い21 ハ

6kV CVTケーブルにおいて、水トリーが生じる場所は、架橋ポリエチレン絶縁体内部である。

問い22 ロ

写真は、直列リアクトルで高調波電流を抑制する。

問い23 イ

写真は、電力需給用計器用変成器である。

問い24 イ

人体の体温を検知して自動的に開閉するスイッチは、熱線式自動スイッチである。

問い25 ニ

低圧配電盤にCVケーブルやCVTケーブルを接続する作業において一般に使用するのは、油圧式圧着工具、電工ナイフ、トルクレンチなどで、油圧式パイプベンダは使用しない。

問い26 ロ

爆燃性粉じんのある危険場所での金属管工事において、ねじなし電線管用ユニバーサルは使用できない。

問い27 イ

人が触れるおそれのある場所でB種接地工事を施設する場合、接地線の地下75cm～地表上2mまでは合成樹脂管などで覆う必要がある。

問い28 ロ

高圧屋内配線を高圧絶縁電線で、金属管工事で施設することはできない。

問い29 ニ

点検できない隠ぺい場所に、ビニルキャブタイヤケーブルを使用してはならない。

問い30 ハ

UGSには、短絡事故を遮断する能力を有していない。

問い31 ニ

高圧地中電線路は、長さが15m以下である場合を除き、約2mの間隔で、物件の名称、管理者名および電圧を表示しなければならない。

問い32 ハ

PF・S形の主遮断装置には、過電流ロック機能は必要ない。

問い33 イ

ケーブルラックの接地工事が省略できるのは、長さが4m以下で乾燥した場所に施設する場合である。

問い34 ロ

ケーブルの絶縁耐力試験を直流で行う場合の試験電圧は、交流の2倍になる。

問い35 ニ

300Vを超える低圧電路の絶縁抵抗は0.4Ω以上でなければならない。

問い36 ニ

短絡接地器具は、事故を防ぐため、取り外し時には、まず電路側金具を外し、次に接地側金具を外す。

問い37 イ

D種接地工事は、D種接地工事を施す金属体と大地との間の電気抵抗を100Ω以下にする。

問い38 ロ

自家用電気工作物（最大電力500kW未満の需要設備）に係る「ネオン工事」または「非常用予備発電装置工事」に従事することのできるのは、特種電気工事資格者である。

問い39　ニ

登録電気工事業者の代表者に対して、資格などの要件は定められていない。

問い40　イ

合成樹脂製のケーブル配線用スイッチボックスは、特定電気用品以外の電気用品になる。タイムスイッチ、差込み接続器、22mm²以下のケーブルは特定電気用品になる。

問題２．配線図１

問い41　イ

①の押しボタンスイッチのⒶはブレーク接点でイ、Ⓑはメーク接点でイになる。

問い42　ニ

②は限時継電器のブレーク接点で、図記号は限時動作瞬時復帰接点になる。

問い43　ロ

インタロックは、お互いのコイルと直列にブレーク接点を入れるもので、MC-1のコイルとMC-2のブレーク接点を、MC-2のコイルとMC-1のブレーク接点をそれぞれ直列に接続するロになる。

問い44　ハ

④の部分は丫－△始動で、△結線にするための結線図で、R相をY相に、S相をZ相に、T相をX相に接続するハが、正しい結線図になる。

問い45　ハ

⑤は、熱動継電器の図記号で、写真はハになる。

問題３．配線図２

問い46　ニ

①で示す機器は電力需給用計器用変成器で、文字記号はVCTになる。

問い47　イ

②は高圧限流ヒューズで、計器用変圧器の内部短絡事故が主回路に波及することを防止するために使用する。

問い48　イ

③は電流計切替スイッチで、線電流の表示のある写真イになる。

問い49　ハ

④で示す部分で停電時に放電接地を行うのは、ハの放電用接地棒である。

問い50　ハ

⑤は２台の単相変圧器を使ったV－V結線で、低圧側の中性点からB種接地工事を行っているハが正しい。

電動機の制御回路では、丫－△始動や正逆運転などが出題されます！

平成30年度　筆記試験〔試験時間　2時間20分〕

問題1．一般問題（問題数40、配点は1問当たり2点）

次の各問いには4通りの答え（イ、ロ、ハ、ニ）が書いてある。それぞれの問いに対して答えを1つ選びなさい。

問い01 図のような直流回路において、電源電圧100V、R＝10Ω、C＝20μF及びL＝2mHで、Lには電流10Aが流れている。Cに蓄えられているエネルギーW_C[J]の値と、Lに蓄えられているエネルギーW_L［J］の値の組合せとして、正しいものは。

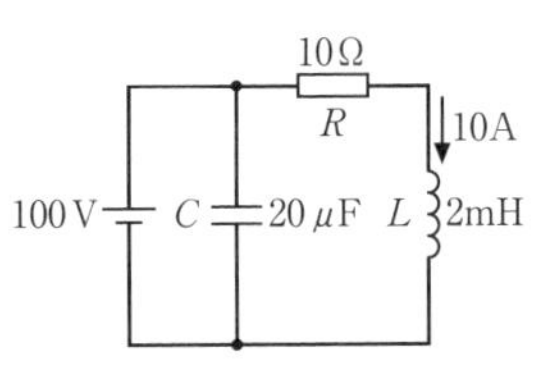

イ．$W_C=0.001$　$W_L=0.01$
ロ．$W_C=0.2$　$W_L=0.01$
ハ．$W_C=0.1$　$W_L=0.1$
ニ．$W_C=0.2$　$W_L=0.2$

問い02 図のような直流回路において、電源から流れる電流は20Aである。図中の抵抗Rに流れる電流I_R［A］は。

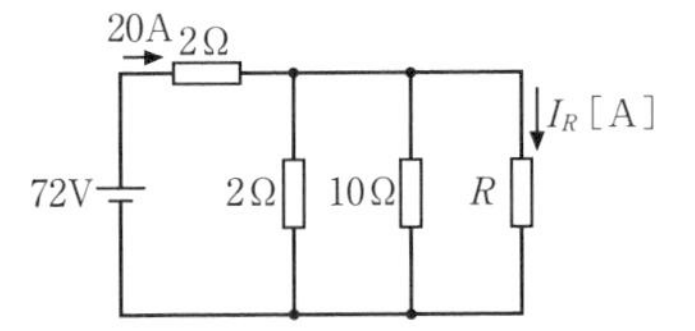

イ．0.8　ロ．1.6　ハ．3.2　ニ．16

問い03 図のように、誘導性リアクタンスX_L＝10Ωに、次式で示す交流電圧v［V］が加えられている。

v［V］＝$100\sqrt{2}\sin(2\pi ft)$［V］

この回路に流れる電流の瞬時値i［A］を表す式は。
ただし、式においてt［s］は時間、f［Hz］は周波数である。

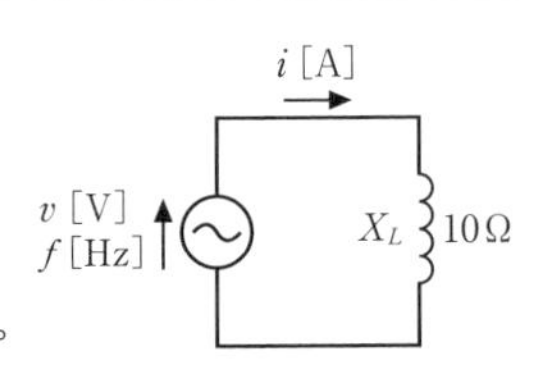

イ．$i=10\sqrt{2}\sin\left(2\pi ft-\dfrac{\pi}{2}\right)$　ロ．$i=10\sin\left(\pi ft+\dfrac{\pi}{4}\right)$

ハ．$i=-10\cos\left(2\pi ft+\dfrac{\pi}{6}\right)$　ニ．$i=10\sqrt{2}\cos(2ft+90)$

問い04 図のような交流回路において、電流I＝10A、抵抗Rにおける消費電力は800W、誘導性リアクタンスX_L＝16Ω、容量性リアクタンスX_C＝10Ωである。この回路の電源電圧V［V］は。

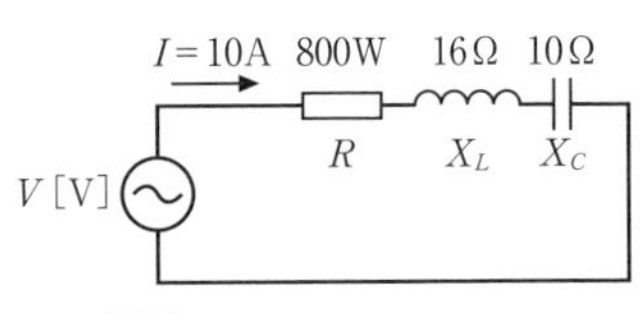

イ．80　ロ．100　ハ．120　ニ．200

問い05 図のように、線間電圧V［V］の三相交流電源から、Y結線の抵抗負荷と△結線の抵抗負荷に電力を供給している電路がある。図中の抵抗RがすべてR［Ω］であるとき、図

中の電路の線電流 I [A] を示す式は。

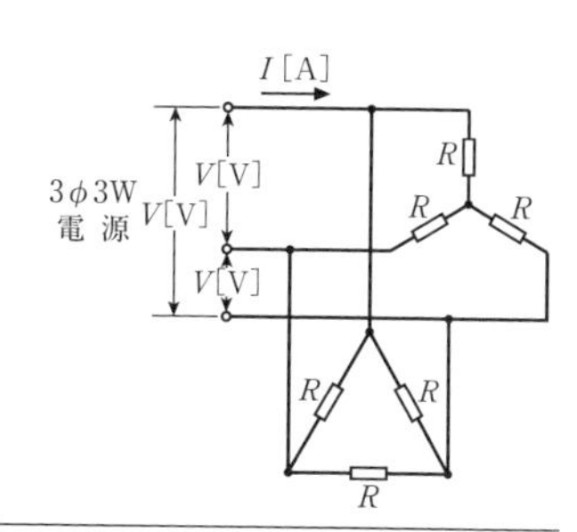

イ．$\dfrac{V}{R}\left(\dfrac{1}{\sqrt{3}}+1\right)$　ロ．$\dfrac{V}{R}\left(\dfrac{1}{2}+\sqrt{3}\right)$

ハ．$\dfrac{V}{R}\left(\dfrac{1}{\sqrt{3}}+\sqrt{3}\right)$　ニ．$\dfrac{V}{R}\left(2+\dfrac{1}{\sqrt{3}}\right)$

問い06 図のように、単相２線式の配電線路で、抵抗負荷A、B、Cにそれぞれ負荷電流10A、5A、5Aが流れている。電源電圧が210Vであるとき、抵抗負荷Cの両端の電圧 V_C [V] は。
ただし、電線１線当たりの抵抗は0.1Ωとし、線路リアクタンスは無視する。

イ．201　ロ．203　ハ．205　ニ．208

問い07 図のような単相３線式配電線路において、負荷Aは負荷電流10Aで遅れ力率50%、負荷Bは負荷電流10Aで力率は100%である。中性線に流れる電流 I_N [A] は。
ただし、線路インピーダンスは無視する。

イ．5　ロ．10　ハ．20　ニ．25

問い08 図のように、電源は線間電圧が V_S の三相電源で、三相負荷は端子電圧 V、電流 I、消費電力 P、力率 $\cos\theta$ で、１相当たりのインピーダンスが Z のY結線の負荷である。また、配電線路は電線１線当たりの抵抗が r で、配電線路の電力損失が P_L である。この電路で成立する式として、誤っているものは。
ただし、配電線路の抵抗 r は負荷インピーダンス Z に比べて十分に小さいものとし、配電線路のリアクタンスは無視する。

イ．配線電路の電力損失：$P_L=\sqrt{3}\,rI^2$　ロ．力率：$\cos\theta=\dfrac{P}{\sqrt{3}\,VI}$

ハ．電流：$I=\dfrac{P}{\sqrt{3}\,Z}$　ニ．電圧降下：$V_S-V=\sqrt{3}\,rI\cos\theta$

問い09 図のような低圧屋内幹線を保護する配線用遮断器 B_1（定格電流100A）の幹線から分岐するA～Dの分岐回路がある。A～Dの分岐回路のうち、配線用遮断器 B の取り付け位置が不適切なものは。
ただし、図中の分岐回路の電流値は電線の許容電流を示し、距離は電線の長さを示す。

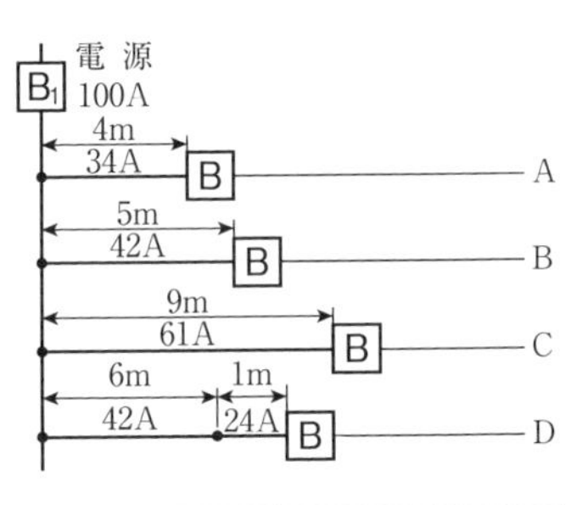

イ．A　　ロ．B　　ハ．C　　ニ．D

問い10 6極の三相かご形誘導電動機があり、その一次周波数がインバータで調整できるようになっている。この電動機が滑り5%、回転速度1 140min^{-1}で運転されている場合の一次周波数［Hz］は。

イ．30　　ロ．40　　ハ．50　　ニ．60

問い11 巻上荷重W［kN］の物体を毎秒v［m］の速度で巻き上げているとき、この巻上用電動機の出力［kW］を示す式は。
ただし、巻上機の効率はη［%］であるとする。

イ．$\dfrac{100W\cdot v}{\eta}$　　ロ．$\dfrac{100W\cdot v^2}{\eta}$　　ハ．$100\eta W\cdot v$　　ニ．$100\eta W^2\cdot v^2$

問い12 変圧器の鉄損に関する記述として、正しいものは。

イ．電源の周波数が変化しても鉄損は一定である。
ロ．一次電圧が高くなると鉄損は増加する。
ハ．鉄損はうず電流損より小さい。
ニ．鉄損はヒステリシス損より小さい。

問い13 蓄電池に関する記述として、正しいものは。

イ．鉛蓄電池の電解液は、希硫酸である。
ロ．アルカリ蓄電池の放電の程度を知るためには、電解液の比重を測定する。
ハ．アルカリ蓄電池は、過放電すると充電が不可能になる。
ニ．単一セルの起電力は、鉛蓄電池よりアルカリ蓄電池の方が高い。

問い14 写真に示すものの名称は。

イ．金属ダクト
ロ．バスダクト
ハ．トロリーバスダクト
ニ．銅帯

問い15 写真に示すモールド変圧器の矢印部分の名称は。

イ．タップ切替端子
ロ．耐震固定端部
ハ．一次（高電圧側）端子
ニ．二次（低電圧側）端子

問い16 有効落差100m、使用水量$20m^3/s$の水力発電所の発電機出力［MW］は。
ただし、水車と発電機の総合効率は85%とする。

イ．1.9　ロ．12.7　ハ．16.7　ニ．18.7

問い17 図は汽力発電所の再熱サイクルを表したものである。図中のⒶ、Ⓑ、Ⓒ、Ⓓの組合せとして、正しいものは。

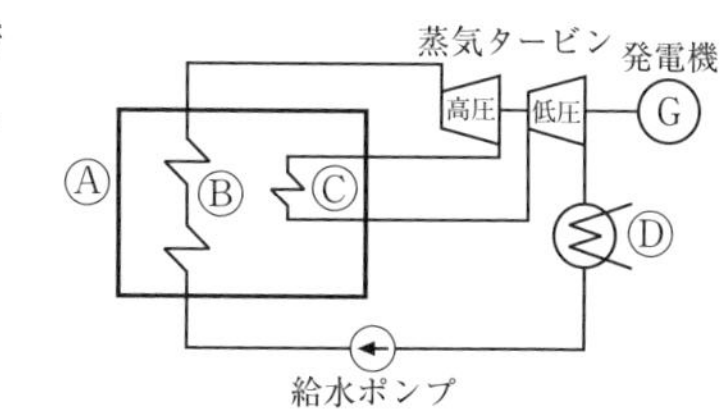

	Ⓐ	Ⓑ	Ⓒ	Ⓓ
イ	再熱器	復水器	過熱器	ボイラ
ロ	過熱器	復水器	再熱器	ボイラ
ハ	ボイラ	過熱器	再熱器	復水器
ニ	復水器	ボイラ	過熱器	再熱器

問い18 ディーゼル機関のはずみ車（フライホイール）の目的として、正しいものは。

イ．停止を容易にする。　ロ．冷却効果を良くする。
ハ．始動を容易にする。　ニ．回転のむらを滑らかにする。

問い19 送電用変圧器の中性点接地方式に関する記述として、誤っているものは。

イ．非接地方式は、中性点を接地しない方式で、異常電圧が発生しやすい。
ロ．直接接地方式は、中性点を導線で接地する方式で、地絡電流が大きい。
ハ．抵抗接地方式は、地絡故障時、通信線に対する電磁誘導障害が直接接地方式と比較して大きい。
ニ．消弧リアクトル接地方式は、中性点を送電線路の対地静電容量と並列共振するようなリアクトルで接地する方式である。

問い20 零相変流器と組み合わせて使用する継電器の種類は。

イ．過電圧継電器　ロ．過電流継電器
ハ．地絡継電器　ニ．比率差動継電器

問い21 高調波の発生源とならない機器は。

イ．交流アーク炉　ロ．半波整流器
ハ．進相コンデンサ　ニ．動力制御用インバータ

問い22 写真の機器の矢印で示す部分に関する記述として、誤っているものは。

イ．小形、軽量であるが、定格遮断電流は大きく20kA、40kA等がある。

ロ．通常は密閉されているが､短絡電流を遮断するときに放出口からガスを放出する。

ハ．短絡電流を限流遮断する。

ニ．用途によって、T、M、C、Gの４種類がある。

問い23 写真に示す機器の用途は。

イ．高圧電路の短絡保護

ロ．高圧電路の地絡保護

ハ．高圧電路の雷電圧保護

ニ．高圧電路の過負荷保護

問い24 地中に埋設又は打ち込みをする接地極として、不適切なものは。

イ．内径36mm長さ1.5mの厚鋼電線管

ロ．直径14mm長さ1.5mの銅溶覆鋼棒

ハ．縦900mm×横900mm×厚さ1.6mmの銅板

ニ．縦900mm×横900mm×厚さ2.6mmのアルミ板

問い25 工具類に関する記述として、誤っているものは。

イ．高速切断機は、といしを高速で回転させ鋼材等の切断及び研削をする工具であり、研削には、といしの側面を使用する。

ロ．油圧式圧着工具は、油圧力を利用し、主として太い電線などの圧着接続を行う工具で、成形確認機構がなければならない。

ハ．ノックアウトパンチャは、分電盤などの鉄板に穴をあける工具である。

ニ．水準器は、配電盤や分電盤などの据え付け時の水平調整などに使用される。

問い26 写真に示す配線器具を取り付ける施工方法の記述として、不適切なものは。

イ．定格電流20Aの配線用遮断器に保護されている電路に取り付けた。

ロ．単相200Vの機器用コンセントとして取り付けた。

ハ．三相400Vの機器用コンセントとしては使用できない。

ニ．接地極にはD種接地工事を施した。

問い27 ライティングダクトの工事の記述として、不適切なものは。

イ．ライティングダクトを1.5mの支持間隔で造営材に堅ろうに取り付けた。

ロ．ライティングダクトの終端部を閉そくするために、エンドキャップを取り付けた。

ハ．ライティングダクトにD種接地工事を施した。

ニ．接触防護措置を施したので、ライティングダクトの開口部を上向きに取り付けた。

問い28 合成樹脂管工事に使用できない絶縁電線の種類は。

イ．600Vビニル絶縁電線　　ロ．600V二種ビニル絶縁電線
ハ．600V耐熱性ポリエチレン絶縁電線　　ニ．屋外用ビニル絶縁電線

問い29 点検できる隠ぺい場所で、湿気の多い場所又は水気のある場所に施す使用電圧300V以下の低圧屋内配線工事で、施設することができない工事の種類は。

イ．金属管工事　　ロ．金属線ぴ工事　　ハ．ケーブル工事　　ニ．合成樹脂管工事

問い30から問い34までは、下の図に関する問いである。

図は、自家用電気工作物（500kW未満）の高圧受電設備を表した図及び高圧架空引込線の見取り図である。この図に関する各問いには、4通りの答え（イ、ロ、ハ、ニ）が書いてある。それぞれの問いに対して、答えを一つ選びなさい。

〔注〕図において、問いに直接関係のない部分等は、省略又は簡略化してある。

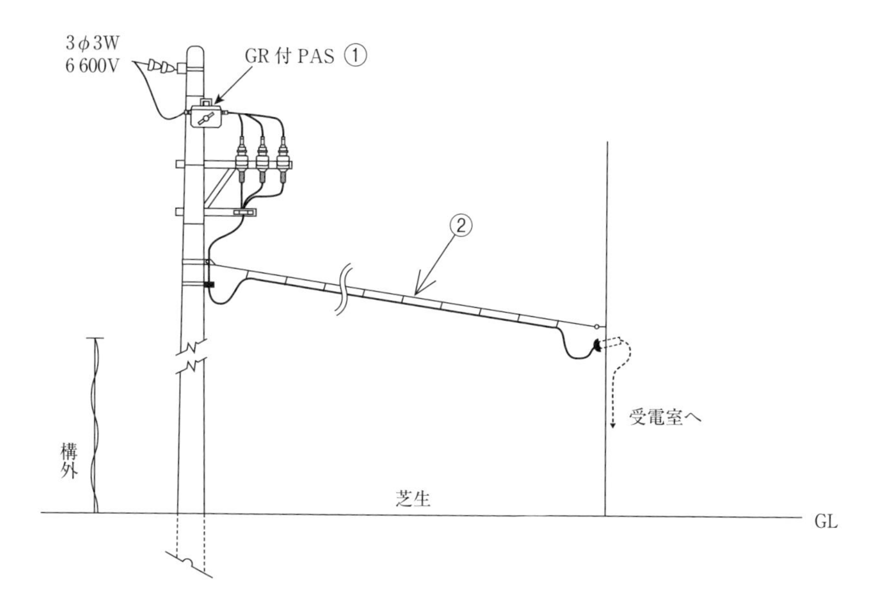

（次ページへ続く）

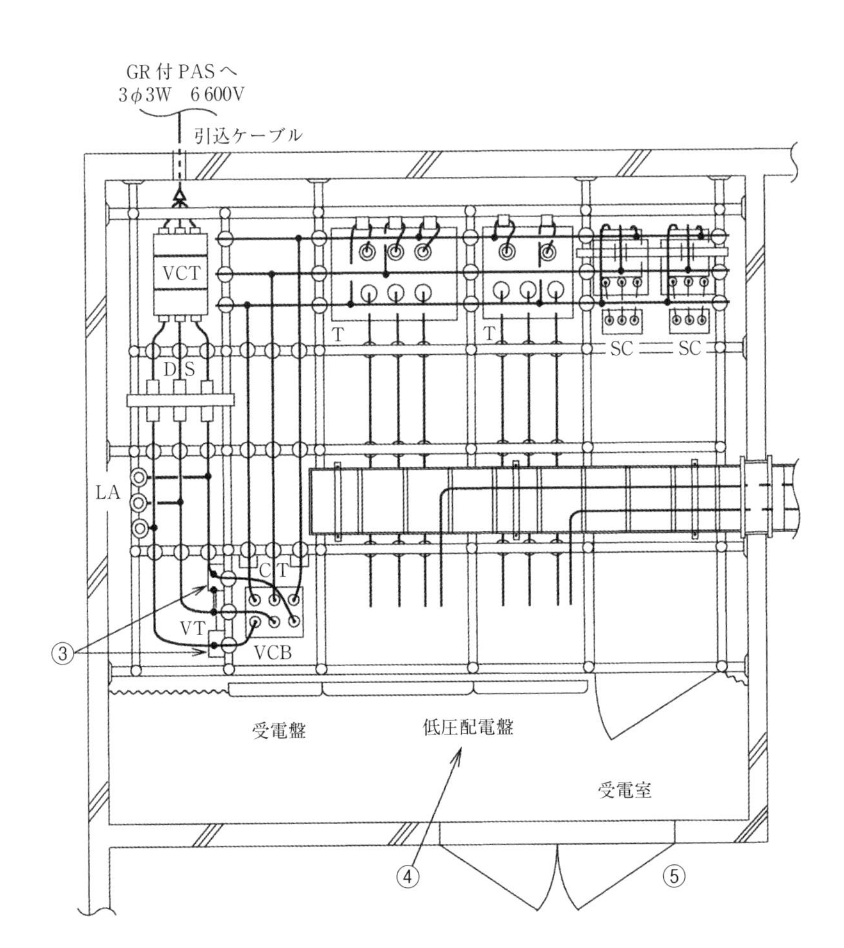
GR付PASへ
3φ3W　6 600V
引込ケーブル
VCT
D S
LA
CT
VT
VCB
T
T
SC
SC
③
受電盤
低圧配電盤
受電室
④
⑤

問い30 ①に示す地絡継電装置付き高圧交流負荷開閉器（GR付PAS）に関する記述として、不適切なものは。

イ．GR付PASの地絡継電装置は、需要家内のケーブルが長い場合、対地静電容量が大きく、他の需要家の地絡事故で不必要動作する可能性がある。このような施設には、地絡方向継電器を設置することが望ましい。

ロ．GR付PASは、地絡保護装置であり、保安上の責任分界点に設ける区分開閉器ではない。

ハ．GR付PASの地絡継電装置は、波及事故を防止するため、一般送配電事業者との保護協調が大切である。

ニ．GR付PASは、短絡等の過電流を遮断する能力を有しないため、過電流ロック機能が必要である。

問い31 ②に示す高圧架空引込ケーブルによる、引込線の施工に関する記述として、不適切なものは。

イ．ちょう架用線に使用する金属体には、D種接地工事を施した。

ロ．高圧架空電線のちょう架用線は、積雪などの特殊条件を考慮した想定荷重に耐える必要がある。

ハ．高圧ケーブルは、ちょう架用線の引き留め箇所で、熱収縮と機械的振動ひずみに備えてケーブルにゆとりを設けた。

ニ．高圧ケーブルをハンガーにより、ちょう架用線に1mの間隔で支持する方法とした。

問い32 ③に示すVTに関する記述として、誤っているものは。

イ．VTには、定格負担（単位［V·A］）があり、定格負担以下で使用する必要がある。

ロ．VTの定格二次電圧は、110Vである。

ハ．VTの電源側には、十分な定格遮断電流を持つ限流ヒューズを取り付ける。

ニ．遮断器の操作電源の他、所内の照明電源としても使用することができる。

問い33 ④に示す低圧配電盤に設ける過電流遮断器として、不適切なものは。

イ．単相3線式（210/105V）電路に設ける配線用遮断器には3極2素子のものを使用した。

ロ．電動機用幹線の許容電流が100Aを超え、過電流遮断器の標準の定格に該当しないので、定格電流はその値の直近上位のものを使用した。

ハ．電動機用幹線の過電流遮断器は、電線の許容電流の3.5倍のものを取り付けた。

ニ．電灯用幹線の過電流遮断器は、電線の許容電流以下の定格電流のものを取り付けた。

問い34 ⑤の高圧屋内受電設備の施設又は表示について、電気設備の技術基準の解釈で示されていないものは。

イ．出入口に火気厳禁の表示をする。

ロ．出入口に立ち入りを禁止する旨を表示する。

ハ．出入口に施錠装置等を施設して施錠する。

ニ．堅ろうな壁を施設する。

問い35 電気設備の技術基準の解釈では、C種接地工事について「接地抵抗値は、10Ω（低圧電路において、地絡を生じた場合に0.5秒以内に当該電路を自動的に遮断する装置を施設するときは、□Ω）以下であること。」と規定されている。上記の空欄にあてはまる数値として、正しいものは。

イ．50　　ロ．150　　ハ．300　　ニ．500

問い36 低圧屋内配線の開閉器又は過電流遮断器で区切ることができる電路ごとの絶縁性能として、電気設備の技術基準（解釈を含む）に適合しないものは。

イ．対地電圧100Vの電灯回路の漏えい電流を測定した結果、0.8mAであった。
ロ．対地電圧100Vの電灯回路の絶縁抵抗を測定した結果、0.15MΩであった。
ハ．対地電圧200Vの電動機回路の絶縁抵抗を測定した結果、0.18MΩであった。
ニ．対地電圧200Vのコンセント回路の漏えい電流を測定した結果、0.4mAであった。

問い37 変圧器の絶縁油の劣化診断に直接関係のないものは。

イ．絶縁破壊電圧試験　　ロ．水分試験
ハ．真空度測定　　ニ．全酸価試験

問い38 第一種電気工事士の免状の交付を受けている者でなければ従事できない作業は。

イ．最大電力400kWの需要設備の6.6kV変圧器に電線を接続する作業
ロ．出力500kWの発電所の配電盤を造営材に取り付ける作業
ハ．最大電力600kWの需要設備の6.6kV受電用ケーブルを管路に収める作業
ニ．配電電圧6.6kVの配電用変電所内の電線相互を接続する作業

問い39 電気工事業の業務の適正化に関する法律において、電気工事業者の業務に関する記述として、誤っているものは。

イ．営業所ごとに、絶縁抵抗計の他、法令に定められた器具を備えなければならない。
ロ．営業所ごとに、法令に定められた電気主任技術者を選任しなければならない。
ハ．営業所及び電気工事の施工場所ごとに、法令に定められた事項を記載した標識を掲示しなければならない。
ニ．営業所ごとに、電気工事に関し、法令に定められた事項を記載した帳簿を備えなければならない。

問い40 電気事業法において、電線路維持運用者が行う一般用電気工作物の調査に関する記述として、不適切なものは。

イ．一般用電気工作物の調査が４年に１回以上行われている。
ロ．登録点検業務受託法人が点検業務を受託している一般用電気工作物についても調査する必要がある。
ハ．電線路維持運用者は、調査を登録調査機関に委託することができる。
ニ．一般用電気工作物が設置された時に調査が行われなかった。

問題 2. 配線図（問題数 10、配点は 1 問当たり 2 点）

図は、高圧受電設備の単線結線図である。この図の矢印で示す 10 箇所に関する各問いには、4 通りの答え（イ、ロ、ハ、ニ）が書いてある。それぞれの問いに対して、答えを 1 つ選びなさい。

〔注〕図において、問いに直接関係のない部分等は、省力又は簡略化してある。

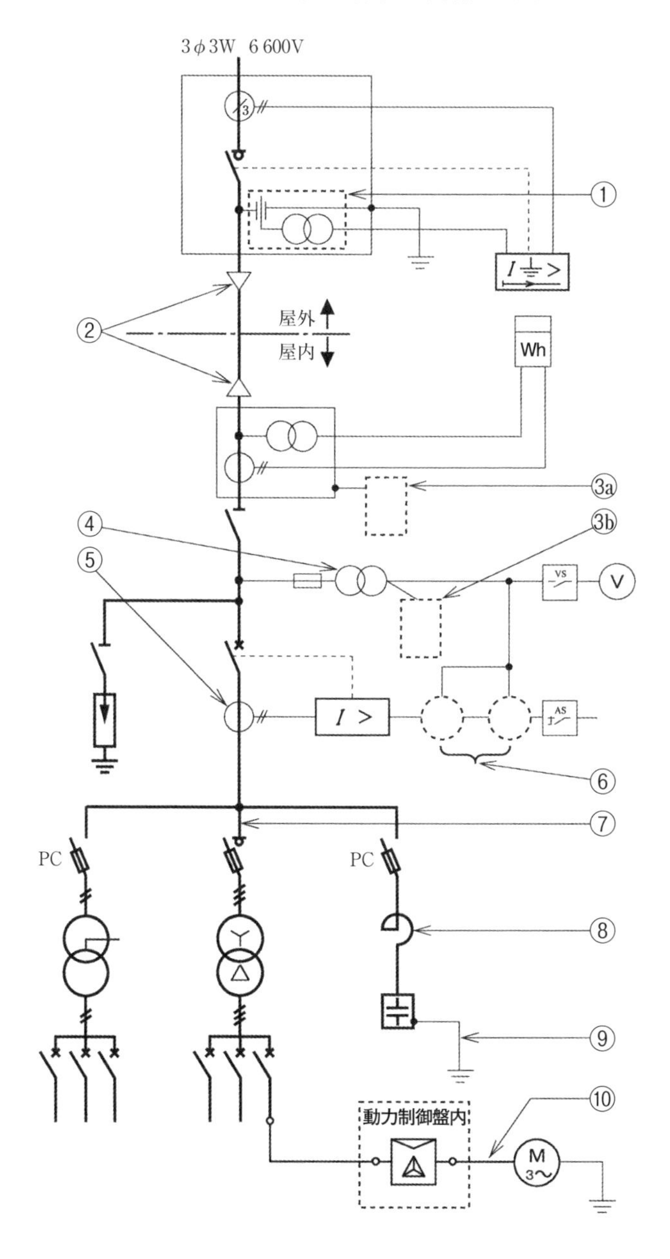

問い41 ①で示す図記号の機器に関する記述として、正しいものは。

イ．零相電流を検出する。　　ロ．短絡電流を検出する。
ハ．欠相電圧を検出する。　　ニ．零相電圧を検出する。

問い42 ②で示す部分に使用されないものは。

イ．

ロ．

ハ．

ニ．

問い43 図中の ③a ③b に入る図記号の組合せとして、正しいものは。

	イ	ロ	ハ	ニ
③a	⏚ E_A	⏚ E_D	⏚ E_D	⏚ E_A
③b	⏚ E_D	⏚ E_A	⏚ E_D	⏚ E_B

問い44 ④に設置する単相機器の必要最少数量は。

イ．1　　ロ．2　　ハ．3　　ニ．4

問い45 ⑤で示す機器の役割は。

イ．高圧電路の電流を変流する。　　ロ．電路に侵入した過電圧を抑制する。
ハ．高電圧を低電圧に変圧する。　　ニ．地絡電流を検出する。

問い46 ⑥に設置する機器の組合せは。

イ．

ロ．

ハ．

ニ．

問い47 ⑦で示す部分の相確認に用いるものは。

イ.

ロ.

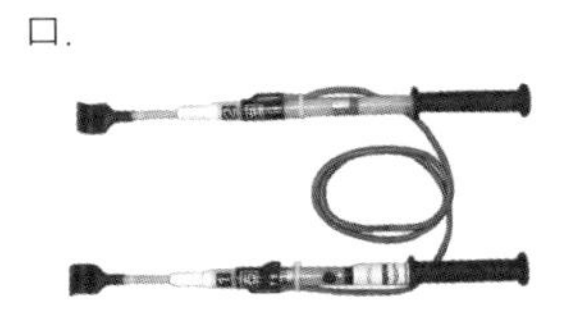

ハ.

ニ.

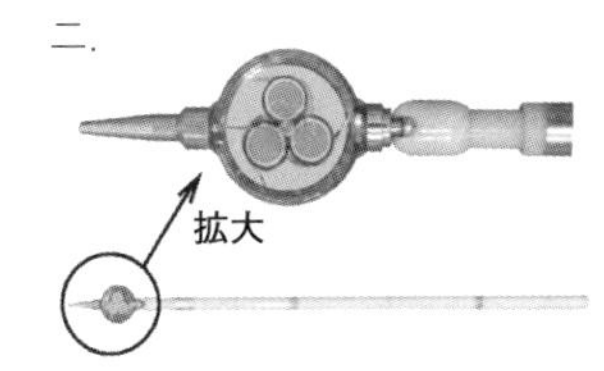

問い48 ⑧で示す機器の役割として、誤っているものは。

イ．コンデンサ回路の突入電流を抑制する。
ロ．コンデンサの残留電荷を放電する。
ハ．電圧波形のひずみを改善する。
ニ．第５調波等の高調波障害の拡大を防止する。

問い49 ⑨の部分に使用する軟銅線の直径の最小値［mm］は。

イ．1.6　　ロ．2.0　　ハ．2.6　　ニ．3.2

問い50 ⑩で示す動力制御盤内から電動機に至る配線で、必要とする電線本数（心線数）は。

イ．3　　ロ．4　　ハ．5　　ニ．6

平成30年度　筆記試験
解答・解説

問題1．一般問題

問い01　ハ

Cに蓄えられているエネルギーW_C［J］は、

$$W_C=\frac{1}{2}CV^2$$

$$=\frac{1}{2}\times 20\times 10^{-6}\times 100^2=0.1\ [\mathrm{J}]$$

Lに蓄えられているエネルギーW_L［J］は、

$$W_L=\frac{1}{2}LI^2$$

$$=\frac{1}{2}\times 2\times 10^{-3}\times 10^2=0.1\ [\mathrm{J}]$$

問い02　イ

2Ωの抵抗にかかる電圧V_2［V］は、

$V_2=20\times 2=40$［V］

抵抗Rにかかる電圧V_R［V］は、

$V_R=72-40=32$［V］

抵抗Rに流れる電流I_Rは、回路全体の電流から並列に接続される2Ω、10Ωの抵抗に流れる電流を引けばよいので、

$$I_R=20-\frac{32}{2}-\frac{32}{10}=0.8\ [\mathrm{A}]$$

問い03　イ

この回路に流れる電流の瞬時値i［A］は、誘導性リアクタンスで、$\pi/2$（rad）遅れるので、次の式になる。

$$i=\frac{100}{10}\sqrt{2}\sin\left\{2\pi ft\left(-\frac{\pi}{2}\right)\right\}$$

$$=10\sqrt{2}\sin\left(2\pi ft-\frac{\pi}{2}\right)$$

問い04　ロ

抵抗Rの値は、$P=I^2R$から、

$$R=\frac{P}{I^2}=\frac{800}{10^2}=8\ [\Omega]$$

RとX_L、X_Cの合成インピーダンスZ［Ω］は、

$$Z=\sqrt{R^2+(X_L-X_C)^2}$$

$$=\sqrt{8^2+(16-10)^2}=10\ [\Omega]$$

この回路の電源電圧V［V］は、

$V=ZI=10\times 10=100$［V］

問い05　ハ

Y結線の回路に流れる線電流I_Yの式は、相電圧が$V/\sqrt{3}$となることから、

$$I_Y=\frac{\frac{V}{\sqrt{3}}}{R}=\frac{V}{R}\cdot\frac{1}{\sqrt{3}}$$

△結線の回路に流れる線電流$I_\triangle$の式は、相電流（V/R）の$\sqrt{3}$倍となることから、

$$I_\triangle=\sqrt{3}\frac{V}{R}=\frac{V}{R}\cdot\sqrt{3}$$

この式を合成すると線電流I［A］の式になる。

$$I=I_Y+I_\triangle=\left(\frac{V}{R}\cdot\frac{1}{\sqrt{3}}\right)+\left(\frac{V}{R}\cdot\sqrt{3}\right)$$

$$=\frac{V}{R}\left(\frac{1}{\sqrt{3}}+\sqrt{3}\right)$$

問い06　ロ

この回路の電圧降下v［V］は、

$$v=2\times\{(10+5+5)\times 0.1+(5+5)\times 0.1+5\times 0.1\}=7\ [\mathrm{V}]$$

抵抗負荷Cの両端の電圧V_C［V］の値は、

$V_C=210-7=203$［V］

問い07　ロ

キルヒホッフの法則から、

$I_N+I_B=I_A$　　$I_N=I_A+(-I_B)$

ベクトル図からベクトル合成をすると、次の図のようになる。

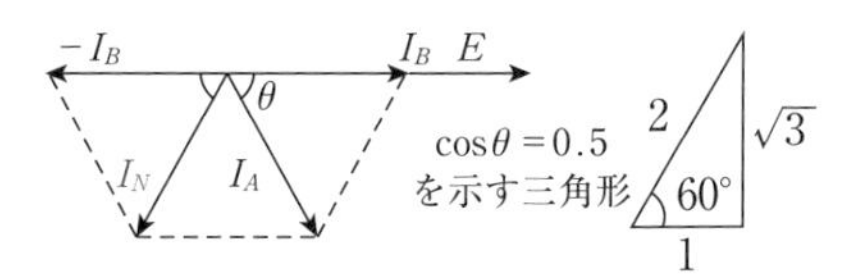

$\cos\theta=0.5$なので、θは60°になり、60°は正三角形の角度と同じで、I_A、$-I_B$、I_Nすべて同じ長さになる。

よって、I_NはI_A、$-I_B$と同じ10Aになる。

問い08 イ

配電線路の電力損失は、$P_L = 3rI^2$

力率は、$\cos\theta = \dfrac{P}{\sqrt{3}\,VI}$

電流は、$I = \dfrac{V}{\sqrt{3}\,Z}$

電圧降下は、$V_S - V = \sqrt{3}\,rI\cos\theta$

問い09 イ

34Aは100×0.35＝35［A］未満になり、35％未満なので3m以下の場所に設置しなければならない。

問い10 ニ

回転速度Nから同期速度N_s［min^{-1}］をもとめると、

$$N = N_s(1-s) \rightarrow N_s = \frac{N}{1-s} = \frac{1\,140}{1-0.05} = 1\,200\,[\text{min}^{-1}]$$

周波数をもとめると、

$$N_s = \frac{120f}{p} \rightarrow f = \frac{N_s p}{120} = \frac{1\,200 \times 6}{120} = 60\,[\text{Hz}]$$

問い11 イ

巻上用電動機の出力は、巻上荷重W［kN］の物体を毎秒ν［m］の速度で巻き上げているとき、巻上機の効率をη［％］とすると、

$$\frac{100W \cdot \nu}{\eta}\,[\text{kW}]$$

問い12 ロ

電源の周波数が変化すると、鉄損のうちヒステリシス損が反比例して変化するので、イは誤り。

一次電圧が高くなると鉄損も増加するので、ロは正しい。

ヒステリシス損のほうがうず電流損よりも大きく、鉄損のほうがヒステリシス損を含み大きいので、ハとニは誤り。

問い13 イ

鉛蓄電池の電解液は希硫酸であるので、イは正しい。

アルカリ蓄電池は電解液の比重は変化しないので、ロは誤り。

また、アルカリ蓄電池は過放電でも充電ができるので、ハは誤り。

単一セルの起電力では鉛蓄電池は約2V、アルカリ蓄電池は約1.2Vと鉛蓄電池の方が高いのでニは誤り。

問い14 ロ

写真は、バスダクトである。

問い15 ニ

写真に示す矢印部分の名称は、二次（低電圧側）端子である。

問い16 ハ

水力発電所の発電機出力の式より、

$$P = 9.8 \times 20 \times 100 \times 0.85 = 16\,660\,[\text{kW}] \fallingdotseq 16.7\,[\text{MW}]$$

問い17 ハ

Ⓐはボイラ、Ⓑは過熱器、Ⓒは再熱器、Ⓓは復水器になる。

問い18 ニ

ディーゼル機関のはずみ車は、回転のむらを滑らかにするためのものである。

問い19 ハ

抵抗接地方式は、地絡故障時、直接接地方式と比べ通信線に対する電磁誘導障害は少ない。

問い20 ハ

零相変流器と組み合わせて使用する継電器は、地絡継電器である。

問い21 ハ

進相コンデンサは、高調波の発生源ではない。

問い22 ロ

写真は限流ヒューズで、密閉されているので、短絡電流を遮断してもアークやガスの放出がない。

問い23 ハ

写真は避雷器で、高圧電路の雷電圧保護に使用する。

問い24 ニ

アルミ板は地中に埋設すると腐食するので、使用できない。

問い25 イ

高速切断機で研削する際に、といしの側面を使用することは禁じられている。

問い26 イ

写真は250V30Aの接地極付引掛形コンセントで、20Aの配線用遮断器で保護されている分岐回路では使用できない。

問い27 ニ

ライティングダクトの開口部を上向きに施設してはならない。

問い28 ニ

屋外用ビニル絶縁電線（OW）は、合成樹脂管工事で使用できない。

問い29 ロ

金属線ぴ工事は、点検できる隠ぺい場所では、乾燥した場所でしか施工できない。

問い30 ロ

GR付PAS（地絡継電装置付き高圧交流負荷開閉器）は、地絡保護装置であり、保安上の責任分界点に設ける区分開閉器でもある。

問い31 ニ

高圧ケーブルを、ハンガーを使ってちょう架する場合は、ハンガーの間隔は50cm以下にする必要がある。

問い32 ニ

VT（計器用変圧器）は、容量が小さいため、照明などの電源としての使用はできない。

問い33 ハ

過電流遮断器の定格電流は、電動機の定格電流の3倍に他の負荷の定格電流を足したもの、もしくは幹線の許容電流の2.5倍のどちらか小さい方になる。

問い34 イ

高圧屋内受電設備の施設または表示について、電気設備技術基準の解釈第38条では、
- 堅ろうな壁を設けること
- 出入口に立ち入りを禁止する旨を表示する
- 出入口に施錠装置等を施設して施錠する

と示されている。

出入口に火気厳禁の表示をすることについては、示されていない。

問い35 ニ

C種接地工事で、低圧電路において地絡が生じた場合に0.5秒以内に電路を自動的に遮断する装置が設置されていた場合、C種接地工事の値は500Ω以下にすることができる。

問い36 ハ

対地電圧200Vの電路では、絶縁抵抗は0.2MΩ以上でなければならない。

問い37 ハ

真空度測定は、変圧器の絶縁油の劣化診断に直接関係ない。

問い38 イ

イは自家用電気工作物（最大電力500kW未満の需要設備）の高圧の作業であるので、第一種電気工事士の免状の交付を受けているものしか作業に従事できない。

ロとニは、電気事業の用に供する電気工作物の工事、ハは500kW以上の自家用電気工作物なので、第一種電気工事士以外でも作業に従事できる。

問い39　ロ

営業所ごとに，選任しなければならないのは電気主任技術者ではなく、主任電気工事士である。

問い40　ニ

電気事業法施行規則第96条には「調査は、一般用電気工作物が設置された時及び変更の工事が完成した時に行うほか、次に掲げる頻度で行うこと。」と書かれており、設置された時に調査を行う必要がある。

問題２. 配線図

問い41　ニ

①で示す機器は零相基準入力装置（ZPD）で、零相電圧を検出する。

問い42　ハ

②はケーブル終端接続部(ケーブルヘッド)で、ハの高圧限流ヒューズは使用されない。

問い43　イ

③ⓐ は電力需給用計器用変成器の金属製外箱の接地工事で、A種接地工事で$\underline{\perp}_{E_A}$に、③ⓑ は計器用変圧器の二次側電路の接地工事で、D種接地工事で$\underline{\perp}_{E_D}$になる。

問い44　ロ

④に設置する単相機器は計器用変圧器で、必要最少数量は２個になる。

問い45　イ

⑤は変流器の図記号で、高圧電路の電流を変流する役割がある。

問い46　イ

⑥に設置する機器は、電力計と力率計で、写真はイになる。

問い47　ロ

⑦で示す高圧電路で相確認に使用するのは、ロの高圧検相器である。

問い48　ロ

⑧で示す機器は直列リアクトルで、コンデンサ回路の突入電流を抑制、第５調波等の高調波障害の拡大の防止、電圧波形のひずみを改善、を行う。

コンデンサの残留電荷の放電は行わない。

問い49　ハ

⑨は高圧進相コンデンサの金属製外箱の接地工事で、A種接地工事となり、接地線の最小太さは2.6mm（より線5.5mm^2）になる。

問い50　ニ

動力制御盤内にはスターデルタ始動器があるので、電動機に至る配線の本数は６本になる。

この配線図問題は、高圧受電設備の単線結線図から10問出題されています。電動機の制御回路が出題されないパターンです！

INDEX 索引

記号・英字

あ行

か行

さ行

た行

な行

は行

ま行

や行

ら行

STAFF
本文デザイン／島田利之（シーツ・デザイン）
本文イラスト／師岡とおる
図版・DTP ／中田康夫
制　作／ ELEFA メディア

広川ともき（ひろかわ・ともき）

株式会社ELEFAメディア代表。広川ともきはペンネーム（本名・木本明宏）。

電気工事の現場業務に7年間携わり、平成10年より、岩谷学園高等専修学校電気工事士科の教員として電気工事士の養成指導にあたる。その後、平成16年にオーム社に入社。雑誌「電気と工事」の副編集長・編集長を経て独立し、平成31年、ELEFAメディアを設立。電気工事業界に通ずるエキスパートとして、業界を支援するメディア・コンテンツ制作や資格取得支援を日々行っている。

執筆を手掛けた書籍に、『現場がわかる! 電気工事入門—電太と学ぶ初歩の初歩』電気と工事編集部［編］（オーム社）、『この1冊で合格! 広川ともきの第2種電気工事士筆記試験 テキスト&問題集』（KADOKAWA）などがある。

ELEFAメディア Webサイト：https://elefamedia.com/

この1冊で合格!
広川ともきの第1種電気工事士筆記試験 テキスト&問題集

2021年12月10日　初版発行
2024年 4 月20日　再版発行

著　者　広川 ともき

発行者　山下 直久

発　行　株式会社KADOKAWA
〒102-8177　東京都千代田区富士見2-13-3
電話　0570-002-301（ナビダイヤル）

印刷所　株式会社加藤文明社印刷所

●お問い合わせ
https://www.kadokawa.co.jp/（「お問い合わせ」へお進みください）
※内容によっては、お答えできない場合があります。
※サポートは日本国内のみとさせていただきます。
※Japanese text only

ISBN 978-4-04-605047-2　C3054